普通高等教育电气工程 自动化系列教材

单片机嵌入式系统原理及应用

第 2 版

主 编　王　博　贾好来

副主编　张军朝　吕　高　王爱乐　武兴华

参　编　郝俊青　李　莉　米娟芳

机械工业出版社

本书以8051单片机为主线，辅以ARM32位单片机，全面、详细地介绍了单片机嵌入式系统的原理和应用。内容包括单片机嵌入式系统简介，8051单片机的结构体系，8051指令系统，8051单片机程序设计基础，8051单片机嵌入式系统开发和仿真，8051单片机的中断系统，8051单片机的定时器/计数器，8051单片机的串行接口及串行总线，8051单片机系统扩展与接口技术，实时操作系统RTX51，单片机应用系统开发及实例，ARM 32位单片机的结构、编程及开发工具。本书的特点：内容丰富，由浅入深，循序渐进，编排顺序合理，可读性好，实用性强，有丰富的例题及习题。

本书可作为高等院校电气工程及其自动化、电子与计算机工程、自动化、机械电子工程、电子信息工程、通信工程、车辆工程等专业的教材，也可供单片机嵌入式工程开发及应用等领域的技术人员阅读和参考。

图书在版编目(CIP)数据

单片机嵌入式系统原理及应用/王博，贾好来主编. —2版. —北京：机械工业出版社，2019.6（2023.6重印）

普通高等教育电气工程 自动化系列教材

ISBN 978-7-111-62542-1

Ⅰ.①单… Ⅱ.①王… ②贾… Ⅲ.①单片微型计算机-高等学校-教材 Ⅳ.①TP368.1

中国版本图书馆CIP数据核字(2019)第072568号

机械工业出版社（北京市百万庄大街22号　邮政编码100037）
策划编辑：于苏华　　　　　　　责任编辑：于苏华　王　康　刘琴琴
责任校对：潘　蕊　肖　琳　　　封面设计：张　静
责任印制：郜　敏
北京富资园科技发展有限公司印刷
2023年6月第2版第7次印刷
184mm×260mm·21印张·519千字
标准书号：ISBN 978-7-111-62542-1
定价：49.80元

电话服务　　　　　　　　　　　网络服务
客服电话：010-88361066　　　机 工 官 网：www.cmpbook.com
　　　　　010-88379833　　　机 工 官 博：weibo.com/cmp1952
　　　　　010-68326294　　　金 书 网：www.golden-book.com
封底无防伪标均为盗版　　机工教育服务网：www.cmpedu.com

第 2 版前言

目前，单片机嵌入式系统应用技术已成为一项新的工程应用技术，其应用进入飞速发展的阶段，涉及家用电器、航天、机器人控制、医疗、汽车、通信、信息技术等工业领域。单片机作为嵌入式微控制器具有集成度高、功能强、结构简单、易于掌握、应用灵活、可靠性高、价格低廉等优点，这为掌握、应用单片机嵌入式系统提供了便利条件，同时，单片机也受到越来越多工程技术人员的关注。目前，大多数国内高等院校将单片机嵌入式系统作为必修课程。

《单片机嵌入式系统原理及应用》第 1 版于 2013 年出版，该书在内容编排上由浅入深、循序渐进、分散难点、突出实用性，使没有学过单片机嵌入式系统的初学者也能比较顺利地阅读该书。该书出版发行后，收到了许多高校教师的邮件或来电，对教材内容和特点给予了充分肯定，同时也提出了一些改进意见。为了使本书的特点更加鲜明，充分反映单片机嵌入式系统技术发展的趋势，更好地体现培养应用型人才的要求，编者对第 1 版进行了修订。

这次修订，本着开放、求新、务实、增强系统性的原则，在第 1 版的基础上，进一步融合了单片机嵌入式系统中最新的应用技术。单片机程序设计基础部分补充了 Keil C51 开发工具、程序开发过程以及与 C51 程序结构相关知识点的介绍；系统扩展与接口技术部分补充了功能更为强大的 8155 并行 I/O 接口芯片的介绍；增加了最新的高速并行 D - A 转换器 DAC1208 的介绍；补充了目前广泛应用的单总线技术的介绍，并详细介绍了数字温度传感器 DS18B20 的应用实例。本书配套有中英文 PPT 教学课件，以满足教学与自学的需要。

本书可作为本科、专科、高职高专等高等院校的电气工程及其自动化、电子与计算机工程、自动化、机械电子工程、电子信息工程、通信工程、车辆工程等相关专业的教材，也可供单片机嵌入式工程开发及应用等领域的技术人员阅读和参考。

本书主编王博编写第 1、12 章，贾好来编写第 2 章；副主编张军朝编写第 9 章，吕高编写第 10 章，王爱乐编写第 11 章，武兴华编写第 3、4 章；参编郝俊青编写第 5、8 章及附录，李莉编写第 6 章，米娟芳编写第 7 章。本书由王博负责全书的统稿。

在本书的修订过程中，得到太原理工大学、江苏大学、太原科技大学、山西大学有关领导的大力支持与帮助，得到同行专家与学者的热情帮助，他们提出了许多建设性意见，在此，谨向给予我们支持和帮助的单位和个人表示最诚挚的谢意！

在本书的修订过程中，参考了国内外大量的文献和资料，在此向这些作者致以衷心的感谢。

编　者

第1版前言

自编者的《MCS-51 单片机原理及应用》2007 年出版以来，无论是单片机应用技术，还是单片机教学目的和要求、教学手段都有了很大的变化。首先，国内已经广泛流行以 8051 为内核、经过改进的 SoC 单片机或精简指令集单片机，经典 MCS-51 单片机已经退化为教学单片机，且使用场合逐步减少；单片机的编程技术已经完全从早期的 EPROM 编程技术，进化为先进的 Flash 或 ISP Flash 或 IAP，编程更方便；片内功能部件更加丰富，设计更方便，系统可靠性提高；串行总线如 SPI、I²C、USB 接口的使用，扩展更方便；全静态设计，功耗更低。其次，社会对单片机人才的需求提出了更高的要求，不仅要求熟悉理论，而且要求有足够的实践能力，国家为此推出了卓越工程师教育培养计划，不仅各高校努力加强单片机的实践教学，社会上很多公司也在努力开展单片机实践能力的培训，以弥补高校教育重理论轻实践的不足。第三，单片机的 C 语言编程技术以及 C 语言和汇编语言的混合编程已经成为单片机开发人员必备的技术。编者的《MCS-51 单片机原理及应用》是最早将单片机的 C51 编程引入单片机教学的教材之一，然而，时过境迁，目前出版的单片机教材基本上是既有汇编语言，又有 C51 语言。第四，嵌入式系统的内容已经进入到本科教学当中，个别高校甚至开始尝试在本科阶段讲授 32 位的基于 ARM 的嵌入式系统。编者认为，基于 ARM 的嵌入式系统的内容和概念对于本科生来说，难度过大，本科阶段的讲授内容应以 8051 单片机嵌入式系统为主。

有鉴于此，作者在教材《MCS-51 单片机原理及应用》的基础上，编写了《单片机嵌入式系统原理及应用》，力求使教材内容融典型性、先进性、实用性、可读性、案例的可操作性为一体，使读者在掌握本书内容的基础上，初步具备应用系统开发的能力。

本书第 1 章简要介绍了嵌入式系统的概况，包括通用计算机系统和嵌入式计算机系统的对比，嵌入式系统的定义，嵌入式系统的分类，嵌入式系统中的处理器，单片机的类型，Atmel 公司的单片机，嵌入式系统中的操作系统，单片机的发展趋势。

第 2 章介绍了 8051、AT89S52 单片机的结构体系，是全书的重点内容，主要包括 8051 内部结构、引脚，微处理器，存储器结构，并行 I/O 口，时钟电路与时序，复位及复位电路，单片机的低功耗模式，AT89S52 的串行 ISP 编程，以及单片机最小系统设计。

第 3 章介绍了 8051 单片机的指令系统，包括汇编语言指令格式，寻址方式，单片机指令分类，数据传送指令，算术运算指令，逻辑运算指令，转移控制指令，空操作指令和位处理指令。

第 4 章介绍了 8051 单片机程序设计基础，包括汇编语言程序结构，典型汇编程序设计，C51 基础，C51 和汇编语言的混合编程，是单片机的应用基础。

第 5 章通过实例详细介绍了 8051 单片机嵌入式系统开发环境 Keil μVision4 的开发方法及步骤，单片机仿真软件 Proteus，以及 Keil 和 Proteus 的联调；另外，介绍了 AT89S52 程序下载电缆制作和下载方法。

第 6 章介绍了 8051 单片机的中断系统。

第 7 章介绍了 8051 单片机的定时器/计数器，以及 AT89S52 的定时器/计数器 T2，定时

监视器（Watchdog Timer），定时监视器在嵌入式系统中有非常重要的地位，对嵌入式系统的可靠性有至关重要的作用。

第8章首先介绍了8051单片机的串行接口和RS-232-C的连接，然后介绍串行总线SPI、I²C、1-Wire规范以及8051单片机的模拟，为8051单片机和串行总线器件接口打下基础。

第9章介绍了8051单片机系统扩展与接口技术。由于技术的进步，EPROM已经被淘汰，E²PROM和Flash的存取时间已经和RAM非常接近，传统意义上的程序存储器和数据存储器的区别已经非常模糊。并行接口的E²PROM和Flash既可作为数据存储器又可作为程序存储器，而串行接口（SPI、I²C、1-Wire）的E²PROM和Flash只能作为数据存储器。第9章主要包括程序存储器的扩展、数据存储器的扩展、I/O接口扩展、键盘与显示器接口、单片机和ADC及DAC的接口、单总线1-Wire接口的数字温度传感器DS18B20及其应用。

第10章以Keil自带的实时操作系统RTX51为例，介绍了实时操作系统的基本概念和实时操作系统的基本算法，如时间片轮转法、任务优先级法，最后给出了两个基于RTX51的程序。

第11章介绍了单片机应用系统开发基本方法和步骤以及两个实例，其中，第1个实例软件的编写是基于常见的循环程序；第2个实例的软件基于实时操作系统RTX51的时间片轮转法，规模中等、难易适中，方便读者学习。

第12章介绍了目前流行的ARM 32位单片机的结构、编程及开发工具，包括ARM内核体系结构，ARM编程模型，ARM汇编指令，ARM汇编程序设计，ARM程序开发工具ADS。

本书所有程序在Keil编译下通过，有的内容经Proteus仿真后，经实验板验证，在正文中有所介绍。本书每章后附有小结以及习题与思考题，供读者课后复习。

为方便开展双语教学，编写组制作了本书的中英文PPT课件。

本书注重学生实践能力的培养，这是由课程的性质和社会需求所决定的。实践能力对于理工科学生至关重要，一个人的能力和水平，最后都要通过实践体现出来，让实践说话，只有学生对基础知识有了更深刻的认识，同时具备了相应的实际能力，才能达到和满足社会用人需求。编者建议，读者仿真、实现教材中的案例，以增强实践能力，有条件的学生可在教师的指导下参加电子制作，解决一些实际问题，或参加各省、全国的大学生电子竞赛。

希望本书的出版能够满足高校电气、机电、通信、自动化、电子等专业的学生学习"单片机嵌入式系统""单片机原理和接口技术""单片机原理及应用技术"等课程理论和实践教学的需要。

本书由贾好来担任主编并编写第1章，吕高担任副主编并编写第9、10章，王爱乐担任副主编并编写第11章，王博担任副主编并编写第12章，武兴华担任副主编并编写第2章。郝俊青编写第5、8章及附录，李莉编写第6章，米娟芳编写第7章，张灵编写第3章，石栋华编写第4章。

在本书的编写过程中，得到电气工程及其自动化专业教学指导委员会委员、太原理工大学宋建成教授、江苏大学朱熀秋教授、孙宇新教授、黄永红教授、刘贤兴教授、姜晋文副教授、黄振跃老师，太原科技大学孙志毅教授、杨晋岭老师，太原理工大学阳泉学院史宝忠副教授，山西大学工程学院王欣峰老师自始自终的支持和帮助；太原理工大学张灵博士、郑丽君博士在使用编者的《MCS-51单片机原理及应用》教材中，提出了许多建设性意见。在此一并致以衷心的感谢。

编者力求将实践和理论相结合，科研和教学相结合，先进和实用相结合，编写出21世

纪的高水平教材，但由于编者水平有限，加之单片机嵌入式系统技术日新月异，书中错误和
不当之处，敬请读者指正。

编　者

目　录

第1章　单片机嵌入式系统简介

1.1　单片机嵌入式系统定义

1.1.1　通用计算机系统和嵌入式系统

计算机系统可分为通用计算机系统和嵌入式计算机系统。通用计算机系统主要包括台式计算机、笔记本电脑和其他大型计算机，其硬件基本类似，配置的软件不同，通用计算机完成的任务不同，它主要适合于办公和一些计算工作量特别大的场合，市场份额约为1%；嵌入式系统（Embedded System），主要指嵌入了单片机硬件和软件的应用系统，广泛应用于家用电器、航天、机器人控制、医疗、汽车、通信、信息技术等工业领域，是计算机应用的主战场。图1-1所示是通用计算机系统和嵌入式计算机系统的对照。

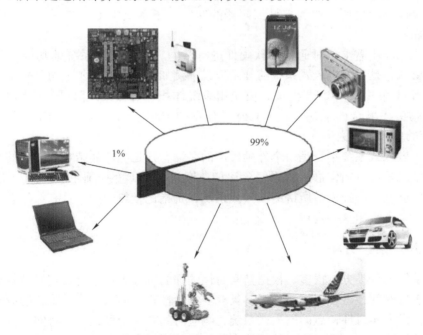

图1-1　通用计算机系统和嵌入式计算机系统的对照

需要注意的是，嵌入式计算机系统的资源要比通用计算机系统的资源少得多，例如，通用计算机系统的内存通常为几个GB，而嵌入式系统的内存容量从几十B到几百MB不等；嵌入式系统发生故障的后果要比通用计算机的后果严重得多；嵌入式系统一般采用实时系

1

统；嵌入式系统得到多种微处理器体系的支持，而通用计算机仅有 Intel、AMD 等少数厂家微处理器的支持。

1.1.2 嵌入式系统定义

根据 IEEE（美国电气和电子工程师协会）的定义，嵌入式系统是"控制、监视或者辅助装置、机器和设备运行的装置（devices used to control, monitor, or assist the operation of equipment, machinery or plants）"。从中可以看出嵌入式系统是软件和硬件的综合体，还可以涵盖机械等附属装置，目前国内普遍被认同的定义是：以应用为中心，以计算机技术为基础，软件、硬件可裁剪，适应应用系统对功能、可靠性、成本、体积、功耗严格要求的专用计算机系统。

首先，嵌入式系统是面向用户、面向产品、面向应用的，它必须与具体应用相结合才具有生命力、才更具有优势，换句话说，嵌入式系统是与应用紧密结合的，它具有很强的专用性，例如鼠标、键盘、显示器、智能手机、扫描仪、复印机、医疗 B 超系统、生产线上的机器人、车站/机场危险品探测仪等，其内部均嵌入了不同的单片机及其软件，是和应用紧密结合的嵌入式计算机专用系统。

其次，嵌入式系统是将先进的计算机技术、半导体技术和电子技术与各个行业的具体应用相结合后的产物，这决定了不同的嵌入式系统具有不同的定位，运行安卓（Android）操作系统的全球智能手机市场份额从 2018 年的 85.1% 上涨到 87%，就是因为其立足于平板计算机、手机等移动产品，人机界面好，易操作，配套应用软件多；而 2018 年 11 月 27 日风河公司的 VxWorks 之所以在洞察号探测器的航空电子系统中得以应用，则是因为其高实时性和高可靠性。

第三，根据应用需求，对通用的软硬件进行裁剪，满足应用系统的功能、可靠性、成本、体积等要求，是目前嵌入式系统的开发模式。例如，原飞思卡尔公司开发了只有 6 引脚的 MC9RS08KA1 单片机，RS08 内核，使应用系统体积、功耗大大降低，特别适合于玩具、家电等低端低功耗场合的应用；ENEA 公司开发的 OSE 分布式系统，内核只有 5KB，而 Windows CE 的内核则要大得多。

实际上，嵌入式系统本身是一个外延极广的名词，凡是与产品结合在一起的具有嵌入式特点的控制系统都可以叫作嵌入式系统，比如，嵌入了 PLC 的工业控制系统，也可以称作嵌入式系统。但是，科技人员所讲的嵌入式系统，是指比较热门的、具有操作系统的单片机嵌入式系统，本书沿用这一观点。

1.1.3 嵌入式系统分类

嵌入式系统的分类方法很多，根据其实时性的强弱可分为：具有强实时性特点的嵌入式系统，系统响应时间在微秒级或毫秒级；具有弱实时性特点的嵌入式系统，响应时间在毫秒到几秒之间；没有实时性特点的嵌入式系统，响应时间在几十秒或更长时间。

根据软件结构分类，可分为：循环轮询系统，程序依次检查每个输入条件，一旦条件成立，就进行相应的处理，是最简单的嵌入式系统；事件驱动系统，即对外部事件直接响应的系统，包括前后台系统、实时多任务系统、多处理器系统等，是嵌入式系统的主要形式。

根据规模大小的不同，可分为：小规模系统，中等规模系统，大规模系统。

小型嵌入式系统，采用 8 位或者 16 位的单片机设计；硬件和软件复杂度很小，甚至电

池可以驱动。开发小型嵌入式系统软件的主要编程工具，是所使用的单片机或者处理器专用的编辑器、汇编器（Assembler）和交叉汇编器。通常利用 C 语言来开发其软件，C 程序被编译为机器语言，然后存放到系统存储器的适当位置上。

中型嵌入式系统，采用 16 位或者 32 位的单片机、DSP 或者精简指令集计算机（RISC）设计；硬件和软件复杂度都比较大，可以使用 RTOS（Real Time Operating System）、源代码设计工具、模拟器、调试器和集成开发环境（IDE）等编程工具。

复杂嵌入式系统，软件和硬件都非常复杂，需要可升级的处理器或者可配置的处理器和可编程逻辑阵列。硬件和软件需要协同设计，并且都集成到最终的系统中。为了节约时间并提高运行速度，可以在硬件中实现一定的软件功能，例如加密和解密算法、离散余弦变换和逆变换算法、TCP/IP 栈和网络驱动程序功能。系统中某些硬件资源的功能也可以用软件来实现。

1.2　嵌入式系统中的处理器

嵌入式系统使用的嵌入式处理器已经超过 1000 种，流行体系结构包括微处理器（MPU）、单片机（MCU）、嵌入式处理器（EMPU）、数字信号处理器（DSP）、媒体处理器等 30 个系列。和普通台式计算机不同，嵌入式处理器的生产厂家众多，不仅包括世界知名公司，如 NXP Semiconductors 公司，Intel 公司，Microchip 公司，TOSHIBA 公司，Renesas（瑞萨电子）公司，德州仪器公司（TI），意法半导体公司（ST），也包括很多中小型厂家，如台湾华邦公司，深圳宏晶科技等厂家，产品从单片机、DSP 到 FPGA 有着各式各样的品种，速度越来越快，性能越来越强，价格也越来越低。目前嵌入式处理器的寻址空间可以从 64KB（16 位地址线）到 4GB（32 位地址线），处理速度最快可以达到 2600 MIPS，封装从 6 个引脚到 144 个引脚不等。

嵌入式处理器的选择必须根据设计的需求，在性能、功耗、功能、尺寸和封装形式、SoC 程度、成本、商业考虑等诸多因素之中进行折中，择优选择。对于科技人员而言，首先考虑下列要点：

1）指令集，开发工具。

2）单个算术或者逻辑操作中操作数的最大位宽（8 位，16 位，32 位或 64 位）。

3）以 MHz 表示的时钟频率和百万指令/秒（MIPS）表示的处理速度。

4）处理器对用于满足最后期限的复杂算法的解决能力。

1.2.1　嵌入式微处理器

嵌入式微处理器是由通用计算机中的 CPU 演变而来的。它的特征是具有 32 位以上的处理器，具有较高的性能，当然其价格也相对较高，通常适合大型、高性能的嵌入式计算机系统，具有体积小、重量轻、成本低、可靠性高的优点。嵌入式微处理器片内不包含数据存储器、程序存储器以及 I/O 接口电路，用户需要另外选择相应的接口电路。一般而言，嵌入式微处理器软硬件系统复杂，设计难度大，对设计者要求高。

目前主要的嵌入式微处理器类型有 Intel 凌动系列、至强系列、酷睿系列以及 Power PC 系列、MIPS 系列、ARM 系列等。

其中，Intel 的凌动系列处理器，采用 45nm 工艺，将 4700 万个晶体管集成到一块面积小于 25mm^2 的单一芯片中，是英特尔史上体积最小、功耗最低的处理器，和经典的 X86 处理器兼容，可扩展，可与多种标准 I/O 和用户定义 I/O 接口结合使用，支持不同的操作系统，如 Windows Embedded Standard 7，Linux，RTOS 等，由 Intel 嵌入式设计中心技术支持，文档、工具全面，案例丰富，是开发高性能嵌入式系统的首选。ARM 微处理器体系结构目前被公认为是嵌入式应用领域领先的 32 位嵌入式 RISC 处理器结构。按照目前的发展形式，ARM 几乎成了嵌入式应用的代名词。

1.2.2 嵌入式单片机

嵌入式系统是单片机应用的主战场。所谓"单片机"就是将计算机的基本部件集成到一块芯片上，包括 CPU（Central Processing Unit）、ROM（Read Only Memory）、RAM（Random Access Memory）、并行口（Parallel Port）、串行口（Serial Port）、定时器/计数器（Timer/Counter）、中断系统（Interrupt System）、系统时钟及系统总线。

当前，为控制方便，单片机增加了各种控制部件，如片内 A/D、PWM、PCA 计数器捕获/比较逻辑、高速 I/O 口、WDT 等，其内涵早已突破了传统 Microcomputer 的内容，成为 Microcontrollers。在国外"单片机"一词早已被"微控制器"所替代。在国内仍习惯这一叫法，但应把它认为是一个单片形态的微控制器，而不是单片微型计算机。

单片机以嵌入式的形式隐藏在各种装置、产品和系统中。如键盘、鼠标、软驱、硬盘、显示卡、显示器、调制解调器、网卡、声卡、打印机、扫描仪、数字相机、USB 集线器等均是由单片机控制的。在制造工业、过程控制、通信、仪器、仪表、汽车、船舶、航空、航天、军事装备、消费类产品等方面均是单片机的应用领域。

单片机生产厂家众多，如 NXP Semiconductors、Intel、Microchip、TOSHIBA、Renesas、TI 等；按字长分，有 8 位、16 位、32 位、64 位单片机；按内核类型分，有 8051 内核单片机和非 8051 内核单片机，有以 ARM 为内核的单片机；按内核数量分，有单核、双核、多核单片机；按内存类型分，有 Flash 单片机和非 Flash 单片机，哈佛结构和冯诺依曼结构；按指令分类，有 CISC 和 RISC 单片机；按用途分，有通用型和专用型单片机；按引脚数量分，有多引脚和少引脚（6 引脚）单片机；按可靠性分，有民用、工业用和军用之分。详细内容见 1.3 节。

1.2.3 数字信号处理器

在需要进行信号处理的嵌入式系统，需要选择数字信号处理器（DSP），包括图像处理、多媒体、音频、视频、电动机控制、HDTV、DSP 调制解调器和无线电通信处理系统、快速识别图像模式或 DNA 序列。主要的 DSP 生产厂家有 TI、Analog Device、NXP Semiconductors（原 Freescale 公司）。其中，TI 公司的 DSP 约占市场份额的 50% 以上，有 C2000 系列、C5000 系列、C6000 系列、DaVinci 数字视频处理器，其中，C2000 包括 16 位定点和 32 位定点 DSP，集成了许多外设，提供了一种独特的片上外设组合方式，主要用于工业控制、自动控制应用、光纤网络、手持电源、智能传感器等场合，比 8 位或 16 位单片机具有更大的灵活性。

1.2.4 专用系统处理器

这种系统在其设计中集成了专用系统处理器（Application Specific Standard Processor，ASSP）芯片或核。

假设有一个实时视频处理嵌入式系统。嵌入式系统中需要进行实时处理的功能包括数字电视、高清电视解码器、视频转接器、DVD（Digital Video Disc，数字视频光盘）播放器、网络电话、视频会议和其他一些系统。这种处理需要一个视频压缩和解压缩系统，需要符合 MPEG2 或者 MPEG4 标准（Moving Pictures Expert Group，MPEG 即移动图像专家组）。MPEG2 或者 MPEG4 的信号压缩是在存储和传送之前完成的；解压缩是在取回或者接收这些信号之前完成的。对于 MPEG 压缩算法，如果运行了一个 GPP（General Purpose Processors，通用处理器）嵌入式软件，则需要单独的 DSP，以获得实时处理。专用于这些特定任务的 ASSP 本身就能够提供一种快速解决方法。需要对 ASSP 进行配置，使其与嵌入式系统中的其他单元进行接口。

1.2.5 多处理器系统

在一个嵌入式系统中，可能需要多个处理器在严格的时间期限内快速执行一个算法。例如，在实时视频处理中，1s 内需要执行多次的 MAC 操作，这超出了一个 DSP 单元的处理能力。那么嵌入式系统就必须集成两个或者多个同步运行的处理器。

在一个便携式电话中，必须执行多项任务：①语音信号压缩和编码；②拨号；③调制和发送；④解调和接收；⑤信号解码和解压缩；⑥小键盘接口和显示接口处理；⑦基于短消息服务（SMS）协议的通信；⑧SMS 消息显示。对于所有的这些任务，一个处理器是不够的，需要多个处理器同步执行。

考虑一个视频会议系统，在这个系统中使用了一种四分之一通用媒介格式（Quarter-CIF），图像像素只有 144×176 而不是电视上的视频图像 525×625 像素。即便这样，图像样本也必须以每秒 $144 \times 176 \times 30 = 760\ 320$ 像素的速度采样，并且在将其传送到一个无线电通信或者虚拟专用网络（Virtual Private Network，VPN）之前，必须进行压缩处理（注意：在实时显示和动画中，帧速度应该为 25 帧/s 或者 30 帧/s；在视频会议中，帧速度应该在 1510 帧/s 之间）。基于单个 DSP 的嵌入式系统不足以得到实时图像。实时视频处理和多媒体应用在很多情况下都需要在嵌入式系统中有多个微处理器单元。

1.3 单片机的类型

1.3.1 8 位、16 位、32 位单片机

1. 8 位单片机

最早的单片机是美国仙童（Fairchild）公司生产的 F8 单片机，仅包括 8 位 CPU、64B 的 RAM 和两个并行口，需另加一块 3851（由 1KB ROM、定时器/计数器和两个并行 I/O 口构成）才能构成一台完整的计算机。随后，Intel 公司设计制造了 MCS-48 单片机，这种单片机片内集成有 8 位 CPU、并行 I/O 口、8 位定时器/计数器、RAM 和 ROM 等。不足之处是没有串行口，中断处理比较简单，片内 RAM 和 ROM 容量较小且寻址范围不大于 4KB。

在 MCS-48 的基础上，Intel 公司推出了高性能单片机——MCS-51 单片机，带有串行口、多级中断系统，16 位定时器/计数器，片内 ROM、RAM 容量大，寻址范围可达 64KB。20 世纪 80 年代中期，Intel 公司业务调整，停止生产单片机，并出售了 MCS-51 单片机内核，众多厂家如 NXP（前身是飞利浦半导体）、Atmel、ST 公司，在标准 MCS-51 单片机内核的基础上，增加了新的功能，形成了自己的特色，如 Atmel 的 Flash 系列单片机，NXP 系列单片机，速度最快、功能最强的 C8051F 系列单片机等。以 MCS-51 为内核的单片机市场份额占 8 位单片机市场份额的 50% 以上，也是单片机教育入门首选机型。

NXP Semiconductors 是世界上最大的单片机供应商，其 8 位单片机的产量一直居世界第一位，约占整个国际市场的 1/3 左右。根据 Freescale（2015 年被 NXP Semiconductors 收购）2012 年 8 月发布的产品信息，Freescale 推广的单片机共 7 大系列：HC（C）08 系列单片机、HC（S）12（X）系列单片机、PowerPC 5xx/8xx 系列单片机、PowerPC 55xx（Nexus）系列单片机、68HC16 系列单片机和 cold fire 系列单片机，另外还有早期的 HC908 系列单片机。由于这个系列单片机在目前来讲比较低端、用户较少，基本被淘汰。

2. 16 位单片机

8 位单片机只能在低端场合应用，中高端场合要选择 16 位单片机。16 位单片机的功能更多，性能更强，其典型产品如 Intel 公司生产的 8xC196 系列单片机，其集成度达 120 000 管子/片，主振为 12MHz，片内 RAM 为 232B，ROM 为 8KB，中断处理为 8 级，而且片内带有多通道 10 位 A-D 转换器和高速输入/输出部件（HSI/HSO），实时处理的能力很强。

与 MCS-51 单片机不同，8xC196 系列单片机没有采用常规的累加器结构，其操作直接面向多字节寄存器空间（由至少 232B 的寄存器阵列和 24B 的专用寄存器构成）。寄存器-寄存器结构消除了通常的累加器瓶颈效应，可实现快速的任务切换；加速了数据交换和修改的能力，提高了 CPU 的吞吐能力，也加速了输入/输出过程。这些特点使 8xC196 单片机非常适合于复杂的实时控制应用，如软盘控制、调制解调器、打印机、模式识别和电动机控制。由于 Intel 公司战略调整，已经不再推广 8 位、16 位单片机。

TI 公司生产的 MSP430x1xx 系列是超低功耗 16 位微控制器，广泛适用于消费类电子产品、数据记录应用、便携式医疗仪器等。MSP430x1xx 系列单片机有 5 种低功耗操作模式，RAM 在保持模式下，仅消耗 $0.1\mu A$ 电流；在实时时钟模式仅消耗 $0.7\mu A$；可在 $6\mu s$ 内从待机模式快速唤醒；接口丰富，Flash 存储量大，是比较流行的 16 位单片机，在国内有大量的用户。

如同在 8 位单片机领域，NXP Semiconductors 公司（原 Freescale 公司）同样生产了型号众多、性能卓越、适用面广的 16 位单片机。根据 2012 年第 3 季度发布的产品信息，NXP Semiconductors 公司（原 Freescale 公司）共生产了 5 大类 16 位单片机：S12 MagniV 混合信号 MCU、S12 和 S12X 微控制器、HC16 微控制器、56800/E 数字信号控制器、HC12（旧产品），广泛适用于汽车、消费电子、节能、工业控制、医疗设备、电机控制等领域。

3. 32 位单片机

32 位单片机一次能完成 32 位二进制运算，具有极高的数据处理能力，也是为嵌入式控制应用而设计的。32 位单片机有包含片内存储器的嵌入式微控制器（Embedded Microcontroller）和不包含存储器的嵌入式微处理器（Embedded Microprocessor）。为了简便，统称为单片机。

（1）Intel 公司的 32 位嵌入式微处理器　Intel 推出了众多的嵌入式微处理器及与其配套的各种型号的嵌入式闪存、芯片组，如 Intel I/O 处理器、网络处理器、应用处理器、Intel 架构处理器，广泛应用于无线通信、服务器、网络、网关。目前，Intel 主推"凌动""酷睿""至强"三大系列嵌入式微处理器。

（2）ARM 单片机　ARM 即 Advanced RISC Machine 的缩写，ARM 公司是 1990 年成立的设计公司。ARM 是知识产权供应商，本身不生产芯片，由合作伙伴生产各具特色的芯片。作为 32 位嵌入式 RISC 微处理器业界的领先供应商，ARM 公司商业模式的强大之处在于它在世界范围内的合作伙伴超过了 100 个，其中包括半导体工业的著名公司，如 NXP、Atmel 等，从而使其具有大量的开发工具和丰富的第三方资源，它们共同保证了基于 ARM 处理器核的设计可以很快地投入市场。ARM 处理器的 3 大特点：耗电少、成本低、功能强；16/32 位双指令集；众多合作伙伴保证芯片供应。

Atmel 公司是率先在 32 位微控制器中使用 ARM 核的公司。它的 AT91SAM 系列产品继承了 AT89 和 AT90 系列的结构特点，片内具有熟悉的 Flash 存储器、定时器/计数器、并行口、串行口和中断控制器等。Atmel 公司还提供 AT91 集成函数库，用 C 语言和汇编语言设计并提供源代码，非常便于芯片的编程。

目前，ARM 公司在 32 位 RISC 处理器市场占有的份额超过了 75%；尤其需要注意的是，由于 ARM 单片机价格的降低，开发资源不断增多，ARM 单片机正不断挤压 8 位和 16 位单片机的市场份额。

1.3.2　CISC 和 RISC 结构单片机

CISC 的全称是 Complex Instuction Set Computer，即复杂指令集计算机，它的 CPU 通过微代码去执行大量功能各异的指令。这些指令的长度是不固定的，甚至形式也不尽相同，这就意味着需要复杂的电路来编译它们。广泛使用的 80C51 单片机、68HC 系列单片机均是 CISC 结构。这种类型的单片机编程容易，编程语言有汇编、C 语言。

RISC 的全称是 Reduced Instruction Set Computer，即精简指令集计算机，它只保留了数量很少的指令，而 CPU 的逻辑线路设计为这些指令进行了优化，最终结果是在处理部分应用时效率较 CISC 来得高，而且这种 CPU 更容易设计，因此成本会比较低。这种类型的单片机一般使用高级语言编程，如 C、C++ 等。

基于 RISC 架构的微控制器包括 Microchip 的 PIC 系列 8 位微控制器等。在 16 位 RISC 架构的微控制器中，Maxim 公司推出的 MAXQ 系列微控制器以其高性能、低功耗和卓越的代码执行效率，成为许多需要高精度混合信号处理以及便携式系统和电池供电系统的理想选择。

以 ARM 为内核的 32 位单片机均是基于 RISC 架构。

1.3.3　单核、双核、3 核单片机

简单地说，单核单片机只有一个 CPU，双核单片机内有两个 CPU，多核单片机内有多个 CPU。最常见的 8051 单片机，即是单核单片机。

（1）双核单片机　最早的双核单片机是 Freescale 在 MC9S12 系列 16 位单片机的基础上，增加了协处理器 XGate 而形成的，该系列单片机的主 CPU 使用的是第一代为双核单片机设计的 V1 内核及 0.25μm 工艺。随着技术的不断发展和进步，又出现了使用第二代主 CPU V2 内核及 0.18μm 工艺，性能又有进一步的提升。不久的将来，90nm 工艺的下一代 S12X 单片机就会出现，产品的性价比会进一步提高。图 1-2 是 S12X 系列单片机内部结构图，可看出，内部除

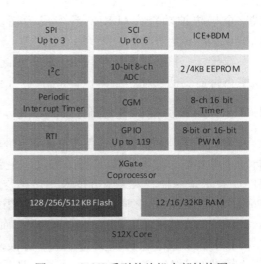

图 1-2　S12X 系列单片机内部结构图

了包含 S12X 核之外，还包含 XGate 协处理器，以处理单片机的 I/O 接口电路。

除了在 16 位单片机应用双核技术，在 32 位单片机领域也开始应用双核技术，使 32 位单片机功能更加强大。图 1-3 是 NXP Semiconductors 公司（原 Freescale 公司）MPC5510 单片机的内部结构，可看出其内部有 e200z1 和 e200z0 两个内核。

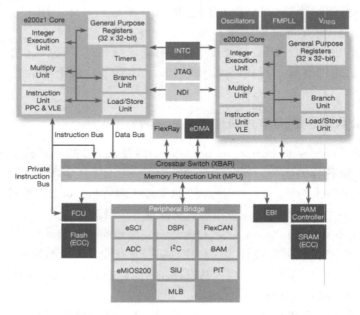

图 1-3　MPC5510 单片机的内部结构

（2）三核单片机　TriCore AURIX 系列单片机是英飞凌科技（Infineon Technologies）股份公司推出的满足汽车行业动力总成和安全应用各种要求的全新 32 位多核单片机系列。全新 AURIX 系列的多核架构包含多达三颗独立 32 位 TriCore 处理内核，可满足业界的最高安全标准。此外，相比于现有的器件，其性能提升一倍。由于具备出色的实时性能，以及嵌入式安全与防护功能，AURIX 系列成为诸多汽车应用（如内燃机、电动汽车）的首选。图 1-4 是英飞凌 TriCore 三核单片机框图。

双核、三核甚至多核单片机，在要求高的嵌入式系统场合，如电动机调速、汽车驾驶、航空飞行器、低功耗、小体积，将得到广泛的应用，已经成为单片机重要的发展方向。

1.3.4　JTAG 接口在线调试单片机

调试程序是开发嵌入式系统必不可少的步骤。JTAG（Joint Test Action Group，联合测试行动小组）是一种国际标准测试协议，主要用于芯片内部测试及对系统进行仿真、调试，JTAG 技术是一种嵌入式调试技术，它在芯片内部封装了专门的测试电路 TAP（Test Access Port，测试访问口），通过专用的 JTAG 测试工具对内部节点进行测试。JTAG 接口实现了嵌入式系统的在线仿真、调试、程序下载，而不必将芯片从电路板上取下。

目前大多数单片机都支持 JTAG 协议，如 C8051F 系列、AVR 系列、ARM 系列、DSP 等。标准的 JTAG 接口是 4 线：TMS、TCK、TDI、TDO，分别为测试模式选择、测试时钟、测试数据输入和测试数据输出。目前 JTAG 接口的连接有两种标准，即 14 针接口和 20 针接

8

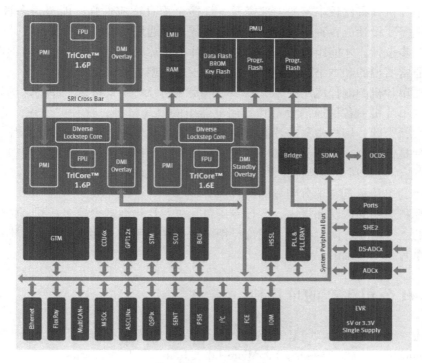

图 1-4　英飞凌 TriCore 三核单片机框图

口，其 14 针 JTAG 接口定义引脚名称描述如下：1、13 针为 VCC 接电源；2、4、6、8、10、14 针为 GND 接地；3 针为 nTRST 测试系统复位信号；5 针为 TDI 测试数据串行输入；7 针为 TMS 测试模式选择；9 针为 TCK 测试时钟；11 针为 TDO 测试数据串行输出；12 针为 NC 未连接。20 针 JTAG 接口定义引脚参见相关资料。

没有 JTAG 接口的单片机，仿真调试需要专用的仿真头，而下载程序则要通过其他接口完成程序下载，如 AT89S51/52 单片机，通过 SPI 接口电路将程序下载到内部 Flash，宏晶电子的 STC51 单片机则借助于串行口完成程序的下载。

1.3.5　总线型单片机和非总线型单片机

（1）总线型单片机　单片机有并行地址总线、数据总线和控制总线外部引脚，可以用来并行扩展外围器件。例如 AT89S51 就是总线型单片机，它集成了控制总线和地址、数据总线，可以扩展外部存储器、外围设备。

（2）非总线型单片机　单片机没有集成总线，无并行地址总线、数据总线和控制总线外部引脚，不能并行扩展外围器件，不能通过总线方式控制，如 AT89S2051。非总线型单片机将需要的外部器件及外设接口集成在单片机内，省去原用于并行扩展的地址总线、数据总线和无用的控制端线，减少了芯片引脚数和芯片体积，若需要扩展时可通过串行口扩展。随着串行技术和 Flash 技术的发展，非总线型单片机已成为单片机技术重要的发展方向。

1.3.6　专用型单片机

单片机按照其用途可分为通用型和专用型两大类。

通用型单片机具有比较丰富的内部资源，性能全面且适应性强，能覆盖多种应用需求。用户可以根据需要设计成各种不同应用的控制系统，即通用单片机有一个再设计的过程。通过用户的进一步设计，才能组建成一个以通用单片机芯片为核心再配以其他外围电路的应用控制系统。通常所说的和本书所介绍的单片机是指通用型单片机。

　　然而，在单片机的测控应用中，有许多时候是专门针对某个特定产品的，例如，专用于电动机控制的单片机、各种通信设备和家用电器中的单片机等。这种"专用"单片机针对性强且用量大，为此，用户常与芯片制造商合作，设计和生产专用的单片机芯片。由于专用的单片机芯片是针对某一种产品或某一种控制应用而专门设计的，设计时已经对系统结构的最简化、软/硬件资源利用的最优化、可靠性和成本的最佳化等方面都做了通盘的考虑和设计，所以专用的单片机具有十分明显的综合优势。

　　随着单片机应用的广泛和深入，各种专用单片机芯片将会越来越多，并且必将成为今后单片机发展的一个重要方向。但是，无论专用单片机在应用上有多么"专"，其原理和结构都是以通用单片机为基础的。

1.4　Atmel 公司生产的单片机

　　如上所述，单片机的生产厂家多，品种多。世界上较为著名的单片机生产厂家有 Atmel、NXP Semiconductors（原 Freescale）、Microchip、Infineon Technologies、ST microelectronic、Toshiba、Zilog、TI、NS 公司等，品种总量已经超过 1000 多种，真正是百家争鸣，百花齐放。读者不可能，也没有必要学习全部类型单片机。考虑到以标准 8051/52 为内核的单片机，如 Atmel 的 AT89 系列、NXP 的 LPC 系列、ST microelectronic 的 μPSD 系列单片机，几乎占了 8 位单片机 50% 的市场份额。本书以国内比较流行的 AT89S51/52 为主线介绍单片机的基本结构、指令系统和编程技术以及应用系统开发技术。本节对 Atmel 单片机做概要介绍，使读者对单片机有初步了解。

1.4.1　以 8051 为内核的 8 位单片机

　　以 8051 为内核的 Atmel 单片机可分为 7 大类：

1）具有 ISP（In-System Programmable）Flash 存储器的通用 8 位单片机。

2）具有 ISP Flash 存储器的通用 8 位单周期内核单片机。

3）具有 Flash 存储器的通用 8 位单片机。

4）具有 CAN 网络接口的 8 位单片机。

5）具有 USB 接口的 8 位单片机。

6）照明控制单片机。

7）无 ROM 单片机。

　　其中，具有 ISP Flash 存储器的通用 8 位单片机种类齐全，品种丰富，入门容易，使用方便，不用拔插芯片可对其进行编程，内部资源多，具有看门狗定时器，有空闲模式和掉电模式两种节电方式，功耗低，程序安全性高，在国内有数量众多的用户，已经初步具备了嵌入式系统的特征，适合于比较简单的应用系统；单周期内核单片机其速度要比标准 8051 快得多，而指令和标准 51 兼容，也受到广大科技人员的喜爱。下面主要介绍 Atmel 的第 1 种类型的单片机，即 AT89 系列单片机。要了解其他类型的单片机详情，读者可登录 www. atmel. com。

　　AT89 系列单片机的内部功能、引脚数量和排列方式、指令系统与 MCS-51 系列单片机完全兼容，因此，对于以 MCS-51 系列产品为基础的应用系统而言，十分容易进行替换。AT89 系列有庞大的家族系列，每一系列下都有多个型号。总的来说，AT89 系列单片机可分为低档型、标准型、高档型 3 个系列。

1. 低档型 AT89 系列单片机的基本特性

　　低档型 AT89 系列单片机主要有两个型号：AT89S2051 和 AT89S4051。低档型单片机是在标准型单片机基础上，为了适应一些简单的控制系统的需要而适当地减少一些功能部件，形成体积更加小巧、功能简化、价格低廉的单片机。AT89S2051 的主要特性为：与 MCS-51 兼容；2KB 的 ISP 程序存储器——串行接口下载；运行电压为 2.7 ~ 5.5V；全静态操作模式，0 ~ 24MHz；两级程序存储器锁；256 × 8 内部 RAM；15 条可编程 I/O 线；两个 16 位定时器/计数器；6 个中断源；可编程串行 UART；直接驱动 LED；可选择中断的在片模拟比较器；8 位 PWM；低功耗空闲模式和掉电模式；掉电复位；具有帧错误检测和自动寻址识别的增强型 UART；内部上电复位；从掉电模式中断可恢复；可选择的 ×2 时钟选项；4 级增强型中断控制器；掉电标志；灵活的编程方式；用户签名标志页（32B）。

　　图 1-5 是 AT89S2051 的引脚排列。

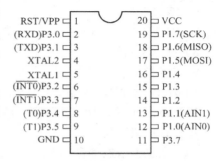

图 1-5　AT89S2051 的引脚排列

　　AT89S4051 单片机和 AT89S2051 单片机的引脚完全相同，只是内部的 ISP Flash 由 2KB 变为 4KB。

2. 标准型 AT89 系列单片机的基本特性

　　标准型 AT89 系列单片机包括 AT89S51、AT89S52、AT89S8253，以及欠电压型号 AT89LS51、AT89LS52。由于标准型 AT89 系列单片机与 MCS-51 完全兼容，又有着优良特性以及较高的性价比，因此，成为 AT89 系列单片机家族的主流机型。AT89S51 的主要工作特性如下：与 MCS-51 兼容；4KB 的 ISP 程序存储器——串行接口下载；运行电压为 4.0 ~ 5.5V；全静态操作模式，0 ~ 33MHz；3 级程序存储器锁；128 × 8 内部 RAM；32 条可编程 I/O 线；两个 16 位定时器/计数器；6 个中断源；全双工串行 UART；低功耗空闲模式和掉电模式；从掉电模式中断可恢复；看门狗定时器；双数据指针；掉电标志；灵活的编程方式。

　　AT89S52 除程序存储器为 8KB、内部 RAM 为 256B、定时器由两个增加到 3 个、中断源由 6 个增加到 8 个、中断矢量由 5 个增加到 6 个之外，其他和 AT89S51 基本相同。而 AT89S8253 的程序存储器有 12KB。AT89LS51、AT89LS52 除工作电压为 2.7 ~ 4.0V 外，其他特性和 AT89S51、AT89S52 类似。

3. 高档型 AT89 系列单片机的基本特性

　　高档型 AT89 系列单片机约有 10 个型号，主要包括 AT89C51RE2、AT89C51RD2、AT89C51RC2、AT89C51RB2、AT89C51ID2、AT89C51IC2、AT89C51ED2、AT89C51AC3、AT89C51AC2、AT89C5115。限于篇幅，只给出 AT89C51RD2 的主要特性，读者不难从中体会到功能的强大。

1）与 80C52 兼容；6 个 8 位 I/O 端口（64 引脚和 68 引脚）；4 个 8 位 I/O 端口（44 引脚）；256B RAM；4 个优先级 9 个中断源；电源内部监控。

2）2048B Boot ROM，包含低级别的 Flash 编程例程和默认的串行装载器。

3）高速架构。

① 在标准模式：

40MHz（VCC 在 2.7 ~ 5.5V 之间，执行内部和外部代码）。

60MHz（VCC 在 4.5 ~ 5.5V 之间，仅执行内部代码）。

② 在 ×2 模式：

20MHz（VCC 在 2.7 ~ 5.5V 之间，执行内部和外部代码）。

30MHz（VCC 在 4.5 ~ 5.5V 之间，仅执行内部代码）。

4）64KB 在片 Flash 程序/数据存储器。

5）在片 1792B 扩展 RAM。

6）双数据指针。

7）对于慢速 RAM 或外设的可变长度 MOVX 指令。

8）键盘中断接口。

9）SPI 接口。

10）8 位时钟预标定器。

11）16 位可编程计数器阵列：高速输出；比较/捕获；脉冲宽度调制；看门狗定时器。

12）异步端口复位。

13）全双工增强型 UART。

14）低 EMI（禁止 ALE）。

15）硬件 Watchdog Timer。

16）空闲模式和节电模式。

17）电压为 2.7 ~ 5.5V。

1.4.2　精简指令集 AVR 单片机

AVR 单片机是 1997 年由 Atmel 公司研发出的增强型内置 Flash 的 RISC 高速 8/16/32 位单片机。AVR 单片机可以广泛应用于计算机外围设备、工业实时控制、仪器仪表、通信设备、家用电器等各个领域。AVR 单片机的主要特点是高可靠性、高速度、低功耗和低价位。在相同的系统时钟下 AVR 单片机运行速度最快；芯片内部的 Flash、E^2PROM、SRAM 容量较大；支持在线编程烧写（ISP）；内置多种频率的内部 RC 振荡器、上电自动复位、看门狗、启动延时等电路，零外围电路也可以工作；每个 I/O 口都可以用推挽驱动的方式输出高、低电平，驱动能力强；内部资源丰富，一般都集成 A-D、D-A 转换器、PWM 输出通道、SPI 接口、UART 接口、I^2C 通信接口；中断资源丰富；可用 C 语言编程；适合于中等规模的嵌入式系统。

例如，AVR 单片机 ATmega6490，内有 64KB ISP Flash 存储器，4KB SRAM，2KB E^2PROM，4 × 40 LCD 段驱动，68 可编程 I/O 线，8 通道 10 位 A/D 转换器，JTAG 接口在线调试，供电电压为 2.7 ~ 5.5V，在 16MHz 时运行速度可达 16MIPS，外部中断源可达 32，两个 SPI 接口，1 个 I^2C 接口，1 个 UART 接口，4 个 PWM 通道。读者不难体会其功能强大。

限于篇幅，AVR 单片机的详细功能请参阅相关文献。

1.4.3　基于 ARM 的 32 位单片机

根据 2012 年 8 月 Atmel 发布的产品，除了早期的基于 ARM 的 32 位单片机 AT91 系列，最新的基于 ARM 的 32 位单片机共有 15 个系列，从 SAM3N 到 SAM9M，广泛应用于中高档各类嵌入式系统。为节省篇幅，这里仅给出 SAM3N 的模块图，如图 1-6 所示。

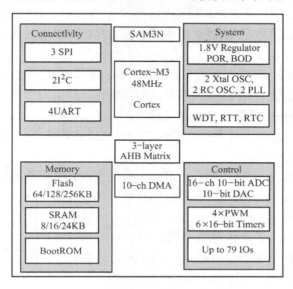

图 1-6　SAM3N 的模块图

1.5　嵌入式系统中的操作系统

1.5.1　嵌入式操作系统

由于硬件的限制，在使用单片机设计嵌入式系统的初期，程序设计人员得到的是只有硬件系统的"裸机"，没有任何类似于操作系统的软件作为开发平台，对 CPU、RAM 等硬件资源的管理工作都必须由程序员自己编写程序来完成，从而使程序员的工作十分辛苦，并且使应用程序的开发效率极低。所以那时从事嵌入式系统开发的人员都期望能有一个支持嵌入式系统开发的系统软件。

当前，由于技术的进步，单片机系统硬件的规模越来越大，功能越来越强，从而给运行嵌入式操作系统提供了物质保证，于是就出现了很多具有不同应用特点的操作系统。

运行在嵌入式硬件平台上，对整个系统及其所操作的部件、装置等资源进行统一协调、指挥和控制的系统软件叫作嵌入式操作系统。由于嵌入式操作系统的硬件特点、应用环境的多样性和开发手段的特殊性，使它与普通的操作系统有着很大的不同。其主要特点如下：

1）微型化。嵌入式系统芯片内部存储器的容量通常不会很大（1MB 以内），一般也不配置外存，加上电源的容量较小（常用电池甚至微型电池供电）以及外围设备的多样化，因而不允许嵌入式操作系统占用较多的资源，所以在保证应用功能的前提下，嵌入式操作系统的规模越小越好。

2）可裁剪性。嵌入式操作系统运行的硬件平台多种多样，其宿主对象更是五花八门，所以要求嵌入式操作系统中提供的各个功能模块可以让用户根据需要选择使用，即要求它具有良好的可裁剪性。

3）实时性。目前，嵌入式系统广泛应用于生产过程控制、数据采集、传输通信等场合，这些应用的共同特点就是要求系统能快速响应事件，因此要求嵌入式操作系统要有较强的实时性。

4）高可靠性。嵌入式系统广泛应用于军事武器、航空航天、交通运输、重要的生产设备领域，所以要求嵌入式操作系统必须有极高的可靠性，对关键、要害的应用还要提供必要的容错和防错措施，以进一步提高系统的可靠性。

5）易移植性。为了适应多种多样的硬件平台，嵌入式操作系统应在不做大量修改的情况下稳定地运行于不同的平台。

按嵌入式操作系统的应用范围划分，可分为通用型嵌入式操作系统和专用型嵌入式操作系统。通用型嵌入式操作系统可用于多种应用环境，例如常见的 Windows CE、VxWorks、μCLinux 及本书第 11 章要介绍的 RTX 等；专用型嵌入式操作系统则用于一些特定的领域，例如移动电话的 Symbian、Android、手持数字设备（PDA）的 Palm OS 等。

由于嵌入式系统存储器的容量较小，因此嵌入式系统的软件一般只有操作系统和应用软件两个层次。嵌入式操作系统在系统中的地位如图 1-7 所示。

图 1-7　嵌入式操作系统在
系统中的地位

按对外部事件的响应能力来分类，嵌入式操作系统有实时操作系统和分时操作系统两类。

1.5.2　实时操作系统

实时含有立即、及时之意。如果操作系统能使计算机系统及时响应外部事件的请求，并能及时控制所有实时设备与实时任务协调运行，且能在一个规定的时间内完成对事件的处理，那么这种操作系统就是一个实时操作系统（Real Time Operation System，RTOS）。对实时系统有两个基本要求：第一，实时系统的计算必须产生正确的结果，称为逻辑或功能正确（Logical or Functional Correctness）；第二，实时系统的计算必须在预定的周期内完成，称为时间正确（Timing Correctness）。

实时操作系统又分为强实时操作系统和弱实时操作系统两种。如果要求系统必须在极严格的时间内完成实时任务，那么这样的系统就叫作强实时操作系统。对于强实时操作系统来说，超过截止时间计算出来的正确结果和错误的计算结果都是不能容忍的，因为事故已经发生了，结果再正确也没有什么用途了。

相对来说，如果系统完成实时任务的截止时间要求不是十分严格，那么这种系统就叫作弱实时操作系统。也就是说，弱实时操作系统对于计算超时具有一定的容忍度，超过允许计算时间得到的运算结果不会完全没有用途，只是这个结果的可信度要有某种程度的降低。

综上所述，一个系统的实时性除了需要硬件的保证之外，还需要操作系统的保证，即无论在什么情况下，操作系统完成任务所用的时间应该是在应用程序设计时就可预知的。

1.5.3　分时操作系统

如果操作系统按管理的任务数把 CPU 分成若干个时间片，将每个时间片分配给一个任务，CPU 按时间片轮流执行这些任务，那么这种操作系统就叫作分时操作系统。

1.5.4　嵌入式实时操作系统需要满足的条件

1. 多任务

计算机在执行应用程序时，经常要用 I/O 设备进行数据的输入和输出，而 I/O 设备在工作时总是需要一段时间的。于是在 I/O 设备工作期间，如果 CPU 没有其他任务，那么就只能等待，因此就会使计算机运行应用程序所花的时间比较长，也就是说，这种系统的实时性较差。

如果把一个大任务分解成多个可并行运行的小任务，那么在一个任务需要等待 I/O 时，就可以交出对 CPU 的使用权，而让 CPU 去运行其他任务，这样就可以大大提高 CPU 的利用率。当然，系统完成任务所花的时间就会大大减少，从而给提高系统的实时性能创造了条件。除此之外，多任务系统还带来了另外一个优点，即它可以让程序员把一个大的应用程序分成相对独立的多个任务来完成，从而给应用程序的设计和维护提供极大的方便。由于多任务的诸多优点，因此现在的嵌入式实时操作系统都是多任务系统。

2. 内核的类型

由于嵌入式系统中只有一个 CPU，因此在一个具体时刻只能允许多个任务中的一个任务使用 CPU。根据系统中的任务获得使用 CPU 的权力的方式，多任务实时操作系统的内核分为可剥夺型和不可剥夺型两种类型。但无论在哪种类型的内核中，每个任务都必须具有一个唯一的优先级别来表示它获得 CPU 的权力。

不可剥夺型内核也称作合作型多任务内核。在这种内核中，总是优先级别高的任务最先获得 CPU 的使用权。为防止某个任务始终霸占 CPU 的使用权，这种内核要求每个任务必须能主动放弃 CPU 的使用权。

由于可剥夺型内核实时性较好，所以目前大多数嵌入式实时操作系统是可剥夺型内核。

3. 任务的切换时间

既然是多任务系统，那么就有任务之间的切换，操作系统的调度器就是做这项工作的。调度器在进行任务切换时当然需要一段时间，因此这段时间的长短也是影响系统实时性的一个重要因素。为了使应用程序的设计者可以计算出系统完成某一个任务的准确执行时间，要求作为进行任务切换的调度器的运行时间应该是固定的，即调度器进行任务切换所用的时间不能受应用程序中其他因素（例如任务数目）的影响。

4. 中断延时

外部事件的发生常常以一个中断申请信号的形式来通知 CPU，然后才运行中断服务程序来处理该事件。CPU 响应中断到 CPU 转向中断服务程序之间所用的时间叫作中断延时。显然，中断延时会影响系统的实时性。因此，缩短中断延时也是实时操作系统需要解决的一项课题。

1.5.5　嵌入式操作系统的现状

面对嵌入式系统的巨大应用领域和诱人的前景，世界上各大软件开发公司、厂商甚至个人都纷纷开发出各具特色的嵌入式操作系统。目前比较常见的嵌入式操作系统有风河公司的 VxWorks、pSOS，微软公司的 Windows CE，QNX 公司的 QNX OS；在手持设备嵌入式操作系统中，三分天下的 Plam、Windows CE、EPOC 等，但是使用这些商业操作系统是需要高昂的费用的。面对这种情况，一些组织和个人也开发了一些免费的、源码开放的操作系统，在互联网发布，其中比较有名的是 μC Linux 和 μC/OS-Ⅱ。

本书限于篇幅，在第 11 章仅介绍了 Keil 自带的在 51 单片机内核上运行的 RTXtiny 小型实时操作系统。

1.6　嵌入式系统和单片机发展趋势

嵌入式系统和单片机在现代生活和工业生产中将得到更广泛的应用。没有哪一个行业不能使用嵌入式系统和单片机，没有哪一个行业不需要使用嵌入式系统和单片机，没有哪一个行业没有嵌入式系统和单片机的身影。在日常生活方面，洗衣机、电冰箱、空调器、电饭煲、电视机、音响、影碟机、照相机、游戏机、电话机、移动电话等内部都包含嵌入式系统，至少有一个单片机。在汽车上，除发动机的控制要用单片机和嵌入式系统，电动门窗、可升降座椅、安全气囊、防抱死系统（ABS）、防盗报警器、可移动通信设备等都要用到单片机和嵌入式系统。在办公自动化方面，复印机、打印机、绘图仪、传真机等都是单片机应用的例子。在工业界，智能化仪表、机器人、生产过程的自动控制以及任何温度、压力、流量的测量与控制，都离不开单片机。医疗仪器与机械、农业、化工、军事、航天等各个领域，也都离不开单片机。

因此，作为一名信息社会的大学生和科技人员，必须掌握单片机嵌入式系统的原理和应用技术，把握嵌入式系统的发展趋势。

1. 单片机的 SoC 化

单片机内部可以集成越来越多的内置部件，常用的存储器、串行接口、并行接口、定时器、专用外围接口电路、语音、图像部件均可集成到单片机中，构成片上系统，简化系统设计，也提高了系统电磁兼容性。

2. 多处理器内核

随着嵌入式系统的深入应用，特别是在数字通信、复杂控制中的应用，对处理器提出了更高要求，多核结构的处理器就是为适应这种情况而出现的。如 1.3 节所述，飞思卡尔的 S12X 单片机为 16 位双核单片机，MPC5510 单片机为 32 位双核单片机，英飞凌 AURIX 系列

单片机是 3 核单片机。

3. 功耗更低

单片机的功耗越来越小，有很多种工作方式，包括等待、暂停、休眠、空闲、节电等工作方式，例如 AT89S52 空闲状态下的电流为 6.5mA，而在节电方式下只有 50μA，很多单片机还允许在低振荡频率下以极低的功耗工作。

4. 工作电压范围更宽

扩大电源电压范围以及在较低的电压下仍能工作是现在单片机的一个特点，例如 AT89S52 单片机的电压范围为 4.0 ～ 5.5V，有些产品可在 2.7～6V 的范围内工作。飞思卡尔针对长时间处在待机模式的装置所设计的超省电 RS08KA/B 系列，把可工作电压降低到 1.8V，可工作电压范围为 1.8～5.5V。

5. 超小型化

在一些比较简单的设备或系统（例如简单的家电设备、智能化仪器仪表、小单元报警系统等）的控制，并不需要功能特强的单片机来实现，只需要满足控制的需求即可，因此一些功能相对简单、体积更小、功耗小、价格低廉的单片机有着广阔的市场空间。超小型的单片机已成为单片机家族的重要组成部分。

6. 存储器容量的进一步增加和存储器本身技术水平的提高

16 位单片机中 ROM 和 RAM 的容量进一步增大，如飞思卡尔 16 位单片机 MC9S12UF32 具有 32KB 的 Flash E^2PROM、3.5KB 的 RAM，EPROM、E^2PROM、Flash 存储器普遍应用在各种型号的单片机中。特别是 Flash 存储器的使用，使擦除和编程完全是电气在系统实现，大大提高了编程和擦写的速度。

7. 微巨机的单片化

美国在 1992 年研发了 i80860 超级单片机，这是一个功能极其强大的单片机，其 CPU 的运算速度达到了 1.2 亿次/s，可实现 32 位的整数运算和 64 位的浮点运算，芯片内集成有一个三维图形处理器，i80860 超级单片机配以必要的外设可组成一个超级图形工作站。可以这样认为，随着超大规模集成电路制造水平和工艺的不断发展和提高，今日的高级台式计算机和便携式计算机会在不远的将来被单片化的计算机取代。

本 章 小 结

计算机系统可分为通用计算机系统和嵌入式计算机系统。通用计算机系统市场份额约为 1%；嵌入式计算机系统市场份额约为 99%。嵌入式计算机系统是面向产品、面向用户、面向应用的，有具体的市场定位，其软硬件是可裁剪的。嵌入式计算机系统包括嵌入式处理器、单片机、DSP、专用系统处理器。单片机的类型主要有 8 位、16 位、32 位单片机；CISC 和 RISC 单片机；单核、双核、多核单片机；JTAG 接口在线调试单片机；总线型单片机和非总线型单片机；专用型单片机。嵌入式计算机系统中的操作系统有强实时、弱实时、分时操作系统。嵌入式操作系统是多任务且大多数是可剥夺内核的。

习题与思考题

1. 说明 Atmel 8/16/32 位单片机有哪些典型产品，它们有何区别？

2. 登录飞思卡尔、恩智浦、德州仪器等公司网站，了解相应的产品及其特性。

3. 举出你用过的嵌入式系统和单片机产品，说明其工作原理。

4. 简述嵌入式操作系统和普通操作系统的区别。

5. 了解嵌入式操作系统 Symbian、Android 的主要特性和使用要求。

6. 上网查找有关 I^2C、SPI、UART、JTAG 的资料，说明其使用场合与优点。

7. 解释 ROM、OTPROM、EPROM、E^2PROM、Flash、RAM 的意义。

8. 查找资料，说明嵌入式系统和单片机的历史、现状和发展趋势。

第 2 章　8051 单片机的结构体系

2.1　8051 单片机的主要特性

8051 系列单片机芯片，其主要特征如下：

1）针对控制应用而优化的 8 位 CPU。

2）128B 的片上数据 RAM。

3）64KB 的数据存储器寻址空间。

4）64KB 的程序存储器寻址空间。

5）4KB 的片上程序存储器（8031 无）。

6）两个 16 位定时器/计数器。

7）32 根双向和单独可寻址的 I/O 线。

8）一个全双工的 UART。

9）两个优先级的 5 向量中断结构。

10）211 位可寻址空间。

11）4μs 乘法/除法指令。

12）片上时钟振荡器。

13）工作电压 4.0~5.5V。

8051 系列的其他型号提供不同大小的片上 ROM/EPROM/ISP Flash、片上 RAM 或者 3 个定时器的组合，见表 2-1。目前，以 8051 为内核的各种 Flash 单片机占据 8 位单片机市场很大份额，如 Atmel 的 ISP Flash 系列单片机 AT89S×× 系列。本书主要以 8051 内核为基础，结合 AT89S51/52 机型，介绍单片机和嵌入式系统的基本原理和应用技术。

表 2-1　8051 系列单片机的比较

型　　号	片上程序存储器	片上数据存储器	定时器
8031/32	0	128B/256B	2/3
8051/52	4KB/8KB ROM	128B/256B	2/3
8751/52	4KB/8KB EPROM	128B/256B	2/3
89C51/52	4KB/8KB ISP Flash（并行编程）	128B/256B	2/3
89S51/52	4KB/8KB ISP Flash（串/并行编程）	128B/256B	2/3

2.2　8051 单片机的内部结构

8051 系列单片机是在一块芯片中集成了 CPU、RAM、ROM、输入/输出接口、系统总线等微型计算机基本部件的 8 位单片机，其内部结构如图 2-1 所示，主要包括：

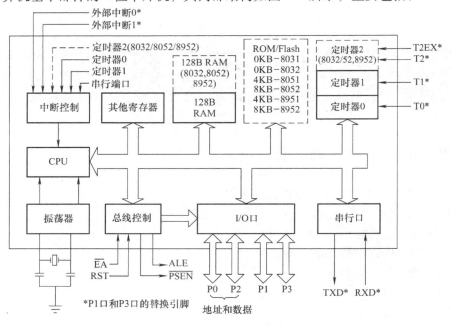

图 2-1　8051 的内部结构

（1）CPU　8051 单片机中有一个 8 位 CPU，是单片机的核心，由运算器和控制器构成。运算器包括算术逻辑单元（ALU）、累加器（ACC）、寄存器 B、程序状态字 PSW、十进制调整电路等部件，实现数据的算术逻辑运算、位变量处理和数据传送等操作。控制器包括定时控制逻辑（时钟电路、复位电路）、指令寄存器、指令译码器、程序计数器（PC）、堆栈指针（SP）、数据指针寄存器（DPTR）以及信息传送控制等部件，其主要功能是对指令码进行译码，然后在时钟信号作用下，使单片机的内外电路能够按一定的时序协调有序地工作，执行译码后的指令。

（2）内部数据存储器（RAM）　8051 系列单片机内部有 128B（8052 子系列有 256B）RAM，用来存放程序在运行期间的工作变量、运算的中间结果、数据暂存和缓冲、标志位等。

（3）内部 ROM/EPROM/Flash/ISP Flash　8031 无此部件；8051 系列单片机片内有 4KB 的掩膜 ROM；8751 则为 4KB 的 EPROM；89S52 为 ISP（In System Program）的免拔插电气可编程 8KB Flash 存储器，用来存放程序、原始数据或表格。如果片内只读存储器容量不够，则需扩展片外只读存储器。片外只读存储器最多可扩展至 64KB。

（4）定时器　8051 系列单片机内部有两个 16 位定时器 T0、T1，有 4 种工作方式。89S52 不仅有定时器 T0 和 T1，还有定时器 T2、看门狗定时器。通过编程，T0、T1 还可用作 13 位或 8 位定时器。

（5）并行口　8051 单片机内部共有 4 个输入输出口，一般称为并行 I/O 口，即 P0、P1、P2、P3 口，每个口都是 8 位。对于没有程序存储器的 8031 单片机，需用 P0 口作为低 8 位地址/数据线分时复用，即相当于计算机的 AD0 ~ AD7，而 P2 口作为高 8 位地址 A8 ~ A15。P3 口各个引脚又有不同的第二功能，例如读、写控制信号等。对 8051 单片机而言，P1 口一般可作为通用 I/O 口使用；对于 8052 单片机，P1.0 作为定时器 T2 的外部计数输入，

P1.1 是定时器/计数器 T2 捕捉/重装操作的控制信号；对于 89S×× 系列单片机，P1.5、P1.6、P1.7 还是 Flash 串行编程操作的接口端。

（6）串行口 8051 系列单片机有一个全双工的串行 I/O 口，以完成单片机和其他计算机或通信设备之间的串行数据通信，单片机只用 P3 口的 RXD 和 TXD 两个引脚进行串行通信。

（7）中断系统 8051 系列单片机内部有很强的中断功能，以满足控制应用的需要。它共有 5 个中断源，即外部中断源两个，定时器/计数器中断源两个，串行中断源一个。

（8）CPU 内部总线和外部总线 CPU 通过内部的 8 位总线与各个部件连接，并通过 P0 口和 P2 口形成内部 16 位地址总线连接到内部 ROM 区。从图 2-1 可看到外部三总线：它是由 P0 口组成的数据总线 DB（与低 8 位地址总线分时复用）；由 P0 口和 P2 口组成的 16 位地址总线（AB）（P0 口分时）；由，$\overline{PSEN}$，$\overline{EA}$，ALE 和 P3 口部分引脚（读信号及写信号）组成的控制总线（CB）。

（9）布尔处理器 由片内 RAM 的 20H~2FH 共 16 个单元的 128 位，11 个 SFR 中的 83 位组成的 211 位布尔处理器，可完成位运算等任务。8052 增加可寻址位 SFR 一个，可寻址位增加 8 位。

2.3 8051 单片机的引脚

8051/8052/8952 单片机的引脚完全兼容。8051 的封装主要有 3 种：PDIP（Plastic Dual-In-Line-Package），PLCC（Plastic Leaded Chip Carrier），TQFP（Thin Quad Flat Package）。

图 2-2 是 8051 的引脚图和逻辑图，PDIP 封装有 40 条引脚，2 个专用于主电源的引脚，2 条外接晶体的引脚，4 条控制或与其他信号复用的引脚，32 条 I/O 引脚。下面介绍 8051 单片机引脚的功能。

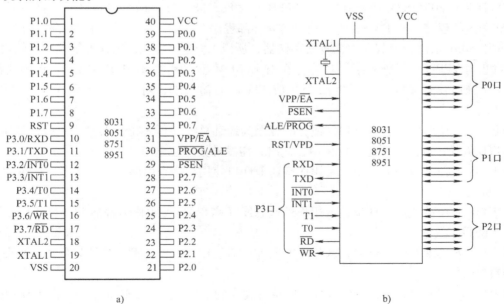

图 2-2 8051 的引脚图和逻辑图
a）PDIP b）逻辑图

（1）主电源引脚 VCC 和 VSS　PDIP 封装的 8051 的主电源引脚为 40（VCC）脚和 20（VSS）脚，通常，VSS 接地，VCC 在正常操作、对 EPROM/ISP Flash 编程和验证时接 5V 电源。

（2）外接晶体引脚 XTAL1 和 XTAL2　XTAL1 为内部振荡电路反相放大器的输入端，是外接晶体的一个引脚。当采用外部振荡器时，XTAL1 引脚应接地。XTAL2 为内部振荡电路反相放大器的输出端，接外部晶体的另一引脚。采用外部振荡器时，XTAL2 引脚接收振荡器的信号，即把此信号直接接到内部时钟发生器的输入端。另外，当采用内部振荡器时，XTAL1、XTAL2 和 VSS 之间需分别接一只 30pF 的电容。

（3）引脚 RST　当振荡器运行时，在 RST 引脚上出现两个机器周期的高电平将使单片机复位。推荐在 RST 引脚与 VSS 引脚之间连接一个约 8.2kΩ 的下拉电阻，与 VCC 引脚之间连接一个约 10μF 的电容，以保证可靠的复位。

（4）引脚 $\overline{PROG}$/ALE　当访问外部存储器时，ALE（允许地址锁存）的输出用于锁存地址的低位字节高电平有效，下降沿锁存。即使不访问外部存储器，ALE 端仍以不变的频率周期性地出现正脉冲信号，此频率为振荡器频率的 1/6。因此，它可用作对外输出的时钟，或用于定时目的。然而要注意的是：每当访问外部数据存储器时，将跳过一个 ALE 脉冲。ALE 端可以驱动（吸收或输出电流）8 个 LSTTL。

对于 EPROM Flash 型单片机，在 EPROM Flash 编程期间，ALE/$\overline{PROG}$ 引脚用于输入编程脉冲（$\overline{PROG}$）。

（5）引脚 $\overline{PSEN}$　外部程序存储器的读选通信号。在取外部程序存储器指令（或常数）期间，每个机器周期两次 $\overline{PSEN}$ 有效。但在此期间内，每当访问外部数据存储器时，这两次有效的 $\overline{PSEN}$ 信号将不出现。$\overline{PSEN}$ 同样可以驱动（吸收或输出电流）8 个 LSTTL。

（6）引脚 VPP/$\overline{EA}$　当 $\overline{EA}$ = 1 时，访问内部程序存储器，但在 PC（程序计数器）值超过 0FFFH（对 8051/8751/89S51）或 1FFFH（对 8052/89S52）时，将自动转向执行外部程序存储器内的程序。当 $\overline{EA}$ = 0 时，则只访问外部程序存储器，不管是否有内部程序存储器。

对于 8031 来说，因其无内部程序存储器，所以 $\overline{EA}$ 必须接地，选择外部程序存储器。

VPP 为 VPP/$\overline{EA}$ 引脚的第二功能。在对 EPROM 型单片机 8751 片内 EPROM 固化编程时，用于施加较高编程电压（例如 21V 或 12V）的输入端，对于 89S51 则 VPP 编程电压为 12V。

P0 口：8 位双向三态 I/O 口，或分时复用为地址总线（低 8 位）及数据总线，可驱动 8 个 LSTTL 负载；或作为普通 I/O 使用，此时，需要外接上拉电阻。

P1 口：8 位准双向 I/O 口，常用作普通 I/O 口使用，个别引脚有第二功能，可驱动 4 个 LSTTL 负载。

P2 口：8 位准双向 I/O 口，或用作地址总线（高 8 位），或作为普通 I/O 口使用，可驱动 4 个 LSTTL 型负载。

P3 口：8 位准双向 I/O 口，或作为普通 I/O 口使用；或作为第二功能口使用，可驱动 4 个 LSTTL 负载。

P1 口、P2 口、P3 口各 I/O 口线片内均有固定的上拉电阻，当这 3 个准双向 I/O 口作输入口使用时，要向该口先写 "1"。另外，准双向 I/O 口无高阻的 "浮空" 状态。P0 口各口线内无固定上拉电阻，由两个 MOS 管串接，既可开漏输出，又可处于高阻的 "浮空" 状

态，故称为双向三态 I/O 口。

至此，8051 单片机的 40 只引脚已介绍完毕，读者应熟记每一个引脚的功能，这对于今后的 8051 单片机的应用设计工作是十分重要的。

2.4　8051 单片机的微处理器

8051 单片机的微处理器是由运算器和控制器构成的。

2.4.1　运算器

运算器主要用来对操作数进行算术、逻辑运算和位操作。主要包括算术逻辑运算单元 ALU、累加器 A、寄存器 B、位处理器、程序状态字寄存器 PSW 以及 BCD 码修正电路等。

（1）算术逻辑运算单元 ALU　ALU 的功能十分强大，它不仅可对 8 位变量进行逻辑与、或、异或、循环、求补和清零等基本操作，还可以进行加、减、乘、除等基本算术运算。ALU 还具有一般微计算机 ALU 所不具备的功能，即位处理操作，它可对位变量进行处理，如置位、清零、求补、测试转移及逻辑与、或等操作。

（2）累加器 A　累加器 A 是一个 8 位的累加器，是 CPU 中使用最频繁的一个寄存器，也可写为 ACC。累加器的作用是：累加器 A 是 ALU 单元的输入之一，因而是数据处理源之一，但它又是 ALU 运算结果的存放单元；CPU 中的数据传送大多都通过累加器 A，故累加器 A 又相当于数据的中转站。由于数据传送大多都通过累加器 A，故累加器容易产生"堵塞"现象，也即累加器结构具有的"瓶颈"现象。8051 单片机增加了一部分可以不经过累加器的传送指令，这样，既可加快数据的传送速度，又减少了累加器的"瓶颈堵塞"现象。

累加器 A 的进位标志 CY 是特殊的标志位，它同时又是位处理器的位累加器。

（3）寄存器 B　寄存器 B 是为执行乘法和除法操作设置的。乘法中，ALU 的两个输入分别为 A、B，运算结果存放在 BA 寄存器对中。B 中放乘积的高 8 位，A 中放乘积的低 8 位。

除法中，被除数取自 A，除数取自 B，商存放在 A 中，余数存放于 B。

在不执行乘、除法操作的情况下，可把寄存器 B 当作普通寄存器使用。

（4）程序状态字寄存器 PSW　8051 单片机的程序状态字寄存器（Program Status Word，PSW），是一个 8 位可读写的寄存器，位于单片机片内的特殊功能寄存区，字节地址为0D0H。PSW 的不同位包含了程序运行状态的不同信息，掌握并牢记 PSW 各位的含义是十分重要的，因为在程序设计中，经常会与 PSW 的各个位打交道。程序状态字寄存器 PSW 的格式如图 2-3 所示。

	D7	D6	D5	D4	D3	D2	D1	D0
PSW	CY	AC	F0	RS1	RS0	OV	—	P

图 2-3　程序状态字寄存器 PSW 的格式

PSW 中各个位的功能如下：

CY（PSW.7）进位标志位：在执行算术和逻辑指令时，CY 可以被硬件或软件置位或清除，在位处理器中，它是位累加器。CY 也写为 C。

AC（PSW.6）辅助进位标志位：当进行 BCD 码的加法或减法操作而产生的由低 4 位数（代表一个 BCD 码）向高 4 位进位或借位时，AC 将被硬件置 1，否则被清 0。AC 被用于十进位调整，同 DA 指令结合起来用。

F0（PSW.5）标志位：它是由用户使用的一个状态标志位，可用软件置1或清0，也可由软件来测试标志F0以控制程序的流向。编程时，该标志位特别有用。

RS1、RS0（PSW.4、PSW.3）4组工作寄存器区选择控制位1和位0，这两位用来选择4组工作寄存器区中的哪一组为当前工作寄存区（4组寄存器在单片机内的RAM区中，将在本章稍后介绍），它们与4组工作寄存器区的对应关系见表2-2。

OV（PSW.2）溢出标志位：当执行算术指令时，由硬件置1或清0，以指示运算是否产生溢出。

PSW.1位，该位是保留位，未用。

表2-2　工作寄存器区选择控制位1和位0定义

RS1	RS0	工作寄存器区
0	0	0
0	1	1
1	0	2
1	1	3

P（PSW.0）奇偶标志位：该标志位用来表示累加器A中为1的位数的奇偶数。P=1，则累加器A中"1"的位数为奇数；P=0，则累加器A中"1"的位数为偶数。

奇偶标志位对串行口通信中的数据传输有重要的意义，常用奇偶检验的方法来检验数据传输的可靠性。

2.4.2　控制器

控制器是单片机的指挥控制部件，控制器的主要任务是识别指令，并根据指令的性质控制单片机各功能部件，从而保证单片机各部分能自动而协调地工作。

单片机执行指令是在控制器的控制下进行的。首先从程序存储器中读出指令，送指令寄存器保存，然后送指令译码器进行译码，译码结果送定时控制逻辑电路，由定时控制逻辑产生各种定时信号和控制信号，再送到单片机的各个部件进行相应的操作。这就是执行一条指令的全过程，执行程序就是不断地重复这一过程。

控制器主要包括程序计数器、程序地址寄存器、指令寄存器IR、指令译码器、条件转移逻辑电路及时序控制逻辑电路。

1. 程序计数器（Program Counter，PC）

程序计数器存放着下一条将要从程序存储器中取出的指令的地址，是控制部件中最基本的寄存器，是一个独立的计数器。其基本的工作过程是：读指令时，程序计数器将其中的数作为所取指令的地址输出给程序存储器，然后程序存储器按此地址输出指令字节，同时程序计数器本身自动加1，读完本条指令，PC指向下一条指令在程序存储器中的地址。

程序计数器中内容的变化决定程序的流程。程序计数器的宽度决定了单片机对程序存储器可以直接寻址的范围。在8051单片机中，程序计数器是一个16位的计数器，故可对64KB（2^{16}=65 536=64K）的程序存储器进行寻址。

程序计数器的基本工作方式有以下几种：

1）程序计数器自动加1，是最基本的工作方式，也是为何该寄存器被称为计数器的原因。

2）执行有条件或无条件转移指令时，程序计数器将被置入新的数值，从而使程序的流向发生变化。

3）在执行调用子程序指令或响应中断时，单片机自动完成如下的操作：

① PC 的现行值，即下一条将要执行的指令的地址，也即断点值，自动送入堆栈。

② 将子程序的入口地址或中断向量的地址送入 PC，程序流向发生变化，执行子程序或中断子程序。子程序或中断子程序执行完毕，遇到返回指令 RET 或 RETI 时，将栈顶的断点值弹到程序计数器中，程序的流程又返回到原来的地方，继续执行。

2. 指令寄存器 IR、指令译码器及控制逻辑电路

指令寄存器 IR 是用来存放指令操作码的专用寄存器。执行程序时，首先进行程序存储器的读指令操作，也就是根据 PC 给出的地址从程序存储器中取出指令，并送指令寄存器 IR，IR 的输出送指令译码器；然后由指令译码器对该指令进行译码，译码结果送定时控制逻辑电路。定时控制逻辑电路根据指令的性质发出一系列的定时控制信号，控制单片机的各组成部件进行相应的工作，执行指令。

条件转移逻辑电路主要用来控制程序的分支转移。

综上所述，单片机整个程序的执行过程就是在控制部件的控制下，将指令从程序存储器逐条取出，进行译码，然后由定时控制逻辑电路发出各种定时控制信号，控制指令的执行。对于运算指令，还要将运算的结果特征送入程序状态字寄存器 PSW。

2.5　8051 单片机的存储器结构

8051 单片机存储器采用的是哈佛（Harvard）结构，即程序存储器空间和数据存储器空间截然分开，程序存储器和数据存储器各有自己的寻址方式、寻址空间和控制系统。这种结构对于单片机"面向控制"的实际应用极为方便、有利。在 8051/8751/8951 单片机中，不仅在片内集成了一定容量的程序存储器和数据存储器及众多的特殊功能寄存器，而且还具有极强的外部存储器的扩展能力，寻址能力分别可达 64KB，寻址和操作简单方便。8051 存储器空间可划分为程序存储器、内部数据存储器、特殊功能寄存器（Special Function Register, SFR）、位地址空间、外部数据存储器等类。

单片机系统之所以能够按照一定的次序进行工作，主要是程序存储器中存放了经调试正确的应用程序和表格之类的固定常数。程序实际上是一串二进制码，程序存储器可以分为片内和片外两部分。8031 由于无内部程序存储器，所以只能外扩程序存储器来存放程序。

8051 单片机内部有 128B 的随机存取存储器 RAM，作为用户的数据寄存器，它能满足大多数控制型应用场合的需要，用作处理问题的数据缓冲器。

特殊功能寄存器反映了 8051 单片机的状态，实际上是 8051 单片机各功能部件状态及控制寄存器。例如，前面提到的 PSW 程序状态字寄存器，就是一个特殊功能寄存器。掌握理解好 SFR，对于掌握 8051 单片机是十分重要的。SFR 综合地、实际地反映了整个单片机基本的工作状态及工作方式。在单片机中设置 SFR，为程序设计提供了不少方便。

8051 单片机的一个很大优点在于它具有一个功能很强的位处理器。在 8051 单片机的指令系统中，有一个位处理指令的子集，使用这些指令，所处理的数据仅为一位二进制数（0

或 1）。在 8051 单片机内共有 211 个可寻址位，它们存在于内部 RAM（共有 128 个）和特殊功能寄存器区（共有 83 个）中。8052/89S52 单片机增加了 8 个位地址。

当 8051 单片机的片内 RAM 不够用时，可在片外扩充。8051 单片机给用户提供了可寻址 64KB 的外扩 RAM 的能力，至于扩多少 RAM，则用户根据实际需要来定。图 2-4 给出了 8051 存储器的结构，下面分别予以说明。

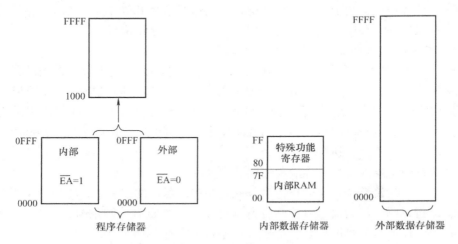

图 2-4　8051 存储器的结构

2.5.1　程序存储器

8051 单片机的程序存储器用于存放应用程序和表格之类的固定常数。可扩充的程序存储器空间最大为 64KB。程序存储器的使用应注意以下两点：

1）整个程序存储器空间可以分为片内和片外两部分，CPU 访问片内和片外程序存储器，可由 $\overline{EA}$ 引脚所接的电平来确定。

$\overline{EA} = 1$，即引脚 $\overline{EA}$ 接高电平时，程序将从片内程序存储器开始执行；当 PC 值超出片内 ROM/EPROM/Flash 的容量时，会自动转向片外程序存储器空间执行程序。

$\overline{EA} = 0$，即引脚 $\overline{EA}$ 接低电平时，单片机只执行片外程序存储器中的程序。

对于片内有 ROM/EPROM/ISP Flash 的 8051/8751/89S51 单片机，应将 $\overline{EA}$ 引脚固定接高电平。8031 无内部程序存储器，应将 $\overline{EA}$ 引脚接固定低电平。

无论从片内或片外程序存储器读取指令，其操作速度都是相同的。

2）程序存储器的某些单元被固定用于中断源的中断服务程序的入口地址。8051 单片机复位后，程序存储器 PC 的内容为 0000H，故系统从 0000H 单元开始取指令，执行程序。程序存储器中的 0000H 地址是系统程序的启动地址，这一点要牢牢记住。一般在该单元存放一条绝对跳转指令，跳向用户设计的主程序的起始地址。

64KB 程序存储器中有 5（8052 系列 6 个）个单元具有特殊用途。5 个（6 个）特殊单元分别对应于 5（6 个）种中断源的中断服务程序的入口地址，见表 2-3。通常在这些中断入口地址处都放一条绝对跳转指令。这是因为，两个中断入口间隔仅有 8 个单元，存放中断服务程序往往是不够用的。

表 2-3　8051 中断服务程序的入口地址

中断名称	入口地址	中断名称	入口地址
外部中断 0（INT0）	0003H	定时器 1 中断（T1）	001BH
定时器 0 中断（T0）	000BH	串行口中断	0023H
外部中断 1（INT1）	0013H	定时器 2 中断（T2，仅 8052）	002BH

在 8051 单片机的指令系统中，同程序存储器打交道的指令仅有两条：MOVC A，@ A + DPTR 和 MOVC A，@ A + PC。

2.5.2　8051 的内部数据存储器

8051 单片机的片内数据存储器（RAM）单元共有 128B，字节地址为 00H ~ 7FH。8051 单片机对其内部 RAM 有很丰富的操作指令，从而使得用户在设计程序时非常方便。图 2-5 是 8051 单片机内部 RAM 存储器示意图。

地址为 00H ~ 1FH 的 32 个单元是 4 组通用工作寄存器区，每个区含 8 个 8 位寄存器，编号为 R7 ~ R0。用户可以通过指令改变 PSW 中的 RS1、RS0 这两位来切换当前的工作寄存器区，这种功能给软件设计带来极大的方便，特别是在中断嵌套时，为实现工作寄存器现场内容保护提供了极大的方便。

地址为 20H ~ 2FH 的 16 个单元可进行共 128 位的位寻址，这些单元构成了 1 位处理器的存储器空间。单元中的每一位都有自己的位地址，这 16 个单元也可以进行字节寻址。

地址为 30H ~ 7FH 的单元为用户 RAM 区，只能进行字节寻址。

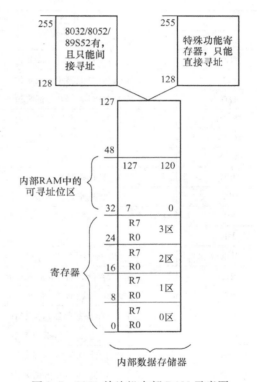

图 2-5　8051 单片机内部 RAM 示意图

8052 子系列单片机扩展了高 128B 内部 RAM，由于和 SFR 地址重叠，8052 单片机规定对高 128B RAM 的寻址只能用间接寻址，对 SFR，只能使用直接寻址。

2.5.3　特殊功能寄存器（SFR）

8051 单片机中的 CPU 对各种功能部件的控制是采用特殊功能寄存器（Special Function Register，SFR）的集中控制方式。SFR 实质上是一些具有特殊功能的片内 RAM 单元，字节地址范围为 80H ~FFH。SFR 的总数为 21 个，离散地分布在该区域中，其中有些 SFR 还可以进行位寻址。表 2-4 是 SFR 的名称及地址分布。

表2-4 SFR 名称及地址分布

特殊功能寄存器符号	名 称	字节地址	位地址
B	B 寄存器	F0H	F7H ~ F0H
ACC（或 A）	累加器 A	E0H	E7H ~ E0H
PSW	程序状态字 PSW	D0H	D7H ~ D0H
IP	中断优先级控制	B8H	BFH ~ B8H
P3	P3 口	B0H	B7H ~ B0H
IE	中断允许控制	A8H	AFH ~ A8H
P2	P2 口	A0H	A7H ~ A0H
SBUF	串行数据缓冲器	99H	
SCON	串行控制	98H	9FH ~ 98H
P1	P1 口	90H	97H ~ 90H
TH1	定时器/计数器 1（高 8 位）	8DH	
TH0	定时器/计数器 0（高 8 位）	8CH	
TL1	定时器/计数器 1（低 8 位）	8BH	
TL0	定时器/计数器 0（低 8 位）	8AH	
TMOD	定时器/计数器方式控制	89H	
TCON	定时器/计数器控制	88H	8FH ~ 88H
PCON	电源控制	87H	
DPH	数据指针高字节	83H	
DPL	数据指针低字节	82H	
SP	堆栈指针	81H	
P0	P0 口	80H	87H ~ 80H
+ T2CON	定时器/计数器 2 控制	0C8H	0C8H ~ 0CFH
+ TH2	定时器/计数器 2（高 8 位）	0CDH	
+ TL2	定时器/计数器 2（低 8 位）	0CCH	
+ RCAP2H	T/C2 俘获寄存器高位字节	0CBH	
+ RCAP2L	T/C2 俘获寄存器低位字节	0CAH	
+ + DP0H	数据指针 DPTR0 的高 8 位	82H	
+ + DP0L	数据指针 DPTR0 的低 8 位	83H	
+ + DP1H	数据指针 DPTR1 的高 8 位	84H	
+ + DP1L	数据指针 DPTR1 的低 8 位	85H	
+ + AUXR	辅助寄存器	8EH	
+ + AUXR1	辅助寄存器 1	0A2H	
+ + WDTRST	看门狗复位寄存器	0A6H	

注：+ 8052 有，+ + 仅 89S52 有。

从表2-4 中可发现一个规律，凡是可进行位寻址，即具有位地址的 SFR 的字节，其 16 进制地址的末位，只能是 00H 或 08H。另外，要注意的是，128B 的 SFR 块中仅有 21B（89S52，33B）是有定义的 8051。对于尚未定义的字节地址单元，用户不能作寄存器使用。

若访问没有定义的单元，则将得到一个不确定的随机数。

下面简单介绍 SFR 块中的某些寄存器，其他没有介绍的特殊功能寄存器将在后续的有关章节中叙述。

累加器 ACC、B 寄存器以及程序状态字寄存器 PSW 已在前面做了详细介绍。

（1）堆栈指针 SP　8051 单片机同一般微处理器一样，设有堆栈。堆栈是在片内 RAM 中开辟出来的一个区域，其主要是为子程序调用和中断操作而设立的，其具体功能有两个：保护断点和保护现场。因为无论是子程序调用操作还是执行中断操作，最终都要返回主程序。因此，在 8051 单片机去执行子程序或中断服务程序之前，必须考虑其返回问题。为此，应预先把主程序的断点保护起来，为程序的正确返回做准备。

在单片机执行子程序或中断服务程序之后，很可能要用到单片机中的一些寄存器单元，这样就会破坏这些寄存器单元中的原有内容。为了既能在子程序或中断服务程序中使用这些寄存器单元，又能保证在返回子程序之后恢复这些寄存器单元的原有内容，在转去执行中断服务程序之前要把单片机中有关寄存器单元的内容保存起来，这就是所谓的现场保护。断点和现场内容保存在堆栈中。可见，堆栈主要是为子程序调用和中断服务操作而设立的。此外，堆栈也可用于数据的临时存放，在程序的设计中时常用到。

8051 的堆栈指针 SP 是一个 8 位的特殊功能寄存器，SP 的内容指向堆栈顶部在内部 RAM 块中的位置。它可指向内部 RAM 00H ~ 7FH 的任何单元。单片机复位后，SP 中的内容为 07H，即指向 07H 的 RAM 单元，使得堆栈事实上由 08H 单元开始。考虑到 08H ~ 1FH 单元分别属于 1 ~ 3 组的工作寄存器区，若在程序设计中用到这些区，最好把 SP 值改为 1FH 或更大的值。

堆栈的操作有两种：一种是数据压入（PUSH）堆栈；另一种是数据弹出（POP）堆栈。堆栈的栈顶由 SP 自动管理。每次进行压入或弹出操作以后，堆栈指针 SP 便自动调整以指向栈顶的位置。8051 的入栈操作可分解为两个动作：先将 SP 自动加 1，然后数据压入堆栈；出栈操作同样可分解为两个动作：先将数据弹出堆栈，SP 自动减 1。

8051 单片机的这种堆栈结构是属于向上生长型的堆栈（另一种是属于向下生长型的堆栈）。例如，SP = 60H，CPU 执行一条子程序调用指令或响应中断后，PC 内容（断点）进栈，PC 的低 8 位 PCL 压入到 61H 单元，PC 的高 8 位 PCH 压入到 62H，此时，SP = 62H。

（2）数据指针 DPTR　数据指针 DPTR 是一个 16 位的 SFR，其高位字节寄存器用 DPH 表示，低位字节寄存器用 DPL 表示。DPTR 既可以作为一个 16 位寄存器 DPTR 来用，也可以作为两个独立的 8 位寄存器 DPH 和 DPL 来用。

注意，在 AT89S52 等单片机中，内含两个 16 位的数据指针寄存器 DPTR0 和 DPTR1。DPTR0 和 DPTR1 是两个独特的 16 位寄存器，既可以用作 16 位的数据指针使用，也可分开以 8 位的寄存器单独使用（DP0L、DP0H，DP1L、DP1H）。通过软件对特殊功能寄存器（SFR）的辅助寄存器 AUXR1 进行设置，便可以选择 DPTR0 或 DPTR1。AUXR1 是一个不可进行位寻址的特殊功能寄存器，其复位值 = XXXX XXX0B，地址 = 0A2H。AUXR1 各位定义及格式如图 2-6 所示。

字节地址 0A2H	—	—	—	—	—	—	—	DPS

DPS：数据指针寄存器选择位。
当 DPS = 0 时，选择 DPTR0；当 DPS = 1 时，选择 DPTR1。

图 2-6　AUXR1 各位定义及格式

（3）端口 P0 ~ P3　特殊功能寄

存器 P0 ~ P3 分别为 I/O 端口 P0 ~ P3 的锁存器，即每一个 8 位 I/O 口都为 RAM 的一个单元（8 位）。

在 8051 单片机中，I/O 口和 RAM 统一编址，使用起来较为方便，所有访问 RAM 单元的指令，都可用来访问 I/O 口。

（4）串行数据缓冲器 SBUF　串行数据缓冲器 SBUF 用于存放欲发送或已接收的数据，它在 SFR 中只有一个字节地址，但物理上是由两个独立的寄存器组成，一个是发送缓冲器，另一个是接收缓冲器，当要发送的数据传送到 SBUF 时，进的是发送缓冲器；接收时，外部来的数据存入接收缓冲器。

（5）定时器/计数器　8051 单片机有两个 16 位定时器/计数器 T0 和 T1，它们各由两个独立的 8 位寄存器组成，共有 4 个独立的寄存器 TH0、TL0、TH1、TL1，可以分别对这 4 个寄存器进行字节寻址，但不能把 T1 或 T0 当作一个 16 位寄存器来寻址访问。

在 AT89S52、AT89S53 及 AT89S8252 等单片机中，增加了一个 16 位定时/计数器 T2，以及看门狗定时器（Watchdog Timer），使单片机功能更强，可靠性更高。

2.5.4　位地址空间

8051 单片机有一个功能很强的位处理器，它实际上是一个完整的一位微计算机。一位机在开关决策、逻辑电路仿真和实时控制方面非常有效。8051 单片机指令系统中有丰富的位操作指令，这些指令构成了位处理器的指令集。8051 单片机位地址范围在 00H ~FFH 内，其中 00H ~7FH 这 128 位处于内部 RAM 字节地址 20H ~2FH 单元中，见表 2-5。

表 2-5　8051 内部 RAM 的可寻址位

字节地址	位地址							
	D7	D6	D5	D4	D3	D2	D1	D0
2FH	7FH	7EH	7DH	7CH	7BH	7AH	79H	78H
2EH	77H	76H	75H	74H	73H	72H	71H	70H
2DH	6FH	6EH	6DH	6CH	6BH	6AH	69H	68H
2CH	67H	66H	65H	64H	63H	62H	61H	60H
2BH	5FH	5EH	5DH	5CH	5BH	5AH	59H	58H
2AH	57H	56H	55H	54H	53H	52H	51H	50H
29H	4FH	4EH	4DH	4CH	4BH	4AH	49H	48H
28H	47H	46H	45H	44H	43H	42H	41H	40H
27H	3FH	3EH	3DH	3CH	3BH	3AH	39H	38H
26H	37H	36H	35H	34H	33H	32H	31H	30H
25H	2FH	2EH	2DH	2CH	2BH	2AH	29H	28H
24H	27H	26H	25H	24H	23H	22H	21H	20H
23H	1FH	1EH	1DH	1CH	1BH	1AH	19H	18H
22H	17H	16H	15H	14H	13H	12H	11H	10H
21H	0FH	0EH	0DH	0CH	0BH	0AH	09H	8H
20H	07H	06H	05H	04H	03H	02H	01H	00H

其余的可寻址位分布在特殊功能寄存器 SFR，见表 2-6。8051 可位寻址的 SFR 有 11 个，共有位地址 88 个，其中 5 个未用，其余 83 个位地址离散地分布于片内字节地址为 80H ~ FFH 的范围内；8052 可寻址特殊功能寄存器增加了 T2CON，可寻址位增加 8 位。

表 2-6　8051 特殊功能寄存器中的位地址

SFR 符号	位地址								字节地址
	D7	D6	D5	D4	D3	D2	D1	D0	
B	F7H	F6H	F5H	F4H	F3H	F3H	F1H	F0H	F0H
ACC	E7H	E6H	E5H	E4H	E3H	E2H	E1H	E0H	E0H
	ACC. 7	ACC. 6	ACC. 5	ACC. 4	ACC. 3	ACC. 2	ACC. 1	ACC. 0	
PSW	D7H	D6H	D5H	D4H	D3H	D2H	D1	D0	D0H
	CY	AC	F0	RS1	RS0	OV	F1	P	
IP	—	—	BDH	BCH	BBH	BAH	B9H	B8H	B8H
			+ PT2	PS	PT1	PX1	PT0	PX0	
P3	B7H	B6H	B5H	B4H	B3H	B2H	B1H	B0H	B0H
	P3. 7	P3. 6	P3. 5	P3. 4	P3. 3	P3. 2	P3. 1	P3. 0	
IE	AFH	—	ADH	ACH	ABH	AAH	A9H	A8H	A8H
	EA	—	+ ET2	ES	ET1	EX1	ET0	EX0	
P2	A7H	A6H	A5H	A4H	A3H	A2H	A1H	A0H	A0H
	P2. 7	P2. 6	P2. 5	P2. 4	P2. 3	P2. 2	P2. 1	P2. 0	
SCON	9FH	9EH	9DH	9CH	9BH	9AH	99H	98H	98H
	SM0	SM1	SM2	REN	TB8	RB8	TI	RI	
P1	97H	96H	95H	94H	93H	92H	91H	90H	90H
	P1. 7	P1. 6	P1. 5	P1. 4	P1. 3	P1. 2	P1. 1	P1. 0	
TCON	8FH	8EH	8DH	8CH	8BH	8AH	89H	88H	88H
	TF1	TR1	TF0	TR0	IE1	IT1	IE0	IT0	
P0	87H	86H	85H	84H	83H	82H	81H	80H	80H
	P0. 7	P0. 6	P0. 5	P0. 4	P0. 3	P0. 2	P0. 1	P0. 0	
+ T2CON	TF2	EXF2	RCLK	TCLK	EXEN2	TR2	C/T2	CP/RL2	C8H
	T2CON. 7	T2CON. 6	T2CON. 5	T2CON. 4	T2CON. 3	T2CON. 2	T2CON. 1	T2CON. 0	

注：+ 为 8052/8952 有。

2.5.5　外部数据存储器

　　8051 单片机内部有 128B 的 RAM 作为数据存储器，当需要外扩时，最多可外扩 64KB 的 RAM 或 I/O。

2.6　8051 单片机的并行 I/O 口

　　8051 的 4 个端口均是双向的，每个端口由一个锁存器（特殊功能寄存器 P0 ~ P3）、一个输出驱动器和一个输入缓冲器组成。

2.6.1　8051 的 I/O 结构

图 2-7 给出了 4 个端口中每一个典型位锁存器和 I/O 缓冲器的功能框图。位锁存器（端口 SFR 中的一位）作为一个 D 触发器，根据来自 CPU 的"写锁存器"信号，记录来自内部总线上的数值。在 CPU 发出"读锁存器"信号时，将触发器的 Q 输出值放在内部总线上。在 CPU 发出"读引脚"信号时，端口引脚本身的电平放到内部总线上。有些"读端口指令"激活"读锁存器"信号，而其他指令则激活"读引脚"信号。

如图 2-7 所示，P0 和 P2 的输出驱动器，靠内部"控制"信号可转换至内部地址和地址/数据总线来访问外部存储器。在访问外部存储器期间，P2 SFR 保持不变，但 P0 SFR 将写入全 1。

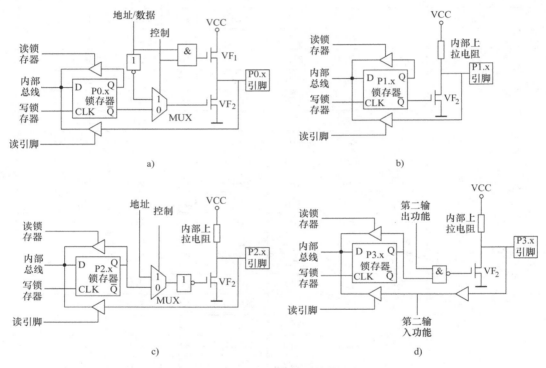

图 2-7　8051 的端口结构
a）P0 口的位结构　b）P1 口的位结构
c）P2 口的位结构　d）P3 口的位结构

若 P3 位锁存器包含 1，则输出电平由标有"第二输出功能"（Alternate Output Function）的信号控制，实际的 P3.x 引脚的电平总可用作引脚的第二输入功能。表 2-7 列出了 8051 P3 口引脚第二功能。

P1、P2 和 P3 有内部上拉单元，P0 有开漏输出。每根 I/O 电路可独立地用作输入或输出（P0 和 P2 用作地址/数据总线时，它们不能用作通用的 I/O）。用作输入时，端口的位锁存器必须为 1，以关闭输出驱动 FET。这时 P1、P2 和 P3 由内部提拉元件拉为高电平，但也可以由外部电源拉为低电平。

表 2-7　8051 P3 口引脚第二功能

引　　脚	第 二 功 能
* P1. 0	T2 （定时器/计数器 2 外部输入）
* P1. 1	T2EX （定时器/计数器 2 俘获/重装触发器）
** P1. 5	MOSI （ISP Flash 串行编程时指令输入）
** P1. 6	MISO （ISP Flash 串行编程时数据输出）
** P1. 7	SCK （ISP Flash 串行编程时外部时钟信号）
P3. 0	RXD （串行输入端口）
P3. 1	TXD （串行输出端口）
P3. 2	$\overline{\text{INT0}}$ （外部中断 0）
P3. 3	$\overline{\text{INT1}}$ （外部中断 1）
P3. 4	T0 （定时器/计数器 0 的外部输入）
P3. 5	T1 （定时器/计数器 1 的外部输入）
P3. 6	$\overline{\text{WR}}$ （外部数据存储器写选通）
P3. 7	$\overline{\text{RD}}$ （外部数据存储器读选通）

注：* P1. 0 和 * P1. 1 仅在 8052 中具有第二功能。

　　** P1. 5、** P1. 6、** P1. 7 仅在 89S 系列单片机中作为 Flash 存储器编程接口。

P0 没有内部上拉单元；P0 输出驱动器中的上拉 FET 仅在访问外部存储器期间该端口发出 1 时才使用，否则上拉 FET 关闭。因此，用作输出，端口引脚 P0 口为开漏。写 1 至位锁存器使两个输出 FET 均关闭，这样该引脚浮空。在这种情况下，它可被用于高阻抗输入。

因为 P1、P2 和 P3 有固定的内部上拉单元，所以它们有时被称为"准双向"（Quasi-Bidirectional Port）端口，在设置为输入时，它们拉为高电平，在外部拉为低电平时提供源电流。另一方面，P0 被看作"真正的"（True Bidirectional）双向端口，因为它设置为输入时，引脚浮空。

8051 复位后，所有的端口锁存器为 1，所有端口均被设置为输入；若在运行过程中，端口锁存器的值改写为 0，用户可重新写 1 至该位锁存器将其重设置为输入。

2. 6. 2　读- 修改- 写特性

读端口指令有两类：读端口锁存器指令；读端口引脚指令。读锁存器指令是这样一些指令，它们读入端口锁存器的值，可能改变它，并将其重新写入端口锁存器，这些指令称为"读- 修改- 写"指令。

如果目标操作数为一个端口或端口位，指令是读锁存器而不是读引脚；如果端口或端口位作为源操作数，则指令为读引脚。下面列出可能的"读- 修改- 写"指令：

ANL （逻辑与，例如，ANL P1, A）

ORL （逻辑或，例如，ORL P2, A）

XRL （逻辑异或，例如，XRL P3, A）

JBC （若目标位置位则跳转并将目标位清零，例如，JBC P1. 1, LABEL）

CPL（求补，例如，CPL P3.0）

INC（增量指令，例如，INC P2）

DEC（减量指令，例如，DEC P2）

DJNZ（目标寄存器减 1 后不为零则跳转，例如，DJNZ P3，LABEL）

MOV PX.Y，C（将进位位送入端口位）

CLR PX.Y（清除端口位）

SETB PX.Y（置位端口位）

最后三条指令看上去不像"读-修改-写"指令，但它们正是这类指令。这些指令读端口的全部 8 位，然后修改指定位，再将其写回端口锁存器。"读-修改-写"指令指向锁存器而不是引脚其理由是为了避免误解引脚上的电平。例如，端口位可能用于驱动晶体管的基极。在写 1 至该位时，晶体管导通，若随后 CPU 读该引脚而不是读锁存器，则将读回晶体管的基极电压，将其解释为逻辑 0；读该锁存器而不是引脚将返回正确逻辑值 1。

2.6.3　并行 I/O 口的应用要点

1）P0 口：8 位双向三态 I/O 口，或分时复用为地址总线（低 8 位）及数据总线，可驱动 8 个 LSTTL 负载；或作为普通 I/O 使用，此时，需要外接上拉电阻。

2）P2 口：8 位准双向 I/O 口，或用作地址总线（高 8 位），或作为普通 I/O 口使用，可驱动 4 个 LSTTL 型负载。

3）P1 口：除作为通用的 I/O 口使用外，个别引脚有第二功能。8052 系列单片机 P1.0 还可作为定时器/计数器 2 外部输入，P1.1 还可作为定时器/计数器 2 俘获/重装触发器；对于 89S52 单片机，P1.5 可作为 ISP Flash 串行编程时指令输入，P1.6 可作为 ISP Flash 串行编程时数据输出，P1.7 可作为 ISP Flash 串行编程时外部时钟信号。

4）P3 口在以下的情况下作为第二功能使用：串行通信使用，外部中断使用；定时器/计数器使用；扩展外部 RAM 时使用 $\overline{RD}$、$\overline{WR}$ 控制信号。除上述情况外，则可以当作 I/O 引脚用。

5）当某一引脚作为输入前，必须使引脚置"1"。复位后，4 个口的 32 个引脚均为高电平（置 1），故在用户的初始化程序中，应该考虑连接在这些引脚的外部电路的初始状态是否符合要求。

6）各个口由于输出结构不同，带负载能力也不同。P0 是真正的三态输出，每一个引脚可驱动 8 个 TTL 门电路，而其他三个口的输出级均有上拉电阻，每个引脚可驱动 4 个 TTL 门电路。

2.7　8051 的时钟电路与时序

时钟电路用于产生 8051 单片机工作所必需的时钟信号。8051 单片机本身就是一个复杂的同步时序电路，为保证同步工作方式的实现，8051 单片机应在唯一的时钟信号控制下，严格按时序执行指令进行工作，而时序所研究的是指令执行中各个信号的关系。

在执行指令时，CPU 首先要到程序存储器中取出需要执行的指令操作码，然后译码，并由时序电路产生一系列控制信号去完成指令所规定的操作。CPU 发出的时序信号有两类，一类用于对片内各个功能部件的控制，这类信号很多，但用户无需了解，故通常不做介绍。另一类用于对片外存储器或 I/O 端口的控制，这部分时序对于分析、设计硬件接口电路至关重要。这也是单片机应用系统设计者普遍关心的问题。

2.7.1 时钟电路

1. 内部时钟方式

8051 单片机内部有一个用于构成振荡器的高增益反相放大器，引脚 XTAL1 和 XTAL2 分别是此放大器的输入端和输出端。这个放大器与作为反馈元件的片外石英晶体振荡器（简称晶振）或陶瓷谐振器一起构成一个自激振荡器。图 2-8a 是 8051 单片机片内时钟方式的振荡器电路。

外接晶振（在频率稳定性要求不高而希望尽可能廉价时，可选用陶瓷谐振器）以及电容 C1 和 C2 构成并联谐振电路，接在放大器的反馈回路中。对外接电容的值虽然没有严格的要求，但电容的大小多少会影响晶振频率的高低、晶振的稳定性、起振的快速性和温度稳定性。外接晶振时，C1 和 C2 的值通常选择为 30pF 左右；外接陶瓷谐振器时，C1 和 C2 的典型值约为 47pF。在设计印制电路板时，晶振或陶瓷谐振器和电容应尽可能安装得与单片机芯片靠近，以减少寄生电容，更好地保证晶振稳定和可靠工作。为了提高温度稳定性，应采用具有温度补偿特性的单片陶瓷电容。

8051 单片机常选择振荡频率为 6MHz 或 12MHz 的晶振，随着集成电路制造工艺技术的发展，单片机的时钟频率也在逐步提高，现在的高速单片机时钟芯片的频率已达 40MHz。

2. 外部时钟方式

外部时钟方式是使用外部振荡脉冲信号，常用于多片 8051 单片机同时工作，以便于同步。对外部脉冲信号只要求高电平持续时间大于 $20\mu s$，一般为低于 12MHz 的方波。这时，外部晶振的信号接至 XTAL2，即内部时钟发生器的输入端，而内部反相放大器的输入端 XTAL1 应接地，如图 2-8b 所示。由于 XTAL2 端的逻辑电平不是 TTL 的，故建议外接一个上拉电阻。

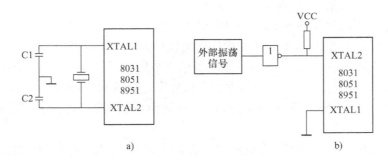

图 2-8 8051 的时钟电路
a）片内时钟方式 b）外部时钟方式

2.7.2 8051 单片机的时序

8051 的时序定时单位有 4 个：节拍、状态、机器周期和指令周期。

节拍 P 又称为振荡周期，分为 P1 节拍和 P2 节拍，节拍的宽度为振荡器输出振荡信号的周期。P1 节拍通常用来完成算术逻辑操作，P2 节拍通常用来完成内部寄存器之间的数据传送。如果振荡信号是采用内部时钟方式产生的，节拍的宽度就是晶振的振荡周期。如 12MHz 晶振，其振荡周期为 $1/12\mu s$。

规定一个状态 S 包含两个节拍，状态的前半个周期对应的节拍称为 P1，后半个周期对应的节拍称为 P2。

如果将一条指令的执行划分为几个基本操作，则完成一个基本操作所需要的时间即机器周期。规定 6 个状态为一个机器周期，依次表示为 S1~S6。由于一个状态包含两个节拍，因此一个机器周期包含 12 个节拍，表示为 S1P1、S1P2、…、S6P1、S6P2，如图 2-9 所示。若采用 12MHz 的晶振，则每个机器周期恰为 $1\mu s$。

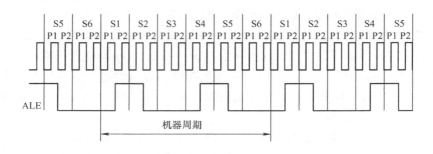

图 2-9　8051 单片机机器周期的定义

在 8051 的指令系统中，指令长度为 1~3B，除 MUL（乘法）和 DIV（除法）指令外，单字节和双字节指令都可能是单周期和双周期的，3 字节指令都是双周期的，乘、除指令为 4 周期指令。若用 12MHz 晶振，则指令执行时间分别为 $1\mu s$、$2\mu s$ 和 $4\mu s$。

图 2-10 列举了几种典型指令的取指和执行时序。由于用户看不到内部时钟信号，故图 2-10列出了 XTAL2 端出现的振荡器信号和 ALE 端信号，以作参考。通常，每个机器周期 ALE 两次有效，第 1 次发生在 S1P2 和 S2P1 期间，第 2 次发生在 S4P2 和 S5P1 期间。

单周期指令的执行始于 S1P2，这时操作码被锁存到指令寄存器内。如果是双字节指令，则在同一机器周期的 S4 读第 2 个字节。如果是单字节指令，在 S4 仍有读操作，但被读进去的字节（应为下一个操作码）是不予考虑的，且程序计数器 PC 并不增量。图 2-10a 和 b 分别表示单字节单周期和双字节单周期的时序。不管什么情况，在 S6P2 结束时都会完成操作。

图 2-10c 示出单字节双周期指令的时序，在两个机器周期内发生 4 次读操作码的操作，由于是单字节指令，后 3 次读操作都是无效的。图 2-10d 示出访问外部数据存储器的指令 MOVX 的时序，它是一条单字节双周期指令。在第 1 机器周期 S5 开始时，送出外部数据存储器的地址，随后读或写数据。读写期间在 ALE 端不输出有效信号，在第 2 机器周期，即外部数据存储器已被寻址和选通后，也不产生取指操作。

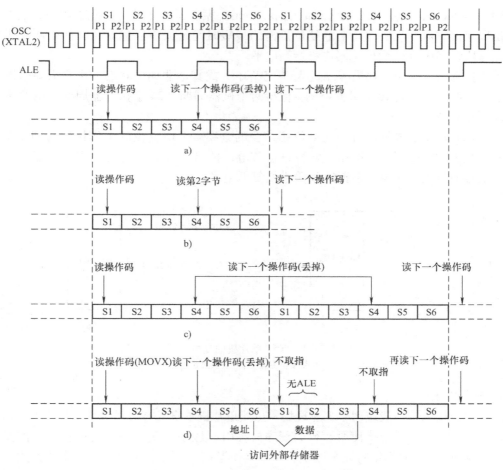

图 2-10　8051 的取指和指令执行的时序

a）单字节单周期指令，如 INC　A　b）双字节单周期指令，如 ADD　A，#data
c）单字节双周期指令，如 INC　DPTR　d）MOVX（单字节双周期）

2.8　8051 的复位和复位电路

复位是单片机的初始化操作。上电时，单片机需要复位操作；运行过程中，单片机受到干扰后程序"跑飞"，进入死循环，需要复位，以重新启动运行。

2.8.1　复位和复位电路

1. 上电复位和手动复位

上电复位：只要 RST 引脚处至少保持 24 个振荡周期（晶振起振时间 + 2 个机器周期的高电平就可实现可靠复位。在 RST 端出现高电平后的第 2 个机器周期，执行内部复位，以后每个机器周期重复一次，直至 RST 端变低。

上电复位电路如图 2-11a 所示。上电瞬间 RST 端的电位与 VCC 相同，随着充电电流的减小，RST 的电位逐渐下降。按图中所示的电路参数，时间常数为 $10 \times 10^{-6} \times 8.2 \times 10^3 \mathrm{s} =$

$82 \times 10^{-3}\text{s} = 82\text{ms}$，只要 VCC 的上升时间不过 1ms，振荡器建立时间不超过 10ms，这个时间常数足以保证完成复位操作。上电复位价需的最短时间是振荡器建立时间加上两个机器周期，在这段时间内 RST 端的电平应维持高电平。

单片机运行过程中，如果程序进入"死循环"或其他非期望状态，用户需要采取手动复位措施，此时，只要 RST 引脚处至少保持两个机器周期（24 个振荡器周期）的高电平就可实现可靠复位。

图 2-11b 示出上电复位与手动复位相结合的方案。上电复位的工作过程与图 2-11a 相似。手动复位时，按下复位按钮，电容迅速放电，使 RST 端迅速变为高电平，复位按钮松开后，电容通过电阻充电，逐渐使 RST 端恢复低电平。

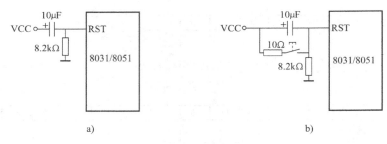

图 2-11　8051 单片机的复位电路
a）上电复位电路　b）手动复位电路

2. 看门狗复位

单片机应用系统一般应用于工业现场，虽然单片机本身具有很强的抗干扰能力，但仍然存在系统由于受到外界干扰使所运行的程序失控引起程序"跑飞"的可能性，从而使程序陷入"死循环"，这时系统将完全瘫痪。如果操作者在场，可以通过人工复位的方式强制系统复位。但操作者不可能一直监视着系统，即使监视着系统，也往往是在引起不良后果之后才进行人工复位。为此常采用程序监视技术，就是俗称的"看门狗"（Watch Dog）技术。

测控系统的应用程序往往采用循环方式运行，每一次循环运行的时间基本固定。"看门狗"技术就是不断监视程序运行的循环时间，如果出现运行时间超过设定的循环时间，则产生复位信号，强制系统复位。这好比是主人养了一条狗，主人在正常工作的时候总是不忘每隔一段固定时间就给狗吃点东西，狗吃过东西就安静下来，不影响主人工作。如果主人打瞌睡，到一定时间，狗饿了，就会大叫起来，把主人吵醒。

AT89S52 单片机内有看门狗定时器，用户程序需要不断将其清除，否则，看门狗使单片机复位，在 RST 引脚输出 98 个振荡周期的高电平，使系统内其他器件复位。这部分内容详见第 7 章。

2.8.2　复位时序

图 2-12 是 8051 单片机复位时序图，由图可知，8051 的外部复位信号与内部时钟异步。8051 在每个机器周期的状态 5 相位 2 对 RST 引脚采样。在采样到 RST 引脚的逻辑 1 以后，端口引脚保持当前活动 19 个振荡器周期。也就是说，在复位信号加到 RST 上后的 19 ~31 个振荡器周期内端口引脚保持当前活动。

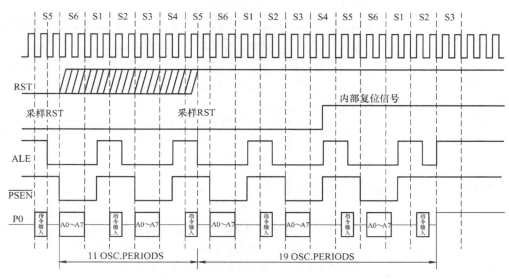

图 2-12　8051 单片机复位时序图

在 RST 引脚为高电平时，ALE 和 $\overline{\text{PSEN}}$ 弱上拉。在 RST 被拉为低电平之后，需 1～2 个机器周期 ALE 和 $\overline{\text{PSEN}}$ 才开始正常工作。由于这个缘故，其他器件不能与 8051 的内部时序同步。

在单片机应用系统中，除单片机本身需要复位外，外部扩展接口电路等也需要复位，所以系统需要一个同步的复位信号。为了保证系统可靠工作，CPU 应在系统所有芯片的初始化完成后再对其进行读写。因此硬件电路应保证单片机复位后 CPU 开始工作时，所有的外部扩展接口电路全部复位完毕，即外部扩展接口电路的复位操作完成在前，单片机的复位操作完成在后。也可以采用软件的方式提供这种保证，在主程序的开始部分加入延时，然后再对单片机进行初始化操作。

内部复位算法写 0 至除端口锁存器、堆栈指针 SP 和 SBUF 之外的所有 SFR。端口锁存器初始化为 FF，栈指针为 07H，而 SBUF 不确定。复位后，各内部寄存器的值见表 2-8。内部 RAM 不受复位影响，上电时，RAM 内容不确定。

表 2-8　8051 复位后寄存器的值

寄存器	内容	寄存器	内容
PC	0000H	TMOD	00H
ACC、B、PSW	00H	PCON（HMOS）	$0\times\times\times\times\times\times\times$B
SP	07H	PCON（CHMOS）	$0\times\times\times$0000B
DPTR	0000H	DPH0^{++}、DPL0^{++}	00H
P0～P3	0FFH	TCON	00H
IP（8051）	$\times\times\times$00000B	TH0、TL0	00H
IP（8052）	$\times\times$000000B	TH1、TL1	00H
IE（8051）	$0\times\times$00000B	AUXR	$\times\times\times$00$\times\times$0B
IE（8052）	$0\times$000000B	AUXR1	$\times\times\times\times\times\times$0B

（续）

寄存器	内容	寄存器	内容
TH2++、TL2++	00H	RCAP2L++	00H
T2MOD++	×××××00B	SCON	00H
T2CON++	00H	SBUF	不定
RCAP2H++	00H	DPH1++、DPL1++	00H

注：++仅 8052 有。

2.9　8051 单片机的低功耗模式

为了降低单片机运行时的功率消耗，8051 CMOS 型单片机提供了"空闲"和"掉电"两种低功耗工作方式，所以单片机除了正常的程序工作方式外，还可以用低功耗工作方式（又称节电方式）运行。以 AT89S52 为例，采用 12 MHz 晶体振荡器，VCC = 4.0 ~5.5V 时，正常工作时的电流最大值为 25mA，空闲方式的电流最大值为 6.5mA，掉电方式的电流最大值为 50μA（VCC = 5.5V）。

8051 单片机的两种低功耗工作方式需要通过软件设置才能实现，设置 SFR 中电源控制寄存器 PCON 的 PD 和 IDL 位。电源控制器寄存器 PCON 的格式如图 2-13 所示。

SMOD	—	—	POF	GF1	GF0	PD	IDL

最高有效位(MSB)　　　　　　　　最低有效位(LSB)

图 2-13　电源控制寄存器 PCON 的格式

电源控制寄存器 PCON 是一个不可位寻址的寄存器，其复位值 0×××0000B，地址 87H。

各位的功能如下：

SMOD：波特率倍增位，串行通信时使用。SMOD = 1，串行通信工作方式 1、2、3 的波特率加倍；复位时 SMOD = 0，原设置的波特率不变。

POF：断电标志位。

GF1：通用标志位 1。

GF0：通用标志位 0。

PD：掉电方式控制位，PD = 1 时进入掉电方式。

IDL：空闲方式控制位，IDL = 1 时进入空闲方式。

电源断电标志位 POF 占据控制寄存器 PCON 的第 4 位。当电源上电时将 POF 置 1，POF 也可软件置 1 或者清 0。复位操作对 POF 无影响。

单片机执行完将 IDL 置 1 的指令后，进入空闲工作方式；而将 PD 置成 1 后，单片机进入掉电工作方式。图 2-14 为低功耗工

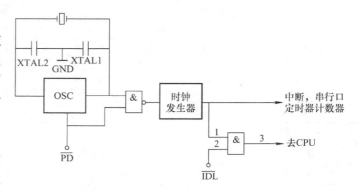

图 2-14　低功耗工作方式的原理图

作方式的原理图。

2.9.1 空闲工作方式

在程序执行过程中，如果不需要 CPU 工作可以让它进入空闲工作方式，其目的是降低单片机的功率消耗。

在空闲工作方式下，IDL = 1，PD = 0，单片机的 CPU 停止工作进入休眠状态。此时，振荡器仍然运行，单片机内的所有外设（包括中断系统、定时器/计数器、串行口）继续工作。CPU 进入空闲工作方式时，片内 RAM 和所有特殊功能寄存器中的内容保持不变，ALE 和 $\overline{PSEN}$ 输出为高电平。

8051 单片机退出空闲方式有中断响应方式和硬件复位方式两种。

任何一个可允许的中断申请被响应时，电源控制器寄存器 PCON 的 IDL 位被硬件自动清 0，单片机结束空闲工作方式，执行完中断服务程序返回时，从设置进入空闲方式指令的下一条指令处恢复程序的执行，单片机返回到正常的工作方式。

只要 RST 引脚上出现持续两个机器周期的复位信号，单片机便可结束空闲工作方式而返回到正常工作方式，并从设置进入空闲方式指令的下一条指令处恢复程序的执行。

需要注意的是：复位操作需要两个机器周期时间才可完成。采用硬件复位方法退出空闲方式时，若 RST 引脚出现复位脉冲，将导致 PCON 的 IDL 清 0，进而退出空闲工作方式。但退出空闲工作方式所需时间小于两个机器周期，即单片机已经退出空闲工作方式并返回到正常工作方式后，复位操作还没有完成。虽然从退出空闲工作方式到复位操作完成期间，复位算法已经开始控制单片机的硬件并禁止对片内 RAM 的访问，但不禁止对端口引脚的访问。为了避免对端口或外部数据存储器等出现意外的写操作，在设置进入空闲工作方式指令后面的几条指令中，应该尽量避免读写端口或外部数据存储器的指令。

2.9.2 掉电工作方式

从图 2-14 可以看出，当电源控制器寄存器 PCON 的 PD 位置 1 时，$\overline{PD} = 0$，进入时钟振荡器的信号被封锁，振荡器停止工作，时钟发生器没有时钟信号输出，单片机内所有的功能部件停止工作，但片内 RAM 和 SFR 中的内容保持不变。

8051 单片机退出掉电工作方式也有硬件复位和任何一种有效的外部中断两种方法。

进入掉电工作方式时，电源电压 VCC 由正常工作方式下的 5V 下降到 2V，以达到低功耗运行的目的。退出掉电工作方式前 VCC 电源需要恢复到正常的工作电压（5V）并维持一个足够长的时间（约 10ms），以使内部振荡器重新启动并稳定之后才可进行复位操作，以退出掉电工作方式。

采用硬件复位的方法退出掉电工作方式时，将引起所有寄存器的初始化，但不改变芯片内数据存储器 RAM 中的内容。

采用外部中断的方法退出掉电工作方式时，这个外部中断必须使系统恢复到系统全部进入掉电工作方式之前的稳定状态，因此该外部中断启动后约 16ms 中断服务程序才开始工作。

空闲和掉电工作方式期间的引脚状态见表 2-9。

表2-9　空闲和掉电工作方式期间的引脚状态

方式	程序存储器	ALE	$\overline{PSEN}$	P0 口	P1 口	P2 口	P3 口
空闲	内部	1	1	数据	数据	数据	数据
空闲	外部	1	1	浮空	数据	地址	数据
掉电	内部	0	0	数据	数据	数据	数据
掉电	外部	0	0	浮空	数据	数据	数据

2.10　AT89S52 的片内 Flash 串行编程操作

片内 Flash 操作包括对 Flash 标志字节的读出、并行编程、串行编程、程序加密等。可以利用计算机、单片机等设备实现对 Flash 存储器的操作。限于篇幅，本书仅介绍常用的串行 ISP 编程操作，对于并行 ISP 编程操作读者可参看 AT89S52 的数据手册或其他相关书籍。

2.10.1　标志字节

所谓标志字节是 Flash 存储器的生产厂商在生产 AT89 系列单片机时，写入到 Flash 存储器中的一组用以说明单片机的生产厂商、型号和编程电压等的特征信息。在单片机的封装外壳上，会以某种形式印刷这组信息。之所以将这组信息以标志字节的形式存储在 Flash 存储器中，是为了在所印刷的信息被磨损后可以通过读出标志字节内容来获得这组信息，方便使用。

AT89S52 的标志字节共有 3B，在存储器中的具体地址、内容和含义见表 2-10。通用编程器通过读标志字节识别所编程单片机的生产厂商、型号等信息，以便进行编程电压的控制。

表2-10　标志字节的地址、内容和含义

地　址	内　容	含　义
000	1E	表示生产厂商为 Atmel 公司
100	51H	表示为 AT89S51 型单片机
100	52H	表示为 AT89S52 型单片机
200	06H	—

2.10.2　程序存储器的加密

为了保护所存储程序的安全性，防止被非法读出，保护开发者的合法利益，需要对写入 Flash 存储器中的程序进行加密。AT89S 系列单片机提供了较强的加密功能，可以对 Flash 存储器实施不同程度的封锁，以阻止对程序的非法读出，保护程序的安全。

AT89S 系列单片机提供了 3 位加密位 LB1、LB2 和 LB3，对每位加密位可维持原来的非编程状态（U），也可进行编程（P），根据每位加密位是否进行了编程，可组合形成几种不同的保护模式，见表 2-11。

表 2-11 中未列出的其他组合方式未被定义。从表 2-11 中可以看出，当 LB1 被编程时，

EA 引脚上的信号（电平）被采样并在复位时被锁存。如果程序锁定位被编程后一直没有复位操作，则锁存器中的值是随机的，直到复位后起作用。

对程序存储器加密需要根据所希望采取的加密保护模式对 3 位加密位 LB1、LB2 和 LB3 进行编程。

表 2-11　程序加密位的保护模式

模式	加密位			组合加密功能
	LB1	LB2	LB3	
1	U	U	U	没有程序加密功能
2	P	U	U	禁止在外部程序存储器中执行 MOVC 类指令读取内部程序存储器中的指令代码，EA 被采样并在复位时被锁存；禁止对 Flash 存储器再编程
3	P	P	U	同模式 2，并禁止内部存储器的校验
4	P	P	P	同模式 3，并禁止外部存储器的执行

2.10.3　Flash 存储器的串行编程

1. Flash 存储器的串行编程方式

当 RST 引脚接高电平时，可通过串行接口对 AT89S52 Flash 存储器进行编程。串行接口由引脚 P1.5/MOSI、P1.6/MISO 和 P1.7/SCK 组成，P1.5/MOSI 作为串行指令的输入，P1.6/MISO 为串行数据的输出引脚，P1.7/SCK 为串行移位脉冲的输入引脚。AT89S52 串行编程/下载接口电路如图 2-15 所示。

在 RST 被置成高电平之后、执行串行编程操作之前，必须先执行串行编程允许指令，这样才可以实现串行编程。如果是对 Flash 存储器重新编程，则必须先执行片擦除操作，擦除后，Flash 存储器芯片除标志字节外其他存储单元的内容均为 FFH。

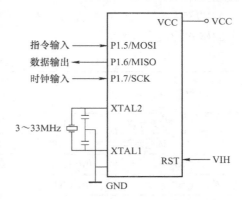

图 2-15　AT89S52 串行编程/下载接口电路

在串行编程工作模式下时钟振荡器有外部时钟信号和芯片内时钟发生电路两种方式。采用外部时钟信号方式时，外部时钟信号由 XTAL1 引脚输入，XTAL2 引脚悬空；采用芯片内时钟发生电路方式时，在 XTAL1 和 XTAL2 引脚之间跨接晶振和微调电容。

无论采用哪一种时钟方式，串行移位脉冲 SCK 均应低于晶振频率的 1/16。如晶振频率为 33MHz，则 SCK 的最高频率应该是 2MHz。

2. 按照下列步骤对 Flash 实现串行编程

1）对 RST、VCC 和 GND 引脚加电，加电次序如下：

① 在 VCC 和 GND 引脚之间加电源电压；

② 将 RST 设置为高电平（若采用外部时钟信号，则必须延时 10ms 后方可）。

2）在 P1.5/MOSI 引脚输入编程允许指令。

3）在 P1.5/MOSI 引脚输入写程序存储器指令。

AT89S52 的串行编程指令中包含了编程单元地址和代码数据，向 P1.5/MOSI 引脚输入写程序存储器指令时，便确定了可编程的字节地址和指令数据。写入周期采用内部自动定时方式，在 VCC = 5V 时其典型值不大于 1ms。

编程可按字节模式或页模式写入。在采用字节编程模式时，编程的地址单元和代码数据包含在指令的第 2、3、4 字节中。

4）读指令。使用读指令，在 P1.6/MISO 引脚上读出芯片内 Flash 程序存储器任意存储单元中的内容，用于编程校验。

5）编程结束后将 RST 引脚置低电平，系统恢复到正常操作状态。

如果需要，可按照下面的步骤实施断电：

① 将 XTAL1 引脚置成低电平（若使用外部时钟）；

② 将 RST 引脚置低电平；

③ 关断电源 VCC。

3. AT89S52 的串行编程指令

从图 2-15 可以看到，AT89S52 单片机串行编程的接口电路非常简单，只需要 P1.5/MO-SI 作为串行指令的输入引脚，P1.6/MISO 作为串行数据的输出引脚，P1.7/SCK 作为编程时钟的输入引脚即可。编程的控制功能主要靠软件来实现，输入不同的编程指令便可实现不同的编程操作。

AT89S52 单片机串行编程指令为 4 字节格式，表 2-12 给出了 AT89S52 单片机串行编程指令的格式构成和编码。

表 2-12　AT89S52 单片机串行编程指令的格式构成和编码

指令		指令格式			
		字节 1	字节 2	字节 3	字节 4
编程允许	写/擦允许	1010 1100	0101 0011	×××× ××××	×××× ××××
	读允许	1010 1100	0101 0011	×××× ××××	0110 1001
片擦除		1010 1100	100× ××××	×××× ××××	×××× ××××
读程序（字节模式）		0010 0000	×××A12 A11 ~ A8	A7 ~ A4, A3 ~ A0	D7 ~ D4, D3 ~ D0
写程序（字节模式）		0100 0000	×××A12 A11 ~ A8	A7 ~ A4, A3 ~ A0	D7 ~ D4, D3 ~ D0
写加密位		1010 1100	1110 00B1B2	×××× ××××	×××× ××××
读加密位		0010 0100	×××× ××××	×××× ××××	×××LB3LB2LB1 ××
读程序（页模式）		0011 0000	×××A12 A11 ~ A8	字节 0	字节 1 ~ 字节 255
写程序（页模式）		0101 0000	×××A12 A11 ~ A8	字节 0	字节 1 ~ 字节 255

1）在输入串行编程允许指令的同时，RST 引脚置成高电平。

2）以字节模式读/写程序存储器的指令中，第 2、3 字节的内容为存储单元的地址，第 4 字节为代码数据。

3）以页模式读/写程序存储器的指令中，第 2B 的内容为页地址，第 3B 为字节代码的字节 0，第 4B 为字节代码的字节 1，连续输入/输出字节代码，直到字节代码的字节数为 255。256B 为 1 页。

4）在写模式下，字节代码或页代码输入一结束，便立刻进入写周期的内部自动定时。

5）在写程序加密位时，数位 B1 和 B2 的值与保护模式的关系见表 2-13。

表 2-13 B1 和 B2 的值与保护模式的关系

B1	B2	保护模式	说明
0	0	1	无程序加密
0	1	2	LB1 有效
1	0	3	LB2 有效
1	1	4	LB3 有效

6）在读出程序加密位时，加密位 LB3、LB2 和 LB1 顺序出现在串行数据输出口 P1.6/MISO 的 D4、D3 和 D2 位上。

4. 串行编程模式下的数据查询

AT89S52 在串行编程模式下具有数据查询功能。

在写周期内，读出最后写入的字节时，则在串行数据输出口 P1.6/MISO 引脚上出现写入字节数据最高位的反码。

图 2-16 为串行编程模式下的时序图，表 2-14 为时序参数。

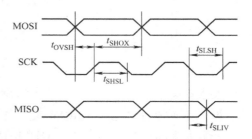

图 2-16 串行编程模式下的时序图

表 2-14 时序参数

序号	参数	符号	最小值	典型值	最大值	单位
1	振荡器频率	$1/t_{CLCL}$	0		33	MHz
2	振荡器周期	t_{CLCL}	30			ns
3	SCK 高电平宽度	t_{SHSL}	$8t_{CLCL}$			ns
4	SCK 低电平宽度	t_{SLSH}	$8t_{CLCL}$			ns
5	MOSI 有效到 SCK 脉冲上升沿	t_{OVSH}	t_{CLCL}			ns
6	SCK 上升沿到 MOSI 有效	t_{SHOX}	$2t_{CLCL}$			ns
7	SCK 下降沿到 MISO 有效	t_{SLIV}	10	16	32	ns
8	片擦除指令执行周期	t_{ERASE}			500	ms
9	串行字节写周期时间	t_{SWC}			$64t_{CLCL}+400$	μs

2.11 AT89S52 单片机最小系统设计

AT89S52 内部有 8KB 闪存，芯片本身就是一个最小系统。在能满足系统的性能要求的情况下，可优先考虑采用此种方案。用这种芯片构成的最小系统简单、可靠。用 AT89S52 单片机构成最小应用系统时，只要将单片机接上时钟电路和复位电路即可，ISP 下载电路只在下载程序时使用，如图 2-17 所示。由于集成度的限制，AT89S52 最小应用系统只能用作一些小型的测控单元。

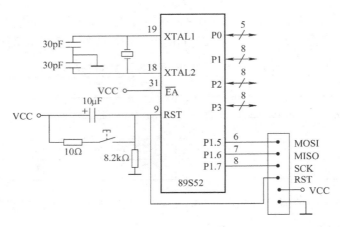

图 2-17 AT89S52 单片机最小系统

本 章 小 结

本章介绍了 8051 的结构体系，是 8051 单片机的重点内容。

8051 系列单片机包括无 ROM 型、内部 OTP ROM 型、EPROM 型、Flash 型和 ISP Flash 型，目前主要流行 ISP Flash 型和 OTP ROM 型。AT89S51/52 内部有 4KB/8KB 的 ISP Flash 存储器，最多可扩展至 64KB 存储器。借助于引脚的接线，选择内部程序存储器还是外部存储器，读者需要熟悉 8051 单片机各个引脚的功能。虽然各种 8051 单片机的引脚各有特点，但大体上是相似的。

8051 的 ACC、B、DPTR、PC、PSW、SP 等寄存器是 8051CPU 的构成部分。内部 RAM 可分为寄存器区、可寻址位区、通用 RAM 区、SFR 区。8051 的 P0 口是真正的三态总线，P1、P2、P3 口是准三态总线，P0 口常作为低 8 位地址和数据总线复用，而 P2 口常用作高 8 位地址总线，P1 口主要作为普通 I/O 口使用，P3 口可作为普通 I/O 口和第二功能使用。P0 口作为普通 I/O 口使用，需要外接上拉电阻。

单片机有内部时钟方式和外部时钟方式。每个机器周期提供 12 个时钟脉冲，每个机器周期包含 6 个状态，12 拍。

单片机的工作方式有复位方式、编程方式、掉电方式、空闲方式、运行方式。8051 单片机是高电平复位，在运行期间，只要在 RST 引脚上出现两个机器周期的高电平，就可以使单片机复位；对于 AT89S52 单片机，超时运行后，看门狗定时器使单片机复位，此时，在 RST 端输出 98 个振荡周期时长的高电平，使系统中其他电路复位。单片机复位后，RST 引脚变为低电平，单片机开始正常的工作方式。掉电方式、空闲方式是 8051 单片机两种节电方式。对于 AT89S52 单片机来说，在 RST 为高电平情况下，使用 P1.5/P1.6/P1.7 就可以对单片机进行编程，实现在系统编程（ISP）。

习题与思考题

1. 程序状态字寄存器 PSW 各位的定义是什么？
2. 8051 存储器结构的主要特点是什么？程序存储器和数据存储器各有何不同？

3. 8051 单片机内部 RAM 可分为几个区？各区的主要作用是什么？

4. 在访问外部 ROM 或 RAM 时，P0 口和 P2 口各用来传送什么信号？P0 口为什么要采用片外地址锁存器？

5. 8051 单片机有几种复位方法？复位后，每个特殊功能寄存器的数值是多少？CPU 从程序存储器的哪一个单元开始执行程序？

6. 什么是时钟周期？什么是机器周期？什么是指令周期？当振荡频率为 12MHz 时，一个机器周期为多少微秒？

7. 8051 单片机引脚 ALE 的作用是什么？当 8051 不外接 RAM 和 ROM 时，ALE 上输出的脉冲频率是多少？其作用是什么？

8. 说明 8051 单片机的引脚，描述不同情况下的不同含义。

9. 说明单片机的进入和退出复位方式、编程方式、掉电方式、空闲方式、运行方式的条件。

第 3 章　8051 指令系统

本章首先介绍 8051 单片机的指令格式和寻址方式，然后详细讲解数据传送、算术运算、逻辑运算及移位、位操作、控制转移等指令。读者应对常用的指令熟练掌握，以便为程序设计打下必要的基础。

本章的重点是数据传送、算术与逻辑运算、位操作、控制转移指令，难点是算术与逻辑运算对程序状态字（PSW）的影响以及控制转移指令的用法。

3.1　汇编语言指令格式

汇编指令分为两类：执行指令和伪指令。执行指令即指令系统给出的各种指令；伪指令由汇编程序规定，是提供汇编控制信息的指令。

3.1.1　汇编语言执行指令格式

一条汇编语言指令中最多包含 4 个区段，如下所示：

标号：操作码　操作数；注释

4 个区段之间要用分隔符隔开，标号区段与操作码区段之间用冒号"："隔开，操作码与操作数之间用空格隔开，操作数与注释区段之间用分号"；"隔开。如果操作数区段中有两个以上的操作数，则在操作数之间要用逗号"，"隔开。例如，把立即数 0C0H 送累加器的指令为

Begin：　　　MOV　　　　　A，#0C0H　　　　　；立即数 0C0H→A

标号区段　　　操作码区段　　　操作数区段　　　　注释区段

标号区段由用户定义的符号组成，必须用英文大写字母开始。标号区段可有可无。若一条指令中有标号区段，标号代表该指令第一个字节所存放的存储器单元的地址，故标号又称为符号地址，在汇编时，把该地址赋值给标号。

操作码区段是指令的功能部分，不能缺省。它是便于记忆的助记符。例如，MOV 是数据传送的助记符，ADD 是加的助记符。

操作数区段是指令要操作的数据信息。根据指令的不同功能，操作数可以有三个、两个、一个或没有操作数。上例中，操作数区段包含两个操作数 A 和#0C0H，它们之间由逗号分隔开。其中第二个操作数为立即数 0C0H，它是用十六进制数表示的以字母开头的数据，为区别于在操作数区段出现的字符，以字母开始的十六进制数据前面都要加 0，把立即数 C0H 写成 0C0H（这里 H 表示此数为十六进制数，若为二进制，则用 B 表示，十进制用 D 或省略）。

注释区段可有可无。加入注释的目的是为了便于阅读。程序设计者对指令或程序段做简

要的功能说明，在阅读程序，尤其是在调试程序时将会带来很多方便。

用汇编语言指令编写的程序计算机不能直接识别，必须通过汇编程序把它翻译成机器码，这个翻译过程称为汇编。如果用人工查指令表的方法把汇编语言指令逐条翻译成对应的机器码，称为手工汇编，这种手工汇编对程序员来说在某些场合经常会用到。

3.1.2 汇编语言伪指令

汇编语言必须经汇编变成机器语言计算机才能执行，汇编程序对用汇编语言编写的源程序进行汇编时，还要提供一些汇编用的指令，例如要指定程序或数据存放的起始地址；要给一些连续存放的数据确定单元等。但是，这些指令在汇编时不产生目标代码，不影响程序的执行，所以称为伪指令。常用的伪指令有下列几种：

1. ORG（Origin——起点）

ORG 伪指令总是出现在每段源程序或数据块的开始。它指明此语句后面的程序或数据块的起始地址。其一般格式为

ORG nn （绝对地址或标号）

在汇编时由 nn 确定此语句后面第一条指令（或第一个数据）的地址。该段源程序（或数据块）就连续存放在以后的地址内，直到遇到另一个 ORG 语句为止。例如：

```
ORG 100H
MOV R0, #50H
MOV A, R4
ADD A, @R0
MOV R3, A
    …
```

ORG 伪指令说明其后面的源程序的目标代码在存储器中的起始地址是 100H，见表 3-1。

表 3-1 伪指令 ORG 示例

存储器地址	目标程序
100H	78　50
102H	EC
103H	26
104H	FB

2. DB（Define Byte——定义字节）

一般格式为

标号：DB 字节常数或字符或表达式

其中，标号区段可有可无，字节常数或字符是指一个字节数据，或用逗号分开的字节串，或用引号括起来的 ASCII 码字符串（一个 ASCII 字符相当于一个字节）。此伪指令的功能是把字节常数或字节串存入内存连续单元中。例如：

```
ORG 200H
DATA1：DB 54H, 10H, 30H, 72H
DATA2：DB 'TYUT'
```

伪指令 ORG 200H 指定了标号 DATA1 的地址为 200H，伪指令 DB 指定了数 54H、10H、

30H、72H 顺序地存放在从 200H 开始的单元中；DATA2 也是一个标号，它的地址与前一条伪指令 DB 连续，为 204H；字符串 'TYUT' 的 ASCII 码 54H、59H、55H、54H，存放在从 204H 单元开始的内存中，见表 3-2。

表 3-2　伪指令 DB 示例

存储器地址	内　　容
200H	54H
201H	10H
202H	30H
203H	72H
204H	54H（'T' 的 ASCII 码）
205H	59H（'Y' 的 ASCII 码）
206H	55H（'U' 的 ASCII 码）
207H	54H（'T' 的 ASCII 码）

3. DW（Define Word——定义字）

一般格式为

　　　标号：　DW　　字或字串

DW 伪指令的功能与 DB 相似，其区别在于 DB 是定义一个字节，而 DW 是定义一个字（规定为两个字节，即 16 位二进制数），故 DW 主要用来定义地址。存放一个字需两个单元，高 8 位先存，低 8 位后存，这和 8051 指令中的 16 位数据存放顺序是一致的。例如：

　　　　ORG 200H

　　　DATA1：DW　5410H，3072H，'TYUT'

其结果和使用 DB 时的结果完全一样。

4. EQU（Equate——等值）

一般格式为

　　　标号　EQU　操作数

EQU 伪指令的功能是将操作数赋值于标号，使两边的两个量等值。例如语句

　　　AREA　EQU　2000H

即给标号 AREA 赋值为 2000H。又如

　　　STK　EQU　AREA

即相当于 STK = AREA。若 AREA 已赋值为 2000H，则 STK 也为 2000H。

使用 EQU 伪指令给一个标号赋值后，这个标号在整个源程序中的值是固定的。也就是说在一个源程序中，任何一个标号只能赋值一次。

5. END（汇编结束）

一般格式为

　　　　标号：END　　地址或标号

其中，标号以及操作数字段的地址或标号不是必要的。

END 伪指令是一个结束标志，用来指示汇编语言源程序段已结束。因此，在一个源程序中只允许出现一个 END 语句，并且它必须放在整个程序（包括伪指令）的最后面，是源程序模块的最后一个语句。如果 END 语句出现在中间，则汇编程序将不汇编 END 后面的语句。

3.2　寻址方式

指令中操作数的存取方法，就是寻址方式。不同的指令需要不同的寻址方式，不同的指令系统的寻址方式也不完全相同。

8051 指令系统有 7 种寻址方式，每种方式都有其对应的有效寻址范围（空间）。

寄存器寻址：对选中的寄存器中的数据进行处理。

直接寻址：又称为绝对寻址，按给出的地址数据直接对存储器单元访问。

立即寻址：直接进行给出的立即数处理。

寄存器间接寻址：用寄存器中的数据作存储器的单元地址来访问该存储单元。

相对寻址：相对寻址方式是为解决程序转移而专门设置的，为转移指令所采用。

位寻址：8051 共有 211 个可寻止位。

基址加变址寄存器间接寻址：用一个基址（基本地址指针）寄存器和一个偏移量地址寄存器分别存储基本地址和偏移量地址，用两者相加形成的数据作为存储单元的地址来访问该存储单元。

3.2.1　寄存器寻址

寄存器寻址方式是对选中寄存器中的数据进行处理，适用于数据放置在寄存器之中的情况。

寄存器区中 8 个工作寄存器 R0 ~ R7 中的一个（由指令操作码的低 3 位数值确定）、特殊寄存器 A、B、DPTR、Cy（进位位，也是位处理器的累加器）也可作为寄存器寻址的对象。如：

```
MOV  R1, B        ；将寄存器 B 中的数值送到寄存器 R1 中
INC  R2           ；将寄存器 R2 中的数值加 1
MOV  A, R7        ；将寄存器 R7 中的数值送到累加器 A 中
```

3.2.2　直接寻址

直接寻址方式是对直接指定地址的存储器单元中的数据进行处理，适用于数据放置在可以直接寻址的存储单元之中的情况。

8051 指令系统中直接寻址的范围是片内的 RAM，包括特殊功能寄存器，直接地址是 8 位数值。特殊功能寄存器只能使用直接寻址的方式进行访问。如：

```
MOV 40H, B        ；将寄存器 B 中的数值送入到内部 RAM 的 40H 单元中
INC 30H           ；将内部 RAM 的 30H 单元中的数值加 1
MOV TL0, R7       ；将寄存器 R7 中的数值送到特殊功能寄存器 TL0 中
```

3.2.3　立即寻址

立即寻址是对指令操作码后的数据进行处理，适用于在程序中直接处理的数据的情况。8051 指令系统中立即寻址的数据是程序中的常数。要注意，立即寻址处理的数据是编写程序时设置的，如果要更改其数值，就要更改程序。例如：

```
MOV 38H, #05H        ; 将数值 05H 送入内部 RAM 的 38H 单元中
ADD A, #30H          ; 将 A 寄存器中的数值加上 30H
MOV TH0, #0F2H       ; 将定时器 0 高 8 位设置为数值 0F2H
```

3.2.4　寄存器间接寻址

寄存器间接寻址是将要处理数据的地址放在寄存器中，即用寄存器中的数据作为存储单元的地址数值。

8051 指令系统中寄存器间接寻址的存储单元有内部 RAM 和外部数据存储器两种，内部 RAM 使用 R0 或 R1 作为间址寄存器，外部数据存储器用 16 位地址时使用 DPTR 做间址寄存器，如果使用外部存储器的地址低 8 位的 256 个存储单元时，也可以使用 R0 或 R1 作间址寄存器（寄存器间接寻址的标记是@ 符号）。例如：

```
MOV @ R1, #05H       ; 将数值 05H 送入以 R1 内数值为地址的内部 RAM 单元中
ADD A, @ R1          ; 将 A 寄存器中的数值加上以 R1 内数值为地址的内部 RAM 单
                       元中的数据，结果存放于 A
MOVX A, @ DPTR       ; 将以 DPTR 内数值为地址的外部数据存储器的内容送给 A
```

注意，访问外部数据存储器的指令助记符与访问内部 RAM 的助记符不同。

3.2.5　基址加变址寄存器间接寻址

基址加变址寄存器间接寻址（变址寻址）是将要处理的数据的地址分开放在基地址和变地址寄存器中，即用一个寄存器（称为基址寄存器）中的数据作为存储单元的基本地址数值，用另一个寄存器（称为变址寄存器）中的数据作为存储单元的偏移地址数值，实际寻址单元的地址数值为两个寄存器内容之和。

8051 指令系统中基址加变址寄存器间接寻址方式是使用专用 16 位寄存器（DPTR 或PC）存放基地址，寄存器 A 作变址寄存器。要注意，访问的只能是程序存储器。例如：

```
MOVC A, @ A + PC     ; 将 A 和 PC 两个寄存器的数值相加之和作为程序存储器中的
                       数据地址，将该地址的内容送到 A 中
MOVC A, @ A + DPTR   ; 将 A 和 DPTR 两个寄存器的数值相加之和作为程序存储器
                       中的数据地址，将该地址的内容送到 A 中
```

3.2.6　位寻址方式

8051 单片机有位处理功能，可以对数据位进行操作，因此就有相应的位寻址方式。位寻址指令中可以直接使用位地址，例如：

```
MOV C, 40H
```

指令的功能是把 40H 位的值送进位位 C。位寻址的寻址范围包括：

（1）内部 RAM 中的位寻址区　单元地址为 20H ~2FH，共 16 个单元，128 个位，位地址是 00H ~7FH。对这 128 个位的寻址使用直接地址表示。位寻址区中的位有两种表示方法：一种是直接给出位地址；另一种是单元地址加上位数，例如（20H）.6。

（2）特殊功能寄存器中的可寻址位　可供位寻址的特殊功能寄存器共有 11 个，实际有寻址位 83 个。这些寻址位在指令中用如下 4 种方法表示：

1）直接使用位地址。例如，PSW 寄存器位 5 的地址为 0D5H。

2）位名称的表示方法。例如，PSW 寄存器位 5 是 F0 标志位，则可使用 F0 表示该位。

3）字节地址加位数的表示方法。例如，0D0 单元（即 PSW 寄存器）位 5，表示为（0D0H）.5。

4）特殊功能寄存器符号加位数的表示方法。例如 PSW 寄存器的位 5 表示为 PSW. 5。

又如：

```
MOV  C, 40H
MOV  C, (28H).0
```

它们是等价的，就是上述的第 1 种和第 3 种表示方法，表示的都是把 28H 单元的最低的内容送到位累加器 C 中。

3.2.7　相对寻址方式

相对寻址方式是为解决程序相对转移而专门设置的，为相对转移指令所采用。在 8051 的指令系统中，有多条相对转移指令，这些指令多为双字节指令，但也有个别为三字节的。

在相对寻址的转移指令中，给出了地址偏移量，以"rel"表示，即把 PC 的当前值加上偏移量就构成了程序转移的目的地址。但这里 PC 的当前值是指执行完该指令后的 PC 值，即转移指令的 PC 值加上它的字节数。因此，转移的目的地址可用如下公式表示：

目的地址 = 转移指令地址 + 转移指令的字节数 + rel

偏移量 rel 是一个带符号的 8 位二进制数补码数，所能表示的数的范围是 − 128 ～ + 127，因此，相对转移是以转移指令所在地址为基点，向地址增加方向最大可转移（127 + 转移指令字节）个单元地址，向地址减少方向最大可转移（128 − 转移指令字节）个单元地址。

3.3　8051 单片机指令分类

8051 单片机共有 111 条指令。

按指令占存储器字节的长度，可分为单字节、双字节、三字节指令。其中单字节指令 49 条，双字节指令 45 条，三字节指令 17 条。单字节指令对应的机器码占程序存储器 1 字节，双字节指令对应的机器码占程序存储器 2 字节，三字节指令对应的机器码占程序存储器 3 字节。

按指令的执行时间分类，可分为单周期、双周期、三周期、四周期指令，其中，单周期指令 64 条，双周期指令 45 条，四周期指令 2 条（乘除指令）。指令周期数越多，对应指令执行时间越长，单周期指令执行时间最短，双周期指令次之。

按所实现的功能分类，可分为数据传送类、算术运算类、逻辑运算类、控制转移类以及其他类。

1. 数据传送类

数据传送类指令实现数据的复制或转移，是编程时使用最多、最频繁的一类指令。因为无论是计算还是控制，首先都需要获得数据，而且处理的结果要传送出去，都是由数据传送类指令实现的。

数据传送类指令的作用是将源操作数传送到目的操作数。数据传送指令执行后，源操作数不改变，目的操作数被改为源操作数数值。如果想保留目的操作数的数据不丢失，可以采用交换型的传送指令，它是将源操作数和目的操作数的内容交换。

一条指令实现一次传送操作，传送一个单元的数据。如果需要传送多个数据，可以重复使用传送指令（要注意修改地址）。

2. 算术运算类

算术运算类指令用于进行数值计算的处理，可以实现 CPU 中运算器所能处理位数长度的数的加、减、乘、除运算。所有的 CPU 都能实现加减运算，有些指令系统有乘法指令，有些还有除法指令，还有的可以实现有符号数的运算。

一般 8 位单片机一条指令只能进行一次 8 位运算，16 位单片机一条指令能进行一次 16 位运算（有卷积指令功能的 DSP 单片机除外）。实际中，如果需要进行多字节数值计算时，可重复使用这些指令及相应的组合。

为了判断运算或数据的合法性，CPU 中都设有标志寄存器。大多数算术运算类指令的运算结果都影响标志位的状态，最典型的是影响进位标志位，还有零标志位、奇偶标志位等。不同的 CPU，状态寄存器的设置不同，具有的标志位数量和意义也不同。

在加减运算时要考虑到进位的影响，可以根据需要选择使用带进位加减或不带进位加减指令。

3. 逻辑运算类

逻辑运算类指令用于进行逻辑计算的处理，可以实现对 CPU 字长度的清 0、取反、移位、与、或等逻辑运算。大多数逻辑运算指令都只能使用累加器 A 或通用寄存器。除逻辑运算指令外，一般将移位指令也归类在逻辑运算类指令中。移位指令有循环移位、算术移位、逻辑移位、左移和右移等不同类型，各种类型适当组合，形成相应的移位指令。

不同 CPU 的指令系统中具有的移位功能不同，指令数量也不同，具体使用时要根据指令系统的说明使用。

4. 控制转移类

控制转移类指令用于改变程序执行的流向，主要有跳转（转移）和调用两种方式，可以产生分支和循环等流程结构。利用转移指令，可以实现将单一线性的程序结构转变为各种需要的结构。除了转移外，还有一种改变程序结构的方式是子程序调用。

控制转移指令是在该指令执行时改变程序计数器的数值（程序存储器指针），指令执行结束后的下一条指令按新的指针地址取指和执行。根据转移的条件、修改数值的方式等不同，转移有无条件转移、有条件转移、相对转移、绝对转移、长转移、直接转移、间接转移等不同形式。

3.4 数据传输指令

传输指令是数量最多的一类指令，这类指令中，除了 POP 指令和对 PSW 直接设置的指令外，其他指令都不会影响标志位。

3.4.1 一般传输指令

一般传输指令的格式为

MOV 目的字节，源字节

如：MOV A, Rn　　　　　；将寄存器 Rn 的内容送 A, Rn 为当前寄存器组中的 R0 ～ R7 之一

　　MOV B, @Ri　　　　；将工作寄存器 Ri（Ri 为 R0 或 R1）所指的内存单元内容送寄存器 B

　　MOV Rn, #data　　　；8 位立即数 data 送 Rn, Rn 为 R0 ～ R7 之一

　　MOV Rn, direct　　　；将 RAM 区 direct 单元的内容送 Rn, Rn 为 R0 ～ R7 之一

　　MOV direct, A　　　；将 A 中内容送 RAM 区 direct 单元

　　MOV direct, @Ri　　；将 Ri（R0 或 R1）所指单元的内容送 direct

　　MOV direct2, direct1　；将 direct1 单元的内容送 direct2 单元

　　MOV @Ri, #data　　；将 8 位立即数送到 Ri 所指的 RAM 单元

　　MOV DPTR, #data16；将 16 位立即数送入数据指针寄存器

对一般传输指令做如下说明：

1）立即数是一个不带符号的 8 位常数。

2）direct 表示的是 8 位直接地址，以此指出 8051 中 128 个 RAM 单元和 128 ～ 255 之间的特殊功能寄存器。但是要注意在 128 ～ 255 区有很多单元是空的，写入空单元的数将被丢掉，从空单元读取的数无意义。

3）在指令格式中，立即数寻址和直接寻址的表示方式不同。例如：

　　MOV A, #40H　　；立即数 40H 送 A

　　MOV A, 40H　　　；40H 单元的内容送 A

　　MOV 40H, #40H　；将立即数 40H 送 40H 单元。

图 3-1 给出了一般传输指令源操作数和目的操作数的可能组合。

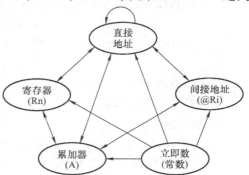

图 3-1　一般传输指令源操作数和目的操作数的可能组合

3.4.2　累加器传输指令

1. 字符交换指令

　　XCH A, direct　　　；将 direct 单元内容和 A 的内容交换

　　XCH A, Rn　　　　；n 为 0 ～ 7 之一，将工作寄存器 Rn 的内容和 A 的内容交换

　　XCH A, @Ri　　　；Ri 为 R0 或 R1，将 Ri 所指单元的内容和 A 的内容互换

2. 累加器高 4 位和低 4 位交换指令

　　SWAP A　　　　　；A 的高 4 位和低 4 位互换

如 A 中为 11100110，则执行 SWAP A 后，A 中为 01101110。

3. 累加器低 4 位和内存单元低 4 位半字节交换指令

　　XCHD A, @Ri　；Ri 为 R0 或 R1，将 Ri 所指单元的低 4 位与 A 的低 4 位互换，高 4 位不变。

如 A 的内容为 45H, R1 中为 30H, RAM 的 30H 单元中为 76H，则执行 XCHD A, @R1 后，累加器内容为 46H, 30H 单元内容为 75H。

4. 累加器和外部数据存储器数据传输指令

　　MOVX　A, @Ri　；Ri 为 R0 或 R1，将 Ri 所指外部存储器单元内容送 A

MOVX @Ri, A　　　；Ri 为 R0 或 R1，将 A 中内容送 Ri 所指外部存储器单元

　　　　MOVX　A, @DPTR　；将 16 位指针 DPTR 所指外部存储器单元内容送 A

　　　　MOVX　@DPTR, A　；将 A 中内容送 DPTR 所指外部存储器单元

　　注意，8051 内部 RAM 不能直接和外部 RAM 交换数据。下列的指令将地址为 direct 的内部 RAM 中的数据，传输至 DPTR 所指外部存储器。

　　　　MOV A, direct

　　　　MOVX @DPTR, A

　　反之，下列的指令将 DPTR 所指外部存储器中的数据，传输至地址为 direct 的内部 RAM。

　　　　MOVX A, @DPTR

　　　　MOV direct, A

5. 查表指令

　　　　MOVC A , @A+PC　　；将 PC 值和 A 的内容相加，所得值作为新地址，将此地址
　　　　　　　　　　　　　　　　单元内容送 A

　　　　MOVC A , @A+DPTR；将 DPTR 中的 16 位地址和 A 中内容相加得新地址，把此
　　　　　　　　　　　　　　　　地址内容送 A

　　查表指令将 PC 或 DPTR 作为首地址，将累加器的内容作为位移量，可用来对程序存储器中所存的表格进行检索。

6. 堆栈指令

　　　　PUSH direct　；先将 SP 加 1，再将 direct 所指单元内容推入 SP 所指的堆栈单元

　　　　PUSH DPH　　；先将 SP 加 1，再将数据指针高位 DPH 推入堆栈 SP 单元

　　　　PUSH DPL　　；先将 SP 加 1，再将数据指针低位 DPL 推入堆栈 SP 单元

　　　　POP direct　　；先将 SP 单元的内容弹出到 direct 单元，再将 SP 减 1

　　　　POP DPH　　　；先将栈顶 SP 的内容弹出到数据指针的高 8 位 DPH，再将 SP 减 1

　　　　POP DPL　　　；先将栈顶 SP 的内容弹出到数据指针的低 8 位 DPL，再将 SP 减 1

3.5　算术运算指令

　　8051 算术运算指令对 8 位无符号数执行加、减、乘、除运算，这类指令大多影响标志寄存器 PSW 中的标志位。

3.5.1　加法指令

1. 一般加法指令

　　　　ADD A, Rn　　；Rn 为 R0～R7 之一，将 A 的内容和 Rn 的内容相加，结果在 A 中

　　　　ADD A , @Ri　；Ri 为 R0 或 R1，将 A 的内容和 Ri 所指的片内 RAM 单元的内容
　　　　　　　　　　　　相加，结果在 A 中

　　　　ADD A, #data　；立即数和 A 的内容相加，结果在 A 中

　　　　ADD A, direct　；direct 所指单元的内容和 A 相加，结果在 A 中

　　说明如下：

1）一般加法指令会影响 CY、AC、OV、P 这几个标志；若 D7 有进位，则 CY = 1，否则 CY = 0；若 D7、D6 中只有一位有进位，则溢出标志 OV 为 1；若 D7、D6 中均有进位或均无进位，则溢出标志 OV 为 0；若 D3 向 D4 有进位，则 AC = 1；若 A 中"1"的个数为偶数，则 P = 0，否则，P = 1。

2）一般加法指令都是利用累加器执行的。

3）另一个操作数可以通过寄存器寻址、寄存器间址、立即数寻址或直接寻址这 4 种方式获得。

2. 带进位的加法指令

ADDC A，Rn   ;（A）←（A）+（Rn）+ CY，Rn 为 R0 ~ R7 之一

ADDC A，@Ri   ;（A）←（A）+（（Ri））+ CY，Ri 为 R0 或 R1 之一

ADDC A，#data   ;（A）←（A）+ data + CY

ADDC A，direct   ;（A）←（A）+（direct）+ CY

说明如下：

1）带进位的加法运算指令用在多字节加法中。

2）和一般加法运算指令一样，带进位加法指令会影响 AC、CY、OV、P 标志；若 D7 有进位，则 CY = 1，否则 CY = 0；若 D7、D6 中只有一位有进位，则溢出标志 OV 为 1；若 D7、D6 中均有进位或均无进位，则溢出标志 OV 为 0；若 D3 向 D4 有进位，则 AC = 1；若 A 中"1"的个数为偶数，则 P = 0，否则，P = 1。

3）带进位加法实际上分两步完成：第一步将累加器的内容和上一次运算产生的 CY 相加；第二步再和另一个操作数相加。第一个操作数总是在 A 中，第二个操作数则可通过立即数、寄存器寻址、寄存器间址、直接寻址得到。

3. 增量指令

INC A   ; 累加器内容加 1

INC Rn   ; 寄存器 Rn（Rn 为 R0 ~ R7 之一）内容加 1

INC @Ri   ; Ri（R0 或 R1）所指的 RAM 单元内容加 1

INC direct   ; direct 所指的内存单元内容加 1

INC DPTR   ; 16 位数据指针 DPTR 内容加 1

说明如下：

1）增量指令不影响标志位。

2）DPTR 是 8051 内部唯一可以进行增量运算的 16 位寄存器。

4. 十进制调整指令

DA   A   ; 对 A 中的 BCD 码加法结果进行十进制调整

十进制调整指令总是紧跟在 BCD 码加法运算后面使用，以对 A 中的 BCD 码加法结果进行调整，这与其他汇编语言中的十进制调整指令功能相同。

3.5.2 减法指令

1. 带借位的减法指令

SUBB A，Rn   ; A 中内容减去进位位 CY，再减去 Rn 中内容，结果在 A 中

SUBB A，@Ri   ; A 中内容减去进位位 CY，再减去 Ri 所指的片内 RAM 单元内

容，结果在 A 中

SUBB　A，# data　；A 中内容减去进位位 CY，再减去立即数 data，结果在 A 中

SUBB　A，direct　；A 中内容减去进位位 CY，再减去 direct 所指的片内 RAM 单元
内容，结果在 A 中

说明如下：

1）SUBB 指令总是利用累加器 A 执行，先将 A 中内容减去 CY，再减去另一个操作数，结果在 A 中。第二个操作数通过寄存器寻址、寄存器间接寻址、立即数寻址或直接寻址得到。

2）SUBB 指令执行时会影响标志位 CY、AC、OV、P。运算时，若最高位有借位，则 CY 为 1，否则 CY 为 0；若第 3 位有借位，则 AC 为 1，否则 AC 为 0；若 D7、D6 中只有一位有借位，则溢出标志 OV 为 1；若 D7、D6 中均有借位或均无借位，则溢出标志 OV 为 0。

例如，下面程序执行二字节减法运算：

CLR C　　　　　　　；CY 清 0

MOV A，@ R0　　　；被减数低字节送 A

SUBB A，@ R1　　 ；减法运算，结果在 A

MOV @ R0，A　　　；结果送到原被减数存放单元

INC R0　　　　　　 ；R0 指向被减数高字节

INC R1　　　　　　 ；R1 指向减数高字节

MOV A，@ R0　　　；被减数高字节送 A

SUBB A，@ R1　　 ；减法运算

MOV @ R0，A　　　；结果送被减数存放单元

2. 减量指令

DEC A　　　　　　 ；累加器内容减 1

DEC Rn　　　　　　；Rn（Rn 为 R0～R7 之一）的内容减 1

DEC @ Ri　　　　　；Ri（R0 或 R1）所指的片内 RAM 单元内容减 1

DEC direct　　　　 ；direct 所指的片内 RAM 单元内容减 1

例如，当 R1 的内容为 50H，RAM 的 4F 单元中为 30H 时，执行如下指令：

DEC　R1　　　　　 ；将 R1 中 50H 减 1，结果为 4FH

DEC @ R1　　　　　；将 R1 所指的 4FH 单元中 30H 减 1，结果为 2FH

说明如下：

1）减量指令不影响任何标志位。

2）减量指令的操作数可以来自累加器 A、工作寄存器 Rn、Ri 间址或直接寻址的 RAM 单元。

3.5.3　乘法指令和除法指令

1. 乘法指令

MUL　AB　；将累加器 A 和寄存器 B 中的两个 8 位无符号数相乘，得 16 位积，低
8 位在 A 中，高 8 位在 B 中

说明：乘法指令影响 OV 标志，当乘积大于 0FFH 时，OV 置 1，否则清 0；另外，乘法

指令总使 CY 清 0。

2. 除法指令

　　DIV AB　；将累加器 A 中的 8 位无符号数除以 B 寄存器的 8 位无符号数，商在 A
　　　　　　　中，余数在 B 中

　　说明：除法指令影响 OV，当除数为 0 时，OV 为 1，其他情况，OV 为 0；此外，总使
CY 清 0。

3.6　逻辑运算指令

3.6.1　单操作数指令

1. 累加器清 0

　　CLR　A　；A 清 0，不影响标志位

2. 累加器取反指令

　　CPL　A　；A 中内容逐位取反

3. 累加器循环右移指令

　　RR　A　；A 中内容循环右移一位，最低位 D0 移到 D7，D7 移到 D6 等

　　例如，A 中为 11011010，即 0DAH，执行 RR A 指令后，A 中为 01101101，即 6DH。

4. 累加器带进位位循环右移指令

　　RRC　A　；CY 进入 A 的最高位，A 的最低位进入 CY，D2 进入 D1 等

　　例如：CY 中为 1，A 中为 00110100，即 34H，则执行 RRC A 后，A 中为
10011010，9AH。

5. 累加器循环左移指令

　　RL　A　；A 中内容循环左移一位，即 D7 移到 D0，D0 移到 D1 等

　　例如：A 中内容为 01101001，即 69H，则执行 RL A 后，A 中为 11010010，即 D2H。

6. 累加器带进位位的循环左移指令

　　RLC　A　；A 的最高位进入 CY，原 CY 进入 A 的最低位 D0，D0 进入 D1 等

　　例如：CY 中为 0，A 中为 10110101，即 B5H，则执行 RLC A 后，CY 中为 1，A 中为
01101010 即 6AH。

　　图 3-2 是循环移位指令执行示意图。

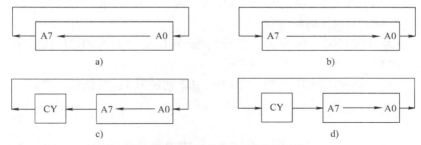

图 3-2　循环移位指令执行示意图

a）RL A 执行示意图　b）RR A 执行示意图　c）RLC A 执行示意图　d）RRC A 执行示意图

3.6.2　双操作数指令

1. 逻辑与指令

ANL A，Rn	；Rn（R0～R7 之一）中内容与 A 中内容相与，结果在 A 中
ANL A，@ Ri	；Ri（R0 或 R1）所指的片内 RAM 单元内容与 A 中内容相与，结果在 A 中
ANL A，#data	；立即数与 A 中内容相与，结果在 A 中
ANL A，direct	；direct 所指的内部 RAM 单元内容与 A 中内容相与，结果在 A 中
ANL direct，A	；direct 所指的 RAM 单元内容与 A 中内容相与，结果在 direct 所指的单元
ANL direct，#data	；立即数 data 和 direct 所指的片内 RAM 单元内容相与，结果在 direct 所指单元

说明如下：

1）通常情况下，逻辑与指令的一个操作数在 A 中，另一个通过寄存器寻址、寄存器间接寻址、立即数寻址、直接寻址获得；此外，内存单元内容可直接和一个立即数相与。

2）逻辑与指令不影响任何标志位。

例如，ANL P0，#01101110B；将 P0 口中的 D7、D4、D0 位清 0，其他位不变。

2. 逻辑或指令

ORL A，@ Ri	；Ri（R0 或 R1）所指的片内 RAM 单元内容与 A 中内容相或，结果在 A 中
ORL A，#data	；立即数与 A 中内容相或，结果在 A 中
ORL A，direct	；direct 所指的片内 RAM 单元内容与 A 中内容相或，结果在 A 中
ORL direct，A	；direct 所指的 RAM 单元内容与 A 中内容相或，结果在 direct 所指的单元
ORL direct，#data	；立即数 data 和 direct 所指的 RAM 单元内容相或，结果在 direct 所指单元

说明如下：

1）通常情况下，逻辑或指令的一个操作数在 A 中，另一个通过寄存器寻址、寄存器间址、立即数寻址、直接寻址获得；此外，内存单元内容可直接和一个立即数相或。

2）逻辑或指令不影响任何标志位。

例如，A 中为 10001100，即 8CH，执行指令 ORL A，#11010011B 后，则 A 中内容为 11011111，即 0DFH。

又如，ORL P1，#00001100B 使 P1 口的 D3、D2 两位置 1，其他位不变。

3.6.3　逻辑异或指令

XRL A，Rn	；Rn（R0～R7 之一）中内容与 A 中内容相异或，结果在 A 中
XRL A，@ Ri	；Ri（R0 或 R1）所指的 RAM 单元内容和 A 中内容相异或，结

果在 A 中

XRL A，#data 　　　；立即数与 A 中内容相异或，结果在 A 中

XRL A，direct 　　　；direct 所指的 RAM 单元内容与 A 中内容相异或，结果在 A 中

XRL direct，A 　　　；direct 所指的 RAM 单元内容与 A 中内容相异或，结果在 direct
　　　　　　　　　　　　所指的单元

XRL direct，#data 　；立即数 data 和 direct 所指的 RAM 单元内容相异或，结果在 direct
　　　　　　　　　　　　所指单元

说明如下：

1）和与指令、或指令一样，异或指令不影响标志位。

2）将一个数和某些位为 1 的另一个数异或，就可以对前一个数的对应位取反。因此，异或指令常用来对某几个位取反。

3）两个相等的数异或，结果为 0，因此，异或指令也用来判相等。

例如，A 中内容为 10110010，即 0B2H，执行指令 XRL A，#11000001B 后，则累加器 A 中为 01110011B，将 A 中的 D7 、D6、D0 位取反。

又如，XRL　P1，#001000001B 指令将 P1 口 D5、D0 两位取反。

3.7　转移控制指令

为了控制需要，8051 设置了 5 类转移指令：调用和返回、无条件转移、条件转移、比较转移和循环转移。

3.7.1　调用和返回指令

1. 绝对调用指令

绝对调用指令限在 2KB 空间内调用，所以，地址只用 11 位，格式为

ACALL　addr11 　；addr11 为 11 位地址，高 3 位称为页地址，低 8 位为页内地址

2. 长调用指令

长调用指令可以在 64KB 空间内调用，这是为适应 8051 的扩展程序存储器而设置的。格式为

LCALL　addr16 　；addr16 为 16 位地址

3. 返回指令

RET 　　　　　　　；子程序返回指令，既适用于绝对调用，也适用于长调用

RETI 　　　　　　　；中断返回指令，执行 RETI 后，必须再执行一条指令，才会响
　　　　　　　　　　　应新的中断

3.7.2　无条件转移指令

1. 绝对无条件转移指令

这一指令提供 11 位地址，可在 2KB 范围内转移，格式为

AJMP addr11 　　　；addrll 为 11 位地址，高 3 位为页地址，低 8 位为页内地址

2. 无条件长转移指令

这一指令可在 64KB 范围内转移，这是为了适应 8051 可扩展到 64KB 程序存储器空间而设置的。格式为

  LJMP addr16　　　　；addr16 为 16 位转移地址

3. 无条件相对转移指令

相对转移指令可在本指令 $-128 \sim +127$ 范围内转移。格式为

  SJMP rel　　　　　　；rel 为 8 位带符号的相对地址，范围为 $-128 \sim +127$

4. 无条件间接转移指令

  JMP　@ A + DPTR　　　；A 中为 8 位无符号数，DPTR 为 16 位数据指针

无条件间接转移指令把累加器 A 中的 8 位无符号数和 16 位数据指针相加，结果作为转移地址送 PC。运算过程中不影响 A 和 DPTR 中的内容，也不影响标志。

说明如下：

1）间接转移指令为双字节指令，常用在多分支选择程序中。

2）间接转移指令的目的地址在以数据指针 DPTR 为起始点的 256B 范围内，如 A 中内容和 DPTR 内容相加后超过 64KB，则抛弃最高位，按 2^{16} 为模得到有效地址。

例如，下列程序段中，A 的内容为 $0 \sim 4$ 之间的偶数，按照 A 中的值转移到三个分支之一，如 A 中为 0，则转移到 KK0；如 A 中为 2，则转移到 KK1；如 A 中为 4，则转移到 KK2。

  MOV DPTR，#KKK　；起始地址为 KKK

  JMP @ A + DPTR　　；转移

KKK：AJMP　KK0　　　；如 A 中为 0，则转移到 KK0

  AJMP　KK1　　　；如 A 中为 2，则转移到 KK1

  AJMP　KK2　　　；如 A 中为 4，则转移到 KK2

3.7.3　条件转移指令

JZ rel　；累加器 A 中内容为 0，则转移，否则执行下一条指令，rel 范围为 $-128 \sim +127$

JNZ rel　；累加器 A 中内容不为 0，则转移，否则执行下一条指令，rel 范围为 $-128 \sim +127$

JC rel　；CY 为 1，则转移，否则执行下一条指令

JNC rel　；CY 为 0，则转移，否则执行下一条指令

例如，将 P1 口的内容输入到累加器，再往 P2 口输出，遇到数值为 0 则停止。

QQ：　　MOV　A，P1　　　；从 P1 口输入

  JZ　STOP　　　　；如为 0，则停止

  MOV　P2，A　　　；输出到 P2 口

  SJMP　QQ　　　　；继续

STOP：　RET　　　　　　；停止循环

3.7.4　比较转移指令

格式为

CJNE（目的字节），（源字节），rel

这是一条三字节指令，它将目的字节和源字节比较，如不等，则按相对地址转移。rel 的范围为 −128 ～ +127；如比较结果相等，则执行下一条指令。本指令中的目的字节和源字节有 4 种寻址方式组合，所以，具体的比较转移指令有下列几种：

CJNE A, #data, rel 　　; 立即数 data 和 A 中内容比，如不等，则转移，否则执行下一条指令

CJNE A, direct, rel 　　; direct 所指内存单元内容和 A 中内容比，如不等，则转移，否则执行下一条指令

CJNE Rn, #data, rel 　　; 立即数和 Rn 中内容比，如不等，则转移，否则执行下一条指令

CJNE @ Ri, #data, rel 　　; 立即数和 Ri（R0 或 R1）所指的 RAM 单元内容比，如不等，则转移，否则执行下一条指令

说明：比较转移指令执行时，如源字节的值大于目的字节，则 CY 置 1，否则 CY 为 0。

3.7.5　循环转移指令

DJNZ　Rn, rel 　　; 将 Rn 中内容减 1，送 Rn，如果不为 0，则转移

DJNZ　direct, rel 　　; direct 所指 RAM 单元内容减 1，如结果不为 0，则转移

例：MOV R1, #06 　　; R1 中设置常数 6
　　　　　　　　　　　　; 循环处理

JSU：DJNZ R1, JSU 　　; R1 内容减 1，如不为 0，则转到 JSU 继续处理，由此可控制实现 6 次循环

又如：

DELAY：DJNZ R3, $ 　　; 根据 R3 中的值可进行延时，直至 R3 为 0

3.8　空操作指令

NOP

空操作指令用一个机器周期，它的功能只是使 PC 值加 1，CPU 不做任何操作。NOP 指令一般用作延迟。

3.9　位处理指令

8051 的 CPU 中专为位处理设置了硬件逻辑，在位处理时，CY 位作累加器用。位处理指令有如下几类：

1. 位传送指令

MOV C, bit 　　　　　; 将 bit 位传送到位处理累加器 CY

MOV bit, C 　　　　　; 将 CY 传送到某位

例如，P2 口和 P1 口之间利用 CY 进行位传送，执行如下指令：

MOV C, P2.0 　　　　; 将 P2.0 位送 CY

MOV P1.2, C 　　　　; 将 CY 送 P1.2 位

2. 位控制指令

CLR C	；清 0
SETB C	；CY 置 1
CLR bit	；某位清 0
SETB bit	；某位置 1
CPL C	；CY 取反
CPL bit	；某位取反

例：CLR P1. 1 　　　　　；将 P1 口 0D1H 位清 0

　　　SETB C 　　　　　　；使 CY 为 1

例如，若 P2 口为 10110101，执行如下指令：

　　　　　CPL　P2.0

则 P2 口变为 10110100。

3. 位逻辑运算指令

ANL C, bit	；CY 和某位相与，结果在 CY 中
ANL C, /bit	；CY 和某位的反码相与，结果在 CY 中，而此位的内容不变
ORL C, bit	；CY 和某位相或，结果在 CY 中
ORL C, /bit	；CY 和某位的反码相或，结果在 CY 中，而此位的内容不变

例：MOV C, P2. 1 　　　；将 P2.1 位送 CY

　　　ORL C, ACC. 2 　　；CY 和累加器 D2 位相或

　　　ORL C, /PSW. 2 　；再和 PSW 的 D2 位即 OV 的反码相或

4. 位转移指令

JC　rel	；CY 为 1 时转移，否则执行下一条指令
JNC rel	；CY 为 0 时转移，否则执行下一条指令
JB　bit, rel	；如某位为 1，则转移，否则执行下一条指令
JNB　bit, rel	；如某位为 0，则转移，否则执行下一条指令
JBC bit, rel	；如某位为 1，则使此位为 0，且转移；如为 0，则保持此位，且执行下一条指令。

例：JB P2.1, ABC 　；如 P2.1 为 1，则转移至 ABC，否则顺序执行

　　　JNB ACC. 2, ABC ；如累加器 D2 位为 0，则转移至 ABC，否则顺序执行

本 章 小 结

　　汇编语言程序由一系列语句组成，包括指令和伪指令。指令由汇编器翻译成机器码，伪指令不翻译成机器码，它们用以指导汇编器如何将指令翻译成机器码。8051 指令系统有 7 种寻址方式，寄存器寻址、直接寻址、立即寻址、寄存器间接寻址、相对寻址、位寻址、基址加变址寄存器间接寻址。

　　8051 单片机共有 111 条指令。

　　按指令占存储器字节的长度，可分为单字节、双字节、三字节指令。其中单字节指令 49 条，双字节指令 45 条，三字节指令 17 条。单字节指令对应的机器码占程序存储器 1 字

节，双字节指令对应的机器码占程序存储器 2 字节，三字节指令对应的机器码占程序存储器 3 字节。按指令的执行时间分类，可分为单周期、双周期、三周期、四周期指令。其中，单周期指令 64 条，双周期指令 45 条，四周期指令 2 条（乘除指令）。指令周期数越多，对应指令执行时间越长，单周期指令执行时间最短，双周期指令次之。按所实现的功能分类，可分为数据传送类、算术运算类、逻辑运算类、控制转移类、位操作类和空操作指令。

　　读者应当准确理解每一条指令的格式、寻址方式、操作过程，包括指令对标志位的影响。

习题与思考题

1. 8051 有哪几种寻址方式？举例说明它们是怎样寻址的。

2. 位寻址和字节寻址如何区分？在使用时有何不同？

3. 访问专用寄存器和片外寄存器应采用什么寻址方式？举例说明。

4. 编程将内部 RAM 的 30H 单元的内容传送给外部 RAM 的 2000H 单元。

5. 编程将内部 RAM 的 20H ~ 30H 单元内容清 0。

6. 已知（A）= 90H，（R0）= 55H，（17H）= 34H，写出下列程序段执行完后的 A 中的内容：

　　ANL　A，#17H

　　ORL　17H，A

　　XRL　A，@ R0

　　CPL　A

7. 8051 汇编语言中有哪些伪指令？各起什么作用？

8. 下列程序段汇编后，从 1000H 开始各有关存储单元的内容是什么？

　　ORG 1000H

　　JSU1　EQU　5559H

　　JSU2　EQU　8756H

　　DB 65H，13H，'efgABC'

　　DW JSU1，JSU2，9ABCH

第4章 8051 单片机程序设计基础

对于一个给定的课题进行程序设计，需要经过以下步骤：

首先要对课题做认真分析，明确认识课题任务，对复杂题目应进行抽象简化，建立数学模型，并弄清已知条件、原始数据和应得到的结果，以及课题任务对程序的功能、运算精度、执行速度等方面的要求。

其次，确定算法，即选择解决问题的途径和方法。对于一个具体问题，算法可能有多种，应该选取简单、高效、在单片机上易实现的算法。

第三，画流程图。流程图是算法的一种图形描述，由逻辑框和流程线组成。对于复杂的问题，可分解为若干个程序模块，然后确定各模块的算法，画出程序流程图。对于大的程序，可分别画出分模块流程图和总的流程图，这时流程图可设计得粗略一些，能反映出总体结构即可。当然，对于简单的程序段，也可不画流程图，而直接按确定的算法编写程序。

第四，存储器资源分配，诸如各程序段的存放地址、数据区地址、工作单元分配等。

第五，编制程序、调试和修改编写汇编语言源程序，并利用 PC 进行交叉汇编、调试运行程序，修改错误，直至完成程序文档的编写。

其中的第四条，在用 C/C++ 等高级语言设计程序时一般不涉及这个问题，但对用汇编语言编写程序却是非常重要的，因为汇编语言是面向机器的，因此，在编制程序前，应对所使用单片机或微型机的结构有一定的了解。

一个好的程序应可读性强，便于调试和移植，具有较强的容错功能，运行可靠，抗干扰能力强。这要求程序员在实践中不断积累和总结经验。不过，若能在编程的初期注意到以下几个问题，可大大提高程序的可靠性。

1）结构化程序设计。对较复杂的程序可以将其划分为若干个功能相对独立的模块，大模块本身又可以由若干个小模块组成。这样做的好处是单个小模块的设计和调试比较容易实现，而且一个模块可以为多个程序所利用，编程中若利用现成的模块（如现成的子程序）可大大提高编程效率，故应注意养成结构化的程序设计风格。

2）考虑程序的容错功能。无论逻辑运算还是数值运算，都存在出错的可能性。比如在调用除法模块时，若输入的除数为零，容错性好的程序能自动判断出这个问题并给出出错信息。对于某些错误，还应能自动修正，而容错性差的程序则不能。故在编程中应对容错给予注意和考虑。

3）算法的可靠性和合理性。同一问题可以有不同的算法，其效率和精度有时也不大相同，所以在编程中应特别注意。如尽可能不用绝对值小的数作为分母，尽量减小舍入误差对最终结果的影响，用查表来代替复杂的计算等。

对实时性高的软件还应注意程序的执行速度。

4.1　汇编语言程序结构

4.1.1　简单程序结构

简单结构程序执行时，从第一条指令开始顺序执行，直到最后一条指令为止。它是构成较大、较复杂程序的最基本的结构。但它本身只能完成一些简单的任务，所以叫作简单程序。

例 4.1　将单字节 BCD 码转换成二进制数。

```
         ;功能：单字节 BCD 码转换成二进制数
         ;入口：要转换的 BCD 数位于累加器 ACC
         ;出口：转换后的结果存于 R3
         ;占用资源：累加器 ACC、寄存器 B、R2、R3
BCDTOBIN：MOV R2, A          ;保存 BCD 码
         ANL A,#0F0H         ;屏蔽低 4 位，取高 4 位
         SWAP A              ;高低 4 位交换
         MOV B, #10
         MUL AB              ;高 4 位乘 10
         MOV R3, A           ;乘积送 R3 保存
         MOV A, R2
         ANL A, #0FH         ;取低 4 位
         ADD A, R3           ;高 4 位乘 10 的结果和低 4 位相加，结果送 ACC
         MOV R3, A           ;结果送 R3
         RET
         END                 ;程序结束
```

例 4.2　双字节移位。

将 R0 所指向内存单元的 16 位双字节无符号右移一位，结果仍在原单元中。由于 8051 指令系统中只有单字节移位指令，故双字节移位需要分步进行。

```
         ;功能：双字节无符号数右移
         ;入口：双字节无符号数存放于 R0 所指向的内存，其中高位在前
         ;出口：移位后的双字节数仍存放在原单元中
         ;使用资源：A、R0、C
SHIFT_DB：CLR C
         MOV A, @ R0
         RRC A
         MOV @ R0, A
         INC R0
         MOV A, @ R0
         RRC A
```

```
MOV @ R0，A
RET
END
```

4.1.2 分支结构

在大量的实用程序中，需要对某些指令的执行结果进行判断，根据判断的结果决定程序的走向。判断后有"是"和"非"两种结果，程序也就有两种可能的执行方向，也就是程序产生了分支，形成了分支结构。

改变程序的执行顺序有两种方法：一是事先安排好的，程序执行到某条指令后转去执行指定的指令，这是通过无条件转移指令来实现的；第二种就是根据程序执行的结果来决定转移到何处去，这是通过条件转移指令来实现的，分支程序就属这种情况。

转移指令都有条件测试功能，根据测试后的结果来确定是否转移，条件成立则转移，否则执行下一条指令。

例4.3 给定8位有符号数X，求符号函数Y，所谓符号函数，即当X>0时，Y为1，当X<0时，Y等于-1；而当X=0时，Y=0。这是一个典型的分支程序。

```
;功能：符号函数程序
;入口：8位有符号数存放于累加器ACC
;出口：结果位于R1，即(R1)=1，有符号数为正；(R1)=-1，有符号数为负
;      (R1)=0，有符号数为0
;使用资源：累加器ACC、寄存器R0、R1
    SIGN_FUN:JZ ZERO          ;判(A)=0否？(A)=0，转ZERO，(A)非0，下
                                一条
        JNB ACC.7，POSITIVE    ;(A)的最高位不是1，即为正数，转标号
                                POSITIVE；如是1，执行下一条
    MINUS:MOV R1，#0FFH        ;(A)的最高位是1，即为负数，(R1)=-1
        SJMP EXIT              ;转出口
    ZERO：MOV R1，#0           ;(R1)=0
        SJMP EXIT              ;转出口
    POSITIVE：MOV R1，#1       ;(R1)=1
    EXIT：RET
```

这个程序的流程图如图4-1所示。

4.1.3 循环结构

一个程序若包含多次重复执行的程序段，则称为循环结构。循环程序和分支程序都是非顺序结构程序，但它们在程序走向和所实现的功能上是不同的。

1. 循环程序的构成

下面举例说明循环程序的构成。

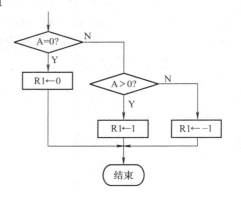

图4-1 例4.3程序流程图

例 4.4　求存放在 R0 所指的片内 RAM 单元开始的 N 个无符号数的最小值。

```
;功能：求存放在 R0 所指的片内 RAM 单元开始的 N 个无符号数的最小值
;入口：N 个无符号数存放在 R0 所指的片内 RAM 单元开始的连续内存中
;出口：最小值位于累加器 ACC 中
;使用资源：ACC、R7、R0、B
        ORG 100H
NOSIG_MIN:
        MOV R7, #N          ;计数器初值
        MOV A, @R0          ;取第一个数
        DEC R7              ;实际的比较次数
LOOP:   INC R0              ;修改地址指针
        MOV B, @R0          ;取后一个数
        CJNE A, B, NEXT     ;前数与后数比较
NEXT:   JC AGAIN            ;前一个数小，不交换
        MOV A, B            ;前一个数大，把后一个数送 A
AGAIN:  DJNZ R7, LOOP       ;计数器减 1，不为 0 转 LOOP
        RET                 ;循环结束，最小值位于 A
        END
```

程序流程图如图 4-2 所示。分析以上程序可以看出，循环程序由以下 4 部分组成：

（1）设置初值部分　进入循环之前要给出初始状态，称为初始化，一般包括建立计数器，设置地址指针及其他变量的初值。初值又分为循环工作部分的初值和循环结束条件的初值。

（2）循环工作部分　这是循环结构的基本部分，也叫循环体，是为重复执行任务编写的程序段。

（3）循环控制部分　控制循环的次数，一般包括修改计数器，修改指针，检测循环结束条件等。

（4）结束部分　用于分析和存储结果。

循环初值和结束部分只执行一次，而循环工作部分和控制部分要执行多次，这两部分又称为循环体，是循环程序的主体，它影响着程序的效率。从节省程序执行时间的角度出发，应精心设计循环体。图 4-3 给出了更一般的循环程序流程图。

如果循环工作部分又包含新的循环程序，称为循环嵌套，如出现多次嵌套，就称为多重嵌套。而循环工作部分不包含另外的循环体就称为单重循环。

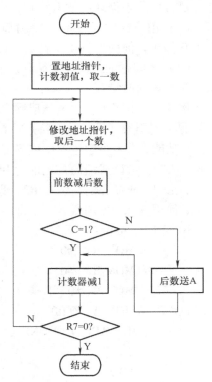

图 4-2　例 4.4 程序流程图

2. 单重循环及其控制方法

控制循环的方法有多种，这里只介绍其中的 3 种。当循环次数已知时，利用计数器控制

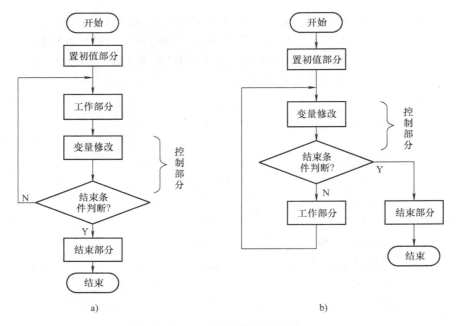

图 4-3　循环程序流程图

循环最方便。当循环次数未知时，可采用按实际条件控制循环，或采用逻辑尺的方法。

（1）用计数控制循环　先将循环次数置入计数器，每循环一次，计数器减 1，直至计数器为 0 停止。前面的例 4.4 就是这种方法。

（2）按问题的条件控制循环　有些问题没有给出循环次数，但可根据问题本身的特征来控制循环何时结束。

例 4.5　求多个学生考试成绩之和，设考试成绩的首地址为 R0 所指内部 RAM 单元。这个问题可利用成绩是正数的特点，在成绩数据区后放一个负数作为结束条件。程序为：

```
        ;功能：求多个学生考试成绩之和
        ;入口：考试成绩的首地址为 R0 所指内部 RAM 单元，成绩数据区后有一负数
        ;出口：成绩和的高位在 R2，低位在 R1，人数在 B 中
        ;使用资源：累加器 ACC、寄存器 R0、R1、R2、B
RESULTS_ADD：
        MOV R1，#0
        MOV R2，#0
        MOV B，#0
LOOP：  MOV A，@ R0        ;取第 1 个数
        JB   ACC.7，DONE   ;是负数，结束循环
        INC B
        ADD A，R1
        JNC NEXT
        INC R2
NEXT：  INC R0
```

```
                MOV R1,A
                SJMP LOOP
DONE:    RET
```

（3）用逻辑尺控制循环　下面用实例来说明用逻辑尺控制循环的方法。

例 4.6　若单片机进行 8 路巡回检测，采集的数据要用不同的函数加以处理。设第 0、3、5 路用 FUNC1 处理，而 1、2、4、6、7 路用 FUNC2 处理，这样在一个循环中包括两个支路，可使用一个二进制位串来控制程序沿哪一个位串来循环。本题的位串设计为 11010110，0 表示用 FUNC1 处理，1 表示用 FUNC2 处理，这个二进制位串称为逻辑尺。其长度根据需要可为一字节或多字节。程序运行时，可将逻辑尺移位，判断是 0 还是 1，以决定对数据如何处理。程序流程如图 4-4 所示。

```
            ORG 100H
LOGSCASHIFT:  MOV R0,#20H
              MOV R1,#40H
              MOV R2,#11010110B
              MOV R7,#8
    LOOP:     MOV A,R2
              CLR C
              RRC A
              MOV R2,A
              JC SECOND
              LCALL FUNC1
              SJMP STORE
    SECOND:   LCALL FUNC2
    STORE:    MOV @R1,A
              INC R0
              INC R1
              DJNZ R7,LOOP
              SJMP  $
    FUNC1:    MOV A,@R0
              …
              RET
    FUNC2:    MOV A,@R0
              …
              RET
            END
```

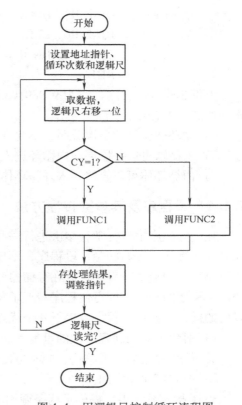

图 4-4　用逻辑尺控制循环流程图

3. 多重循环

如果在一个循环体中又包含了其他的循环程序，即循环中还套着循环，这种程序称为多重循环程序。

例 4.7　延时程序。

延时程序与8051执行指令的时间有关，如果使用12MHz晶振，一个机器周期为1μs，计算出执行一条指令至一个循环所需要的时间，给出相应的循环次数，便能达到延时的目的。程序如下：

```
        ;功能：延时9.980103s
        ;入口：无
        ;出口：无
        ;使用资源：R5、R6、R7
    DELAY：  MOV R5，#100
    DEL0：  MOV R6，#200
    DEL1：  MOV R7，#248
    DEL2：  DJNZ R7，DEL2    ；248*2+1=497个机器周期
            DJNZ R6，DEL1    ；（248*2+1+2）*200+1=99 801个机器周期
            DJNZ R5，DEL0    ；（（248*2+1+2）*200+1+2）*100+1+2
            RET             ；=9 980 303μs
```

上例延时程序实际延时为9.980103s。它是一个三重循环程序。使用多重循环程序时，必须注意以下几点：

1）循环嵌套必须层次分明，不允许产生内外层循环交叉。

2）外循环可以一层层向内循环进入，结束时由里往外一层层退出。

3）内循环体可以直接转入外循环体，实现一个循环由多个条件控制的循环结构方式。

4.1.4　子程序及其参数传递方法

在实际程序中，常常会多次进行一些相同的计算和操作。如数制转换、函数式计算等。如果每次都从头开始编制一段程序，不仅繁琐，而且浪费存储空间。因而对一些常用的程序段以子程序的形式，事先存放在存储器的某一个区域。当主程序需要用子程序时，只要执行调用子程序的指令，即可使程序转至子程序。当子程序处理完毕，返回主程序，可继续进行以后的操作。调用子程序有以下几个优点：

1）避免了对相同程序段的重复编制。

2）简化程序的逻辑结构，同时也便于子程序调试。

3）节省存储器空间。

8051指令系统中，提供了两条调用子程序指令ACALL及LCALL，并提供了一条返回主程序的指令RET。

对于子程序的调用，一般包含两个部分：保护现场和恢复现场。由于主程序每次调用子程序的工作是事先安排的，根据实际情况，有时可以省去保护现场的工作。

调用子程序时，主程序应先把有关的参数存放在约定的位置，子程序在执行时，可以从约定的位置取得参数，当子程序执行完，将得到的结果存入约定的位置，返回主程序后，主程序可以从这些约定的位置读取到需要的结果，这就是参数的传递。

现结合8051单片机的特点，介绍几种参数传递方法。

（1）用累加器或寄存器进行参数的传递　用累加器和寄存器存放输入参数及结果参数，可以提高程序的运算速度，而且程序也很简单。它的不足之处是参数不能传递得很多，因为

寄存器的数量有限；主程序在调用子程序前必须将参数先送入寄存器；由于子程序参数的个数是固定的，故主程序不能任意设定参数的多少。

（2）用指针寄存器进行参数的传递　当程序中所需处理的数据量比较大时，常常用存储器存放数据，而不用寄存器。用指针指示数据在存储器中所处的位置，可以大大节省参数传递中的工作量，使用指针的方法能实现数据长度可变的运算。8051 指令系统中提供的由R0、R1 作间址寄存器的指令很多，当参数存放在内部 RAM 时，用 R0、R1 作指针，使参数的传递十分方便。

当参数在外部 RAM 或在程序存储器时，可用 DPTR 作指针。对可变长度运算时，数据长度可由寄存器指出，也可采用在数据后设置标志的办法。

（3）用堆栈进行参数传递　堆栈可以用于主程序调用子程序时相互之间的参数传递。调用前，主程序用 PUSH 指令把参数压入堆栈，子程序在执行中按堆栈指针间接访问栈中参数，并且把运算结果送回堆栈。返回主程序后，主程序用 POP 指令得到堆栈中的结果参数。利用堆栈传递参数的方法比较简单，而且传递参数量比用寄存器来传递参数多得多，也不必为特定的参数分配存储单元。下面举几个例子介绍用堆栈进行参数传递的方法。

例4.8　一位十六进制数转换成 ASCII 码。程序如下：

```
    ;功能：一位十六进制数转换成 ASCII 码
    ;入口：十六进制数存放于栈顶
    ;出口：结果在堆栈中入口的位置
    ;使用资源：寄存器 R0
HEASC: MOV R0, SP          ;借用 R0，为堆栈指针
       DEC R0
       DEC R0              ;R0 指向被转换参数地址
       XCH A, @R0          ;保护累加器，取被转换参数
       ANL A, #0FH
       ADD A, #2           ;表首地址
       MOVC A, @A + PC     ;查表
       XCH A, @R0          ;结果送回堆栈
       RET
ATAB:  DB  30H, 31H, 32H, …, 39H, 41H, …, 46H
```

调用上述子程序后，把一位十六进制数转换成对应的 ASCII 码。输入参数位于栈顶，进入子程序时，堆栈中又压入了两个字节的返回地址。将原来的输入参数变成新栈顶起的第三个字节。R0 的内容经两次减 1 后，指向原来的输入参数。利用两条 XCH 指令，完成取被转换输入参数及转换后的结果参数送回原堆栈中的操作，而 A 的内容没有破坏。

例4.9　把内部 RAM 中 40H 单元一字节的十六进制数转换成两位 ASCII 码，存放在 R1指出的两个单元中，调用 HEASC 子程序。程序如下：

```
HEX_TO_ASCII: MOV A, 40H       ;直接寻址，(40H)→A
              SWAP A           ;两位十六进制数半字节交换
              PUSH ACC         ;要转换的数据入栈
              ACALL HEASC
```

```
        POP ACC                    ;得到转换的结果
        MOV @ R1，A                ;高半字节转换成 ASCII 码存结果
        INC R1
        PUSH 40H
        ACALL HEASC
        POP ACC
        MOV @ R1，A                ;低半字节转换成 ASCII 码存结果
        RET
        END
```

由于 HEASC 子程序，每次只能完成一位十六进制数对 ASCII 码的转换，对于一字节的十六进制数转换，需要在主程序中两次调用 HEASC，如果被转换的十六进制数是多字节时，调用程序将占去很多存储空间。

下面仍采用堆栈传递参数法，介绍一字节的两位十六进制数转换成 ASCII 码子程序。

例 4.10 被转换数据存放在 R0 指出的堆栈地址中，结果送原单元及其下一单元。程序如下：

```
    HEAS2：MOV R0，SP             ;借用 R0 为堆栈指针
          DEC R0
          DEC R0                  ;R0 指向被转换参数地址
          PUSH ACC               ;保护累加器
          MOV A，@ R0            ;取出参数
          ANL A，#0FH            ;取右半字节
          ADD A，#14             ;得 PC 值与 ASCII 码表的偏移值
          MOVC A，@ A + PC       ;查表
          XCH A，@ R0            ;十六进制数低位的 ASCII 码存入堆栈
          SWAP A                 ;取左半字节
          ANL A，#0FH            
          ADD A，#07             ;得 PC 值与 ASCII 码表的偏移值
          MOVC A，@ A + PC       ;查表
          INC R0
          XCH A，@ R0            ;十六进制数高位的 ASCII 码存入栈
          INC R0
          XCH A，@ R0            ;低位返回地址放入栈中
          INC R0
          XCH A，@ R0            ;高位返回地址放入栈中，恢复累加器
          RET
    ATAB2：DB 30H，31H，…，39H，41H，…，46H
```

以上介绍了用堆栈传递参数的几种方法。在实际编程时，可根据需要将几种方法联合使用，以达到既节省工作单元又加快程序运行速度的目的。

4.1.5 中断服务程序

中断服务程序对实时事件请求做必要的处理，使系统能实时地并行完成各个操作，中断服务程序必须包括现场保护、中断服务、现场恢复、中断返回 4 部分。中断服务程序编写方法与子程序类似，同时应注意以下问题：

1）在中断程序的结尾一定要使用 RETI，以便返回到主程序中断处。

2）中断服务程序中要清除中断标志，以免重复进入。具体标志和清除方法参见各中断部分。

3）中断服务程序的长度应尽量短小，以免执行时占用 CPU 过多时间。所以主程序与中断服务程序之间的数据交换多采用标志位。

4）中断嵌套深度受堆栈区的影响。系统复位后，栈指针 SP 的初始值为 07H。与工作寄存器区重叠，所以程序中一般要重新定义。AT89S52 内部虽有 256B 的 RAM，但堆栈需利用低 128B 开辟，所以其堆栈深度有限。

4.2 8051 单片机典型汇编程序设计

4.2.1 无符号的多字节加法

加法指令有 ADD 和 ADDC 两种，前者用于累加，后者用于多字节数相加。

无符号的多字节二进制数定点加法程序在处理多字节运算时，应注意低字节向高字节的进位（或借位），用进位位 CY 判别。当 CY = 0 时表示无进位或借位，反之则表示有进位或借位。在进行无符号的单字节二进制数加减运算时，用进位 CY 判别和溢出与否。

例 4.11 两个多字节数 P、Q 均以低字节在前、高字节在后的次序，分别存放在由 R0、R1 指出的内部 RAM 中，相加后存入 P 数据区。程序如下：

```
        ;功能：无符号的多字节加法
        ;入口：被加数 P 存放于 R0 指出的内部 RAM 中，加数 Q 存放于 R0 指出的内部
        ;      RAM 中，低字节在前，高字节在后；字节数存放于 R2
        ;出口：结果存放于 P 数据区
        ;使用资源：累加器 A、进位标志 C、寄存器 R0、R1、R2
            ORG 1000H
NO_SIGN_MADD:CLR C            ;清进位
MADD:   MOV A, @R0            ;取加数（一个字节）
        ADDC A, @R1           ;两数相加（由低字节开始）
        MOV @R0, A
        INC R0
        INC R1
        DJNZ R2, MADD         ;两数加完？
        JC ERR                ;和字节数大于 N，则溢出
        RET
```

ERR：　　…
　　　　END

上例中若 ADDC A，@ R1 改为 SUBB A，@ R1 指令，该程序就是多字节减法程序。无符号数的减法运算，被减数必须大于减数。无符号十进制数加法程序的设计思想与上例相同。

4.2.2　双字节二进制无符号数乘法

例 4.12　将 R2R3 和 R6R7 中双字节无符号数相乘，结果送 R4R5R6R7。本子程序使用累加器 A、寄存器 R0、R2 ~ R7 及标志 CY。程序框图如图 4-5 所示。

```
NMUL： MOV R4, #0      ; 0→R4R5
       MOV R5, #0
       MOV R0, #16     ; 16→位计数器 R0
       CLR C
NMLP： MOV A, R4        ; 右移一位
       RRC A
       MOV R4, A
       MOV A, R5
       RRC A
       MOV R5, A
       MOV A, R6
       RRC A
       MOV R6, A
       MOV A, R7
       RRC A
       MOV R7, A
       JNC NMLN         ; C 为移出的乘数最低位
       MOV A, R5        ; 执行加法
       ADD A, R3
       MOV R5, A
       MOV A, R4
       ADDC A, R2
       MOV R4, A
NMLN： DJNZ R0, NMLP ; 循环16次
       MOV A, R4         ; 最后结果再右移一位
       RRC A
       MOV R4, A
       MOV A, R5
       RRC A
       MOV R5, A
```

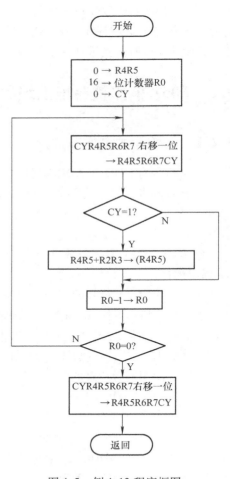

图 4-5　例 4.12 程序框图

```
MOV A, R6
RRC A
MOV R6, A
MOV A, R7
RRC A
MOV R7, A
RET
```

4.2.3　码制转换程序

例 4.13　ASCII 码到 BCD 码的转换。

设 ASCII 字符置于工作寄存器 R2 中，转换结果放在 R3 中（高 4 位为 0）。为提高程序的容错性，若转换结果 <0 或 >9，R3 为 FFH。例如，ASCII 码 39H 转换为 BCD 码应为 9。

;功能：ASCII 码转换为 BCD 码

;入口：ASCII 字符置于工作寄存器 R2 中

;出口：转换结果放在 R3 中（高 4 位为 0），若转换结果 <0 或 >9，R3 为 FFH

;使用资源：累加器 ACC、寄存器 R2、R3、进位标志 C

```
ASCII_TO_BCD：  MOV A, R2
        CLR C
        SUBB A, #30H
        MOV R3, A
        JC ERR
        SUBB A, #0AH
        JC EXIT
ERR：  MOV R3, #0FFH        ;转换结果 <0,或≥10 置出错标志
EXIT：  RET
```

例 4.14　BCD 数到二进制数之间的转换。

$n+1$ 位的 BCD 数可表示为

$$(A_n A_{n-1} \cdots A_1 A_0)_{BCD} = A_n \times 10^n + A_{n-1} \times 10^{n-1} + \cdots + A_1 \times 10^1 + A_0$$

$$= ((\cdots(A_n \times 10 + A_{n-1}) \times 10 + A_{n-2}) \times 10 + \cdots + A_1) \times 10 + A_0$$

可以根据此式编制转换程序，为方便编程，从 BCD 数的高位做起。下面是双字节 BCD 数到二进制数的转换程序。

;功能：将 4 位 BCD 数转换为二进制数

;入口：BCD 数为 R5（千位，百位），R4（十位，个位）

;出口为 R5R4，为 16 位无符号数二进制整数

;使用资源：累加器 ACC、寄存器 R5、R4、B、R2、R6、R3、进位标志 C

```
        BCD4B：MOV A, R5
                MOV R2, A
```

```
            ACALL BCD2B
            MOV B, #64H
            MUL AB
            MOV R6, A
            XCH A, B
            MOV R5, A
            MOV A, R4
            MOV R2, A
            ACALL BCD2B
            ADD A, R6
            MOV R4, A
            MOV A, R5
            ADDC A, #00H
            MOV R5, A
            RET
BCD2B:      MOV A, R2
            ANL A, #0F0H
            SWAP A
            MOV B, #0AH
            MUL AB
            MOV R3, A
            MOV A, R2
            ANL A, #0FH
            ADD A, R3
            MOV R2, A
            RET
```

这里的子程序 BCD2B 可以作为单字节 BCD 数转换成二进制数的程序。

4.2.4 查表程序

查表是一种常用的非数值操作，利用查表可以使复杂的计算简单化，并能完成如数据补偿、转换、检索、实现程序的多分支转移等多种功能，有简单查表、查表散转和顺序检索三种。

1. 简单查表程序

利用指令 MOVC A, @ A + DPTR 查表。

例如，查表求输入数据 X 的函数值 $Y = f(X)$，假设表在 ROM 中，首地址为 TAB；X 的取值为 1，2，…，$N-1$，N；对应的 Y 值存放地址为 TAB + X；X、Y 均占一个字节，输入数据（X 值在累加器 A 中），查表结果仍存于 A

```
            MOV DPTR, #TAB
            MOVC A, @ A + DPTR
```

…
　　TAB：　　DB…

　　例 4.15　若 X、Y 均占两个字节，输入数据放于 R2 和 R3，要求查表结果仍在 R2 和 R3 中，程序如下：

```
        MOV DPTR, #TAB          ;取表头地址
        MOV A, R2
        CLR C
        RLC A                   ;X 值乘以 2
        MOV R2, A
        XCH A, R3
        RLC A
        XCH R3, A
        ADD A, DPL              ;求 Y 值所在地址低位
        MOV DPL, A
        MOV A, DPH
        ADDC A, R3              ;求 Y 值所在地址高位
        MOV DPH, A
        CLR A
        MOVC A, @ A + DPTR      ;取 Y 值低位
        MOV R2, A
        INC DPTR
        CLR A
        MOVC A, @ A + DPTR      ;取 Y 值高位
        MOV R3, A
        SJMP  $
```

　　例 4.16　用 MOVC A, @ A + PC 指令查表。

　　将十六进制数 0 ~ F 转换成 ASCII 码，程序入口 A，出口仍在 A 中。

```
        HASC2：INC A
               MOVC A, @ A + PC
        HASC2 + 2：RET
        ASCTAB：DB 30H,31H,32H,33H,34H, 35H,36H,37H,38H,39H, 41H
                DB 42H, 43H
                DB 44H, 45H
```

　　这里，为什么在标号 HASC2 开始的一行中加入 INC A 指令呢？因为在执行查表指令时的 PC 值为 HASC2 + 2，即 RET 指令对应的 PC 值。而 RET 的 PC 值与表头的 PC 值（标号为 ASCTAB）相差 1，故需要加入 INC A 指令。如果两个标号的 PC 相差为 25H，则 INC A 这一行的指令应改为 ADD A, #25H。

　　2. 散转程序设计

　　散转程序是一种多分支程序，它可根据运算结果或输入数据将程序转至不同的分支。

例 **4.17**　根据工作寄存器 R0 内容的不同，使程序转入相应的分支。

设 R0 = 0，对应的分支程序标号为 PR0；R0 = 1 对应的分支程序标号为 PR1；……；R0 = n 对应的分支程序标号为 PRn。

```
        LP0：MOV DPTR, #TAB          ；取表头地址
            MOV A, R0
            ADD A, R0               ；R0 内容乘以 2
            JNC LP1                 ；无进位转移
            INC DPH                 ；加进位位
        LP1：JMP @ A + DPTR          ；跳至散转表中相应位置
            …
        TAB：AJMP PR0               ；跳至不同的分支，2 字节指令
            AJMP PR1
            …
            AJMP PRn
```

该程序的局限性在于表中的转移指令除了最后一条外，都不能使用长转移指令（长转移指令占 3B），故这些分支程序（最多 128 个分支）必须在同一个 2KB 范围内。若超出 2KB 范围，可在分支程序入口处安排一个长跳转指令，或采用如下程序：

```
            MOV DPTR, #TAB
            MOV A, R0
            MOV B, #03H            ；长跳转占 3B
            MUL AB                 ；分支序号乘 3
            XCH A, B
            ADD A, DPH
            MOV DPH, A
            XCH A, B
            JMP @ A + DPTR         ；跳至散转表中相应位置
        TAB：LJMP PR0              ；跳至不同的分支
            LJMP PR1
            …
            LJMP PRn
```

如果输入命令是 ASCII 字符，并假设命令字有 4 个，它们是 'A''B''C''D'，对应程序入口地址分别为 1000H、1100H、1200H 和 1300H，可将命令字和入口地址均置于表中，以 0 作结束标志。设输入的命令字在累加器 A 中，若输入的字符不是合法的命令字，则转程序段 ERR，参考程序如下：

```
            MOV DPTR, #TAB
            MOV B, A               ；输入的命令字暂存于 B
        LP1：  CLR A
            MOVC A, @ A + DPTR      ；取表中的命令字
            JZ ERR                 ；没找到转移
```

```
            CJNE A, B, LP2          ; 比较输入的命令字与表中数据
            CLR A                   ; 比较结果相同, 做转移准备
            INC DPTR
            MOVC A, @ A + DPTR      ; 取转移地址高位
            MOV B, A
            INC DPTR
            CLR A
            MOVC A, @ A + DPTR      ; 取转移地址低位
            MOV DPL, A
            XCH A, B
            MOV DPH, A
            CLR A
            JMP @ A + DPTR          ; 转至目标地址
LP2:        INC DPTR
            INC DPTR
            INC DPTR
            SJMP LP1
ERR:        …
TAB:    DB 'A', 10H, 00H, 'B', 11H, 00H
        DB 'C', 12H, 00H, 'D', 13H, 00H
        DB 0
```

3. 顺序检索程序

例 4.18 从片内 RAM 的表中, 顺序检索出关键字, 给出关键字在表中的序号, 当找遍整个表而无关键字时, 序号为 00H。表首地址为#TABLE, 表长为#LENTH。程序如下:

```
        TABLE    EQU    20H
        LENGTH   EQU    10H
        KEY      EQU    33H
SEARCH: MOV R0, #TABLE
        MOV R1, #LENGTH
        MOV R2, #00H
  LOOP: MOV A, #KEY
        XRL A, @ R0
        INC R0
        INC R2
        JZ EXIT
        DJNZ R1, LOOP
        MOV R2, #00H
EXIT:   MOV A, R2
        RET
```

4. 3　C51 基础

4.3.1　C51 编程概述

C51 语言既具有一般高级语言的特点，又能直接对单片机的硬件进行操作，表达和运算能力强，其与标准 C 语言的主要不同之处如下：

1）C51 语言的学习与应用必须掌握 51 单片机的基本原理和组成结构，外部扩展芯片的编址和电路设计以及硬件和软件设计能力都需要具备，而标准 C 语言对硬件的关联度小。

2）标准 C 语言定义的变量不需要直接与计算机硬件的地址发生关联。C51 应用单片机内部的寄存器组、特殊功能寄存器（包括内部可位寻址的位单元）以及扩展的 I/O 接口芯片端口和各种功能部件，其定义的变量必须定位到这些硬件每个寄存器和端口的地址。

3）针对单片机位存储器和位操作指令，C51 增加了位数据类型的定义和位处理功能。

4）头文件的不同。由于 8051 系列单片机生产厂家不同，以及增强型单片机内部资源的不同，其头文件也不同，头文件集中体现了各类系列单片机的不同资源及功能。例如，C51 使用 8051 系列单片机内部资源的头文件：reg51. h；扩展资源使用的头文件：absacc. h。

5）对于单片机所特有存储空间结构，C51 增加了各种存储空间变量的定义。

6）对于单片机的中断系统，寄存器组的选择，C51 专门增加了处理的语句。

7）库函数的不同。Keil C51 的部分库函数是结合单片机硬件特点而开发的，其构成和应用方法有很大的不同。例如，库函数 printf 和 scanf，标准 C 语言中是用于屏幕打印和接收数据，而 Keil C51 中主要用于串行口数据的接收和发送。

8）针对 8051 单片机通常的存储资源最多为 64KB 的现状，C51 不允许过多的程序嵌套，对于标准 C 语言中的函数递归调用的功能必须用 reentrant 进行声明方可使用，否则不被支持。

为了增强对单片机硬件的操作能力，C51 编译器扩展了适合于 8051 单片机硬件的数据类型、存储类型、存储模式、指针类型和中断函数等，以使单片机 C51 语言程序本身不依赖计算机硬件系统的特点，而只需要略加补充有关硬件的操作，就可以在不同单片机应用系统间进行快速移植。C51 编译器针对 8051 单片机硬件在下列几方面对标准 C 进行了扩展：

1）扩展了专门访问 8051 单片机硬件的数据类型。

2）存储类型按 8051 单片机存储空间分类。

3）存储模式按 8051 单片机存储空间选定编译器模式。

4）指针分为通用指针和存储器指针。

5）函数增加了中断函数和再入函数。

使用具有 C51 编译扩展功能的 C 语言进行 8051 单片机嵌入式系统的开发编程，简称 C51 编程。C51 编程具有以下特点：

1）可管理内部寄存器和存储器的分配，编程时，无需考虑不同存储器的寻址和数据类型等细节问题。

2）程序由若干函数组成，具有良好的模块化结构，可移植性好，便于项目维护和管理。

3）有丰富的子程序可直接引用，从而大大减少用户编程工作量，提高编程效率。

4）与汇编语言混合编程，用汇编语言编写与硬件有关的程序，用 C51 编写与硬件无关的运算程序，充分发挥两种语言的长处，提高开发效率。

C51 编程和汇编语言编程过程一样。C51 语言源程序经过编辑、编译、链接后生成目标程序（.BIN 和 .HEX）文件，然后运行即可。调试 C51 语言程序目前可用 Keil C51 仿真软件。

注意：虽然使用 C51 编程可以取代烦琐的汇编语言编程，但仍需要了解 8051 单片机的硬件结构，而且 C51 程序的目标代码在效率上还是不如汇编程序，所以对于单片机嵌入式系统的开发应采用汇编语言与 C51 混合编程的方法更有效。

4.3.2　Keil C51 标志符与关键字

1. 标志符

C51 编译器规定标志符最长可达 255 个字符，但只有前面 32 个字符在编译时有效，因此在编写源程序时标志符的长度不要超过 32 个字符，这对于一般应用程序来说已经足够了。程序中对于标志符的命名应简洁明了，含义清晰，便于阅读理解，如用标志符"max"表示最大值，用"Timer0"表示定时器 0 等。

2. 关键字

C51 编译器除了支持 ANSI C 标准关键字之外，还扩充了表 4-1 所示的关键字。

表 4-1　C51 扩展的关键字

关 键 字	用　　途	说　　明
bit	位变量声明	声明一个位变量或位类型的函数
sbit	位变量声明	声明一个可位寻址变量
sfr	特殊功能寄存器声明	声明一个特殊功能寄存器（8 位）
sfr16	特殊功能寄存器声明	声明一个 16 位的特殊功能寄存器
data	存储器类型说明	直接寻址的 8051 内部数据存储器
bdata	存储器类型说明	可位寻址的 8051 内部数据存储器
idata	存储器类型说明	间接寻址的 8051 内部数据存储器
pdata	存储器类型说明	"分页"寻址的 8051 外部数据存储器
xdata	存储器类型说明	8051 外部数据存储器
code	存储器类型说明	8051 程序存储器
interrupt	中断函数声明	定义一个中断函数
reentrant	再入函数声明	定义一个再入函数
using	寄存器组定义	定义 8051 的工作寄存器组

4.3.3　C51 数据与数据类型

C51 支持的数据与数据类型和 ANSI C 基本相同，仅多了"bit"数据类型，见表 4-2。由于 8051 是 8 位机，因而不存在字节对准问题。这意味着数据结构成员是顺序放置的。

表 4-2 Keil C51 编译器支持的数据类型、长度和数域

数据类型	长度 (bit/B)	数值范围
bit	1	0, 1
unsigned char	8/1	0 ~ +255
signed char	8/1	-128 ~ +127
unsigned int	16/2	0 ~ +65535
signed int	16/2	-32 768 ~ +32 767
unsigned long	32/4	0 ~ +4 294 967 295
signed long	32/4	-2 147 483 648 ~ +2 147 483 647
float	32/4	±1.176E-38 ~ ±3.40E+38（6 位数字）
double	64/8	±1.176E-38 ~ ±3.40E+38（10 位数字）
一般指针	24/3	存储空间 0 ~ 65535

4.3.4 C51 变量及其存储方式

除了支持位变量外，C51 变量定义和标准 C 变量定义是相似的，下面予以简要说明。

位变量（bit）的值可以是 1（true）或 0（false）。与 8051 硬件特性操作有关的位变量必须定位在 8051 CPU 片内存储区（RAM）的可位寻址空间中。

1. 位变量

1）位变量的 C51 定义的语法及语义：

    bit driverP11;   /* 将 driverP11 定义为位变量 */

    bit led_pointer;   /* 将 led_pointer 定义为位变量 */

    bit led_number;   /* 将 led_number 定义为位变量 */

2）函数可包含类型为 bit 的参数，也可以将其作为返回值。例如：

    bit func(bit b0, bit b1)

    {/* … */

     return(b1);

    }

注意：使用禁止中断［#pragma disable］或包含明确的寄存器组切换（using n）的函数不能返回位值，否则编译器会返回一个错误信息。

3）对位变量定义的限制。位变量不能定义成一个指针，如不能定义

    bit * led_pointer;

也不存在位数组，如不能定义

    bit b_array[ ];

在位定义中，允许定义存储类型，位变量都被放入一个位段，此段总位于 8051 内部 RAM 中，因此存储类型限制为 data 或 idata。如果将位变量的存储类型定义成其他类型，都将导致编译出错。

4）可位寻址对象指可以字节或位寻址的对象。该对象应位于 8051 片内可位寻址 RAM 区中，C51 编译器允许数据类型为 idata 的对象放入 8051 片内可位寻址 RAM 区中。

例如，先定义变量的数据类型和存储类型：

bdata int ibase;　　　　　　　　/*ibase 定义为 bdata 整型变量*/

bdata char bary[4];　　　　　　　/*bary[4]定义为 bdata 字符型数组*/

然后可使用"sbit"定义可独立寻址访问的对象位，即

sbit mybit0 = ibase^0;　　　　　　　/*mybit0 定义为 ibase 的第 0 位*/

sbit mybit15 = ibase^15;　　　　　　/*mybit15 定义为 ibase 的第 15 位*/

sbit Ary07 = bary[0]^7;　　　　　　/*Ary07 定义为 bary[0]的第 7 位*/

sbit Ary37 = bary[3]^7;　　　　　　/*Ary37 定义为 bary[3]的第 7 位*/

对象"ibase""bary"也可以字节寻址，例如：

Ary37 = 0;　　　　　　　　　　/*bary[3]的第 7 位赋值为 0*/

bary[3] = 'a';　　　　　　　　/*字节寻址:bary[3]赋值为'a'*/

sbit 定义要求基址对象的存储类型为 bdata，否则只有绝对的特殊位定义（sbit）是合法的。位置（'^'操作符）后的最大值依赖于指定的数据类型，对于 char/uchar 而言是 0~7；对于 int/uint 而言是 0~15；对于 long/ulong 而言是 0~31。

2. 其他类型变量

字符变量的长度为 1 字节（Byte）即 8 位。除非指明是有符号变量，字符变量的值域范围是 0~255（无符号）。对于有符号的变量，最具有重要意义的位是最高位上的符号标志位（MSB），在此位上，1 代表"负"，0 代表"正"。有符号字符变量（signed char）和无符号字符变量（unsigned char）在表示 0~127 的数值时，其含义是一样的，都是 00~0x7F。负数一般用补码表示，即用 11111111 表示 -1，用 11111110 表示 -2 等。

当进行乘除法运算时，符号问题就变得十分复杂，而 C51 编译器会自动地将相应的库函数调入程序中来解决这个问题。

整型变量的长度为 16 位，8051 系列 CPU 将 int 型变量的 MSB 存放在低地址字节。有符号整型变量（signed int）也使用 MSB 位作为标志位，并使用二进制的补码表示数值。可直接使用几种专用的机器指令来完成多字节的加、减、乘、除运算。整型变量值 0x1234 以图 4-6a 所示的方式保存在内存中。

长整型变量的长度是 32 位，占用 4 字节，其他方面与整型变量（int）相似。长整型变量（long int）值 0x12345678 以图 4-6b 所示的方式保存在内存中。

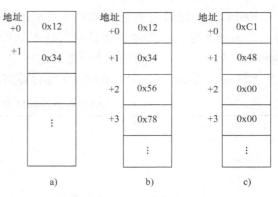

图 4-6　变量储存方式

a）整型变量　b）长整型变量　c）浮点变量

浮点型变量为 32 位，占 4 字节。许多复杂的数学表达式都采用浮点变量数据类型。它用符号位表示数的符号，用阶码和尾数表示数的大小。用它们进行任何数学运算都需要使用由编译器决定的各种不同效率等级的库函数。Keil C51 的浮点变量数据类型的使用格式与 IEEE-754 标准（32）有关，具有 24 位精度，尾数的高位始终为"1"，因而不保存。位的分布如下：

1 位符号位；

8 位指数位；

23 位尾数。

符号位是最高位，尾数为最低的 23 位，内存中按字节存储如下：

字节地址	+0	+1	+2	+3
内容	SEEE EEEE	EMMM MMMM	MMMM MMMM	MMMM MMMM

表中，S——符号位，1 表示负，0 表示正；E——阶码（在两个字节中），偏移为 127；M——23 位尾数，最高位为"1"。

浮点变量值 –12.5 的十六进制为 0xC1480000，按图 4-6c 所示的方式保存于内存中。

4.3.5　C51 数据的存储类型和存储模式

1. 存储类型

在讨论 Keil C51 的数据类型的时候，必须同时提及它的存储类型以及它与 8051 单片存储器结构的关系，因为 Keil C51 是面向 8051 系列单片机及其硬件控制系统的开发工具。它定义的任何数据类型必须以一定的存储类型定位在 8051 的某一存储区中，否则便没有任何的实际意义。

由第 2 章可知，8051 系列单片机在物理上有 4 个存储空间：

1）片内程序存储器空间。

2）片外程序存储器空间。

3）片内数据存储器空间。

4）片外数据存储器空间。

Keil C51 编译器完全支持 8051 单片机的硬件结构，可完全访问 8051 硬件系统的所有部分。该编译器通过将变量、常量定义成不同的存储类型（data, bdata, idata, pdata, xdata, code）的方法，将它们定位在不同的存储区中。

C51 存储器类型与 8051 单片机实际存储空间的对应关系见表 4-3。

表 4-3　C51 存储器类型与 8051 单片机实际存储器空间的对应关系

存储类型	与存储空间对应关系
data	直接寻址片内数据存储区，访问速度快（128B）
bdata	可位寻址片内数据存储器，允许位与字节混合访问（16B）
idata	间接寻址片内数据存储区，可访问片内全部 RAM 地址空间（256B）
pdata	分页寻址片外数据存储区（256B），由 MOVX @ R0 访问
xdata	片外数据存储区（64KB），由 MOVX @ DPTR 访问
code	代码存储区（64KB），由 MOVC @ DPTR 访问

当使用存储类型 data、bdata 定义常量和变量时，C51 编译器会将它们定位在片内数据存储区中（片内 RAM），这个存储区根据 8051 单片机 CPU 的型号不同，其长度分别为 64B、128B、256B 或 512B。这个存储区不是很大，但它能快速存取各种数据。外部数据存储器从

物理上讲属于单片机的一个组成部分，但用这种存储器存放数据，在使用前必须将它们移到片内数据存储区中。片内数据存储区是存放临时性变量或使用频率较高变量的理想场所。

当使用 code 存储类型定义数据时，C51 编译器会将其定义在代码空间（ROM 或 EPROM）。这里存放着指令代码和其他非易失信息。调试完成的程序代码被写入 8051 单片机的片内 ROM/EPROM 或片外 EPROM 中。在程序执行过程中，不会有信息写入这个区域，因为程序代码是不能进行自我改变的。

当使用 xdata 存储类型定义常量、变量时，C51 编译器会将其定位在外部数据存储空间（片外 RAM）。该空间位于片外附加的 8KB、16KB、32KB 或 64KB RAM 芯片中（如一般常用的 6264、62256 等），其最大可寻址范围为 64KB。在使用外部数据区的信息之前，必须用指令将它们移动到内部数据区中；当数据处理完之后，将结果返回到片外数据存储区。片外数据存储区主要用于存放不常使用的变量，或收集等待处理的数据，或存放要被发往另一台计算机的数据。

还有两种存储类型是 pdata 和 idata。

pdata：属于 xdata 类型，它的高 8 位地址被妥善保存在 P2 口中，用于 I/O 操作。

idata：可以间接寻址内部数据存储器（可以超过 128B）。

访问片内数据存储器（data、bdata、idata）比访问片外数据存储器（xdata、pdata）相对要快一些，因此可将经常使用的变量置于片内数据存储器，而将规模较大、不常使用的数据置于片外数据存储器中。

C51 存储类型及其大小和值域见表 4-4。

表 4-4　C51 存储类型及其大小和值域

存储类型	长度/bit	长度/B	值域范围
data	8	1	0～255
idata	8	1	0～255
pdata	8	1	0～255
code	16	2	0～65 535
xdata	16	2	0～65 535

变量的存储类型定义举例：

char data varl；　　　　　　　　　　　　/* jsu1 */
bit bdata flags；　　　　　　　　　　　　/* jsu2 */
float idata a，b，c；　　　　　　　　　　/* jsu3 */
unsigned int pdata dimension；　　　　　/* jsu4 */
unsigned char xdata vector[10][4][4]；　/* jsu5 */

jsul：字符变量 char varl 被定义为 data 存储类型，C51 编译器将把该变量定位在 8051 片内数据存储区中（地址：00H～0FFH）。

jsu2：位变量 flags 被定义为 bdata 存储类型，C51 编译器将把该变量定位在 8051 片内数据存储区（RAM）中的位寻址区（地址：20H～2FH）。

jsu3：浮点变量 a、b、c 被定义为 idata 存储类型，C51 编译器将把该变量定位在 8051

片内数据存储区，并只能用间接寻址的方法进行访问。

jsu4：无符号整型变量 dimension 被定义为 pdata 存储类型，C51 将把该变量定位在片外数据存储区（片外 RAM），并用操作码 MOVX @ Ri 访问。

jsu5：无符号字符三维数组变量 unsigned char vector［10］［4］［4］被定义为 xdata 存储类型，C51 编译器将其定位在片外数据存储区（片外 RAM）中，并占据 10 × 4 × 4 = 160B 存储空间，用于存放该数组变量。

2. 存储模式

如果在变量定义时略去存储类型标志符，则编译器会自动选择默认的存储类型。默认的存储类型进一步由 SMALL、COMPACT 和 LARGE 存储模式指令限制。例如，若声明 char varl，则在使用 SMALL 存储模式下，varl 被定位在 data 存储区中；在使用 COMPACT 存储模式下，varl 被定位在 idata 存储区中；在使用 LARGE 存储模式下，varl 被定位在 xdata 存储区中。

存储模式决定了变量的默认存储类型、参数传递区和无明确存储类型说明变量的存储类型。

在固定的存储器地址上进行变量的传递是 C51 的标准特征之一。在 SMALL 模式下，参数传递是在片内数据存储区中完成的。LARGE 和 COMPACT 模式允许参数在外部存储器中传递。C51 同时也支持混合模式，例如在 LARGE 模式下，生成的程序可将一些函数放入 SMALL 模式中，从而加快执行速度。

存储模式及说明见表 4-5。

表 4-5　存储模式及说明

存储模式	说　　明
SMALL	参数及局部变量放入可直接寻址的片内存储器（最大 128B，默认存储类型是 DATA），因此访问十分方便。另外所有对象，包括堆栈，都必须嵌入片内 RAM。栈长很关键，因为实际栈长依赖于不同函数的嵌套层数
COMPACT	参数及局部变量放入分页片外存储器（最大 256B，默认存储类型是 PDATA），通过寄存器 R0 和 R1（@ R0，@ R1）间接寻址。栈空间位于 8051 系统内部数据存储器
LARGE	参数及局部变量放入片外数据存储器（最大 64KB，默认存储类型是 XDATA），使用数据指针 DPTR 来访问。用此数据指针访问效率较低，尤其是对于两字节或多字节变量

C51 甚至允许在变量类型定义之前，指定存储类型。因此，定义 data char x 与 char data x 是等价的，但应尽量使用后一种方法。

4.3.6　C51 对 8051 特殊功能寄存器的定义

为了能直接访问 8051 单片机的特殊功能寄存器（SFR），Keil C51 提供了一种自主形式的定义方法。这种定义方法与标准 C 语言不兼容，只适用于对 8051 系列单片机进行 C 语言编程。

这种定义的方法是引入关键字"sfr"，语法如下：

sfr sfr_name = int constant；

例如：

```
sfr P1 = 0x90；          /* P1 口地址 90H */
sfr TMOD = 0x89；        /* 定时器/计数器方式控制寄存器地址 89H */
```

注意:"sfr"后面必须跟一个特殊寄存器名,"="后面的地址必须是常数,不允许是带有运算符的表达式,这个常数值的范围必须在特殊功能寄存器地址范围内,位于 0x80 ~ 0xFF 之间。

8051 系列单片机的寄存器数量与类型是极不相同的,因此建议将所有特殊的"sfr"定义放入一个头文件中。该文件应包括 8051 单片机系列成员中的所有 SFR 定义,可由用户自己用文本编辑器编写。

对 SFR 的 16 位数据的访问:在新的 8051 系列产品中,SFR 在功能上经常组合为 16 位值。当 SFR 的高端地址直接位于其低端地址之后时,对 SFR 的 16 位值可以进行直接访问。例如 8052 的定时器 2 就是这种情况。为了有效地访问这类 SFR,可使用关键字"sfrl6"。16 位 SFR 定义的语法与 8 位 SFR 相同,16 位 SFR 的低端地址必须作为"sfrl6"的定义地址。例如:

```
sfrl6 T2  = 0xCC;              /*定时器 2:T2 低 8 位地址 =0CCH
                                T2 高 8 位地址 =0CDH*/
```

定义中名字后面不是赋值语句,而是一个 SFR 地址,高字节必须位于低字节之后。这种定义适用于所有新的 SFR,但不能用于定时器/计数器 0 和 1。

在典型的 8051 应用问题中,经常需要单独访问 SFR 中的位,C51 的扩充功能使之成为可能。特殊位(sbit)的定义,像 SFR 一样不与标准 C 语言兼容,使用关键字"sbit"可以访问位寻址对象。

与 SFR 定义一样,用关键字"sbit"定义某些特殊位,并接受任何符号名,"="号后将绝对地址赋给变量名。这种地址分配有 3 种方法。

第一种方法:

sfr_name "^" int_constant

当特殊寄存器的地址为字节(8 位)时,可使用这种方法。"sfr_ name"必须是已定义的 SFR 的名字。"^"后的常数定义了基地址上的特殊位的位置,该值必须是 0 ~ 7 的数。例如:

```
sfr PSW =0x0D0;      /*定义 PSW 寄存器地址为 0xD0*/
sbit OV = PSW^2;      /*定义 OV 位为 PSW. 2,位地址为 0x0D2*/
sbit CY = PSW^7;      /*定义 CY 位为 PSW. 7,位地址为 0x0D7*/
```

第二种方法:

int_constant "^" int_constant

这种方法以一个整常数作为基地址,该值必须在 0x80 ~ 0xFF 之间,并能被 8 整除,确定位置的方法同上。例如:

```
sbit OV  = 0xD0^2;/* OV 位地址为 0xD2  */
sbit CY  = 0xD0^7;/* CY 位地址为 0xD7  */
```

第三种方法:

int constant;

这种方法将位的绝对地址赋给变量,地址必须位于 0x80 ~ 0xFF 之间。例如:

```
sbit OV =0xD2;
sbit CY =0xD7;
```

特殊功能位代表了一个独立的定义类,不能与其他位定义和位域互换。

4.3.7　C51 对 8051 并行接口的定义

当使用 C51 进行编程时，8051 片内 I/O 口与片外扩展 I/O 口可以统一在头文件中定义，也可以在程序中（一般在开始的位置）进行定义。其方法如下：

对于 8051 片内 I/O 口用关键字 sfr 来定义。例如：

```
sfr P0 = 0x80;              /*定义 P0 口，地址 80H*/
sfr P1 = 0x90;              /*定义 P1 口，地址 90H*/
```

对于片外扩展 I/O 口，则根据其硬件译码地址，将其视为片外数据存储器的一个单元，使用#define 语句进行定义。例如：

```
# include < absacc. h >
/* 将 PORTA 定义为外部 I/O 口，地址为 0xFFC0，长度为 8 位*/
# define PORTA XBYTE[0xFFC0]
    PORTA = 0x01;                   /* 向外部 I/O 口输出数据*/
```

一旦在头文件或程序中对这些片内外 I/O 口进行定义以后，在程序中就可以自由使用这些口了。

定义口地址的目的是为了便于 C51 编译器按 8051 实际硬件结构建立 I/O 口变量名与其实际地址的联系，以便使程序员能用软件模拟 8051 的硬件操作。

标准 8051 的端口没有数据方向寄存器。P1、P2 和 P3 口都有内部上拉，都可以作为输入或输出。写端口就是写一个要在端口引脚出现的值；而读端口，必须先写一个 1 到所需的端口位（1 也是芯片 RESET 后的初始值）。下面的样例程序显示如何读和写 I/O 引脚：

```
sfr P1 = 0x90;              /* P1 的 SFR 定义*/
sfr P3 = 0xB0;              /* P3 的 SFR 定义 */
sbit DIPswitch = P1^4;      /* P1 口位 4 的 DIP 开关输入 */
sbit greenLED = P1^5;       /* P1 口位 5 的绿 LED 输出 */
void main(void){
unsigned char inval;
inval = 0;                  /* inval 的初始化值 */
  while(1){
    if(DIPswitch = =1)
        {//检查 P1.4 输出是否为高
          inval = P1 & 0x0F;/*从 P1 读位 0~3 */
          greenLED = 0;     /* 置 P1.5 输出为低 */
        }
    else{                   /*若 P1.4 输入为低 */
      greenLED = 1;         /* 置 P1.5 输出为高 */
    }
    P3 = (P3&0xF0)| inval;/*值输出到 P3.0~P3.3 */
  }
}
```

4.3.8　中断服务函数与寄存器组的定义

C51 编译器支持在 C 语言源程序中直接编写 8051 单片机的中断服务函数程序,从而减轻了采用汇编语言编写中断服务程序的烦琐程度。为了在 C 语言源程序中直接编写中断服务函数的需要,C51 编译器对函数的定义进行了扩展,增加了一个扩展关键字 interrupt。

interrupt 是函数定义时的一个选项,加上这个选项即可以将一个函数定义成中断服务函数。

定义中断服务函数的一般形式为:

函数类型 函数名(形式参数表)〔interrupt n〕〔using n〕

关键字 interrupt 后面的 n 是中断号,n 的取值范围为 0 ~ 31,编译器从 8n + 3 处产生中断向量,具体的中断号 n 和中断向量取决于不同的 8051 系列单片机芯片。8051 单片机的常用中断源和中断申请标志见表 6-1。

C51 编译器扩展了一个关键字 using,专门用来选择 8051 单片机中不同的工作寄存器组。using 后面的 n 是一个 0 ~ 3 的常整数,分别选中 4 个不同的工作寄存器组。在定义一个函数时 using 是一个选项,如果不用该选项,则由编译器选择一个寄存器组作绝对寄存器组访问。需要注意的是,关键字 using 和 interrupt 的后面都不允许跟带运算符的表达式。

关键字 using 对函数目标代码的影响如下:

在函数的入口处将当前工作寄存器组保护到堆栈中;指定的工作寄存器内容不会改变;函数返回之前将被保护的工作寄存器组从堆栈中恢复。

使用关键字 using 在函数中确定一个工作寄存器组时必须十分小心,要保证任何寄存器组的切换都只在仔细控制的区域内发生,如果不做到这一点将产生不正确的函数结果。另外还要注意,带 using 属性的函数原则上不能返回 bit 类型的值。并且关键字 using 不允许用于外部函数。

关键字 interrupt 也不允许用于外部函数,它对中断函数目标代码的影响如下:

在进入中断函数时,特殊功能寄存器 ACC、B、DPH、DPL、PSW 将被保存入栈;如果不使用寄存组切换,则将中断函数中所用到的全部工作寄存器都入栈;函数返回之前,所有的寄存器内容出栈;中断函数由 8051 单片机指令 RETI 结束。

下面给出一个中断函数定义的例子。

```
static void timer0_isr ( void ) ;
/* 定时器 0 中断服务程序 */
static void timer0_isr ( void ) interrupt 1 using 1
{
    unsigned i;
/* 停止定时器 0,然后改变定时器的计数值,以得到 10ms 的中断,再次启动定时器 */
    TR0  = 0;              /* 停止定时器 0 */
    i  = TIMER0_COUNT + TL0 + ( TH0 << 8 );
    TL0  = i;
    TH0  = i >> 8;
    TR0  = 1;              /* 启动定时器 0 */
```

```
        timer0_tick ++ ;
    }
```

4.3.9　函数的参数和局部变量的存储器模式

　　C51 编译器允许采用 3 种存储器模式：SMALL、COMPACT 和 LARGE。一个函数的存储器模式确定了函数的参数和局部变量在内存中的地址空间。处于 SMALL 模式下的函数的参数和局部变量位于 8051 单片机的内部 RAM 中，处于 COMPACT 和 LARGE 模式下的函数的参数和局部变量则使用 8051 单片机的外部 RAM。在定义一个函数时可以明确指定该函数的存储器模式，一般形式为：

　　函数类型 函数名(形式参数表)[存储器模式]

其中，存储器模式是 C51 编译器扩展的一个选项。不用该选项时即没有明确指定函数的存储器模式，这时该函数按编译时的默认存储器模式处理。

　　例 4.19　函数的存储器模式

```
#pragma large                                  /* 默认存储器模式为 LARGE */
extern int calc( char i,int b) small;          /* 指定 SMALL 模式 */
extern int func( int i, float f) compact;      /* 指定 COMPACT 模式 */
extern void * tcp( char xdata * xp, int ndx) small；  /* 指定 SMALL 模式 */
int mtest( int i, int y) small                 /* 指定 SMALL 模式 */
    {
        return(i * y);
    }
int large_func(int i, int k) /* 未指定模式，按默认的 LARGE 模式处理 */
    {
        return (mtest(i, k) + 2);
    }
```

　　这个例子程序的第一行用了一个预编译命令"# pragma"，它的意思是告诉 C51 编译器在对程序进行编译时，按该预编译命令后面给出的编译控制指令"LARGE"进行编译，即本例程序编译时的默认存储器模式为 LARGE。程序中一共定义了 5 个函数：calc（ ）、func（ ）、* tcp（ ）、mtest（ ）、large_ func（ ），其中前面 4 个函数都在定义时明确指定了其存储器模式，只有最后一个函数未指定。在用 C51 进行编译时，只有最后一个函数按 LARGE 存储器模式处理，其余 4 个函数则分别按它们各自指定的存储器模式处理。这个例子说明，C51 编译器允许采用所谓存储器的混合模式，即允许在一个程序中某个（或几个）函数使用一种存储器模式，另一个（或几个）函数使用另一种存储器模式。采用存储器混合模式编程，可以充分利用 8051 系列单片机中有限的存储器空间，同时还可加快程序的执行速度。

4.4　C51 和汇编语言的混合编程

　　汇编语言具有程序结构紧凑、占用存储空间小、实时性强、执行速度快、能直接管理和控制存储器及硬件接口的特点，故此 C 语言并不能完全替代汇编语言。单独应用汇编语言或 C51 语言进行编程时，都是应用同一种语言编程，程序应用不同的语言进行编写时，称为混合编程。

混合编程中主要涉及两种情况：C51 程序调用汇编程序和汇编程序调用 C51 程序。

由于 C 语言提供了丰富的库函数，具有很强的数据处理能力，编程中对 8051 单片机的寄存器和存储器的分配均由编译器自动管理，而汇编程序短小精悍、执行速度快，因而混合编程时通常主程序应用 C51 编写，与硬件有关的程序应用汇编语言编写，所以程序中涉及 C51 程序调用汇编程序。C51 程序调用汇编程序主要有下列情况：

1）外围设备的驱动程序用汇编语言编写，但主程序采用 C51 程序完成。如一些板卡的驱动程序一般用汇编语言编写。

2）较为复杂的程序需要采用结构性较强的 C51 语言开发，但是部分程序要求较高的处理速度而必须使用更精练的汇编语言编写。如高速数据采集中的 A/D 转换程序。

3）程序中的部分代码因时序要求严格而使用汇编语言编写。如串行接口芯片的读写。

在实际程序开发中，有些程序以汇编语言为主体，如果涉及复杂的数学运算，往往需要借助于 C 语言工具所提供的库函数和强大的数据处理能力，这就要求汇编程序中调用 C51 程序。因此，在单片机应用程序的开发过程中，有必要掌握 C51 和汇编语言的混合编程方法。

要实现混合编程，必须掌握两种编程语言之间函数名的转换规则、参数的传递、函数返回规则、C51 程序中调用汇编语言以及汇编程序中调用 C51 程序的方法。

4.4.1　函数名的转换

混合编程中，需要将欲调用的每种语言编写的程序用一段单独的程序表示，即 C51 中用函数表示，汇编中用子程序表示。互相调用时，函数名称需要变化，即函数名的转换。C51 与汇编中函数名的转换规则见表 4-6。

表 4-6　C51 与汇编中函数名的转换规则

C51 中函数说明	汇编中符号名	解　释
void func（void）	FUNC	无参数传递或不含寄存器参数的函数名不做改变，转入目标文件中，名字只是简单地转为大写形式
void func（char）	_ FUNC	带寄存器参数的函数名加入 "_" 字符前缀以示区别，它表明这类函数包含寄存器内的参数传递
void func（char）reentrant	_ ? FUNC	对于重入函数加上 "_?" 字符串前缀以示区别，它表明该类函数包含栈内参数传递

如使用 C51 编写的函数 void display（void）为无返回值、无参数传递的函数，在汇编中调用时其名称应为 DISPLAY。

4.4.2　参数传递和函数返回规则

混合编程的关键是参数和函数返回值的传递必须有完整的约定，否则程序中无法取到传递的参数。两种语言必须使用同一规则。

C51 参数传递的规则：所有参数以内部 RAM 的固定位置传递给程序，若传递位，则必须位于内部可位寻址空间顺序位中，让调用和被调用程序的顺序和长度（字节/字/字符/整数）一致。内部 RAM 相同标示的块可共享，进行汇编程序调用前，调用程序在块中填入要传递的参数，调用时程序假定所需值已在块中。

1. 参数传递

参数传递可使用寄存器、固定存储器位置或使用堆栈。堆栈传递参数支持重入。因为 8051 系列有限的内部 RAM，不能保证堆栈足够大，所以函数不能调用自己本身。

CPU 寄存器中最多传递 3 个参数。这种参数传递技术产生高效代码，可与汇编语言相媲美。参数传递的寄存器选择见表 4-7。

表 4-7　参数传递的寄存器选择

参数类型	char	int	long, float	一般指针
第 1 个参数	R7	R6, R7	R4 ~ R7	R1, R2, R3
第 2 个参数	R5	R4, R5	R4 ~ R7	R1, R2, R3
第 3 个参数	R3	R2, R3	无	R1, R2, R3

例如：funcl（int a, unsigned char b, int ∗ c）中第一个参数 a，通过 R6、R7 传递；第二个参数 b，通过 R5 传递；指针变量 c，通过 R1、R2、R3 传递。

参数传递段给出汇编子程序使用的固定存储区，其首地址通过名为"？函数名？BYTE"的 PUBLIC 符号确定。当传递位值时，使用名为"？函数名？BIT"的 PUBLIC 符号。所有传递的参数放在以首地址开始递增的存储区内。

2. 函数返回

函数返回值对应的寄存器，见表 4-8。

表 4-8　函数返回值对应的寄存器

返回值	寄存器	说　明
bit	C	进位标志
（unsigned）char	R7	保存在 R7 中
（unsigned）int	R6, R7	高位在 R6，低位在 R7
（unsigned）long	R4, R7	高位在 R4，低位在 R7
float	R4, R7	32 位 IEEE 格式，指数和符号位在 R7
指针	R1、R2、R3	R3 放存储器类型，高位在 R2，低位在 R1

C51 程序调用汇编子程序时，假定当前选择的寄存器组、累加器 A 和寄存器 B、DPTR、PSW 都已改变。

3. C51 中直接插入汇编指令方式

Keil C51 编译器支持 C51 程序中直接插入汇编语言，也可以调用汇编语言编写的子程序。编程时一些与硬件有关的操作，一般在 C51 中直接嵌入汇编指令，解决这个问题有两种方法。

（1）用 asm 功能　当在某行写入 _ asm "字符串"时，可以把双引号中的字符串按汇编语言看待，通常用于直接改变标志和寄存器的值或做一些高速处理，双引号中只能包含一条指令。格式如下：

```
        _asm
    "Assembler Code Here";
如: void ad_convert(void)
        {
        _asm "MOV A, #00H";
        _asm "MOV DPTR, #7FFFH";
        _asm "MOVX A, @ DPTR";
        }
```

（2）使用 "#pragma ASM" 功能　如果嵌入的汇编语言包含多行，可以使用 "# pragma ASM" 识别程序段，并直接插入编译通过的汇编程序到 C51 源程序中。格式如下：

```
        # pragma ASM
            Assembler Code Here
        # pragma ENDASM
```

例 4. 20　编写程序从 P1.0 输出方波。要求 Keil C 环境下 C51 程序中嵌入汇编程序段。

解： 程序如下：

```
#include < reg52. h >
sbit P10 = P1 ^ 0;              /*定义位变量 P10 */
void main(void)                 /* 主函数 */
{
    while(1){
        P10 = ! P10;           /* P1 输出取反 */
#pragma ASM                     /*汇编程序段开始*/
        MOV R4, #18
        DJNZ R4, $              /*延时等待*/
#pragma ENDASM                  /*汇编程序段结束*/
    }
}                               /*程序结束*/
```

注意在 Keil C 环境下，内嵌汇编时要将 SRC_ CONTROL 激活。激活的方法是：在 Projeot 窗口中包含汇编代码的 C 文件上单击鼠标右键，选择 "Options for ..."，单击右边的 "Generate Assembler SRC File" 和 "Assemble SRC File"，使复选框由灰色变成黑色（有效）状态。

4. C51 中调用汇编子程序方式

Keil C 支持在 C51 程序中调用汇编语言子程序。可以直接编写汇编程序，也可以利用 C51 先编写 C51 程序，再利用 Keil 工具产生汇编程序，进一步修改得到需要的汇编语言程序。

先用 C51 编写出函数的主体，然后用 SRC 控制指令编译产生 src 文件，进一步修改这个 src 文件并另存为 *.a51 文件，就得到了所需要的汇编函数。该方法让编译器自动完成各种段的安排，提高了汇编程序的编写效率。如在许多程序中会调用软件延时程序，但 C51 的延时程序不如汇编程序能准确控制延时时间，所以在要求准确控制时，应用汇编语言编写程序。实现的具体步骤如下：

1）先建立一个工程，并用 C51 编写延时程序，名称为 delay.c，程序如下：

```
#define uchar unsigned char
#define uint unsigned int
void delay(uint x)
{
    uchar k;
    while(x - - >0)
    {
        for(k = 0; k <125; k + +)
        {   ;    }
    }
}
```

2）编译（build）生成的 delay.src 文件如下，并将其更改为 delay.a51 文件。

```
; .\delay.SRC generated from: delay.c
; COMPILER INVOKED BY:
; C:\ Keil \ C51 \ BIN \ C51.EXE delay.c BROWSE DEBUG OBJECTEXTEND SRC (.\ delay.SRC)


    NAME    DELAY


? PR? _delay? DELAY SEGMENT CODE
        PUBLIC_delay
;       #define uchar unsigned char
;       #define uint unsigned int
;       void delay(uint x)

        RSEG   ? PR? _delay? DELAY
_delay:
        USING   0
            ; SOURCE LINE # 3
; - - - - Variable 'k? 041' assigned to Register 'R5'  - - - -
; - - - - Variable 'x? 040' assigned to Register 'R6/R7'  - - - -
;           {
            ; SOURCE LINE#4
? C0001:
;           uchar k;
;           while(x - - >0)
            ; SOURCE LINE#6
```

```
        MOV     A,R7
        DEC     R7
        MOV     R2,AR6
        JNZ     ? C0007
        DEC     R6
? C0007:
        SETB    C
        SUBB    A,#00H
        MOV     A,R2
        SUBB    A,#00H
        JC      ? C0006
;                    {
                ; SOURCE LINE # 7
;                   for(k = 0; k < 125; k + +)
                ; SOURCE LINE # 8
        CLR     A
        MOV     R5,A
? C0003:
        MOV     A,R5
        CLR     C
        SUBB    A, #07DH
        JNC     ? C0001
;                    {  ;  }
                ; SOURCE LINE # 9
        INC     R5
        SJMP    ? C0003
;                    }
                ; SOURCE LINE # 10
;            }
                ; SOURCE LINE # 11
? C0006:
        RET
; END OF _delay

        END
```

3）在工程中编写主函数，程序如下：

```
#include < reg51. h >
#define uchar unsigned char
#define uint unsigned int
```

```
extern uint delay(uintx);            /*说明 delay 函数为外部过程 */
void main( )
{
    uint delay_time;
    delay_time = 40;
    delay(delay_ time);
}
```

4) 将 dclay. a51 文件加入工程，再次编译工程，到此已经得到汇编函数的主体，修改函数里面的汇编代码就可以得到所需要的汇编函数。

也可以直接在 Keil C 环境下编写汇编程序，如下述延时程序：

```
PUBLIC       _DELAYMA
DELAYP       SEGMENT CODE
RSEG         DELAYP
_DELAYMA: NOP                /*汇编子程序开始*/
DELAY:   MOV ACC, #250
DEL:     NOP
         NOP
         DJNZ ACC, DEL
         MOV A, R6
         JZ EXIT
         DJNZ R6,DELAY
EXIT:    RET
         END
```

函数名_DELAYMA，在_DELAYMA 前面加 "_" 表示有参数传递，否则无法调用。函数名可以小写。

5. 汇编程序调用 C51 函数方式

汇编程序调用 C51 函数的要求是：符合符号转换规则；函数构成一个单独的文件；在汇编语言文件中，用 EXTRN 说明 C51 函数为外部过程。

设上述 delay. c 程序为需要调用的 C51 函数，汇编程序调用该函数时，首先定义该函数为外部函数，再根据表 4-8 规定的参数传递规则为相应寄存器赋值，就可以实现在汇编程序中调用 C51 函数。

例 4.21 编写 P1.0 输出方波程序，延时程序为 delay.c，利用汇编程序调用 C51 子程序。

解：程序如下：

```
EXTRN CODE(_DELAY)              /*声明外部函数 */
    ORG 0000H
    LJMP MAIN
    ORG 0050H
MAIN: CPL P1.0
```

98

```
MOV R6, #17              /* R6、R7 传递参数 x */
MOV R7, #38              /* x = 0x1126, R6 高位、R7 低位 */
LCALL _DELAY            /* 调用 C51 函数 */
SJMP MAIN
END
```

本 章 小 结

本章讨论了 8051 的汇编程序和 C 语言程序设计。首先介绍了程序设计方法、汇编程序结构，包括顺序结构、分支结构、循环结构、逻辑尺结构；其次，介绍了常见汇编程序设计方法，如多字节加法、码制转换程序和查表、检索程序；第三，介绍了 Keil C51 对 ANSI C 的扩充；最后介绍了 C51 和汇编语言的混合编程方法。

习题与思考题

1. 编程查找内部 RAM 的 30H~40H 单元中是否有 0AAH 这个数据，若有，则将 50H 单元置为 0FFH，否则清 50H 单元为 0。

2. 查找 20H~4FH 单元中出现 11H 的次数，并将查找结果存入 50H 单元。

3. 已知单片机的 f_{osc} = 12MHz，分别设计延时 0.1s、1s、1min 的子程序。

4. 试编写 8B 外部数据存储器到内部数据存储器的数据块传送程序，外部数据存储器地址范围为 40H~47H，内部数据存储器地址范围为 30H~37H。

5. 试编写 8B 内部数据存储器到外部数据存储器的数据块传送程序，外部数据存储器地址范围为 2040H~2047H，内部数据存储器地址范围为 30H~37H。

6. 试编程使内部数据存储器的 20H~4FH 单元的数据块按降序排列。

7. 试编写一个用查表法查 0~9 字形段码的子程序，调用子程序前，待查表的数据存放在累加器 A 中，子程序返回后，查表的结果也存放在累加器 A 中。

8. 内部 RAM 的 20H 单元开始有一个数据块，以 0DH 为结束标志，试统计该数据块长度，将该数据块传送到外部数据存储器 7E01H 开始的单元，并将长度存入 7E00H 单元。

9. 内部 RAM 的 DATA 开始的区域中存放着 10 个单字节十进制数，求其累加和，并将结果存入 SUM 和 SUM + 1 单元。

10. 内部 RAM 的 DATA1 和 DATA2 单元开始存放着两个等长的数据块，数据块的长度放在 LEN 单元中。请编程检查这两个数据块是否相等，若相等，将 0FFH 写入 RESULT 单元，否则将 0 写入 RESULT 单元。

第 5 章　8051 单片机嵌入式系统开发和仿真

Keil 软件是目前流行的 8051 系列单片机开发软件之一，在 Keil 集成环境下，若想看到程序执行结果，必须将软件下载到 AT89S51/52 单片机的 Flash 程序存储器内；若没有硬件电路，还想看到软件的执行结果，必须使用单片机的 Proteus 仿真软件。下面主要介绍 Keil 程序开发软件和 Proteus 仿真软件的使用以及 ISP 下载电缆的制作。

5.1　8051 单片机软件开发集成环境——Keil μVision4

Keil 提供了包括 C 编译器、宏汇编、连接器、库管理和一个功能强大的仿真调试器等在内的完整开发方案，通过一个集成开发环境（μVision）将这些部分组合在一起。Keil 公司推出的最新集成开发环境 μVision4 是标准的 Windows 应用程序，支持长文件名操作，其界面类似于 MS Visual C++，可以在 Windows95/98/2000/XP/Vista 平台上运行，功能十分强大。μVision4 中包含了源程序文件编辑器、项目管理器（Project）、源程序调试器（Debug）等，并且为 Cx51 编译器、Ax51 汇编器、BL51/Lx51 连接定位器、RTX51 实时操作系统等提供了单一而灵活的开发环境。μVision4 的源级浏览器利用符号数据库使用户可以快速浏览源文件，用户可通过详细的符号信息来优化变量存储器，文件查找功能可在指定的若干种文件中进行全局文件搜索；工具菜单功能允许启动指定的用户应用程序。μVision4 还提供了对第三方工具软件的接口。

开发者可购买 Keil μVision4 软件，也可到 Keil 公司的主页免费下载 Eval（评估）版本。该版本同正式版本一样，但有一定的限制，最终生成的代码不能超过 2KB，但用于学习已经足够。开发者还可以到 Keil 公司网站申请免费的软件试用光盘。

μVision4 具有强大的项目管理功能，一个项目由源程序文件、开发工具选项以及编程说明部分组成，通过目标创建（Build Target）选项很容易实现对一个 μVision4 项目进行完整的编译和连接，直接产生最终应用目标程序。

μVision4 中包含一个器件数据库（Device Database），数据库中有各种单片机片上存储器和外围集成功能资源信息。在项目开发过程中通过数据库选定一种单片机之后，μVision4 自动设置默认的 Ax51 汇编器、Cx51 编译器、BL51/Lx51 连接定位器及 Debug 调试器选项。此外，用户可以根据不同需要手工设置各种编译、连接和调试选项。

μVision4 中集成的 Debug 调试器具有十分强大的仿真调试功能，支持软件模拟和用户目标板调试两种工作方式。在软件模拟方式下不需要任何 8051 单片机硬件即可完成用户程序仿真调试，极大地提高了用户程序开发效率。在目标板调试方式下用户可以将程序下载到自己的 8051 单片机系统板上，利用 8051 的串行口与 PC 进行通信实现用户程序的实时在线仿真，这种方式使用户可以避免购买昂贵的硬件仿真器而达到相同的仿真效果，最大限度地保护了用户的利益。

μVision 的串口调试器软件 comdebug. exe，用于在计算机端能够看到单片机发出的数据，该软件无需安装，可直接在当前位置运行这个软件。若读者需最新版，可到有关搜索网站输入关键词"串口调试器"，找到一个合适的下载网站，即可下载最新版本。当然，也可使用 Windows 自带的"超级终端"。

在 Windows 中安装了 Keil 公司的 51 开发软件包之后，会自动在桌面和开始菜单中生成一个"Keil μVision4"图标，双击桌面上的"Keil μVision4"图标，即可启动运行，也可以单击"开始"按钮，将鼠标指向"程序"，找到"Keil μVision4"并单击鼠标左键启动运行，则屏幕显示 μVision4 提示信息，几秒钟后提示信息自动消失，出现如图 5-1 所示主窗口。

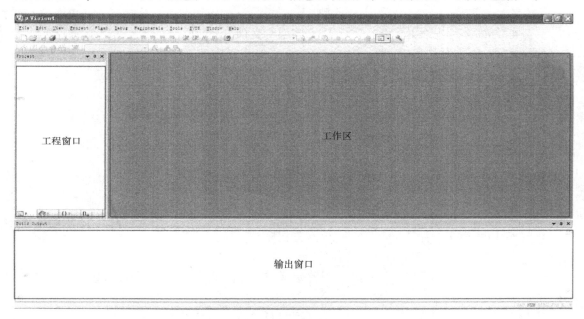

图 5-1　Keil μVision4 启动后的主窗口

5.2　Keil 项目开发流程

下面通过实例介绍 Keil μVision4 开发 8051 单片机应用系统的基本过程。

1. 建立一个工程（或项目）

第 1 步，双击桌面的"Keil μVision4"图标（或单击"开始"→"所有程序"→"Keil μVision4"）启动"Keil μVision4"。

第 2 步，新建一个工程文件，单击"Project"→"New μVision Project…"。选择工程文件要存放的路径（如"\ MCU_ BOOK_ V2_ Ch5"文件夹），并且输入工程文件名，这里用"流水灯"作为工程文件名（默认扩展名为". uv4"）。如不是第一次打开该软件，默认状态下会进入上次建立的工程界面。

第 3 步，单击"Save"按钮后，转到芯片选择界面。

101

第4步，选择所要的单片机，这里选择常用的 Atmel 公司的 89S52。

第5步，单击"OK"返回到主窗口。

2. 编写并加载 C 程序

建立工程（或项目）后，还要在工程中创建新的程序文件或加入旧程序文件。如果没有现成的程序，就要新建一个程序文件。

在这里以 C 程序（汇编程序类似）为例，介绍如何新建一个 C 程序和如何加到一个项目中，相关的电气原理图见图 5-12。

第6步，新建一个 C 程序文件，单击菜单"File"→"New"出现文本编辑界面。

第7步，在编辑区域输入下述简单的流水灯程序。

```
/ * ——————————————— 流水灯 . c ——————————————— * /
#include  < reg52. h >              //调用头文件 reg52. h
#include  < intrins. h >            //intrins. h 里面有关于字符循环左移"_crol_"函数
delay( unsigned int z)             //延时程序,时间长短由参数"z"确定
{
      unsigned x,y;                //定义两个无符号数 x 和 y
      for( x = 0;x < z;x + + )      //进入循环(外部大循环)
      {
        for( y = 0;y < 100;y + + ); //循环体(内部小循环)
      }
}
void main( )                        //主程序
{
      int x;                        //定义一个整型变量 x, 决定循环次数
      {
        P1 = 0xfe;                  //把"11111110"赋值给端口 P1
        delay( 1000);               //调用延时程序
        for( x = 0;x < 7;x + + )     //进入循环体
        {
          P1 = _crol_( P1,1);       //P1 端口数值左移 1 位
          delay( 1000);             //调用延时程序
        }
      }
}
```

第8步，单击菜单"File"→"Save"进行保存。因为是新文件，所以保存时会弹出文件操作窗口，把这个程序命名为"流水灯 . c"，保存在项目所在的目录中，这时程序单词有了不同的颜色，说明 Keil 的 C 语法检查生效了，如图 5-2 所示。

第9步，在屏幕左边的 Source Group1 文件夹上单击右键，选"Add File to Group 'Source Group 1'"，弹出文件窗口，选择刚刚保存的文件"流水灯 . c"，单击"Add"按钮，然后单击"Close"按钮，关闭文件窗，程序文件已加到项目中了。

第10步，这时在Source Group1文件夹图标左边出现了一个小“+”号，说明文件组中有了文件，单击它可以展开查看，如图5-2左侧所示。

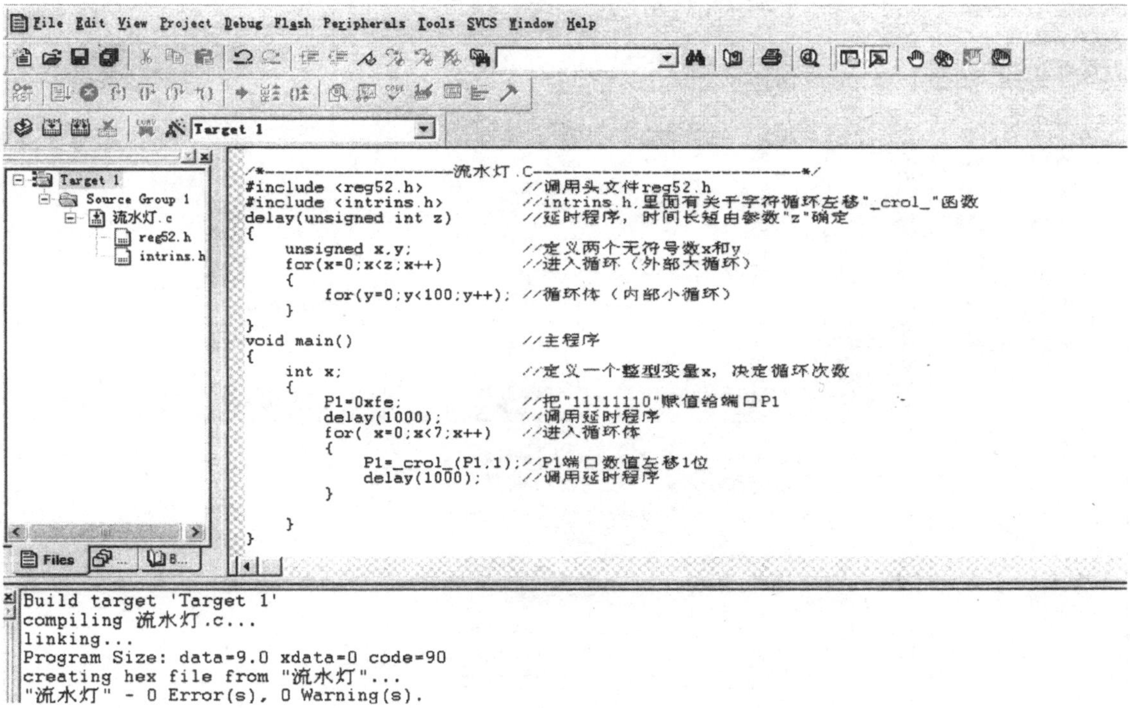

File Edit View Project Debug Flash Peripherals Tools SVCS Window Help
Target 1
Target 1
Source Group 1
流水灯.c
reg52.h
intrins.h
Files
/*------------------流水灯.C--------------------------*/
#include <reg52.h>　　//调用头文件reg52.h
#include <intrins.h>　　//intrins.h里面有关于字符循环左移"_crol_"函数
delay(unsigned int z)　　//延时程序，时间长短由参数"z"确定
{
unsigned x,y;　　//定义两个无符号数x和y
for(x=0;x<z;x++)　　//进入循环（外部大循环）
{
for(y=0;y<100;y++);　//循环体（内部小循环）
}
}
void main()　　//主程序
{
int x;　　//定义一个整型变量x，决定循环次数
{
P1=0xfe;　　//把"11111110"赋值给端口P1
delay(1000);　　//调用延时程序
for(x=0;x<7;x++)　　//进入循环体
{
P1=_crol_(P1,1);//P1端口数值左移1位
delay(1000);　　//调用延时程序
}
}
}
Build target 'Target 1'
compiling 流水灯.c...
linking...
Program Size: data=9.0 xdata=0 code=90
creating hex file from "流水灯"...
"流水灯" - 0 Error(s), 0 Warning(s).

图5-2　C语言的编辑、编译提示信息

3. 编译C程序

第11步，设置生成hex文件，单击菜单“Project”→“Options for Target ‘Target 1’”，单击“Output”选项卡，并勾选“Create HEX File”选项，单击“OK”，回到编辑主界面。

第12步，单击主菜单的“Project”→“Build Target”编译工程，如无错误，出现图5-2左下方的编译信息提示。

4. 运行程序

第13步，单击主菜单的“Debug”→“Start/Stop Debug Session”或直接单击快捷工具图标可以“启动/停止”调试模式。

第14步，调式模式下，单击主菜单的“Debug”→“Run to Cursor line”，程序执行如图5-3所示。

单片机的程序调试结束之后，需要将生成的二进制代码下载到Flash或EPROM内，以便单片机能够独立运行。对于Atmel公司的89S5X单片机，因其具有ISP在线编程功能，可以不需要其他编程设备直接通过计算机并口、串口，配合ISP下载软件对其进行在线编程。下面介绍下载电缆的制作和相关下载软件。

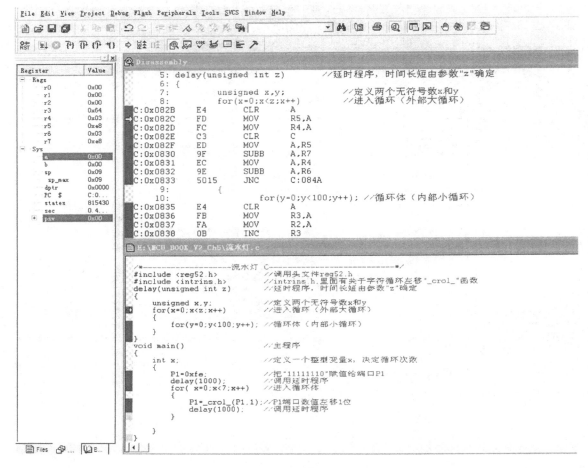

图 5-3　程序调试和执行结果

5.3　AT89S5X 单片机程序的下载

5.3.1　并口 ISP 下载电缆

89S5X 单片机的 ISP 程序下载方式包括并口下载方式和 USB 口下载方式。此处，并口指下载电缆和 PC 的连接口，而不是单片机的并行口。由于便携式计算机没有并口，并口 ISP 下载方式的应用范围逐步缩小，USB-ISP 下载方式的应用越来越广。并口 ISP 下载电缆是最早、最简单、适合配有并行打印口的 PC 使用 ISP 编程电缆。图 5-4 和图 5-5 分别是并口 ISP 下载电缆和 USB-ISP 下载电缆原理图。

并口 ISP 下载电缆实现 ISP 的方法最直接，在 PC 运行相应的上位机软件，由该软件直接控制 PC 并行口上的 4 根 I/O 线，产生对单片机编程的 ISP 下载命令，并将数据串行输出，实现执行代码的下载和熔丝位的配置编程。

图 5-4 中的 SN74HC244 是为保护计算机的并行口而设置的，由目标板供电，VTG 经过

VD（极性保护）和 VS（5.1V 限压保护）使 SN74HC244 工作在 3～5V。R2 为 MISO 信号线上的上拉电阻。并口 ISP 的成本非常低，是纯硬件产品，采用贴片封装器件时，体积非常小，整个电路板可以安装在一个普通 DB25 的接口盒中。如果使用的 PC 平台带有并行打印接口，只要配备了这样一根下载电缆，再加上目标板，一套基本的单片机硬件开发环境就建立起来了。

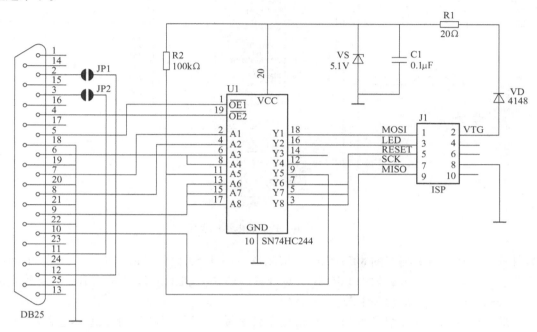

图 5-4　并口 ISP 下载电缆原理图

　　如果读者的 PC 配有并行打印口，那么使用这种并口 ISP 下载电缆作为 Atmel 89SXX 系列单片机的编程工具是最好的选择，不但工作稳定，可靠下载速度也快，使用非常方便，而且价格也最低廉。读者可在相关网站下载并口 ISP 下载电缆的详细制作过程及对应软件。

5.3.2　USB-ISP 下载电缆

　　由于携带方便，且随着技术的进步，价格越来越便宜，便携式计算机的应用越来越广泛，但因其没有并行口，所以无法应用 5.3.1 节所述的并口 ISP 电缆。下面介绍一个简易的 USB-ISP 下载电缆。

　　简易 USB-ISP 下载电缆仅使用一片 ATmega8 来实现 USB 接口（见图 5-5），并通过它直接与 PC 的 USB 口连接。读者首先要制作图 5-5 的硬件下载电路，然后用 5.3.1 节的并口 ISP 下载电缆将 PC 的并口和图 5-5 相连接，在 PC 上运行 ISP－Flash Programmer 3.0a，将相对应的 ATmega8 的目标程序从 PC 的并口下载到 ATmega8，即完成了 USP-ISP 下载电缆的制作。然后在上位机安装其驱动程序，就可以使用 USB-ISP 下载电缆了。同样，读者可在相关网站下载 USB-ISP 下载电缆的详细制作过程。

5.3.3　利用 USB-ISP 下载电缆下载程序到 AT89S52

　　利用第 5.3.2 节制作的 USB－ISP 下载电缆将目标板和主机相连接，用户只要执行其下

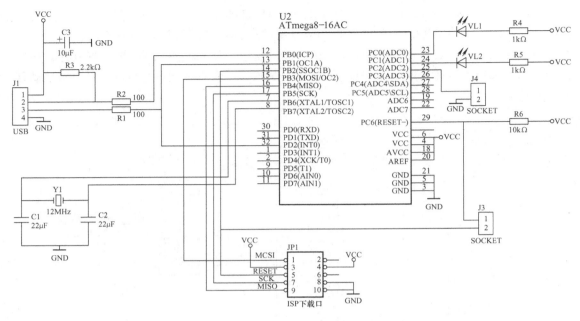

图 5-5　USB-ISP 下载电缆原理图

载软件就可以将二进制格式的 8051 代码下载到 AT89S51/52 内的 Flash 程序存储器。图 5-6 是智峰软件公司开发的下载软件 PROGISP 对 AT89S52 单片机的编程界面，用户只要按照说明书小心操作就可以完成程序下载。

　　至此，向读者简要介绍了 8051 单片机程序的编写、编译、调试、下载基本过程。

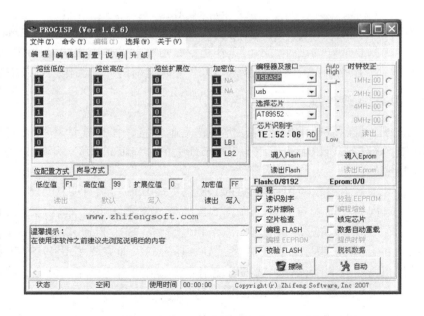

图 5-6　PROGISP 对 AT89S52 的编程界面

5.4　8051 单片机 Proteus 仿真基础

5.4.1　Proteus 仿真平台

Proteus 是英国 Labcenter Electronics 公司研发的多功能 EDA 软件，它具有功能很强的 ISIS智能原理图输入系统，有非常友好的人机互动窗口界面和丰富的操作菜单与工具。在 ISIS编辑区中，能方便地完成单片机系统的硬件设计、软件设计、单片机源代码级调试与仿真。

Proteus 有 30 多个元器件库，拥有数千种元器件仿真模型；有形象生动的动态器件库、外设库。特别是有从 8051 系列 8 位单片机直至 ARM7 32 位单片机的多种单片机类型库。支持的单片机类型有 68000 系列、8051 系列、AVR 系列、PIC12 系列、PIC16 系列、PIC18 系列、Z80 系列、HC11 系列以及各种外围芯片，它们是单片机系统设计与仿真的基础。

Proteus 有多达十余种的信号激励源和十余种虚拟仪器（如示波器、逻辑分析仪、信号发生器等），可提供软件调试功能，既具有模拟电路仿真、数字电路仿真、单片机及其外围电路组成的系统的仿真、RS-232 动态仿真、I^2C 调试器、SPI 调试器、键盘和 LCD 系统仿真的功能，还有用来精确测量与分析的 Proteus 高级图表仿真（ASF），它们构成了单片机系统设计与仿真的完整的虚拟实验室。Proteus 同时支持第三方的软件编译和调试环境，如 Keil μVision 4 等软件。

Proteus 还有使用极方便的印制电路板高级布线编辑软件（PCB）。特别指出，Proteus 库中数千种仿真模型是依据生产企业提供的数据来建模的，因此，Proteus 设计与仿真极其接近实际。目前，Proteus 已成为流行的单片机系统设计与仿真平台，应用于各种领域。

实践证明，Proteus 是单片机应用产品研发的灵活、高效、正确的设计与仿真平台，明显提高了研发效率、缩短了研发周期、节约了研发成本。

单片机应用产品的传统开发，一般可分为以下 3 步：

第一步，硬件设计：包括单片机系统原理图设计，选择、购买元器件和接插件，安装和电气检测等。

第二步，软件设计：进行单片机系统程序设计，调试、汇编编译等。

第三步，综合调试：单片机系统在线调试、检测，实时运行直至完成。

单片机应用产品的 Proteus 开发，一般包括以下 4 步：

第一步，电路设计：在 Proteus 平台上进行单片机系统电路设计、选择元器件、接插件、连接电路和电气检测等。

第二步，软件设计：在 Proteus 平台上进行单片机系统源程序设计、编辑、汇编编译、调试，最后生成目标代码文件（ *. hex）。

第三步，模拟仿真：在 Proteus 平台上将目标代码文件加载到单片机系统中，并实现单片机系统的实时交互、协同仿真。

第四步，实际产品安装、运行与调试：仿真正确后，制作、安装实际单片机系统电路，并将目标代码文件（ *. hex）下载到实际单片机中运行、调试。若出现问题，可与 Proteus 设计与仿真相互配合调试，直至运行成功。

5.4.2　Proteus 的基本操作

下面介绍 Proteus 完成 8051 单片机应用系统仿真所需的基本操作。

1. 进入 Proteus ISIS

双击桌面上的 ISIS Professional 图标或者单击屏幕左下方的"开始"→"程序"→"Proteus Professional"→"ISIS Professional"，出现提示信息数秒后，进入 Proteus ISIS 集成环境。

2. 工作界面

Proteus ISIS 的工作界面是一种标准的 Windows 界面，如图 5-7 所示，包括标题栏、主菜单、标准工具栏、绘图工具栏、状态栏、对象选择按钮、预览对象方位控制按钮、仿真进程控制按钮、图形编辑窗口、预览窗口、对象选择器窗口。

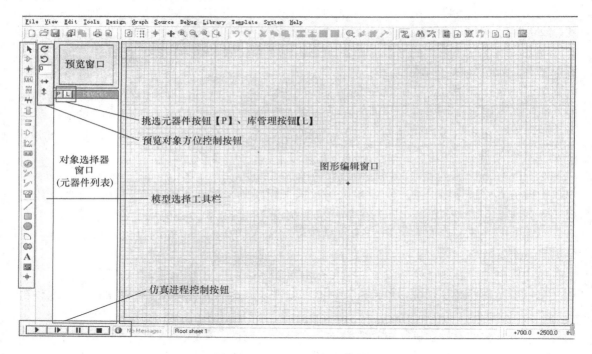

图 5-7　Proteus ISIS 的工作界面

（1）图形编辑窗口　在图形编辑窗口内完成电路原理图的编辑和绘制。

坐标原点默认在图形编辑区的中间，图形的坐标值能够显示在屏幕的右下角的状态栏中。编辑窗口内有点状的栅格，可以通过"View"菜单的"Grid"命令在打开和关闭之间切换。点与点之间的间距由当前捕捉的设置决定。

说明 1：鼠标在图形编辑窗口内移动时，坐标值是以固定的步长 100th 变化，这称为捕捉，如果想要确切地看到捕捉位置，可以使用"View"菜单的"X-Cursor"命令，选中后将会在捕捉点显示一个小的或大的交叉十字。

说明 2：若用鼠标左键单击预览窗口中想要显示的位置，这将使编辑窗口显示以鼠标单击处为中心的内容；若用鼠标指向编辑窗口并按缩放键或者操作鼠标的滚轮，会以鼠标指针位置为中心重新显示。

（2）预览窗口　该窗口通常显示整个电路图的缩略图。在预览窗口上单击鼠标左键，将会有一个矩形蓝绿框标示出在编辑窗口中显示的区域。其他情况下，预览窗口显示将要放置对象的预览。

（3）对象选择器窗口　通过对象选择按钮，从元器件库中选择对象，并置入对象选择器窗口，供今后绘图时使用。显示对象的类型包括元器件、终端、引脚、图形符号、标注和图形。

3. 绘图的主要操作

图 5-7 所示工作界面是一个标准的 Windows 窗口，除具有选择执行各种命令的顶部菜单和显示当前状态的底部状态条外，菜单下方有两个工具条，包含与菜单命令一一对应的快捷按钮，窗口左部还有一个工具箱，包含添加所有电路元器件的快捷按钮。工具条、状态条和工具箱均可隐藏。

（1）编辑区域的缩放　拖放、取景、找中心按钮（或者按"F5"），放大按钮（或者按"F6"），缩小按钮（或者按"F7"），全部显示按钮（或者按"F8"）。

（2）点状栅格的显示和隐藏　编辑区域的点状栅格，是为了方便元器件定位用的。鼠标指针在编辑区域移动时，移动的步长就是栅格的尺度，称为"Snap"（捕捉）。这个功能可使元器件依据栅格对齐。

点状栅格的显示和隐藏可以通过工具栏的按钮或者按快捷键的"G"来实现。鼠标移动的过程中，在编辑区的下面将出现栅格的坐标值，即坐标指示器，它显示横向的坐标值。因为坐标的原点在编辑区的中间，有的地方的坐标值比较大，不利于进行比较。此时可通过单击菜单命令"View"下的"Origin"命令，也可以单击工具栏的按钮或者按快捷键"O"来自己定位新的坐标原点。

（3）点状栅格的刷新　编辑窗口显示正在编辑的电路原理图，可以通过执行菜单命令"View"下的"Redraw"命令来刷新显示内容，也可以单击工具栏的刷新命令按钮或者快捷键"R"，与此同时预览窗口中的内容也将被刷新。它的用途是当执行一些命令导致显示错乱时，可以使用该命令恢复正常显示。

（4）对象的添加和放置　在图 5-7 中，单击挑选元器件按钮"P"，出现"Pick Devices"对话框，如图 5-8 所示，在这个对话框里可以选择元器件和一些虚拟仪器。

在"Category"（元器件种类）目录内，找到"Microprocessor ICs"选项，鼠标左键单击一下，在对话框的右侧，会显示大量常见的各种型号的单片机芯片型号。找到单片机 AT89C52，单击"AT89C52"，单击"OK"，退出"Pick Devices"对话框。

这样在左边的对象选择器就有了 AT89C52 这个器件了。单击一下这个器件，然后把鼠标指针移到右边的原理图编辑区的适当位置，单击鼠标的左键，就把 AT89C52 放到了原理图区，如图 5-9 所示。

（5）放置电源及接地符号　单击工具箱的"Terminals Mode"按钮 🖵，对象选择器中将出现一些接线端，如图 5-9 所示。分别单击图 5-9 左侧的"TERMINALS"栏下的"POW-ER"与"GROUND"，再将鼠标移到原理图编辑区，左键单击一下即可放置电源符号和接地符号。

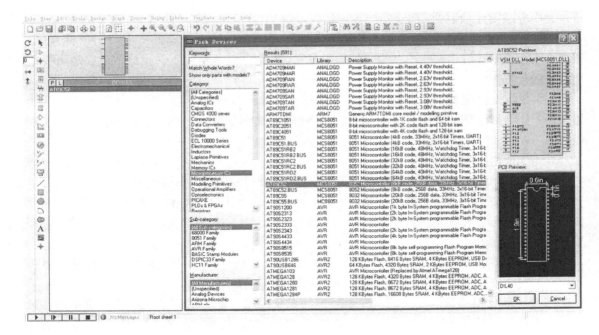

图5-8　"Pick Devices"对话框

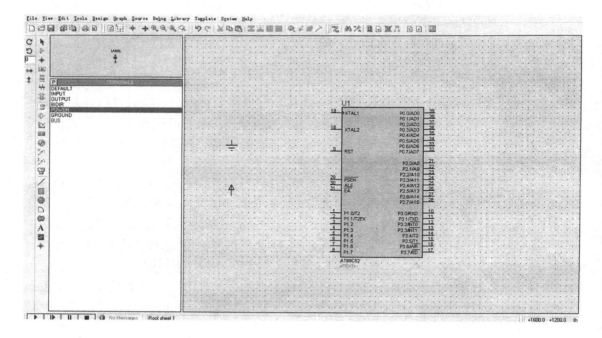

图5-9　放置电源和接地符号

（6）画线　在第一个对象连接点处单击左键，再单击另一个连接点；如果想自己决定走线路径，只需在想要拐点处单击鼠标左键。在器件和终端的引脚末端都有连接点。一个圆点从中心出发有4个连接点，可以连4根线。

4. 对象的基本操作

（1）放置对象　根据对象的类别在模型选择工具栏选择相应的图标，再根据对象的具体类型选择子模式图标，指向编辑窗口并单击鼠标左键放置对象。

如果对象类型是元器件、端点、引脚、图形、符号或标记，从选择器里选择想要的对象的名字。对于元器件、端点、引脚和符号，可能首先需要从库中调出。如果对象是有方向的，将会在预览窗口显示出来，用户可以通过预览对象方位按钮对对象进行调整。

（2）选中对象　用鼠标指向对象并单击左键可以选中该对象。该操作选中对象并使其高亮显示，然后可以进行编辑，选中对象时该对象上的所有连线同时被选中。

要选中一组对象，可以通过先按下"Ctrl"键不要松开，再依次单击要选中的每个对象的方式；也可以通过左键拖出一个选择框的方式，但只有完全位于选择框内的对象才可以被选中。

（3）取消选中　不论是选中一个对象还是一组对象，在空白处单击鼠标左键均可以取消所有对象的选择。

（4）调整对象　子电路、图表、线、框和圆可以调整大小。当选中这些对象时，对象周围会出现黑色小方块叫做"手柄"，可以通过拖动这些"手柄"来调整对象的大小。

（5）拖动对象　用鼠标指向选中的对象并用左键拖曳可以拖动该对象。该方式不仅对整个对象有效，而且对对象中单独的 labels 也有效。另外，用鼠标指向选中的对象并单击右键弹出快捷菜单（见图 5-10），选择"Drag Object"就可以对该对象进行拖动操作。

（6）编辑对象　对象一般都具有文本属性，这些属性可以通过一个对话框进行编辑。用鼠标指向选中的对象并单击右键弹出快捷菜单（见图 5-10），选择"Edit Properties"后出现属性编辑对话框，就可以对对象属性进行编辑。也可以双击对象或者直接单击工具箱的按钮，再单击对象，也会出现编辑对话框。

图 5-10　单击右键弹出的快捷菜单

例如，在 AT89C52 属性的编辑对话框里，可以改变器件的标号、执行程序、PCB 封装以及是否把这些东西隐藏等，修改完毕，单击"OK"即可（见图 5-11）。

（7）删除对象　用鼠标指向选中的对象并单击右键弹出快捷菜单（见图 5-10）选择"Delete Object"就可以删除该对象，同时删除该对象的所有连线；或者用鼠标指向选中的对象，按键盘上的删除键"Delete"或"Del"也可以将被选择的对象删除。

（8）旋转对象　许多类型的对象可以调整朝向为 0°、90°、270°、360°，或通过 x 轴、y 轴镜像。根据要求，也可以用鼠标左键单击旋转工具的 4 个按钮。

用鼠标指向选中的对象并单击右键弹出快捷菜单，如图 5-10 所示，选择需要旋转的方式也可以旋转该对象。

5. 电路图线路的绘制

（1）画导线　Proteus 的智能化可在画线时进行自动检测。当鼠标的指针靠近一个对象

图 5-11　对象文本属性对话框

的连接点时，跟着鼠标的指针就会出现一个红颜色的"□"，鼠标左键单击元器件的连接点，移动鼠标（不用一直按着左键）就出现了粉红色的连接线变成了深绿色。如果想让软件自动定出线路径，只需单击另一个连接点即可。

（2）画总线　单击工具箱的总线按钮 ，即可在编辑窗口画总线。在总线开始的地方，单击左键，移动鼠标，在总线需要改变方向时，再次单击左键，在总线结束的地方，双击左键，即可完成总线绘制。注意，绘制总线时，如果 Tools/WAR（Wire Auto Router）功能打开，总线改变方向时，只能是 90°，而当关闭 Tools/WAR（Wire Auto Router）功能，总线可朝任意方向改变。

（3）放置线路节点　在两条导线交叉时，Proteus 是不放置节点的，表示这两根导线没有电气连接；若要两个导线电气连接，只有手工放置节点了。单击工具箱的节点放置按钮 ，当把鼠标指针移到编辑窗口，指向一条导线的时候，会出现一个"×"号，单击左键就能放置一个节点。

例 5.1　用 Proteus 对图 5-12 所示的流水灯控制进行仿真。

1）电气原理图。

2）元器件表：先把图 5-12 中的元器件在库中找到，并整理出相关属性。

3）直接查找和拾取元器件。

单击图 5-7 工作界面左中部的挑选元器件按钮"P"，弹出"Pick Devices"对话框，把表 5-1 中全部元器件放入到图 5-7 对象选择器中的窗口中（见图 5-8）；再将各元器件从对象选择器中放置到图形编辑区中，用鼠标单击对象选择区中的某一元器件名，把鼠标指针移到图形编辑区，双击鼠标左键，元器件即被放置到编辑区中。

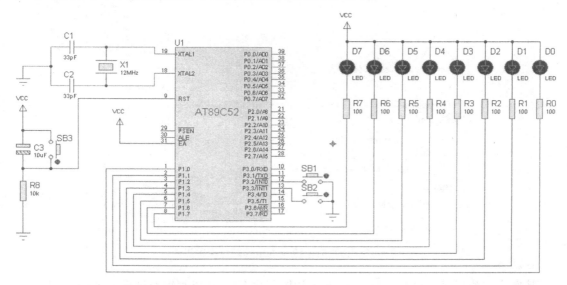

图 5-12　流水灯电气原理图

表 5-1　元器件属性清单

名称	关键字	类	子类	数量	编号	参数
单片机	AT89C52	Microprocessor ICs	8051 Family	1	U1	
电阻	RES	Resistors	Generic	9	R0 ~ R8	100Ω
按钮	BUTTON	Switches & Relays	Switches	3	SB1 ~ SB3	
无极性电容	CAP	Capacitors	Generic	2	C1 ~ C2	33pF
极性电容	CAP-ELEC	Capacitors	Generic	1	C3	10μF
晶振	CRYSTAL	Miscellaneous		1	X1	12MHz
指示灯	LED-RED	Optoelectronics	LEDs	8	D0 ~ D7	

（4）编辑元器件属性　用鼠标指向选中的对象并单击右键弹出快捷菜单，选择 "Edit Properties" 后出现属性编辑对话框，就可以对对象属性进行编辑。也可以双击对象或者直接单击工具箱的按钮，再单击对象，也会出现编辑对话框。

在编辑区的元器件上单击鼠标左键选中元器件（为红色），在选中的元器件上再次单击鼠标右键则删除该元器件（或者直接双击右键也可删除该元器件），而在元器件以外的区域内单击左键则取消选择。元器件的误删除可通过撤销键找回。单个元器件选中后，单击鼠标左键不松可以拖动该元器件，群选使用鼠标左键拖出一个选择区域。

（5）放置电源及接地符号　参照图 5-9 中相关的操作步骤完成。

（6）元器件位置的调整　调整元器件的位置，并根据需要旋转相应角度。

（7）连线　参照前面介绍的连线相关方法，把元器件间接线连好。

（8）动态仿真

首先，在主菜单 "System" → "Set Animation Options" 中设置仿真时电压及电流的颜色及方向。在随后打开的对话框中，选择 "Show Wire Voltage by Colour?" 和 "Show Wire Current with Arrows?"两项，即选择导线以红、蓝两色来显示电压的高低，以箭头来表示电流的流向，如图 5-13 所示。

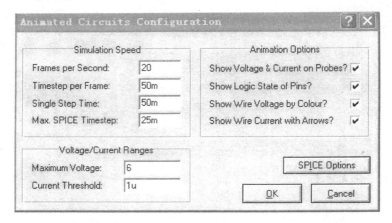

图 5-13　仿真时电流及电压的颜色配置界面

其次，装载程序。双击图 5-12 中的单片机芯片 U1，弹出编辑对话框，如图 5-11 所示。对应的程序文件"Program File"路径指向"E：\MCU_BOOK_V2_Ch5\流水灯 . hex"文件，即前面介绍的流水灯示例程序。该程序让 8 个指示灯 D7 ~ D0 从左到右依次闪烁，不断循环。

最后，单击运行按钮，程序即刻运行，某一时刻的运行状态如图 5-14 所示。从图中可以看出电流的流向，图中捕捉的时刻，正好是 D2 指示灯点亮的时刻。

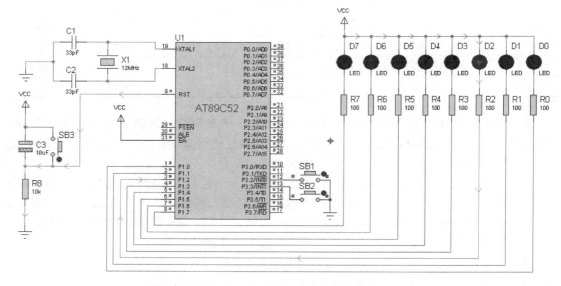

图 5-14　动态仿真时某一时刻的运行界面

仿真按钮中除了运行按钮外，还有单步运行、暂停、停止等按钮。借助电气原理图就可把实物线路图的功能模拟仿真出来。

5.4.3　Proteus 和第三方软件接口

前面分别介绍了 Keil μVision4 开发单片机应用系统的基本过程和 Proteus 对单片机应用系统仿真过程。在 Keil 仿真单片机实时运行时，需要单片机硬件系统，而 Proteus 可以仿真硬件运行。下面介绍 Proteus 和 Keil 4 的连接设置。

第一步，安装 Keil μVision4 和 Proteus 7.1。

第二步，将 Professional \ Models \ VDM51. DLL 复制到 Keil \ C51 \ BIN 目录下。

第三步，在 Keil \ TOOLS. INI 文件中 ［C51］ 字段下添加 TDRV6 = BIN \ VDM51. DLL（"Proteus VSM Simulator"），并保存，其中 TDRV6 中的数字 "6" 可以任意。

第四步，在 Proteus 中绘制原理图后，选取 "Debug /Use Remote Monitor" 选项。

第五步，在 Keil 中编制程序完成后，选取 "Project /Options for Target 'Target 1'" 选项，单击 "Debug" 选项卡，选中 "Proteus VSM Simulator" 选项。单击 "Settings" 按钮，设置 Host 为 127. 0. 0. 1，Port 为 8000。

第六步，在 Keil 中进行 Debug，同时在 Proteus 中查看结果。

5.4.4　Keil 和 Proteus 的联合仿真

Keil 软件的软件模拟仿真方法，可以对程序运行时的寄存器值、变量等资源进行监视。但这种仿真方法仅针对单片机本身，而不涉及周边电路。比如，实际的电路中有一些显示器件或其他元件，单片机对它们的操作效果就是没法仿真的。而 Proteus 软件具有对电路进行仿真的功能。Keil 与 Proteus 的联合仿真就是将 Keil 的软件仿真功能与 Proteus 的电路仿真功能结合在一起，给开发带来方便。下面就对其仿真方法进行详细的介绍。

1. 用 Proteus 画电路原理图

Proteus 中提供了非常丰富的元器件，可以很方便地完成电路原理图的编辑。下面给出一个简单的例子，如图 5-15 所示。

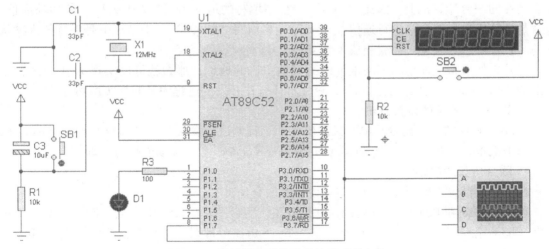

图 5-15　脉冲输出计数及其波形观察电路

使用上一节中编译出来的 HEX 文件（即 E：\MCU_ BOOK_ V2_ Ch5 \ 流水灯 . hex），将其加载到图 5-15 中的单片机中，启动电路后，程序就会运行。正如上一节中软件仿真的效果，单片机会从 P1 端口输出一定周期的方波，P1.0 的输出用一个发光二极管来指示，P1.7 的输出用软件提供的计数器来计量单片机输出的脉冲数，用虚拟示波器来观看输出的脉冲。

2. Keil 软件的设置方法

要实现联合仿真，其实就是要实现 Keil 软件与 Proteus 的通信，使 Keil 可以控制 Proteus 中的电路仿真，同时又可以从中获得相关的状态信息。要使 Keil 不再使用自身的软件仿真，而切换到联合仿真模式，需要进行一些设置。

因为6.9以上版本 Proteus 6 Professional \ MODELS \ 目录下没有 VDM51. DLL，所以需要添加与 Keil 联调补丁 Vdmagdi. exe，其作用就是将 Proteus 安装目录下的 VDM51. DLL 添加在 Keil \ C51 \ Bin 程序目录下，并且修改 Keil 目录下 Tools 配置文件，添加文本 TDRV8 = BIN \ VDM51. DLL（" Proteus VSM Simulator"）。这条语句中的 TDRV 后面的数字要按照实际的序号来填写，（" Proteus VSM Simulator "）中的字符串，会在软件的相应表项中显示出来，以供选择。

设置方法简述如下：

第一步，下载 Proteus 的补丁程序 Vdmagdi. exe。

第二步，运行 Vdmagdi. exe，自动安装 Keil 接口。

第三步，更改仿真模式。单击菜单"Project"→"Options for Target 'Target1'"→"Debug"，再选择其中的"Use：Proteus VSM Simulator"，如图 5-16 所示。从列表项中可以看到，显示内容就是上面在 TOOLS. INI 写入的字串。选中它后，就可以将仿真切换到联合仿真模式了。

第四步，通信设置，如图 5-17 所示。

在选择了"Proteus VSM Simulator"后，需要对其进行设置，单击其右边的设置选项"Settings"，设置界面如图 5-17 所示。

从图 5-17 中可以看到联合仿真时的通信是通信网络来进行的。由于现在 Proteus 与 Keil 都安装在同一台计算机上，因此"Host"一栏中填写的地址为"127. 0. 0. 1"，即回环通信，也就是计算机自身跟自身进行通信。"Port"一栏填写"8000"，一般情况下是保持其为默认值的。在确定后，设置工作就完成了。

另外，如果将上面说的网络地址改为其他主机的地址，那么就可以实现 Keil 与远程主机上的 Proteus 进行联机仿真的功能，这在群体合作开发的过程中是非常实用和有效的。

3. Proteus 软件的设置方法

Proteus 软件的设置比较简单，只需要将"远程调试监视器"打开即可。打开 Proteus 软件，单击菜单"Debug"→"User Remote Debug Monitor"（在该项前打勾）即可。

4. 联合仿真的启动

在一切的设置工作都完毕后，就可以启动联合仿真了。

首先将 Keil 和 Proteus 分别启动，并加载相应的程序。在 Keil 中加载"E：\MCU_BOOK_V2_Ch5 \ 流水灯 . uv4"，Proteus 中加载图 5-15 电路原理图（单片机已链接"E：\MCU_BOOK_ V2_Ch5 \ 流水灯 . hex"文件）。

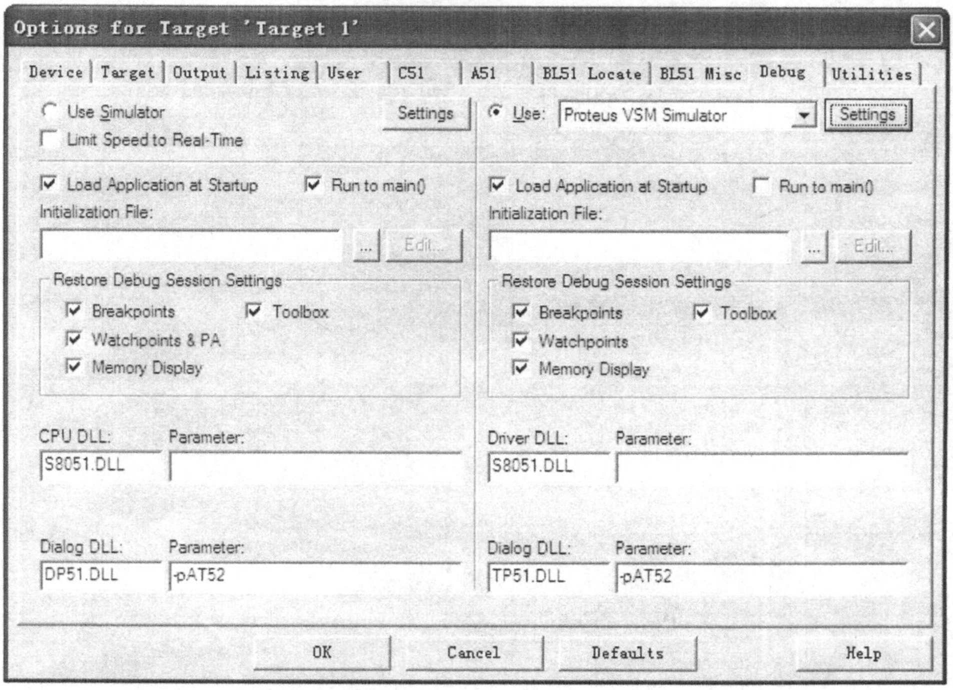

图 5-16　Keil 的联合仿真模式设置

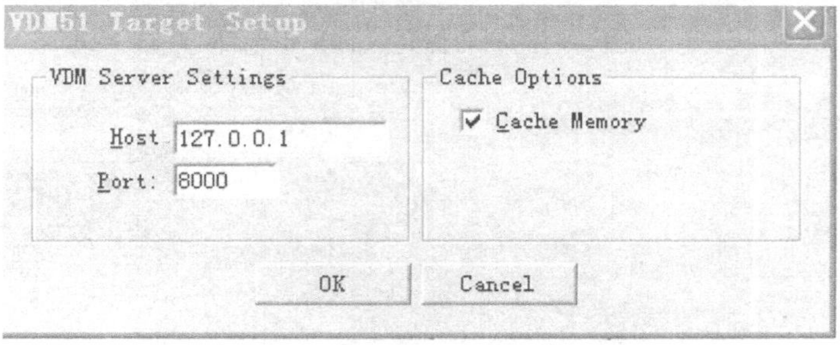

图 5-17　Keil 的联合仿真模式中的通信设置

　　与软件模拟仿真相类似的，可以通过 Keil 的按钮来启动仿真过程，在启动后 Proteus 中的电路便会随之一起启动。Keil 中的一个操作，如单步运行、全速运行、复位等，在电路中都会有所对应。图 5-18 和图 5-19 为联合仿真时的 Keil 与 Proteus 界面，以供对比。

　　从图中可以看到，电路已经开始工作，计数器中显示了已经输出的脉冲的个数。

图 5-18 联合仿真时的 Keil 界面

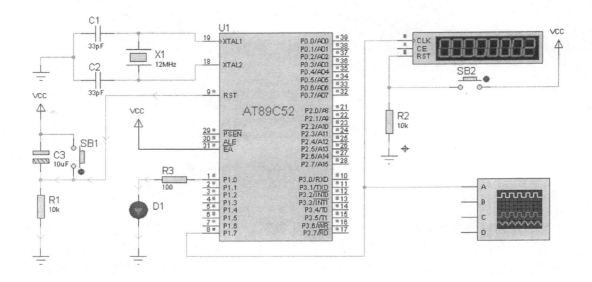

图 5-19 联合仿真时的 Proteus 界面

本 章 小 结

Keil 软件是目前最流行的 8051 系列单片机开发软件。Keil 提供了包括 C 编译器、宏汇编、连接器、库管理和一个功能强大的仿真调试器等在内的完整开发方案，通过一个集成开发环境（μVision）将这些部分组合在一起。

通过 P1 口驱动的 8 位流水灯程序设计调试，介绍了基于 Keil 的 8051 单片机项目开发流程，包括工程的建立、文件的编写、加载、编译、调试、下载等内容。

在 Keil 集成环境下，若想看到程序执行结果，必须将软件下载到 AT89S51/52 单片机的 Flash 程序存储器内，为此，本章还介绍了 ISP 下载电缆的制作。若没有硬件，还想看到软件的执行结果，必须使用单片机的 Proteus 仿真软件，因此，本章通过 P1 口驱动的 8 位流水灯程序仿真，介绍了 8051 单片机 Proteus 仿真平台的基本操作、第三方软件接口以及 Keil 和 Proteus 的联合仿真等。

习题与思考题

1. 上网查找有关 Keil μVision 软件的其他功能介绍，了解该软件的最新应用。
2. 上网下载有关 Proteus 软件的最新版本，学习该软件的最新应用。
3. 用 Proteus 软件画出本章中图 5-12 所示电路图。
4. 用 Keil μVision 4 软件编写图 5-12 对应的脉冲输出计数 C 程序，要求频率为 5Hz。
5. 把第 3 题中的电路图和第 4 题中的 C 程序用 Keil 和 Proteus 来实现联合仿真。
6. 用 Keil 和 Proteus 来实现联合仿真有哪些基本步骤？

第6章 8051 单片机的中断系统

6.1 微型计算机中断技术概述

6.1.1 中断的概念

1. 中断及中断技术的特点

计算机在执行某一程序的过程中，由于计算机系统之外的某种原因，有必要尽快地中止当前程序的运行，而去执行相应的处理程序，待处理程序结束后，再返回来继续执行被中止了的那个程序。这种某一程序在执行过程中由于外界的原因，中间被打断的情况称为"中断"。"中断"类似于程序设计中的调用子程序，区别在于这些外部原因的发生是随机的，而子程序调用是程序设计人员事先安排好的。

能够打断当前程序的外部事件，被称为中断源。中断属于一种对事件的实时处理过程，中断源可能随时迫使 CPU 停止当前正在执行的工作，转而去处理中断源指示的另一项工作，待后者完成后，再返回原来工作的"断点"处，继续原来的工作。

一个计算机一般具有多个中断源，这就存在中断优先权和中断嵌套的问题。例如，一个人在读书时如果接了电话并且正在通话时，又有人敲门，由于敲门的优先权更高，这个人又"响应"这个敲门的中断申请，暂停通话，去与敲门人交谈；交谈完毕，接着原来的话茬继续通话，直到通话完毕，再返回书桌前继续看书。这里，敲门的中断源就比电话的中断源优先权高，因此，出现了中断嵌套，即高级优先权的中断源可以打断低级中断优先权的中断服务程序，而去执行高级中断源的中断处理，直至该处理程序完毕，再返回接着执行低级中断源的中断服务程序，直至这个处理程序完毕，最后返回主程序。

计算机响应中断的条件是计算机的 CPU 处于开中断状态，同时只能在一条指令执行完毕后才能响应中断请求。

2. 中断功能

利用中断技术，使计算机能够完成更多的功能。

1）可实现高速 CPU 与慢速外设之间通信。

2）可实现实时处理。

3）实现故障的紧急处理。

4）便于人机联系。

总之，随着计算机硬件软件技术的发展，中断技术也在不断丰富，所以中断功能已经成为评价计算机系统整体性能的一项重要指标。

6.1.2 中断处理过程

CPU 响应中断源的中断请求后，就转去进行中断处理。不同的中断源，其中断处理内

容可能不同，但其主要内容及流程如图 6-1 所示。

　　从图 6-1 可以看到中断处理的过程，下面做几点补充说明：

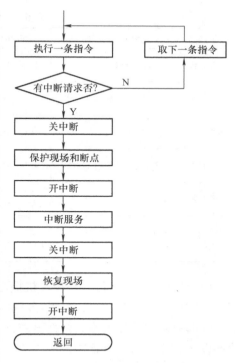

图 6-1　中断处理流程

　　（1）保护现场与恢复现场　为了使中断服务程序的执行不破坏 CPU 中寄存器或存储单元的原有内容，以免在中断返回后影响主程序的运行，因此，要把 CPU 中有关寄存器或存储单元的内容推入堆栈中保护起来，这就是所谓保护现场。而在中断服务程序结束时和返回主程序之前，则需要把保护起来的那些现场内容从堆栈中弹出，以便恢复寄存器或存储单元原有的内容，这就是恢复现场。注意一定要按先进后出的原则进行推入和弹出堆栈。

　　（2）开中断与关中断　在中断处理正在进行的过程中，可能又有新的中断请求到来，一般说来，为防止这种高于当前优先级的中断请求打断当前的中断服务程序的执行，CPU 响应中断后应关断（很多 CPU 是自动关中断的，但 8051 单片机不是自动关闭的，需要用软件指令关闭）；而在编写保护现场和恢复现场的程序时，也应在关闭中断后进行，以使保护现场和恢复现场的工作不被干扰。这样，就可屏蔽其他中断请求了。如果要想响应更高级的中断源的中断请求，那么应在现场保护之后，将 CPU 处于开中断的状态，这样就使系统具有中断嵌套的功能。对于不同的 CPU，开中断和关中断的方法有所不同，有关 8051 单片机的开中断和关中断的办法将在下节叙述。

　　（3）中断服务　中断服务是中断处理程序的主要内容，将根据中断功能去编写，以满足用户的需要。复杂的中断服务程序也可以用子程序形式。

　　（4）中断返回　中断返回是把当前运行的中断服务程序转回到被中断请求中断的主程序上来。中断返回指令与子程序返回不同，必须用专用的中断返回指令 RETI 来完成。因此，这条指令是中断服务程序的最后一条指令；另外，开中断后，必须运行一条指令后才有响应中断的可能性，所以，后面紧跟一条 RETI 指令，在执行完 RETI 指令前不可能响应新的中断申请。

6.2　8051 单片机的中断控制

　　由于单片机的结构和功能有限，中断系统不算复杂。但从实际应用的角度来看，8051 单片机的中断系统已足够。下面针对 8051 单片机的中断系统做详细介绍。

6.2.1　中断源与中断标志位

　　8051 型单片机提供了 5 个中断源：两个外部中断源和三个内部中断源，8052 增加了一个中断源——定时器 2 中断。每一个中断源都有一个中断申请标志，但串行口占两个中断标志位，一共6个中断标志。表6-1给出了中断源和中断申请标志。

表6-1 中断源和中断申请标志

分 类	中断源名称	中断申请标志	触发方式	中断入口地址
外部中断	外部中断0	IE0（TCON.1）	$\overline{INT0}$（P3.2）引脚上的低电平/下降沿引起的中断	0003H
内部中断	定时器/计数器0中断	IF0（TCON.5）	T0定时器/计数器溢出后引起的中断	000BH
外部中断	外部中断1	IE1（TCON.3）	$\overline{INT1}$（P3.3）引脚上的低电平/下降沿引起的中断	0013H
内部中断	定时器/计数器1中断	IF1（TCON.7）	T1定时器/计数器溢出后引起的中断	001BH
内部中断	串口中断	RI（SCON.0） TI（SCON.1）	串行口接收完成或发送完一帧数据后引起的中断	0023H
外/内部中断	定时器2中断（仅8052）	TF2（T2CON.7） EXF2（T2CON.6）	T2定时器/计数器计数满后溢出，置标志位TF2；或当外部输入T2EX发生从1到0的下降时置标志位EXF2，引起中断	002BH

1）外部中断源指可以向单片机提出中断申请的外部原因，共有两个中断源：外部中断0和外部中断1，它们的请求信号分别由引脚$\overline{INT0}$（P3.2）和$\overline{INT1}$（P3.3）接入。

外部中断的信号被称为外部事件，这个信号究竟是低电平有效还是下降沿有效，可以被软件设定，称之为"外部中断触发方式选择"。

2）内部中断源有定时器中断和串行中断两种。定时器中断是为满足定时或计数的需要而设置的。在8051单片机内部有两个定时器/计数器，当其内部计数器溢出时，即表明定时时间已到或计数值已满，这时就以计数溢出作为中断请求去置位一个标志位，作为单片机接收中断请求的标志。这个中断请求是在单片机内部发生的，因此，无需从单片机芯片的外部引入输入端。

串行中断是为串行数据传送的需要而设计的，每当串行口接收和发送完一帧串行数据时，就产生一个中断请求。至于中断申请标志位，是在两个特殊功能寄存器TCON和SCON中定义了相应位作为中断标志位；当其中某位为0时，相应的中断源没有提出中断申请，当其中某位变成1时，表示相应中断源已经提出了中断申请。对于这些申请何时予以响应，由硬件和软件共同确定。所有的中断申请标志位都可以由软件置位或清0，其效果与硬件置位（置1）或清0标志位是相同的。这就是说，可以由软件产生或者撤销一次中断申请。

8052单片机增加了定时器2，当定时器/计数器的寄存器（TH2，TL2）计数满后溢出，置位中断请求标志位TF2（T2CON.7），向CPU申请中断处理；当外部输入端口T2EX（P1.1）发生从1→0下降沿时，也将置位中断请求标志位EXF2（T2CON.6），向CPU申请中断处理。

6.2.2　与中断有关的特殊功能寄存器

与中断有关的特殊功能寄存器（SFR）是中断允许控制寄存器（IE）、定时器控制寄存器（TCON）、中断优先级控制寄存器（IP）及串行口控制寄存器（SCON）。这4个寄存器都属于专用寄存器，且可以位寻址，通过置位和清零这些位以便对中断进行控制。

1. 中断允许控制寄存器 （IE）

这个特殊功能寄存器的字节地址为 0A8H，其位地址为 0A8H ~ 0AFH，也可以用 IE. 0 ~ IE. 7 表示。该寄存器中各位的定义及位地址表示如下：

位地址	AFH	AEH	ADH	ACH	ABH	AAH	A9H	A8H
位符号	EA		ET2	ES	ET1	EX1	ET0	EX0

其中只有 7 位有定义，它们是：

EA——中断允许的总控制位，EA = 0 时，中断总禁止相当于关中断，即禁止所有中断；EA = 1 时，中断总允许，相当于开中断。总的中断允许后，各个中断源是否可以申请中断，则由其余各中断源的中断允许位进行控制。

EX0——外部中断 0 允许控制位，当 EX0 = 0，禁止外部中断 0；EX0 = 1，允许外部中断 0。

EX1——外部中断 1 允许控制位，当 EX1 = 0，禁止外部中断 1；EX1 = 1，允许外部中断 1。

ET0——定时器 0 中断允许控制位，当 ET0 = 0，禁止该中断；ET0 = 1，允许定时器 0 中断。

ET1——定时器 1 中断允许控制位，当 ET1 = 0，禁止该中断；ET1 = 1，允许定时器 1 中断。

ES——串行口中断允许控制位，当 ES = 0，禁止串行中断；ES = 1，允许串行中断。

ET2——定时器 2 中断允许控制位，当 ET2 = 0，禁止该中断；ET2 = 1，允许定时器 2 中断。

由上可见，8051 单片机通过中断允许控制寄存器进行两级中断控制。EA 位作为总控制位，以各中断源的中断允许位作为分控制位。但总控制位为禁止（EA = 0）时，无论其他位是 1 或 0，整个中断系统是关闭的。只有总控制位为 1 时，才允许由各分控制位设定禁止或允许中断，因此，单片机复位时，IE 寄存器的初值是（IE）= 00H，中断系统处于禁止状态，即关中断。

还要注意，单片机在响应中断后不会自动关中断（8086 等很多 CPU 响应中断后则自动关中断），因此，在转入中断处理程序后，如果想禁止更高级的中断源的中断申请，可以用软件方式关闭中断。

对于中断允许寄存器状态的设置，由于 IE 既可以字节寻址又可以位寻址，因此，对该寄存器的设置既能够用字节操作指令，也可以使用位操作指令进行设置。

例如，假定要开放外中断 0，使用字节操作的指令是

        MOV IE, #81H

如果使用位操作指令则需要两条指令，但更清晰：

        SETB EA

        SETB EX0

2. 定时器控制寄存器 （TCON）

该寄存器的字节地址为 88H，位地址 88H ~ 8FH，也可以用 TCON. 0 ~ TCON. 7 表示。寄存器的定义及位地址表示如下：

位地址	8FH	8EH	8DH	8CH	8BH	8AH	89H	88H
位符号	TF1	TR1	TF0	TR0	IE1	IT1	IE0	IT0

这个寄存器既有中断控制功能，又有定时器/计数器的控制功能。其中与中断有关的控制位有6位：

IE0——外部中断0（$\overline{INT0}$）请求标志位，当CPU采样到$\overline{INT0}$引脚出现中断请求后，此位由硬件置1。在中断响应完成后转向中断服务程序时，再由硬件自动清0。这样，就可以接收下一次外中断源的请求。

IE1——外部中断1（$\overline{INT1}$）请求标志位，功能同上。

IT0——外部中断0请求信号方式控制位，当IT0=1，后沿负跳变有效；IT0=0，低电平有效。此位可由软件置1或清0。

IT1——外部中断1请求信号方式控制位，IT1=1，后沿负跳变有效；IT1=0，低电平有效。

TF0——计数器0溢出标志位，当计数器0产生计数溢出时，该位由硬件置1，当转到中断服务程序时，再由硬件自动清0。这个标志位的使用有两种情况：当采用中断方式时，把它作为中断请求标志位用，该位为1，当CPU开中断时，则CPU响应中断；而采用查询方式时，用于查询状态位。

TF1——计数器1溢出标志位，功能同TF0。

3. 中断优先级控制寄存器（IP）

8051中断优先级的控制比较简单，因为系统只定义了高低两个优先级，各中断源的优先级由特殊功能寄存器（IP）设定。

通过对特殊功能寄存器（IP）的编程，可以把5个（8052为6个）中断源分别定义在两个优先级中。IP是中断优先级控制寄存器，可以位寻址。IP的低6位分别各对应一个中断源：某位为1时，相应的中断源定义为高优先级；某位为0时，定义为低优先级。软件可以随时对IP的各位清0或置位。

IP的字节地址为0B8H，位地址为0B8H～0BFH，或用IP.0～IP.7表示。寄存器的定义和位地址表示如下：

位地址	BFH	BEH	BDH	BCH	BBH	BAH	B9H	B8H
位符号	—	—	PT2（IP.5）	PS（IP.4）	PT1（IP.3）	PX1（IP.2）	PT0（IP.1）	PX0（IP.0）

PX0——外部中断0优先级设定位。该位为0优先级为低，该位为1，优先级为高。

PT0——定时中断0优先级设定位。定义同上。

PX1——外部中断1优先级设定位。定义同上。

PT1——定时中断1优先级设定位。定义同上。

PS——串行中断优先级设定位。定义同上。

PT2——定时中断2优先级设定位。定义同上（仅8052）。

另外，8051单片机的硬件把全部中断源在同一个优先级的情况下按下列顺序排列了优先权，$\overline{INT0}$优先权最高，定时器2优先权最低：

$$\overline{INT0}、T0、\overline{INT1}、T1、串口、T2$$
$$（最高）\longleftarrow\hspace{2cm}（最低）$$

一个中断服务子程序被另一个中断申请所中断，称为中断嵌套。8051单片机至少可以实现两级中断嵌套。图 6-2 是两级中断嵌套的示意图。

在中断开放的条件下，中断优先级结构解决了如下两个问题：

1）正在执行一个中断服务子程序时，如果发生了另一个中断申请，CPU 是否立即响应它而形成中断嵌套。

2）如果一个中断服务子程序执行完之后，发现已经有若干中断都提出了申请，那么应该先响应哪一个申请。

在开放中断的条件下，用下述 4 个原则使用中断优先级结构：

1）非中断服务子程序可以被任何一个中断申请所中断，而与优先级结构无关。

2）如果若干中断同时提出申请，则 CPU 将选择优先级、优先权最高者予以响应。

3）低优先级可以被高优先级的中断申请所中断。换句话说，同级不能形成嵌套，高优先级不能被低优先级嵌套，当禁止嵌套时，必须执行完当前中断服务子程序之后才考虑是否响应另一个中断申请。

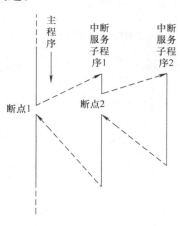

图 6-2　两级中断嵌套示意图

4）同一个优先级里，优先权的顺序是由硬件决定而不能改变的。但是用户可以通过改变优先级的方法改变中断响应的顺序。例如，8051 单片机中串行口的优先权最低，但是可以在中断优先级寄存器 IP 中写入 10H，则只有串行口是最高优先级。若同时有若干中断提出申请，则一定会优先响应串行口的申请。

8051 复位以后，特殊功能寄存器 IP 的内容为 00H，所以在初始化程序中要考虑到对其编程。

4. 串行口控制寄存器（SCON）

该寄存器字节地址为 98H，位地址 98H ~ 9FH，或 SCON. 0 ~ SCON. 7，寄存器的定义和位地址表示如下：

位地址	9FH	9EH	9DH	9CH	9BH	9AH	99H	98H
位符号	SM0	SM1	SM2	REN	TB8	RB8	TI	RI

其中与中断有关的控制位共两位：

1）TI——串行口中断请求标志位。当发送完一帧串行数据后，由硬件中断置 1，在转向中断服务程序后，用软件清 0。

2）RI——串行口接收中断请求标志位。当接收完一帧串行数据后，由硬件中断置 1，在转向中断服务程序后，用软件清 0。

串行中断请求由 TI 和 RI 的逻辑或得到，即无论是发送标志还是接收标志都会产生串行中断请求。

8051 单片机中断系统示意图如图 6-3 所示。

6.2.3　中断响应过程

中断响应就是 CPU 对某一中断源所提出的中断请求的响应。中断请求被 CPU 响应后，再经过一系列的操作，然后才转向中断服务程序，完成中断所要求的处理任务，对 8051 的

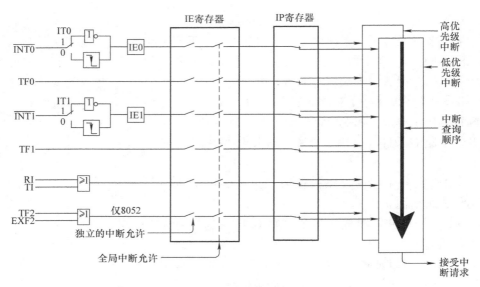

图 6-3　8051 单片机中断系统示意图

整个中断响应过程，分为以下几个问题顺序进行说明。

1. 对外部中断请求的采样

中断响应过程的第一步是中断请求采样。所谓中断请求采样，就是如何识别外部中断请求信号，并把它锁定在定时器控制寄存器（TCON）的相应标志位中，只有两个外部中断源才有采样问题。

8051 单片机的每个机器周期的 S5P2（第 5 状态第 2 节拍）对外中断请求引脚（P3.2 和 P3.3）进行采样。如果有中断请求，则把 IE0 或 IE1 置位。

外部中断 0（$\overline{INT0}$）和外部中断 1（$\overline{INT1}$）是两套相同的中断系统，只是使用的引脚和特殊功能寄存器中的控制位不同。了解 $\overline{INT0}$ 的工作原理，就可理解 $\overline{INT1}$ 的工作原理。

外部中断 0，使用了引脚 P3.2 的第二功能。只要该引脚上得到了从外设送来的"适当信号"就可以导致标志位 IE0 硬件置位。其过程如下：

1）外部中断的触发方式选择。什么是外设的"适当信号"呢？首先要看特殊功能寄存器中的一位 TCON.0 位，它被称为"外部中断 0 的触发方式控制位 IT0"。当预置 IT0 = 0 时，被称为"电平触发方式"，即 P3.2 引脚上的低电平可以向 CPU 申请中断。而当 IT0 = 1 时，P3.2 引脚上每一个下降沿都触发一次中断。这就是两种触发方式的选择。为什么又增加了一种"边沿触发方式"呢？因为使用电平触发方式时，如果 P3.2 引脚上申请中断的低电平持续时间很长，在执行完一遍中断服务子程序之后，该低电平仍未撤销，那么还会引起下一次中断申请，甚至若干次中断申请，直至 P3.2 引脚上的电平变高时为止。这种情况下可能产生操作错误，所以才引入了第二种触发方式：每个下降沿引起一次中断申请，其后的低电平持续时间内不再会引起错误的中断申请。这就又引起了另一项规定：凡是采用电平触发的情况下，在这次中断服务子程序执行完之前，P3.2 引脚上的低电平必须变成高电平。正是由于这条规定，人们习惯于选择边沿触发方式，很少使用电平触发方式。

2）中断标志位 IE0 一旦被置位，就认为中断申请已经提出，是否响应中断则应由特殊功能寄存器 IE 和 IP 决定。如果 CPU 响应了这个中断，则应该清除标志位 IE0；对于边沿触

发方式，此时硬件能够自动清 IE0，对于电平触发方式，只有外部中断申请信号变成高电平，才能够自动清除中断标志位。如果 CPU 暂时不能够响应中断，则 IE0 始终为 1，表示中断申请有效。

3）除外部中断，其他中断源的中断请求都在单片机芯片的内部可以直接置位相应的中断请求标志位，因此，不存在中断请求标志位问题。但仍然存在从中断请求信号的产生到中断请求标志位置位的过程。图 6-3 左侧表示了中断请求标志位与中断请求信号的关系。

2. 中断查询与响应

采样是解决外部中断请求的锁定问题，即把有效的外部中断请求信号锁定在各个中断请求标志位中。余下的问题就是 CPU 如何知道中断请求的发生，CPU 是通过对中断请求标志位的查询来确定中断的产生，一般把这个查询叫作中断查询。因此，8051 单片机在每一个机器周期的最后一个状态（S6），按前述的优先级顺序对中断请求标志位进行查询。如果查询到标志位为 1，则表明有中断请求产生，因此，就紧跟着的下一个机器周期的 S1 状态进行中断响应。

中断响应过程如下：

1）由硬件自动生成一个长调用指令 LCALL addr16。这里的地址就是中断程序入口地址，详见表 6-1。

2）生成了 LCALL 指令后，CPU 执行该指令，首先将程序计数器 PC 当前的内容压入堆栈，称为保护断点。

3）再将中断入口地址装入 PC，使程序执行，于是转向相应的中断入口地址。但各个中断入口地址只相差 8 个字节单元，多数情况下难以存放一个完整的中断服务程序。因此，一般是在这个中断入口地址处存放一条无条件转移指令 LJMP addr16，使程序转移到 addr16 处，在这里执行中断服务程序。

然而如果存在下列情况时，中断请求不予响应：

1）CPU 正处于一个同级的或更高级的中断服务中。

2）当前指令是中断返回（RETI）或子程序返回（RET）、访问 IE、IP 的指令。这些指令规定：必须在完成这些指令后，还应接着执行一条后面的指令后才能够响应中断请求。

3. 中断响应时间

所谓中断响应时间是指从查询中断请求标志位到转向中断入口地址的时间。8051 单片机的最短响应时间为 3 个机器周期。其中一个机器周期用于查询中断请求标志位的时间，而这个机器周期恰好是指令的最后一个机器周期，在这个机器周期结束后，中断请求即被响应，产生 LCALL 指令。而执行这条长调用指令需要两个机器周期，所以总共需要 3 个机器周期。但有时中断响应时间多达 8 个机器周期之长。例如，在中断查询时，正好是开始执行 RET、RETI 或访问 IE、IP 指令，则需把当前指令执行完再继续执行下一条指令，才能进行中断响应。执行 RET、RETI 等指令最长需要两个机器周期，但后面跟着的指令假如是 MUL、DIV 乘除指令，则又需要 4 个机器周期，从而形成了 8 个机器周期的最长响应时间。

一般情况下，中断响应时间在 3~8 个机器周期之间。通常用户不必考虑中断响应时间，只有在精确定时的应用场合才需要中断响应时间，以保证精确的定时控制。

4. 中断请求的撤除

一旦中断响应，中断请求标志位就应该及时撤除，否则就意味着中断请求继续存在，会引起中断的混乱。下面按中断类型说明中断请求如何撤除。

（1）定时器中断请求——硬件自动撤除 定时器中断被响应后，硬件自动把对应的中断请求标志位（TF0、TF1）清0，因此，其中断请求是自动撤除的。

（2）外部中断请求自动与强制撤除 对于边沿触发方式的外部中断请求，一旦响应后通过硬件自动把中断请求标志位（IE1 或 IE0）清除，即中断请求的标志位也是自动撤除的。

但对于电平触发方式，情况则不同，光靠清除中断标志位并不能解决中断请求的撤除问题。因为，这时中断标志位是消除了，但中断请求的有效低电平仍然存在，在以后的中断请求采样时，又使 IE0 或 IE1 重新置1，为此想要彻底解决中断请求的撤除，还必须在中断响应后强制地把中断请求输入引脚从低电平改为高电平。为此，可加入图 6-4 所示电路。用 D触发器锁存外来的中断请求低电平信号，并通过触发器的输出端 Q 送给引脚 INT0 或 INT1。中断响应后，为撤除中断请求，利用 D 触发器的直接置位端 SD，完成把 Q 强制成高电平。

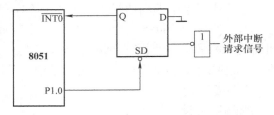

图 6-4　在电平方式下的外中断请求的撤除电路

所以，在 P1.0 口线输出一个负脉冲就可以使 D 触发器置1，从而撤除了低电平的中断请求。负脉冲指令如下：

```
ORL P1, #01H              ; P1.0 输出高电平
ANL P1, #0FEH             ; P1.0 输出低电平
```

可见，在电平方式下的外中断请求的真正撤除，是在中断响应后转入中断服务程序中，通过软件方法实现的。所以，由于增加了附加电路，这种电平方式很少应用，用户都愿意使用边沿触发的外部中断方式。

（3）串行中断请求——软件撤除 串行中断的标志位是 TI 和 RI，但对这两个标志位不是自动清0，因为在中断响应后，还需要测试这两个标志位的状态，以判定是发送还是接收操作，然后才能撤除。串行中断请求的撤除也采用软件撤除方法，在中断服务程序中进行。

5. 中断服务程序的编写要点及断点的数据保护

首先，再次强调必须记住各中断源的中断入口地址。8051 单片机规定，单片机复位入口地址是 0000H，用户一般在复位地址处，编写一条长转移指令 LJMP addr16，从这个地址执行主程序，一旦有中断请求，就会中断响应，然后转入中断入口地址。

（1）断点数据保护问题的提出和保护方法 在用户编写中断服务程序中，首先应该进行断点的数据保护。

设在当前执行的主程序中使用了 ACC、R0 和 R1 等寄存器。某时刻发生了中断响应，立即转向中断服务子程序中去，如果这个子程序也使用了 ACC、R0 和 R1 这 3 个寄存器，很明显，这 3 个寄存器在原来主程序中的内容将被冲掉。待到中断服务子程序执行完之后，虽然可以返回程序断点，但是由于 3 个寄存器的数据丢失，必然铸成错误。所以，每当发生一次中断，都要考虑程序中断点数据的保护问题，或者说每一个中断服务子程序的一开始就要考虑数据入栈问题。

使用堆栈保护断点的数据方法是：在中断服务子程序的一开始，就把所需要保护的单元

按用户指定的顺序，使用 PUSH 指令逐一连续压入堆栈。在中断服务子程序的最后，再用 POP 指令把堆栈的内容按先进后出的原则弹出到相应的寄存器单元中。应该注意的两点是：第一，入栈和出栈顺序要相反；第二，因为硬件自身有入栈操作，所以在中断服务子程序的最后数据出栈数目要与入栈数目完全相同，否则会造成硬件自动出栈的地址错误。

堆栈是为了保护断点数据而在单片机内专门设定的一个 RAM 区。堆栈的深浅可以由用户编程决定，特殊功能寄存器 SP 被称为"堆栈指针"。因为 SP 的内容是堆栈区的一个 8 位地址，在初始化时，SP 的初值就是栈底地址，发生入栈和出栈操作时，SP 的内容都会增 1 或者减 1。总是指向栈顶一个被保护的数据。例如，初始化程序中置 SP 内容为 60H，表示堆栈区被用户设置在 61H～7FH 单元范围，第一个 8 位码入栈后将被存于 61H 单元，SP 为 61H；第二个 8 位码入栈后存于 62H 单元，SP 内容变为 62H。

使用堆栈时要注意，已被设定为堆栈区的字节一般不能再作数据缓冲区使用。

在发生两个中断服务子程序嵌套时，可以这样设计，主程序只使用工作寄存器 0 区，第一个中断服务子程序只使用工作寄存器 1 区，第二个中断服务子程序只使用 2 区。于是减少了堆栈操作，避免数据入栈时可能产生的编程错误。

（2）中断响应全过程　以上介绍了中断系统的几个环节，作为总结，以下按中断过程的几个步骤，说明如何掌握中断的设计。

1）在初始化程序中，要对几个特殊功能寄存器赋给初值，以便做好中断的准备工作。例如，清除中断标志位、置外部中断触发方式、开中断、决定优先级等。中断的初始化工作，主要在于选择所用的特殊功能寄存器的初值。

2）每当产生激活每个中断源的物理条件时，该中断源就会通过硬件置相应的中断申请标志位为 1，表示已经提出了中断申请。虽然这个中断申请可能不被立即响应，但这个申请总是有效的，直至它被清 0 时为止。

从上电复位开始，每个机器周期内 CPU 都会对 6 个中断标志位查询一遍是否有置位者，如果发现有中断申请提出，但不能立即响应该中断，那么本次查询无效，待下一个机器周期重新自动查询。也就是说，标志位的状态可以保存，但是自动查询的结果却不被保存。

3）当 CPU 查询到一个或几个中断申请已经提出时，只有同时满足如下 4 个条件时，才能在下一个机器周期开始响应其中一个申请：

① 中断申请中有未被禁止者（已开中断）。

② CPU 当前并未执行任何中断服务子程序，或者正在执行的中断服务子程序的优先级比申请者要低时。

③ 当前机器周期恰好是当前执行指令的最后一个机器周期时。

④ 当前正在执行的指令并不是下述 4 种指令之一：子程序返回指令 RET 或 RETI，或者对于 IE、IP 的两种写操作指令。若恰是这 4 种指令之一时，必须执行完这一条指令，再执行完下一条指令之后，才会响应新的中断申请。

当然，上述 4 条之一不满足就不会立即响应中断申请。当有若干申请同时存在时，CPU 将按优先级和优先权的顺序择高响应。

一个中断申请标志位被置位以后，在它未被响应之前，如果用软件清 0 此标志位，则视该次申请被正常撤销，不会引起中断系统的混乱。

4）响应一个中断之后，CPU 有 3 个自动操作：第一，保护程序计数器 PC 中的 16 位断点地址；第二，把相应的中断入口地址自动地送入 PC，这就相当于执行了一条长调用指令而转入中断服务子程序；第三，将该次申请的标志位用硬件自动清除，但是电平触发方式的外部中断标志位和串行口中断标志位不能被硬件清 0，而后者必须在中断服务子程序中予以软件清 0。

在中断服务子程序的一开始，除了要决定是否有清除中断申请标志之外，还要做两个工作：一是决定是否允许中断嵌套而重新给中断允许寄存器 IE 赋值；二是入栈保护断点数据。从建立中断申请标志位到执行第一条中断服务子程序的指令，一般要经过 3 ~ 8 个机器周期，依不同情况有别。

5）在一个中断服务子程序正在执行过程中，又有另一个不允许嵌套的中断申请来了。这种情况下，只能在第一个中断服务子程序执行完之后，返回原断点再执行一条指令，才会形成第二个断点，转而开始第二个中断服务子程序的执行。

6）中断服务子程序的最后，软件设计人员应该掌握三点：第一，决定断点数据出栈问题；第二，决定再开哪个中断或再关哪些中断；第三是中断服务子程序的最后一条指令必须是中断返回指令 RETI。

CPU 最后遇到 RETI 指令时，首先通过硬件自动恢复 PC 的断点地址，然后 CPU 从断点处继续原来程序的执行。

下面给出中断实例。

例 6.1　利用中断方式，设计一个空调器控温系统，要求空调器温度保持在 (20 ± 1) ℃。

解：假设本例的硬件连接如下，空调器的开关线圈和 P1.7 相连，即

　　　　P1.7 = 1　对应线圈接通（空调器打开）；

　　　　Pl.7 = 0　对应线圈断开（空调器关闭）。

温度传感器连接在 $\overline{INT0}$ 和 $\overline{INT1}$，分别提供 HOT（加热）和 COLD（制冷）信号，即

　　　　若 $T > 21$ ℃，则 $\overline{HOT} = 0$；

　　　　若 $T < 19$ ℃，则 $\overline{COLD} = 0$。

程序应该在 $T < 19$ ℃时起动空调器加热装置，在 $T > 21$ ℃时停止空调器加热装置。该系统硬件连接和时序图如图 6-5 所示。

```
        ORG 0000H
        LJMP MAIN
                              ;外部中断 0 的中断地址为 0003H
EX0ISR:  CLR P1.7             ;关闭空调器
        RETI
        ORG 0013H
EX1ISR:  SETB P1.7            ;开启空调器
        RETI
        ORG 30H
MAIN:    MOV IE, #85H         ;使能外部中断
        SETB IT0              ;下降沿触发
        SETB IT1
```

```
            SETB P1. 7              ;开启空调器
            JB P3. 2，SKIP          ;若 T > 21℃
            CLR P1. 7              ;关闭空调器
    SKIP：  SJMP $                 ;踏步
            END
```

主函数的前 3 条指令开放外部中断，并将$\overline{INT0}$和$\overline{INT1}$都设为下降沿触发方式。由于当前的$\overline{HOT}$（P3.2）和$\overline{COLD}$（P3.3）的输入状态未知，所以接下来的 3 条指令需要合理地确定是应该打开还是关闭空调器。首先，打开空调器（SETB P1.7），然后采样$\overline{HOT}$信号（JB P3.2，SKIP），如果$\overline{HOT}$为高，表示 T < 21℃，所以下一条指令被跳过继续保持加热状态。如果$\overline{HOT}$为低，表示 T > 21℃，不再跳过而是执行下一条指令，关闭空调器加热装置（CLR P1.7），进入原地循环状态，等待中断发生。

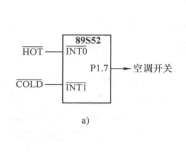

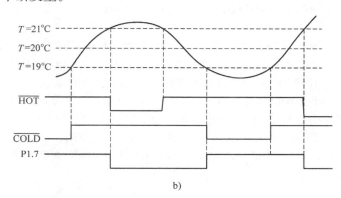

图 6-5 空调器硬件连接和时序图
a）硬件连接 b）时序图

一旦主程序完成了合理的设置，之后就无需再做什么了。每次当温度超过 21℃ 或低于 19℃ 时，就会产生相应的中断，中断服务程序会合理地打开（SETB P1.7）或关闭空调器（CLR P1.7），然后返回主程序。

注意，本例中，在标号 EX0ISR 之前无需再添加 ORG 0003H 指令，因为 LJMP MAIN 指令的长度为 3B，所以 EX0ISR 标号的地址为 0003H，恰好是外部中断 0 的入口地址。

本 章 小 结

所有 CPU 都有中断处理结构，用于控制实时应用中程序的流程。8051 单片机中断能够通过总中断允许和分中断允许来禁用，中断允许位可允许程序员在程序中选择需要响应的中断源。程序员可编程确定外中断的触发方式：电平方式或边沿方式。通常选择边沿方式。每一个中断有一个中断标志位，当中断被触发后，标志位被置 1，CPU 响应中断后，外部中断 0、1，定时器 0、1 自动被清 0；而串行口中断、定时器 2 中断（仅 8052）需要在中断服务程序内清 0 标志位。每个中断有对应的中断入口地址，每个中断服务程序预留 8B 的空间，如果 8B 不够，可在中断入口处放一条转移指令。

8051 单片机中断有两个优先级：低优先级和高优先级。在同一优先级内有中断查询顺序。低优先级或者相同优先级的中断不能打断高优先级中断，而高优先级中断可打断低优先级中断。程序员可通过对优先级寄存器的操作，改变中断优先级。

　　8051 单片机在每一个机器周期的最后一个状态（S6），按优先级顺序对中断请求标志位进行查询。如果查询到标志位为 1，则表明有中断请求产生，因此，就紧跟着的下一个机器周期的 S1 状态进行中断响应。中断响应时间通常为 3～8 个机器周期。对实时性要求高的场合，需要考虑中断响应时间。

习题与思考题

　　1. 8051 系列单片机能提供几个中断源、几个中断优先级？各个中断源的优先级怎样确定？在同一优先级中，各个中断源的优先顺序怎样确定？

　　2. 简述 8051 系列单片机的中断响应过程。

　　3. 8051 系列单片机的外部中断有哪两种触发方式？如何设置？对外部中断源的中断请求信号有何要求？

　　4. 8051 系列单片机如果扩展 6 个中断源，可采取哪些方法？如何确定它们的优先级？

　　5. 试用中断技术设计一个发光二极管（LED）闪烁电路，闪烁周期为 2s，要求亮 1s 再暗 1s。

　　6. 比较中断服务程序和子程序调用的相同点和不同点。

　　*7. 设 8051 有 3 个中断——1、2、3 以优先级顺序排列，最高的优先级被分给中断 1，最低的优先级被分配给中断 3，假设每一个中断都有相同的执行时间且为 1ms。假设所有中断都未屏蔽，中断 1 正在被响应，还要执行 100μs 并在 t 时刻返回。中断 2 从 $t-200$μs 开始等待响应，这时中断 3 将在 50μs 后发生响应。在中断 1 的开始时，第一条指令设置中断 3 具有最高优先级，中断 2 和中断 3 的等待时间间隔将是多少？

第7章 8051 单片机的定时器/计数器

计算机电路的基础是时序电路，利用计算机实现计时和计数的工作任务，对计算机是最容易的事。在检测和控制中，大多数时候都要求进行定时和计数处理，所以定时器/计数器在计算机中是必不可少的。为了满足需要，一般单片机中至少有两个可编程控制的定时器/计数器，可以通过不同程序的编程控制，实现需要的功能。

7.1　定时器/计数器的结构

在 8051 单片机中，定时器/计数器就是一个具有固定长度的二进制计数器，当对输入脉冲信号的数量进行计数时，称其为计数器，当对单片机的系统时钟或其他标准时钟进行计数时，由于这类时钟信号本身就表示时间，计数值对应着时间值，所以从这个角度上将其称为定时器。

1. 定时器的组成

在 8051 单片机中，内部定时器都是可编程控制的定时器/计数器，至少由两部分组成：脉冲计数电路和控制字寄存器及译码控制电路。在复杂一些的定时器中，还有预置数寄存器、多路开关等。

2. 定时器的工作

可编程控制的计数器都是在程序写入控制字后按照控制逻辑的控制进行计数，所以在计数器开始工作前，必须要对定时器进行初始化设置。一般定时器初始化设置的主要内容有定时器的工作模式、计数的初值、中断的设置等。

所有的设置数据保存在专用寄存器中，通过译码控制逻辑实现对计数器的控制。如果不改变计数器的工作模式，可以一次设置多次使用，当要改变工作模式等设置时，要对需改变的内容重新设置。

当初始化设置完成后，可以直接启动计数器开始计数定时，也可以先暂停计数，在需要时设置启动计数命令，开始计数。

3. 定时器的溢出与重置

一般定时器在预置计数初值后计数，到计数器计满溢出后利用溢出标志信号实现查询或中断处理。定时器的定时长短就在计数初值上，计数初值越小，定时时间越长，计数初值越大，定时时间越短。

计数初值是通过程序预置的，溢出后计数器的值为 0，需要重新置入。不同的计数器重置初值的方法不同，有自动重置的，也有只能在程序中重置的。由于计数器都是重复周期使用的，故无论哪种计数器，都必须保证能可靠地实现初值重置。

7.2　8051 的定时器/计数器 T0 和 T1 的控制

8051 单片机中的定时器/计数器由几个相应的特殊功能寄存器和控制逻辑电路组成。每个定时器/计数器由两个字节的可预置计数器 THx 和 TLx 构成可编程控制的计数器部分；一个字节寄存器 TMOD 用于对两个定时器/计数器工作模式的编程控制；还需要有另外的控制寄存器 TCON。

7.2.1 定时器/计数器 T0 和 T1 的专用寄存器

1. 计数器 THx 和 TLx

8051 单片机内部有两个定时器/计数器，分别为定时器 0（T0）和定时器 1（T1），其低位计数器分别被称为 TL0（字节地址 8AH）和 TL1（字节地址 8BH），高位计数器分别是 TH0（字节地址 8CH）和 TH1（字节地址 8DH），TL0 和 TH0 组成 T0，TL1 和 TH1 组成 T1。

两个计数器都是加法计数器，在预置数值的基础上进行加"1"操作，加到溢出时产生中断信号。当用作定时器时，是在内部对 CPU 的时钟脉冲计数；当用作计数器时，是对由相应输入引脚输入的脉冲信号计数。

2. 工作模式控制寄存器 TMOD（字节地址 89H）

定时器/计数器有几种不同的工作模式，通过编程进行选择控制。通过编程写入一个特殊功能寄存器来控制两个定时器/计数器的工作模式，低半字节用于控制 T0，高半字节用于控制 T1，这个寄存器被称为定时器工作模式控制寄存器 TMOD，如图 7-1 所示。

D7	D6	D5	D4	D3	D2	D1	D0
GATE	C/$\overline{\text{T}}$	M1	M0	GATE	C/$\overline{\text{T}}$	M1	M0

图 7-1　定时器 T0 和 T1 的工作模式控制寄存器 TMOD

TMOD 只有字节地址，不可以做位寻址操作。

TMOD 中的 GATE 位是门控制位，若 GATE = 0，定时器/计数器由 TCON 寄存器中的控制位 TRx 直接控制，TRx 位为"1"时允许计数，TRx 位为"0"时停止计数。

若 GATE = 1，定时器/计数器由 TCON 寄存器中的控制位 TRx 和外部中断输入引脚$\overline{\text{INTx}}$双重控制，当 TRx 位与$\overline{\text{INTx}}$输入电平都为"1"时才允许计数，其他情况时都停止计数。

TMOD 中的 C/$\overline{\text{T}}$ 位为定时/计数控制位，该位为"0"时，为定时器工作，对 CPU 时钟经 12 分频后形成的脉冲计数（对标准时钟计数就是计时）；该位为"1"时，为计数器工作，对由外部引脚（T0、T1）输入的脉冲计数。

TMOD 寄存器中的 M0、M1 为工作模式设置位，可以设定定时器/计数器以 4 种工作模式中的一种模式工作，如表 7-1 所示。

表 7-1　定时器/计数器 T0 和 T1 的 4 种工作模式

M1	M0	工作模式
0	0	模式 0：TH 高 8 位加上 TL 中的低 5 位构成 13 位定时器/计数器模式
0	1	模式 1：16 位定时器/计数器模式
1	0	模式 2：可自动重装初值的 8 位定时器
1	1	模式 3：对于 T0，被分成两个 8 位定时器/计数器；对于 T1 则停止计数

3. 控制寄存器 TCON（字节地址 88H）

两个定时器/计数器的启动和停止都通过编程进行控制，由程序写入特殊功能寄存器

TCON 相应的控制字实现。为方便，将 TCON 重绘，如图 7-2 所示。

D7	D6	D5	D4	D3	D2	D1	D0
TF1	TR1	TF0	TR0	IE1	IT1	IE0	IT0
8FH	8EH	8DH	8CH	8BH	8AH	89H	88H

图 7-2　控制寄存器 TCON

TF1——T1 计数溢出标志位。当计数器 T1 计数计满溢出时，由硬件置 1，申请中断。进入中断服务程序后由硬件自动清 0。

TR1——T1 计数运行控制位。由软件置 1 或清 0。为 1 时允许计数器 T1 计数，为 0 时禁止计数器 T1 计数。

TF0——T0 计数溢出标志位。当计数器 T0 计数计满溢出时，由硬件置 1，申请中断。进入中断服务程序后由硬件自动清 0。

TR0——T0 计数运行控制位。由软件置 1 或清 0，为 1 时允许计数器 T0 计数，为 0 时禁止计数器 T0 计数。

7.2.2　定时器/计数器 T0 和 T1 的工作模式

定时器/计数器 T0 和 T1 有 4 种工作模式：模式 0、模式 1、模式 2、模式 3，分别为 13 位、16 位、8 位可自动重载模式和分立定时器模式。

1）当 TMOD 寄存器中的 M0、M1 位为 00 时，定时器/计数器被选为工作模式 0。此时，使用低字节的 5 位和高字节的 8 位组成 13 位的计数器，低 5 位计数溢出后向高位进位计数，高 8 位计数器计满后置位溢出标志位（TCON 中的 TFx）。

2）当 TMOD 寄存器中的 M0、M1 位为 01 时，定时器/计数器被选为工作模式 1。此时，使用低字节和高字节的 16 位组成 16 位计数器。模式 1 与模式 0 的区别仅在于计数器的长度不同，定时长度和计数容量不同，两种模式的使用和控制方法相同。

要注意，模式 0 和模式 1 计数器溢出后都是从 0 开始重新计数，不能自动重装预置数，一般用作定时器时，都要预置数值，保证每次中断的间隔是标准的时间单位。

3）当 TMOD 寄存器中的 M0、M1 位为 10 时，定时器/计数器被选为工作模式 2。此时，使用低字节的 8 位作为计数器，高字节的 8 位作为预置常数的寄存器。当低 8 位计数溢出时置位溢出标志位，同时将高 8 位数据装入低 8 位计数器，继续计数。这种计数模式主要用于定时，可以省去程序中重装常数的部分，比较精确地确定定时时间。

4）模式 3 只适用于定时器/计数器 T0，T0 分为两个独立的 8 位计数器 TH0、TL0。低 8 位 TL0 使用定时/计数器 T0 的状态控制位，使用方法与模式 0、1、2 相同；高 8 位被固定为对内部时钟进行计数的定时器，使用定时/计数器 T1 的状态控制位 TR1 和 TF1，以及 T1 的中断源。当定时/计数器 T0 工作在模式 3 时，定时器/计数器 T1 仍可以通过设定 M1、M0 的值使其工作为模式 0、模式 1、模式 2 这 3 种工作模式之一，但由于 TR1、TF1 被占用，只能用于串行口波特率发生器或不需要中断的场合。

图 7-3 ~ 图 7-9 以 T1 为例，给出了定时器/计数器的 4 种工作模式示意图。

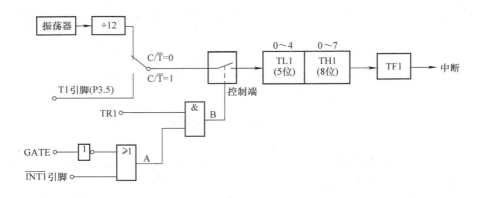

图 7-3 定时器/计数器 T1 模式 0 逻辑结构图

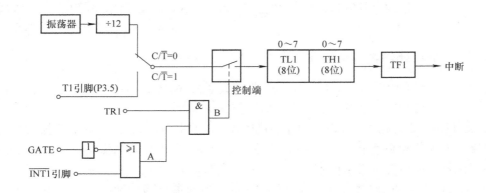

图 7-4 定时器/计数器 T1 模式 1 逻辑结构图

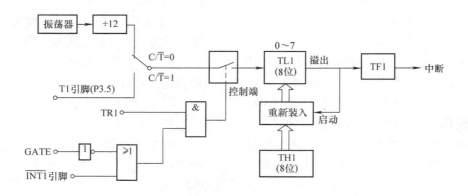

图 7-5 定时器/计数器 T1 模式 2 逻辑结构图

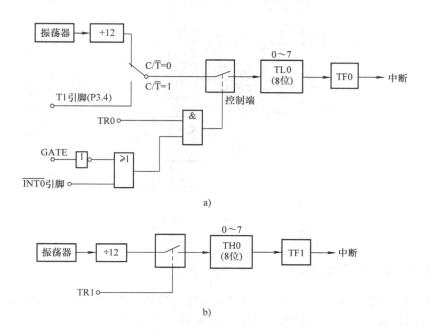

图 7-6　定时器/计数器 T0 模式 3 逻辑结构图

a) TL0 作 8 位定时器　b) TH0 作 8 位定时器

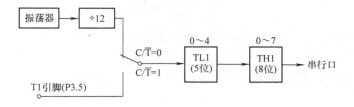

图 7-7　T0 工作在模式 3 时 T1 为模式 0 的工作示意图

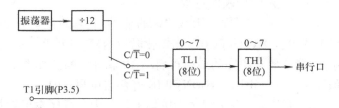

图 7-8　T0 工作在模式 3 时 T1 为模式 1 的工作示意图

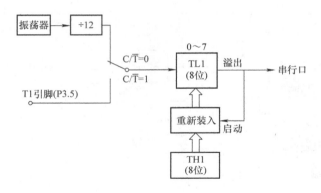

图 7-9　T0 工作在模式 3 时 T1 为模式 2 的工作示意图

7.2.3　T0 和 T1 的应用实例

在使用定时器之前应该考虑到 7 个特殊功能寄存器的应用，它们是 TMOD 和 TCON 的初始化，T0 和 T1 的初值，在使用中断时还要用到 SP、IE 和 IP。

例 7.1　已知 8051 单片机晶振频率为 6MHz，要求使用 T0 定时 1ms，使单片机 P1.0 引脚上连续输出周期为 2ms 的方波。

解：先确定定时 1ms 的初值，因为机器周期 = 12/(6MHz) = 2μs，所以，1ms 需要 T0 计数 M 次

$$M = \frac{1\,\mathrm{ms}}{2\,\mu\mathrm{s}} = 500$$

可知不能使用 8 位计数器。如果用模式 0 的 13 位定时器，T0 的计算初值 N 应为

$$N = 2^{13} - 500 = 7692 = 1\mathrm{E0CH}$$

但因为 13 位定时器时，低 8 位 TL0 只使用低 5 位，其余的均计入高 8 位 TH0 的初值，则 T0 的初值调整为

$$\mathrm{TH0} = 0\mathrm{F0H}(11110000\mathrm{B}),\ \mathrm{TL0} = 0\mathrm{CH}(01100\mathrm{B})$$

以下考虑 T0 的初始化程序、主程序和 T0 中断服务子程序。为了使主程序中能够做其他工作，本例中产生方波的任务不应该占用 CPU，所以采用 T0 中断的工作模式，即每到 1ms 定时结束时，就申请一次中断，在中断服务子程序中首先令 P1.0 引脚的输出电平反相，再重新装载 T0 初值，开始下次定时中断的过程。

于是可以设计 T0 的初始化程序：考虑 T0 的模式 0 中的定时功能，应取 TMOD =（00H）；对 TH0、TL0 赋初值 0F0H、0CH。初始化时应暂停 T0 计数，并清中断标志位 TF0，则有（TCON）= 00H，待初始化程序的最后再启动 T0 和开中断。如果是复位后的初始化程序，可以考虑复位值而不再对 TMOD、TCON 和 IE 寄存器重写 00H。

初始化程序、主程序和中断服务子程序清单如下，其中主程序本可做其他工作，但为简化此程序，以踏步指令代替：

```
        ORG 0000H
RESET:  AJMP START              ;复位入口
```

```
          ORG 000BH              ;T0 中断入口
          AJMP T0INT             ;转中断服务程序
          ORG 0100H              ;初始化程序
START：   MOV SP, #60H           ;给 SP 赋初值
          MOV TH0, #0F0H         ;T0 赋初值
          MOV TL0,#0CH
          SETB TR0               ;启动 T0
          SETB ET0               ;允许 T0 中断
          SETB EA                ;开总中断
MAIN：     AJMP MAIN             ;主程序,踏步
                                 ;中断服务程序
T0INT：   CPL   P1.0             ;P1.0 脚取反
          MOV TL0, #0CH          ;重新赋 TL0
          MOV TH0,#0F0H          ;重新赋 TH0
          RETI                   ;中断返回
```

本例可以在 P1.0 引脚上产生约 500Hz 的方波,但是定时精度不高。原因有两个:一是中断服务子程序执行时间未计入在内;二是从中断申请到 CPU 响应这个中断所经历的时间未计入 T0 定时,这个时间肯定是不确定的值,在允许 T0 中断嵌套时定时精度更差。

在定时精度要求十分精确的场合,可以对上述两项误差进行补偿。下面简要叙述补偿方法。将在 T0 中断服务子程序中根据测量出来的两项误差值动态地修正 T0 的每一个初值,使两个相邻的中断响应间隔误差不超过一个机器周期,这也是 P1.0 引脚上方波的半个周期中的误差。这种补偿方法的原理是:①在中断服务子程序执行过程中关掉总中断,防止其他中断嵌套影响定时精度;②用 CLR TR0 指令停止 T0 计数,此时 T0 的计数值恰好反映了从 T0 溢出申请中断直到 CPU 响应中断这一段时间长短,把这个误差值按高 8 位和低 5 位分别加到 T0 的预置初值上去,这就补偿了 CPU 响应中断申请之前的定时误差;③在中断服务子程序的关 T0 指令到启动 T0 指令之间还有 14 个机器周期的时间,也应该每次加在 T0 的预置初值上去。

故本例前述程序中的中断服务子程序应该改成

```
T0INT：       CLR EA                        ;关中断
              CLR TR0                       ;停止 T0 计数
              MOV A,#0F0H                   ;取高 8 位计算的初值
              ADD A,TH0                     ;加修正值
              ADD TH0, A                    ;修正后送 TH0
              MOV A,#0CH                    ;取低 5 位计算的初值
              ADD A, #0EH                   ;加 14 个机器周期
              ADD A,TL0                     ;加修正值
              JNB ACC. 5, LOW5_CARRY        ;判断低 5 位有进位否
              INC TH0
              ANL A, #00011111B
```

```
LOW5_CARRY：   MOV TL0, A                    ;修正后 TL0
               CPL P1. 0
               SETB TR0                      ;启动 T0
               SETB EA                       ;开中断
               RETI
```

例 7.2　设单片机 8051 使用的晶振频率为 6MHz，编程使 P1.7 引脚输出 1kHz 连续方波。

解：在 6MHz 时钟下，机器周期为 2μs。而 1kHz 方波的高、低电平持续时间都是 500μs，折合 250 个机器周期，允许使用 8 位定时器，选用 T0 模式 2 的定时功能，即可自动重装初值的 8 位定时器，在 T0 每次溢出时，不仅置位中断标志位 TF0，还把 TH0 的初值自动装入 TL0，此时 T0 中的两个初值计算所得各为#06H。设计的程序分成 3 部分：初始化程序、主程序和中断服务子程序。在初始化程序的最后再启动 T0 和开 T0 中断。在主程序中并不关心 T0 的工作，因为 T0 是自动工作的，在中断服务子程序中对 P1.7 引脚输出取反，就可以输出方波。

模式 2 的 T0 初值可以重载，所以中断服务子程序执行时间不会影响定时精度，由于选用了 T0，中断申请为唯一的高优先级，所以 CPU 会立即响应 T0 的申请，避免了中断嵌套形成的定时误差，但是从 T0 申请中断到 CPU 响应中断还需时 3～8 个机器周期，而且断点不同，此时间也稍有变化。虽然它并不影响相邻两个中断申请的时间间隔，但是却影响 P1.7 引脚输出电平的取反时刻，其误差在 ±3 个机器周期范围内。

下列程序将使 P1.7 引脚输出 1kHz 方波，其中主程序暂以踏步指令代替 CPU 做其他工作。

```
               ORG 0000H                     ;复位入口
               LJMP OKHZ_INIT
               ORG 000BH                     ;T0 中断入口
               LJMP T0INT
               ORG 100H
OKHZ_INIT：    MOV SP, #60H                  ;初始化
               MOV TMOD, #2                  ;T0 模式 2
               MOV TL0, #6                   ;计数器赋予初值
               MOV TH0, #6
               MOV IP, #2                    ;T0 高中断优先权
               SETB TR0                      ;启动 T0
               MOV IE, #82H                  ;开 T0 和总中断
MAIN：         SJMP MAIN                     ;主程序
               ORG 200H
T0INT：        CPL P1.7                      ;中断服务子程序
               RETI                          ;中断返回
```

7.3　AT89S52 的定时器/计数器 T2

在 AT89S52 单片机中增加的第 3 个定时器/计数器 T2 是对 T0 和 T1 定时器的有力补充。AT89S52 有 6 个额外的特殊功能寄存器供定时器/计数器 T2 使用，包括定时器寄存器 TL2 和 TH2、控制寄存器 T2CON、工作模式寄存器 T2MOD、捕获寄存器 RCAP2L 和 RCAP2H。

定时器/计数器 T2 的工作模式由其控制寄存器 T2CON 和 T2MOD 决定，见表 7-2 和表 7-3。注意，T2MOD 不能位寻址。与定时器 T0 和定时器 T1 类似，定时器/计数器 T2 的时钟信号可由片上振荡器提供，或通过引脚 T2 由外部提供。T2 是 AT89S52 端口 1 的第 0 位（P1.0），这是其第二功能。T2CON 的 $C/\overline{T2}$ 位决定了是使用外部时钟信号还是内部时钟信号，与定时器 T0 和定时器 T1 的 TCON 寄存器的 $C/\overline{T}$ 位功能相同。

表 7-2　T2CON（字节地址 0C8H）寄存器简表

位	符号	位地址	描　　述
T2CON.7	TF2	0CFH	定时器 2 溢出标志（当 TCLK 或 RCLK = 1 时，定时器溢出不会将 TF2 置位）
T2CON.6	EXF2	0CEH	定时器 2 外部标志。当 EXEN2 = 1，且 T2EX 信号发生从 1 到 0 的跳变引发捕获或重载时，EXF2 被置 1；当定时器中断被允许时，EXF2 = 1 会触发中断，使 CPU 转向中断服务程序；此标志位由软件清除
T2CON.5	RCLK	0CDH	定时器 2 接收时钟选择位。置 1 时，用定时器 2 作为串行端口的接收波特率发生器，用定时器 1 作为发送波特率发生器
T2CON.4	TCLK	0CCH	定时器 2 发送时钟选择位。置 1 时，用定时器 2 作为串行端口的发送波特率发生器，用定时器 1 作为接收波特率发生器
T2CON.3	EXEN2	0CBH	定时器 2 外部控制启用位，置 1 时，若 T2EX 信号发生从 1 到 0 的跳变，则进行捕获或重装操作
T2CON.2	TR2	0CAH	定时器 2 运行控制位，由软件置位获清除，置 1 时定时器启动，清 0 时定时器停止
T2CON.1	$C/\overline{T2}$	0C9H	定时器 2 计数器/定时器选择位，1 = 计数器，0 = 定时器
T2CON.0	$CP/\overline{RL2}$	0C8H	定时器 2 捕获/重装标志。当置 1 时，若 EXEN2 = 1 且 T2EX 信号发生从 1 到 0 的跳变，则发生捕获操作；若置 0 时，若定时器溢出或 EXEN2 = 1 且 T2EX 信号发生从 1 到 0 的跳变，则自动重装。如果 RCLK 或 TCLK = 1，那么该位被忽略

表 7-3　T2MOD（字节地址 0C9H）寄存器简表

位	符号	描　　述
T2MOD.7	未定义	未定义
T2MOD.6		
T2MOD.5		
T2MOD.4		
T2MOD.3		
T2MOD.2		
T2MOD.1	T2OE	定时器/计数器 T2 输出允许控制位。当 T2OE = 1，启动 T2 的可编程时钟输出功能，允许时钟输出至引脚 T2/P1.0；当 T2OE = 0 时，禁止引脚 T2/P1.0 输出
T2MOD.0	DCEN	定时器/计数器 T2 加/减计数控制位。当 DCEN = 1 时，允许 T2 作为加/减计数器使用。具体的计数方向由 T2EX 引脚来控制，当 T2EX = 1 时，T2 加计数；当 T2EX = 0 时，T2 减计数。DCEN = 0，T2 自动向上计数

不考虑时钟信号源的差别，AT89S52 的定时器/计数器 T2 有 4 种工作模式：自动重装模式、捕获模式、波特率发生器、时钟输出模式，见表 7-4。

表 7-4　定时器/计数器 T2 工作模式

C/$\overline{\text{T2}}$	RCLK + TCLK	CP/$\overline{\text{RL2}}$	T2OE	TR2	工作模式
×	0	0	0	1	16 位自动重装模式
×	0	1	0	1	16 位捕获模式
×	1	×	×	1	波特率发生器
×	×	×	×	0	停止计数
0	1	×	1	1	时钟输出模式

7.3.1　定时器 2 的自动重装模式

当 RCLK + TCLK = 0 且 CP/$\overline{\text{RL2}}$ = 0 时，定时器 T2 工作在自动重装模式，TL2、TH2 用作定时器寄存器，RCAP2L 和 RCAP2H 中保存重装值，如图 7-10 所示。与定时器 0 和定时器 1 的重装模式不同，定时器 2 在自动重装模式中仍然是 16 位定时器。

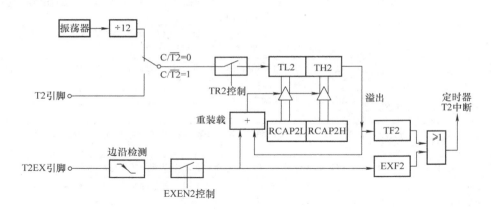

图 7-10　定时器/计数器 T2 的自动重装模式结构原理图（DCEN = 0）

当定时器/计数器 T2 工作于 16 位自动重装模式时，能对其编程设定为加计数或减计数，这个功能可通过定时器/计数器 T2 模式寄存器 T2 MOD 中的 DCEN 来选择。复位后 DCEN = 0，关闭了加/减计数选择的功能，T2 工作在默认的加计数方式。在这种方式下，若 EXEN2 = 0，T2 加计数直至 0FFFFH 溢出，置位 TF2，向 CPU 发出中断请求信号，同时把寄存器 RCAP2H 和 RCAP2L 的值重装载到 TH2 和 TL2 中。RCAP2H 和 RCAP2L 的值可由软件预置。若 EXEN2 = 1，重装载信号可以由 T2 溢出触发，也可以由外部输入端 T2EX 引脚上从 1 至 0 的负跳变触发，此负跳变同时使 EXF2 置位，同样向 CPU 发出中断请求信号。

如果 DCEN = 1，允许 T2 进行加减计数的选择，如图 7-11 所示。在这种方式下，T2EX 引脚控制计数方向。当 T2EX 引脚为逻辑 1 时，T2 进行加计数直至 0FFFFH，然后溢出，置位 TF2，同时把寄存器 RCAP2H 和 RCAP2L 的值重装载到 TH2 和 TL2 中；当 T2EX 引脚为逻辑 0 时，T2 进行减计数，若寄存器 TH2 和 TL2 中的数值等于 RCAP2H 和 RCAP2L 中的值时，计数溢出，置位 TF2，同时将 0FFFFH 重新装载到 TH2 和 TL2 中。

无论 T2 发生上溢出还是下溢出，EXF2 标志位的内容都要被切换，所以此时 EXF2 不再是中断标志，在此种模式下，它可以用来作为增加计数器分辨率的第 17 个计数位使用。

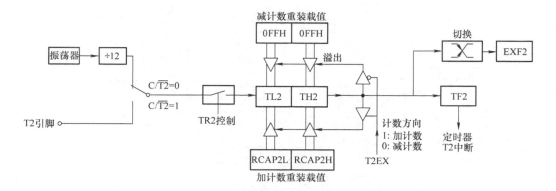

图 7-11　定时器/计数器 T2 的自动重装载模式结构原理图 （DCEN = 1）

7.3.2　定时器 2 的捕获模式

当 RCLK + TCLK = 0 且 CP/$\overline{\text{RL2}}$ = 1 时，定时器 T2 工作在捕获模式，TL2、TH2 用作定时器寄存器，RCAP2L 和 RCAP2H 中保存捕获值，如图 7-12 所示。

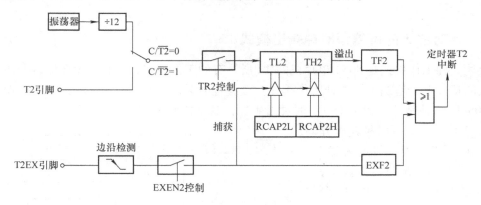

图 7-12　定时器/计数器 T2 的捕获模式结构原理图

在捕获方式下，通过 T2CON 控制位 EXEN2 来选择两种不同的方式。如果 EXEN2 = 0，T2 作为普通的 16 位定时器/计数器使用，并由 C/$\overline{\text{T2}}$ 位来决定它是用于定时器还是用于计数器；如果作为定时器使用，其计数输入为振荡器频率的 12 分频信号；如果作为计数器使用，是对 T2 引脚 （与 P1.0 复用） 上的输入脉冲计数。计数溢出时，置位 TF2 位，同时向 CPU 发出中断请求信号。

如果 EXEN2 = 1，定时器仍如上述工作，当 T2EX （P1.1） 的信号发生从 1 到 0 的跳变时，寄存器 TL2、TH2 中的数值被 "捕获"，并送入寄存器 RCAP2L 和 RCAP2H 中，同时 EXF2 标志被置 1。EXF2 的状态可以用软件查询，也可以编程使其被置 1 时触发中断。

7.3.3　定时器 2 的波特率发生器

当 RCLK + TCLK = 1，T2 工作于波特率发生器模式，其结构原理如图 7-13 所示。

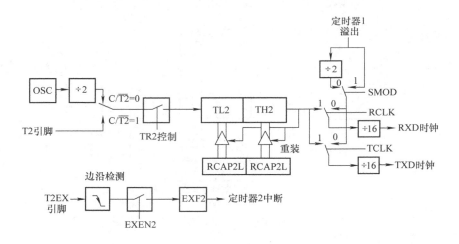

图 7-13　定时器/计数器 T2 的波特率发生器模式结构原理图

由图 7-13 可见，RCLK 和 TCLK 用来控制两个模拟开关的位置，如果其值为 0，选用 T1 作为串行口波特率发生器，如果其值为 1，则选用 T2 作为串行口波特率发生器。波特率的进一步讨论见第 8 章。

7.3.4　定时器 2 的可编程时钟输出模式

上述 3 种工作模式是 8052 单片机的 T2 所具有的工作模式，AT89S52 在保留上述 3 种工作模式的基础上，增加了第 4 种工作模式：可编程时钟输出模式，能够从 P1.0 引脚输出占空比 50% 的时钟脉冲，相当于一个时钟发生器，其结构原理如图 7-14 所示。

T2 工作于可编程时钟输出方式时要求 C/$\overline{\text{T2}}$ = 0，即定时器/计数器 T2 工作于定时器方式下，且 T2OE（T2MOD.1）= 1，即允许时钟输出。用 TR2 控制 T2 的启动与停止，从而达到对输出时钟控制的目的。

由图 7-14 可见，P1.0 除了可以作为一般 I/O 接口使用外，还有两种功能：其一可以作为定时器/计数器 T2 的外部时钟输入口；其二可以用于占空比为 50% 的时钟脉冲输出口。当系统的时钟频率为 16 MHz 时，输出时钟频率范围为 61Hz ~ 4MHz。

图 7-14　定时器/计数器 T2 的可编程时钟输出模式结构原理图

时钟输出频率取决于振荡器频率和 T2 捕获/重装载寄存器 RCAP2H、RCAP2L 的值，计

144

算公式如下：

$$时钟输出频率 = \frac{f_{osc}}{4 \times \left[65536 - \left(RCAP2H, RCAP2L \right) \right]}$$

在可编程时钟输出模式下，T2 的翻转不会产生中断，这个特性和 T2 作为波特率发生器时类似。所以 T2 在作为波特率发生器的同时，也可作为时钟发生器，但是这时所产生的波特率和输出的时钟频率不是独立的。

7.4　定时监视器

单片机应用系统一般应用于工业现场，虽然单片机本身具有很强的抗干扰能力，但仍然存在系统由于受到外界干扰使所运行的程序失控引起程序"跑飞"的可能性，从而使程序陷入"死循环"，这时系统将完全瘫痪。如果操作者在场，可以通过人工复位的方式强制系统复位，但操作者不可能一直监视着系统，即使监视着系统，也往往是在引起不良后果之后才进行人工复位。为此常采用程序监视技术，就是俗称的"看门狗"（Watch Dog）技术。测控系统的应用程序往往采用循环方式运行，每一次循环运行的时间基本固定。"看门狗"技术就是不断监视程序运行的循环时间，如果出现运行时间超过设定的循环时间，则产生复位信号，强制系统复位。这好比是主人养了一条狗，主人在正常工作的时候总是不忘每隔一段固定时间就给狗吃点东西，狗吃过东西就安静下来，不影响主人工作。如果主人打瞌睡，到一定时间，狗饿了，就会大叫起来，把主人吵醒。可见，"看门狗"电路一般具有如下特性：

1）本身能独立工作，基本上不依赖于 CPU。

2）CPU 在一个固定的时间间隔内和该系统打一次交道（喂狗），表明系统正常。

3）当 CPU 陷入死循环，能及时发现并使系统复位。

7.4.1　AT89S52 的定时监视器

AT89S52 的定时监视器是由一个 13 位的计数器和定时监视器复位特殊功能寄存器 WDTRST 组成，WDTRST 的地址为 0A6H。系统复位后定时监视器的默认状态为无效状态，用户必须依次将 1EH 和 0E1H 写入特殊功能寄存器 WDTRST，才能启动定时监视器。启动后每个机器周期对定时监视器中的 13 位的计数器进行加 1 计数，当计数器发生溢出时将在 RST 引脚上输出高电平，从而使系统复位。只有硬件复位（Reset）或 WDT 溢出复位才能使已启动的 WDT 无效。

依次将 1EH 和 0E1H 写入特殊功能寄存器 WDTRST 可以启动定时监视器，为了避免在系统正常运行过程中 WDT 溢出而使系统复位，必须在 WDT 溢出之前再将 1EH 和 0E1H 依次写入特殊功能寄存器 WDTRST（喂狗），从而使 13 位的计数器重新开始计数。也就是说，在振荡电路已经正常起振并且启动了 WDT 的情况下，每次计数在达到 8191（1FFFH）个机器周期以前，用户必须进行"喂狗"操作。定时监视器复位 WDTRST 只能写不能读，而 WDT 中的 13 位计数器则是既不能读也不能写的计数器。13 位计数器计满回 0 溢出将在 RST 引脚上产生复位信号，这个复位高电平脉冲宽度为 98 个振荡周期。

在低功耗状态下，WDT 和振荡电路均停止工作，这时用户不需要维护 WDT，可以通过硬件复位或优先进入低功耗状态的外部中断来终止低功耗状态。通常情况下若通过硬件复位来终止低功耗状态，则任何时候维护 WDT 都会使单片机复位。为保证在终止低功耗的过程中（包括退出低功耗状态在内）WDT 不产生溢出，最好在刚刚进入退出低功耗模式前复位 WDT。

在进入休眠状态前，特殊功能寄存器 AUXR 中的 WDIDLE 位将决定在休眠过程中 WDT 是否继续运行和计数。

7.4.2　辅助功能寄存器 AUXR

辅助功能寄存器 AUXR 是一个多功能选择控制寄存器，地址是 8EH，不能位寻址。各位定义及格式如图 7-15 所示。

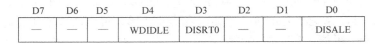

D7	D6	D5	D4	D3	D2	D1	D0
—	—	—	WDIDLE	DISRT0	—	—	DISALE

图 7-15　辅助功能寄存器 AUXR 的位定义

—：未定义位。

WDIDLE：休眠模式下 WDT 控制位。当 WDIDLE = 0 时，在休眠模式下 WDT 继续运行计数；当 WDIDLE = 1 时，在休眠模式下 WDT 停止运行计数。

DISRT0：RST 输出控制位。当 DISRT0 = 0 时，定时监视器定时输出后 RST 置成高电平；当 DISRT0 = 1 时，仅仅为 RST 引脚输入。

DISALE：ALE 输出控制位。当 DISALE = 0 时，ALE 输出 $f_{osc}/6$ 的波形信号，占空比为 1:2；当 DISALE = 1 时，ALE 只有在 MOVX 和 MOVC 指令下有效。

以下给出定时监视器程序，主要包括初始化程序和"喂狗"程序两个部分：

```
MAIN：MOV     AUXR,#10H        ;初始化 AUXR
      MOV     WDTRST, #1EH     ;启动定时监视器
      MOV     WDTRST, #0E1H
      LCALL   DOG              ;调用 DOG 程序的时间间隔应小于整个
                               ;程序的运行时间
DOG：  MOV     WDTRST, #1EH     ;"喂狗"程序
      MOV     WDTRST, #0E1H
      RET
      END
```

本 章 小 结

本章介绍了 8051 和 AT89S52 单片机的定时器。每个定时器有工作模式寄存器、控制寄存器、计数寄存器等特殊功能寄存器。AT89S52 的定时器 2（T2）的自动重装模式、捕获模式为 16 位模式，且还具备在 P1.0 引脚输出占空比 50% 的脉冲的第 4 种工作模式，这也是其他 8052 单片机所不具备的工作模式。

为提高单片机应用系统的可靠性，AT89S52 增设了定时监视器（Watchdog Timer）。

习题与思考题

1. 8051 单片机定时器有哪几种工作模式？有何区别？

2. 简述 8051 系列单片机定时器 0、1 的结构与工作原理。

3. 8051 单片机定时器作定时和计数时，其计数脉冲分别由谁提供？

4. 8051 单片机定时器的门控信号 GATE 为 1 时，定时器如何启动？

5. 定时器/计数器 0 已预置为 FFFFH，并选用模式 1 的计数模式，问此时定时器 0 的实际用途是什么？

6. 定时器/计数器 0 已预置为 156，并选用模式 2 的计数模式，在 T0 引脚上输入周期为 1ms 的脉冲，问此时定时器/计数器 0 的实际用途是什么？在什么情况下，定时器/计数器 0 溢出？

7. 设 $f_{osc}=12MHz$，定时器/计数器 0 的初始化程序和中断服务程序如下：

```
                    ;初始化程序
MAIN：MOV TH0, #0DH
      MOV TL0, #0D0H
      MOV TMOD, #01H
      SETB TR0
      …

                    ;T0 中断服务程序
T0INT：MOV TH0, #0DH
       MOV TL0, #0D0H
       …
       RETI
```

问：（1）该定时器工作于什么模式？

（2）相应的定时时间或计数值是多少？

8. 以定时器 1 对外部事件计数，每计数 1000 个脉冲后，定时器 1 转为定时工作模式，定时 10ms 后，又转为计数模式，如此循环不止。设 $f_{osc}=6MHz$，试用模式 1 编程。

9. 已知 8051 单片机的 $f_{osc}=6MHz$，试利用 T0 和 P1.0 输出矩形波。矩形波高电平宽 50μs，低电平宽 300μs，并用 Proteus 仿真。

10. 设 $f_{osc}=6MHz$，试编写一段程序，功能为：对定时器 T0 初始化，使之工作在模式 2，产生 200μs 定时，并用查询 T0 溢出标志的方法，控制 P1.1 输出周期为 2ms 的方波，并用 Proteus 仿真。

第8章 8051单片机的串行接口及串行总线

串行接口是8051单片机之间以及与其他计算机之间的通信接口。SPI串行总线和I²C串行总线简化了单片机和其他元器件之间的接口电路。本章首先介绍8051单片机的串行接口，然后介绍串行总线SPI和I²C通信原理以及单片机对SPI和I²C的模拟。

8.1 8051单片机的串行接口

8051中的串行接口是一个全双工（Full Duplex）通信接口，其数据发送端为TXD，接收端为RXD。所谓全双工即能同时进行发送和接收（若可以发送和接收，但不能同时进行，则称半双工；只能发送或接收的称为单工），它可以作为UART通用异步接收和发送器使用，也可以作为同步移位寄存器使用。

在8051的串行接口内，具有发送缓冲器和接收缓冲器。串行接口的接收和发送均是通过特殊功能寄存器SBUF的操作完成的，要发送的数据写入SBUF，接收的数据从SBUF读取，也就是说，在物理上，它对应着两个寄存器：一个发送寄存器；一个接收寄存器。它们公用特殊功能寄存器SBUF的地址，这意味着，在第一个字节从接收寄存器读走之前，就可以开始第二字节的接收（但如果第二字节已经接收完毕，第一字节还没有被读走，则第一字节将丢失）。因此，SBUF在发送时作为发送缓冲器，接收时作为接收缓冲器。

8.1.1 串行接口的4种工作模式

串行接口的4种工作模式由串行接口控制寄存器SCON控制，采用定时器T1作为波特率发生器，特殊功能寄存器PCON控制波特率的倍率。中断允许寄存器IE控制其中断，中断优先级寄存器IP控制其中断优先级。串行接口的中断入口地址为0023H。

（1）模式0（MODE0） 同步移位寄存器方式。8位数据（先为LSB）从引脚RXD接收/移出，引脚TXD输出移位时钟，波特率固定为晶振频率的1/12。模式0通常用来扩展输入/输出口。图8-1给出了串行接口工作模式0示意图。

（2）模式1（MODE1） 10位数据被发送（从引脚TXD）或接收（从引脚RXD）：1个启动位，8个数据位，1个停止位。在接收时，停止位被送入特殊功能寄存器的SCON的RB8位。波特率是可变的。

（3）模式2（MODE2） 11位数据被发送（从引脚TXD）或接收（从引脚RXD）：1个启动位，8个数据位，可编程的第9个数据位，1个停止位。发送时，第9位（SCON的TB8位）可被赋予0或1。例如，可将奇偶校验位送至TB8位。在接收时，停止位被送入特殊功能寄存器SCON的RB8位。模式2的波特率可为1/32或1/64晶振频率。

（4）模式3（MODE3） 11位数据被发送（从引脚TXD）或接收（从引脚RXD）：1个

启动位，8 个数据位，可编程的第 9 个数据位，1 个停止位。发送时，第 9 位（SCON 的 TB8
位）可被赋予 0 或 1。实际上，除了波特率之外，模式 2 和模式 3 是相同的。模式 3 的波特
率是可变的。

在所有 4 个模式中，只要执行任何一条以 SBUF 为目的寄存器的指令，就启动了数据的
发送；在模式 0，只要使 RI = 0 及 REN = 1，就启动一次数据接收；在其他模式，只要使
REN = 1 就启动了数据接收。图 8-2 ~ 图 8-4 分别给出了 8051 单片机串行接口模式 1
（MODE1）、模式 2（MODE2）、模式 3（MODE3）工作示意图。

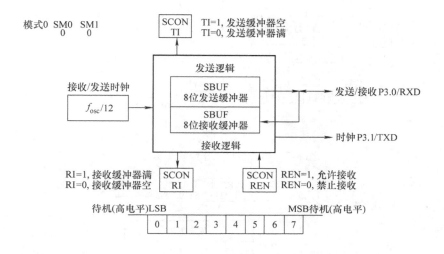

图 8-1　串行接口工作模式 0 示意图

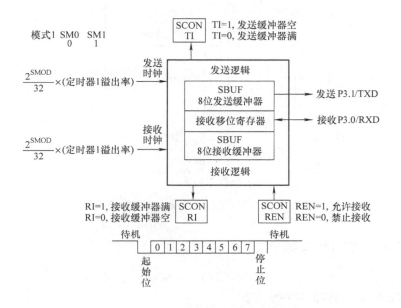

图 8-2　串行接口工作模式 1 示意图

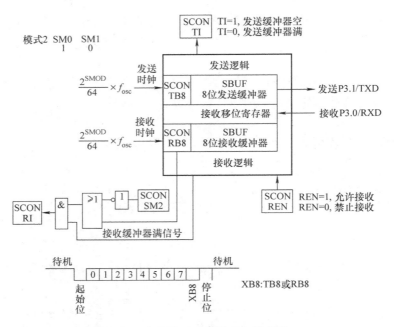

图 8-3　串行接口工作模式 2 示意图

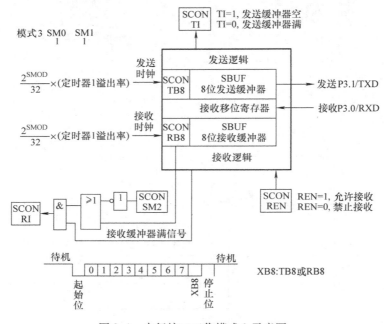

图 8-4　串行接口工作模式 3 示意图

8.1.2　串行接口控制寄存器

8051 单片机的串行接口控制寄存器共有两个：SCON 和 PCON。

1. 串行接口控制寄存器 SCON

串行接口控制寄存器 SCON，字节地址 98H，所有位均可位寻址，位地址 98H ~ 9FH。

SCON 的格式如图 8-5 所示。

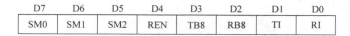

D7	D6	D5	D4	D3	D2	D1	D0
SM0	SM1	SM2	REN	TB8	RB8	TI	RI

图 8-5　串行接口控制寄存器 SCON 的格式

图中各位说明如下:

1) SM0、SM1 是串行接口 4 种工作模式选择位,所对应的工作方式见表 8-1。

表 8-1　8051 串行接口的 4 种工作方式

SM0	SM1	工作模式	功能说明
0	0	0	同步移位寄存器方式,波特率为 $f_{osc}/12$,常用于输入/输出的扩展
0	1	1	串行通信方式,8 位异步收发,波特率可变(由定时器控制:T1 溢出率/n)
1	0	2	串行通信方式,9 位异步收发,波特率为 $f_{osc}/64$ 或 $f_{osc}/32$
1	1	3	串行通信方式,9 位异步收发,波特率可变(由定时器控制:T1 溢出率/n)

2) SM2 是多机通信控制位。

若 SM2 = 1,则模式 2 和模式 3 可用于多机通信,9 个数据位被收到,第 9 位数据被送入 RB8,然后是停止位。仅当 RB8 = 1,单片机在收到停止位后,串行接口中断被激活。

若 SM2 = 0,则不论收到的第 9 位数据是 1 还是 0,都将前 8 位数据送入 SBUF,并产生中断请求。

在模式 1 时,如果 SM2 = 1,则只有收到有效的停止位才会激活 RI;在模式 0 时,SM2 必须为 0。

3) REN 是允许串行接收位,由软件置 1 或清 0。

REN = 1,允许串行接收;

REN = 0,禁止串行接收。

4) TB8 为要发送的第 9 位数据,在模式 2 和 3 时,TB8 是要发送数据的第 9 位数据。由软件置 1 或清 0。双机通信时,TB8 一般作为奇偶校验位使用;多机通信中用来表示主机发送的数据是地址帧还是数据帧。TB8 = 1 为地址帧,TB8 = 0 为数据帧。

5) RB8 为接收到的第 9 位,在模式 2 和 3 时,RB8 存放接收到的第 9 位数据。在模式 1 时,如果 SM2 = 0,RB8 是收到的停止位。在模式 0 时,不使用 RB8。

6) TI 发送中断标志位,串行接口工作在模式 0 时,串行发送第 8 位数据结束时由硬件置 1。在其他工作模式,串行口发送停止位的开始时置 1。TI = 1,表示一帧数据发送结束,TI 的状态可供软件查询,也可申请中断。CPU 相应中断后,向 SBUF 写入要发送的下一帧数据。TI 必须由软件清 0。

7) RI 是接收中断标志位,串行接口工作在模式 0 时,接受完第 8 位数据结束时由硬件置 1。在其他工作模式,串行接口接收到停止位的开始时置 1。RI = 1 表示一帧数据接收完毕,并申请中断,要求 CPU 从 SBUF 取走数据。RI 的状态也可供软件查询,RI 必须由软件清 0。

2. 特殊功能寄存器 PCON

特殊功能寄存器 PCON 字节地址为 87H,不能位寻址,其格式如图 8-6 所示。

图中，SMOD 为波特率选择位，也称 SMOD 位为波特率倍增位，因为 SMOD = 1 时，要比 SMOD = 0 时的波特率加倍。

D7	D6	D5	D4	D3	D2	D1	D0
SMOD	—	—	—	—	—	—	—

图 8-6　PCON 的寄存器格式

例如，模式 1 的波特率的计算公式为

$$模式 1 的波特率 = \frac{2^{\text{SMOD}}}{32} \times (\text{T1 溢出率}) \tag{8-1}$$

8.1.3　波特率的产生

1. 模式 0 的波特率

模式 0 的波特率是固定的，即

$$模式 0 的波特率 = \frac{f_{\text{osc}}}{12} \tag{8-2}$$

2. 模式 2 的波特率

模式 2 的波特率取决于特殊功能寄存器 PCON 的 SMOD 位。如 SMOD = 0，波特率是晶振频率的 1/64；如果 SMOD = 1，则波特率等于晶振频率的 1/32。即模式 2 的波特率按下式计算：

$$模式 2 的波特率 = \frac{2^{\text{SMOD}}}{64} \times f_{\text{osc}} \tag{8-3}$$

3. 模式 1 和模式 3 的波特率

在 8051 系统中，模式 1 和模式 3 的波特率取决于定时器 1 的溢出率；在 8052 中，波特率取决于定时器 1 或定时器 2。

（1）利用定时器 1 产生波特率　模式 1 和模式 3 的波特率取决于定时器 1 的溢出率和 SMOD 位的值，即

$$模式 1 和 3 的波特率 = \frac{2^{\text{SMOD}}}{32} \times (\text{定时器 1 溢出率}) \tag{8-4}$$

如果定时器 1 用以产生串行接口的波特率，则其中断将被禁止。通常情况下，定时器的运行方式为定时器自动重装方式（TMOD 的高 4 位为 = 0010B，即定时器 T1 工作模式 MODE = 2）。在这种情况下，串行接口的波特率由下式决定：

$$模式 1 和 3 的波特率 = \frac{2^{\text{SMOD}}}{32} \times \frac{f_{\text{osc}}}{12 \times [256 - (\text{TH1})]} \tag{8-5}$$

另外，用户只要将定时器 1 配置为 16 位定时器方式（TMOD 的高 4 位等于 0001B，即定时器 T1 工作模式 MODE = 1），且利用定时器 1 中断实现软件重载，就可得到非常低的波特率。表 8-2 列出了用定时器 1 可能得到的波特率。

（2）用定时器 2 产生波特率　在 8052 中，可通过置位特殊功能寄存器 T2CON 中的 TCLK 和/或 RCLK 位选择定时器 2 作为波特率发生器。注意，发送波特率和接收波特率是可以不相同的，参见图 7-13。

表 8-2　定时器 1 产生的波特率

波特率/(bit/s)		f_{osc}/MHz	SMOD	定时器 1		
				C/$\overline{T}$	MODE	重装值(TH1)
模式 0 最大：1×10^6		12	×	×	×	×
模式 2 最大：375×10^3		12	1	×	×	×
模式 1 模式 3	62.5×10^3	12	1	0	2	FFH
	19.2×10^3	11.059	1	0	2	FDH
	9.6×10^3	11.059	0	0	2	FDH
	4.8×10^3	11.059	0	0	2	FAH
	2.4×10^3	11.059	0	0	2	F4H
	1.2×10^3	11.059	0	0	2	E8H
	137.5	12	0	0	2	1DH
	110	6	0	0	2	72H

定时器 2 波特率发生器模式和自动重装模式是类似的。在自动重装模式中，TH2 溢出后，由软件预置的在寄存器 RCAP2H 和 RCAP2L 的 16 位值装入定时器 2。

模式 1 和模式 3 的波特率取决于定时器 2 的溢出率，即

$$模式 1 和模式 3 的波特率 = \frac{定时器 2 的溢出率}{16} \qquad (8-6)$$

定时器 2 作为定时器运行和波特率发生器略有区别：作为定时器运行时，计时单位为机器周期（一个机器周期 = 12 个时钟周期），而作为波特率发生器的计时单位则是状态周期（一个状态周期 = 2 个振荡周期）。因而模式 1 和模式 3 的波特率也可由下式给出，即

$$模式 1 和 3 的波特率 = \frac{f_{osc}}{32 \times [65536 - (RCAP2H,RCAP2L)]} \qquad (8-7)$$

说明 1：在作为波特率发生器时，TH2 的溢出并不置位 TF2，也不产生中断。因而定时器 2 作为波特率发生器时不需要禁止定时器 2 中断。

说明 2：如果 EXEN2 被置位，引脚 T2EX 上从 1 到 0 的跳变将置位 EXF2，但不会导致重装。因此，定时器 2 作为波特率发生器时，T2EX 可作为扩展外部中断。

说明 3：定时器 2 在运行中，不要试图读或写 TH2（或 TL2）。可以读寄存器 RCAP，但不能写 RCAP，因为这可能导致写操作和重装操作重叠而导致错误，用户应该在对定时器 2 操作前关闭定时器 2。

8.1.4　多机通信

1. 多机通信控制位（SCON 中的 SM2）

要保证主机与所选择的从机实现可靠地通信，必须保证串口具有识别功能。SCON 中的 SM2 位就是为满足这一条件而设置的多机通信控制位，应用串行接口的如下特性，便可实现 8051 的多机通信。

1）若 SM2 = 1，在串行接口以模式 2（或模式 3）接收时，表示置多机通信功能位，这时有两种可能情况：

第一种情况：接收到的第 9 位数据为 1 时，数据才装入 SBUF，并置中断标志 RI = 1 向 CPU 发出中断请求。

第二种情况：接收到的第9位数据为0时，则不产生中断标志，信息将抛弃。

2) 若 SM2 = 0，则接收的第9位数据不论是0还是1，都产生 RI = 1 中断标志，接收到的数据装入 SBUF 中。

2. 多机通信工作过程

1) 从机串行接口编程为模式2或模式3接收，且 SM2 和 REN 位置1，使从机只处于多机通信且接收地址帧的状态。

2) 主机先将从机地址发给各从机，主机发出的地址信息的第9位为1，各从机接收到的第9位信息 RB8 为1，且由于 SM2 = 1，则 RI 置1，各从机响应中断，执行中断程序。在中断服务子程序中，判主机送来的地址是否和本机地址相符合，相符则该从机 SM2 位清0，准备接收主机的数据或命令；若不符，则保持 SM2 = 1 状态。

3) 接着主机发送数据帧，此时各从机串行接口接收到的 RB8 = 0，只有地址相符合的从机系统（即已清0的 SM2 位的从机）才能激活 RI，从而进入中断，在中断程序中接收主机的数据（或命令）；其他的从机因 SM2 = 1，又 RB8 = 0 不激活中断标志 RI，不能进入中断，接收的数据丢失。

3. 多机通信举例

设在一个多机系统中有一个主机（8051或其他具有串行接口的单片机）和3个8051（从机）组成的多机系统，如图8-7所示。

从机的地址分别为00H、01H 和 02H，从机系统由初始化程序（或相关处理程序）将串行接口编程为模式2或模式3接收，即9位异步通信方式，且 SM2 和 REN 置1，允许串行接口中断。在主机和某一个从机通信之前，先将从机地址发送给各从机系统，接着才传送数据或命令。主机发出的地址信息的第9位为1，数据（包括命令）信息的第9位为0。

当主机向各从机发送地址时，各从机的8051串行口接收到的第9位信息 RB8 为1，RI 中断标志位置1，各从机8051响应中断，执行中断服务程序，判断主机送来的地址是否和本机地址相符合，若为本机的地址，则 SM2 置0，准备接收主机的数据或命令；若地址不一致，则保持 SM2 为1状态。接着主机发送数据，此时各从机串行口接收到 RB8 为0，只有与前面地址相符的从机系统（SM2 已清0）激活中断标志位 RI，转入中断程序，接收主机的数据或执行主机的命令，实现和主机的信息传送；其他的从机系统因 SM2 保持为1，又 RB8 为0 不激活中断标志，所接收的数据丢失不做处理，从而实现主机和从机的一对一通信。图8-7的多机系统是主从式，由主机控制处理器之间的通信，从机和从机之间的通信只能经主机才能实现。

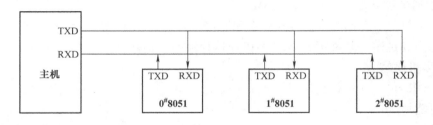

图8-7 多机系统示意图

8.2　8051 和 RS-232-C 标准总线的通信接口

RS-232-C 标准是美国 EIA（电子工业协会）与 BELL 等公司一起开发的于 1969 年公布的通信协议，适合数据传输速率在 0～20000bit/s 范围内的通信，在微机通信接口得到广泛的应用。

8.2.1　RS-232-C 接口引脚描述

RS-232-C 标准规定接口有 25 根连线、D 型插头和插座、采用 25 芯引脚或 9 芯引脚的连接器。RS-232-C 标准接口图如图 8-8 所示。

虽然 RS-232-C 标准接口定义了 25 条连线，但通常只有以下 9 个信号经常使用，其对应关系见表 8-3。9 个信号分别如下：

（1）TXD　发送数据，输出。

（2）RXD　接收数据，输入。

（3）RTS　请求发送，输出。这是数据终端设备（以下简称 DTE）向数据通信设备（以下简称 DCE）提出发送要求的请求线。

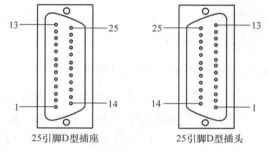

图 8-8　RS-232-C 标准接口图

表 8-3　RS-232-C 标准接口引脚功能（DB9/DB25）

DB9 引脚	DB25 引脚	功能	简写	说明
1	8	Data Carrier Detect	DCD	数据载波检出
2	3	Receive	RXD	接收数据
3	2	Transmit	TXD	发送数据
4	20	Data Terminal Ready	DTR	数据终端准备
5	7	Ground	GND	地线
6	6	Data Set Ready	DSR	数据准备好
7	4	Request To Send	RTS	请求发送
8	5	Clear To Send	CTS	清除发送
9	22	Ring Indicator	RI	振铃指令

（4）CTS　允许发送，输入。这是 DCE 对 DTE 提出的发送请求做出的响应信号。当 CTS 在接通状态时，就是通知 DTE 可以发送数据了。当 RTS 在断开状态时，CTS 也随之断开，以备下一次应答过程的正常进行；当 RTS 在接通状态时，只有当 DCE 进入发送状态时，即 DCE 已准备接收 DTE 送来的数据进行调制，并且 DCE 与外部线路接通时，CTS 才处于接通状态。

（5）DSR　数据通信设备准备就绪，输入。它反映了本端数据通信设备当前的状态。当此线在接通状态时，表明本端 DCE 已经与信道连接上了且并没有处在通话状态或测试状态，通过此线，DCE 通知 DTE，DCE 准备就绪。DSR 也可以作为对 RTS 信号的响应，但 DSR 线优先于 CTS 线成为接通态。

（6）GND　地。

（7）DCD　接收线路信号检测，输入。这是 DCE 送给 DTE 的线路载波检测线。Modem在连续载波方式工作时，只要一进入工作状态，将连续不断地向对方发送一个载波信号。每一方的 Modem 都可以通过对这一信号的检测，判断线路是否接通、对方是否正在工作。

（8）DTR　数据终端准备就绪，输出。如果该线处于接通状态，DTE 通知 DCE，DTE已经做好了发送或接收数据的准备，DTE 准备发送时，本设备是主动的，可以在准备好时，将 DTR 线置为接通状态。如果 DTE 具有自动转入接收的功能，当 DTE 接到振铃指示信号RI 后，就自动进入接收状态，同时将 DTR 线置为接通状态。

（9）RI　振铃检测，输入。当 DCE 检测到线路上有振铃信号时，将 RI 线接通，传送给DTE，在 DTE 中常常把这个信号作为处理器的中断请求信号，使 DTE 进入接收状态，当振铃停止时，RI 也变成断开状态。

8.2.2　RS-232-C 接口的具体规定

RS-232-C 标准（协议）的全称是 EIA-RS-232-C 标准，其中 EIA（Electronic Industry Association）代表美国电子工业协会，RS（Recommend Standard）代表推荐标准，232 是标识号，C 代表 RS-232 的最新一次修改（1969），在这之前，有 RS-232-B、RS-232-A。它规定连接电缆和机械、电气特性、信号功能及传送过程。

1. 电气特性

RS-232-C 对电气特性、逻辑电平和各种信号线功能都做了规定。

在 TXD 和 RXD 上采用负逻辑：

逻辑 1 = −3 ～ −15V；

逻辑 0 = 3 ～ 15V；

在 RTS、CTS、DSR、DTR 和 DCD 等控制线上：

信号有效（接通，ON 状态，正电压）= 3 ～ 15V

信号无效（断开，OFF 状态，负电压）= −3 ～ −15V

以上规定说明了 RS-323-C 标准对逻辑电平的定义。对于数据（信息码）：逻辑 1 的电平低于 −3V，逻辑 0 的电平高于 3V。对于控制信号：接通状态（ON），即信号有效的电平高于 3V；断开状态（OFF），即信号无效的电平低于 −3V；也就是当传输电平的绝对值大于3V 时，电路可以有效地检查出来，介于 −3 ～ 3V 之间的电压无意义，低于 −15V 或高于15V 的电压也认为无意义。因此，实际工作时，应保证电平在 ±（3 ～ 15）V 之间。

2. 传输距离

RS-232-C 标准适用于 DCE 和 DTE 之间的串行二进制通信，最高的数据速率为19.2kbit/s，在使用此波特率进行通信时，最大传送距离在 20m 之内。降低波特率可以增加传输距离。

RS-232-C 标准规定，驱动器允许有 2500pF 的电容负载，通信距离将受此电容限制，例如，采用 150pF/m 的通信电缆时，最大通信距离约为 17m；若每米电缆的电容量减小，通信距离可以增加。传输距离短的另一原因是 RS-232-C 属单端信号传送，存在共地噪声和不能抑制共模干扰等问题，因此一般用于 20m 以内的通信。

8.2.3　8051 和 RS-232-C 的接口

RS-232-C 总共定义了 25 根信号线，但在实际应用中，使用其中多少根信号线并无约束，也就是说，对于 RS-232-C 标准接口的使用是非常灵活的，实际通信中经常采用 9 针接口进行数据通信。下面给出 8051 单片机和 RS-232-C 的连接方式，如图 8-9 和图 8-10 所示。

图 8-9 是 8051 单片机与 PC 之间通信的连线图。由于单片机输入、输出为 TTL 电平，而 PC 配置的是 RS-232-C 标准串行接口，两者的电气特性不一致，因此，要完成 PC 与单片机之间的数据通信，必须进行电平转换。MC1488 负责将 TTL 电平转换为 RS-232-C 电平；而 MC1489 则是把 RS-232-C 电平转换为 TTL 电平。

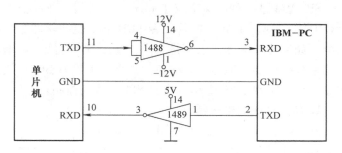

图 8-9　8051 单片机与 PC 之间通信连线图

当电路的传输距离较远时，即使使用双绞线也容易引起干扰，所以在 MC1488 的输出端最好外加电容滤波，电容的值通常为 0.01μF。此电路结构简单，可靠性好。它的缺点是需要提供 DC±12 V 和 DC5V 双电源，因而存在着一定的局限性。

图 8-10 是单片机与 PC 之间采用 MAX232 芯片通信连线图。MAX232 是 MAXIM 公司生产的包含两路接收器和驱动器的 IC 芯片，其芯片内部具有电源电压变换器，可以把输入的 5V 电压变换成 RS-232-C 输出电平所需要的 ±10V。此芯片只需 5V 供电，因此它的适应性更强。

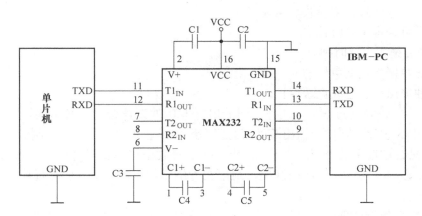

图 8-10　单片机与 PC 之间采用 MAX232 芯片通信连线图

*8.3　SPI 总线及 8051 单片机的模拟

为简化嵌入式系统结构，提高系统的可靠性，新型单片机推出了芯片间的串行数据传输技术，设置了芯片间的串行传输接口或串行总线，如 SPI、I^2C、1 - Wire，可以在没有并行扩展总线扩展的情况下，利用串行外围接口扩展一些必要的外部器件。例如，AT89S51/52 利用 P1 口扩展了 SPI（Serial Peripheral Interface）接口，专用于程序下载，简化了程序下载接口电路。下面介绍 Freescale 公司推出的单片机串行外设接口 SPI 总线。

8.3.1　SPI 总线规范

SPI 总线是一种高速全双工同步通信总线，支持这种总线的器件很多，包括 I/O 扩展，E^2PROM、ADC、DAC、时钟以及 LCD 显示驱动器件等。在以单片机为基础的嵌入式应用系统中，如果传输速度要求不是太高，使用 SPI 总线可以增加应用系统接口器件的种类，提高应用系统的性能。但是，有的单片机硬件上没有 SPI 总线接口，不便于系统设计。本节利用时序模拟，实现了 8051 单片机对 SPI 总线的控制。

1. SPI 总线的电气特征

SPI 串行通信接口需要使用 4 条线，分别是串行时钟线（SCLK）、主器件数据输入/从器件数据输出 MISO、主器件数据输出/从器件数据输入 MOSI、从器件使能信号 SS，低电平有效，如图 8-11 所示。单片机仅需 3~4 根数据线和控制线即可扩展具有 SPI 接口的各种 I/O 器件。主要特点如下：

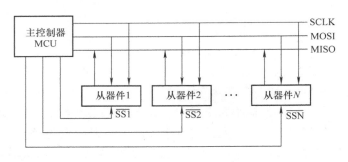

图 8-11　SPI 总线器件连接图

1）支持全双工同步传输。

2）两种工作模式：主模式、从模式。

3）提供可编程串行时钟。

4）4 种可编程串行时钟。

5）发送数据传送结束标志。

6）写冲突保护、总线竞争保护。

当一个主控 CPU 通过 SPI 与几种不同的串行 I/O 外设连接时，必须使用相应外设的控制端。未选中的芯片，其控制输出端处于高阻态。如果芯片本身无三态控制输出端，则应外加三态门。只有被选中的外设，SCLK 脉冲才把串行数据移入到器件中；未被选中的外设，SCLK 对其无影响。若没有允许控制端，则应在外围用门电路对 SCLK 进行控制，然后再加到时钟输入端。

2. SPI 数据传输时序

图 8-12 所示为 SPI 时序图，SPI 总线数据的传输格式是高位（MSB）在前，低位（LSB）在后。

SPI 模块为了和外设进行数据交换，根据外设工作要求，其输出串行同步时钟极性和相位可以进行配置，对于不同的串行接口芯片，其时钟极性是不同的。有的是在时钟 SCLK 的上升沿接收数据，在下降沿发送数据；而有的器件则相反。因此，需要参考具体器件的数据手册，时钟极性对传输协议没有重大的影响。

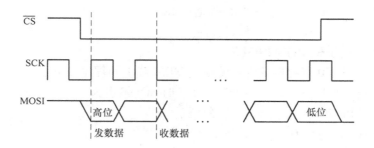

图 8-12　SPI 时序图

3. SPI 接口模拟

SPI 接口模拟在 8051 系列单片机中的实现方法：对于不带 SPI 串行总线接口的 8051 系列单片机来说，可以使用软件来模拟 SPI 的操作，包括串行时钟、数据输入和数据输出。

对于在 SCK 的上升沿输入（接收）数据和在下降沿输出（发送）数据的器件，一般应将其串行时钟输出口 P1.1 的初始状态设置为 1，而在允许接口后再置 P1.1 为 0。这样，MCU 在输出 1 位 SCK 时钟的同时，将使接口芯片串行左移，从而输出 1 位数据至 8051 单片机的 P1.3 口（模拟 MCU 的 MISO 线），此后再置 P1.1 为 1，使 8051 系列单片机从 P1.0（模拟 MCU 的 MOSI 线）输出 1 位数据（先为高位）至串行接口芯片。至此，模拟 1 位数据输入、输出便宣告完成。此后再置 P1.1 为 0，模拟下 1 位数据的输入、输出……，依此循环 8 次，即可完成 1 次通过 SPI 总线传输 8 位数据的操作。

对于在 SCK 的下降沿输入数据和上升沿输出数据的器件，则应取串行时钟输出的初始状态为 0，即在接口芯片允许时，先置 P1.1 为 1，以便外围接口芯片输出 1 位数据（MCU 接收 1 位数据），之后再置时钟为 0，使外围接口芯片接收 1 位数据（MCU 发送 1 位数据），从而完成 1 位数据的传送。

8.3.2　SPI 总线的 8051 单片机模拟

8051 单片机没有 SPI 总线接口，如果要和 SPI 总线器件接口，8051 单片机必须模拟 SPI 规范，下面给出 SPI 总线典型环节的汇编程序，供读者参考。

1. 单片机串行输入子程序 SPI2N

从 MISO 线上接收 8 位数据并放入寄存器 R0 中的应用子程序如下：

```
SPI2N：SETB P1.1          ；使 P1.1（时钟）输出为 1
       CLR P1.2           ；选择从机
       MOV R1，#08H        ；置循环次数
MISO：CLR P1.1             ；使 P1.1（时钟）输出为 0，产生下降沿
      NOP                 ；延时
      NOP
      MOV C，P1.3          ；从机输出 MISO 送进位 C
      RLC A               ；左移至累加器 ACC
      SETB P1.1           ；使 P1.0（时钟）输出为 1
      DJNZ R1，MISO        ；判断是否循环 8 次（8 位数据）
```

```
        MOV R0，A              ；8 位数据送 R0
        RET
```

2. 单片机串行输出子程序 SPIOUT

将 8051 单片机中 R0 寄存器的内容传送到 MOSI 线上的程序如下：

```
SPIOUT：SETB P1.1            ；使 P1.1（时钟）输出为 1
        CLR P1.2             ；选择从机
        MOV R1，#08H         ；置循环次数
        MOV A，R0            ；8 位数据送累加器 ACC
MOSI：  CLR P1.1             ；使 P1.1（时钟）输出为 0，产生下降沿
        NOP                  ；延时
        NOP
        RLC A                ；左移至累加器 ACC 最高位至 C
        MOV P1.0，C          ；进位 C 送从机输入 MOSI 线上
        SETB P1.1            ；使 P1.1（时钟）输出为 1
        DJNZ R1，MOSI        ；判断是否循环 8 次（8 位数据）
        RET
```

3. 单片机串行输入／输出子程序 SPI2O

将 8051 单片机 R0 寄存器的内容传送到 MOSI，同时从 MISO 接收 8 位数据的程序如下：

```
SPI2O： SETB P1.1            ；使 P1.1（时钟）输出为 1
        CLR P1.2             ；选择从机
        MOV R1，#08H         ；置循环次数
        MOV A，R0            ；8 位数据送累加器 ACC
MSIO：  CLR P1.1             ；使 P1.1（时钟）输出为 0，产生下降沿
        NOP                  ；延时
        NOP
        MOV C，P1.3          ；从机输出 MISO 送进位 C
        RLC A                ；左移至累加器 ACC 最高位至 C
                             ；C 移位至 ACC 最低位
        MOV P1.0，C          ；进位 C 送从机输入
        SETB P1.1            ；使 P1.1（时钟）输出为 1
        DJNZ R1，MSIO        ；判断是否循环 8 次（8 位数据）
        RET
```

*8.4 I^2C 串行总线接口及其 8051 单片机模拟

8.4.1 I^2C 串行总线结构和基本特性

与并行总线相比，串行总线连线少、结构简单，不仅可以使系统的硬件设计大大简化、系统的体积减小、可靠性提高，而且也使系统的更改和扩充变得较为容易。常用的串行扩展

总线除前面介绍的 SPI（Serial Peripheral Interface）总线外，还有 I^{2}C 总线（Inter IC BUS）、单总线（1-Wire BUS）及 Microwire/PLUS 等，下面介绍 I^{2}C 及其和单片机的接口。

1. I^{2}C 总线结构

I^{2}C 总线是 NXP 公司推出的一种串行总线，是具备多主机系统所需的包括总线裁决和高低速器件同步功能的高性能串行总线。由于 I^{2}C 总线是一种两线式串行总线，因此简单的操作特性被广泛地应用在各式各样基于微控器的专业、消费与电信产品中。

I^{2}C 总线只有两根双向信号线：一根是数据线 SDA；另一根是时钟线 SCL。如图 8-13 所示，多个符合 I^{2}C 总线标准的器件都可以通过同一条 I^{2}C 总线进行通信，它们之间通过器件地址来区分，而不需要额外的地址译码器。

I^{2}C 总线的 SDA 和 SCL 引脚都是漏极开路（或集电极开路）输出结构，因此实际使用时，SDA 和 SCL 信号线都必须加上拉电阻 Rp（Pull-Up Resistor），上拉电阻一般取值为 3 ~ 10kΩ。I^{2}C 总线通过上拉电阻接正电源。当总线空闲时，两根线均为高电平。连到总线上的任一器件输出的低电平，都将使总线的信号变低，即各器件的 SDA 及 SCL 都是线"与"关系。

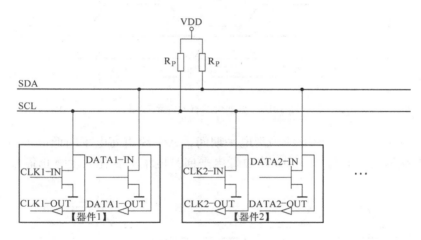

图 8-13　I^{2}C 总线信号连接示意图

2. 开漏结构的优点

1）当总线空闲时，这两条信号线都保持高电平，不会消耗电流。

2）电气兼容性好，上拉电阻接 5V（或 3V）电源就能与 5V（或 3V）逻辑器件接口。

3）不同器件的 SDA 之间、SCL 之间分别可以直接相连，不需要额外的转换电路。

3. I^{2}C 总线的优点

（1）地址唯一　每个接到 I^{2}C 总线上的器件都有唯一的地址。器件之间是靠不同的编址来区分的，而不需要附加的 I/O 线或地址译码部件。

（2）总线仲裁　在多主机系统中，可能同时有几个主机企图启动总线传送数据。为了避免混乱，I^{2}C 总线要通过总线仲裁，以决定由哪一台主机控制总线。

（3）增减方便　I^{2}C 总线上不仅可以同时挂接多个器件，而且可以随时新增或者删除器件。用软件可以很容易实现 I^{2}C 总线的自检功能，能够及时发现总线上的变动。

（4）电气兼容　因器件之间以开漏 I/O 互联，只要选取适当的上拉电阻就能轻易实现 3V/5V 逻辑电平的兼容，而不需要额外的转换。

（5）通信方式　支持多种通信方式，一主多从是最常见的通信方式。此外还支持双主机通信、多主机通信以及广播模式等。

（6）其他优点　通信速率高（I^2C 总线标准传输速率为 100Kbit/s），兼顾低速通信（也可以低至几 Kbit/s 以下，用以支持低速器件）。

4. I^2C 总线的基本特性

（1）数据位的有效性规定　某些串行总线协议（如前面介绍的 SPI）规定数据在时钟信号的边沿（上升沿或下降沿）有效，而 I^2C 总线协议规定数据在时钟信号的高电平期间有效，即高电平有效。

除在 I^2C 总线的起始和结束点外，I^2C 总线进行数据传送时，时钟信号为高电平期间，数据线上的数据必须保持稳定；只有在时钟线上的信号为低电平期间，数据线上的高电平或低电平状态才允许变化，如图 8-14 所示。

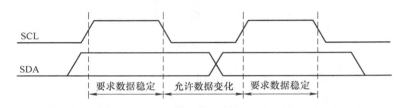

图 8-14　数据位的有效性示意图

（2）起始和终止信号　SCL 线为高电平期间，SDA 线由高电平向低电平的变化表示起始信号；SCL 线为高电平期间，SDA 线由低电平向高电平的变化表示终止信号，如图 8-15 所示。

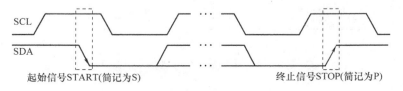

图 8-15　数据位的起始信号和终止信号示意图

起始信号和终止信号都是由主机发出的，在起始信号产生后，总线就处于被占用的状态；在终止信号产生后，总线就处于空闲状态。

连接到 I^2C 总线上的器件，若具有 I^2C 总线的硬件接口，则很容易检测到起始和终止信号。对于不具备 I^2C 总线硬件接口的有些单片机来说，为了检测起始和终止信号，必须保证在每个时钟周期内对数据线 SDA 采样两次。

8.4.2　I^2C 串行总线时序和数据传输

1. 字节的传送与应答

每个字节必须是 8 位长度，先不考虑具体某位是地址位还是读写控制位。数据传送时，先传送最高位（MSB），每一个被传送的字节后面都必须跟随一位应答位（即一帧共有 9 位）。接收器接收数据的情况可以通过应答位来告知发送器。应答位的时钟脉冲仍由主机产生，而应答位的数据状态则遵循"谁接收谁产生"的原则，即总是由接收器产生应答位。主机向从机发送数据时，应答位由从机产生；主机从从机接收数据时，应答位由主机产生（这个信号是由对从机的"非应答"来实现的），如图 8-16 所示。

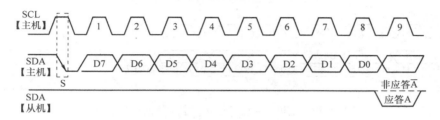

图 8-16　字节的传送与应答示意图

如果由于某种原因从机不对主机寻址信号应答（如从机正在进行实时性的处理工作而无法接收总线上的数据）或者从机虽然对主机进行了应答，但在数据传送一段时间后无法继续接收更多的数据时，从机必须将数据线置于高电平（即"非应答"），而由主机产生一个终止信号以结束总线的数据传送。

接收器件收到一个完整的数据字节后，有可能需要完成一些其他工作，如处理内部中断服务等，可能无法立刻接收下一个字节，这时接收器件可以将 SCL 线拉成低电平，从而使主机处于等待状态。直到接收器件准备好接收下一个字节时，再释放 SCL 线使之为高电平，从而使数据传送可以继续进行。

2. 帧格式数据传输

I^2C 总线上传送的数据信号是广义的，既包括地址信号，又包括真正的数据信号。

在起始信号（用 S 表示）后，传送的前 7 位是一个从机的地址；第 8 位是数据的传送方向位（R/$\overline{W}$），用"0"表示主机向从机写入数据（$\overline{W}$），即主机发送数据，"1"表示主机从从机读入数据（R），即主机接收数据；第 9 位为应答信号（应答用 A 表示，非应答用 $\overline{A}$ 表示），每次数据传送总是由主机产生的终止信号（用 P 表示）结束。

如果主机希望继续占用总线进行新的数据传送，就可以不产生终止信号，而是再次发出起始信号对另一从机进行寻址。

在总线的一次数据传送过程中（下述各图中有阴影部分表示数据由主机向从机传送，无阴影部分则表示数据由从机向主机传送），可以有以下几种组合方式：

1）主机向从机发送数据，数据传送方向在整个传送过程中不变。主机向从机发送数据的基本格式如图 8-17 所示、数据的时序图如图 8-18（仅发送一个字节）、图 8-19（连续发送 n 个字节）所示。若连续发送多个字节的数据，从机每收到一个字节的数据后就要向主机发一个应答信号；否则，主机发出停止信号，中断数据的传输。如果从机接收的是最后一个字节的数据，可以不做应答，主机就会发出停止信号，完成数据的传输和接收。

S	从机地址	0	A	数据	A	数据	A/$\overline{A}$	P

图 8-17　主机向从机发送数据的基本格式

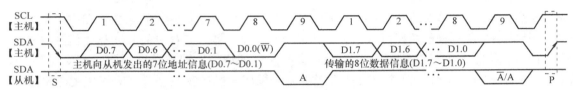

图 8-18　主机向从机发送一个字节数据的时序图

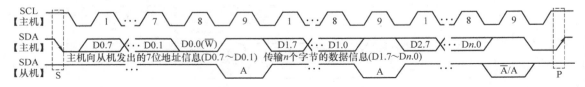

图 8-19　主机向从机发送 n 个字节数据的时序图

2）主机由从机读取数据，数据传送方向在整个传送过程中不变。主机由从机读取数据的基本格式如图 8-20 所示，数据的时序图如图 8-21（仅读取一个字节）、图 8-22（连续读取 n 个字节）所示。若连续读取多个字节的数据，主机每收到一个字节的数据后就要向从机发一个应答信号；否则，主机发出停止信号，中断数据的传输。当主控器接收数据时，在最后一个数据字节，必须发送一个非应答信号，使受控器释放数据线，以便主控器产生一个停止信号来终止总线的数据传送。

图 8-20　主机由从机读取数据的基本格式

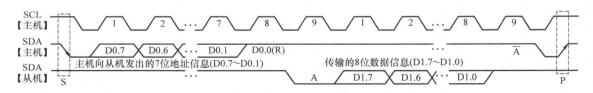

图 8-21　主机由从机读取一个字节数据的时序图

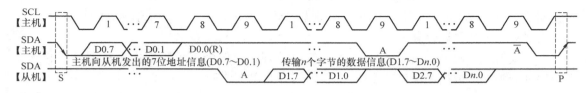

图 8-22　主机由从机读取 n 个字节数据的时序图

3）在传送过程中，当需要改变传送方向时，起始信号和从机地址都被重复产生一次，但两次读/写方向位正好反向。起始信号和地址重复的格式如图 8-23 所示，数据传输的时序图读者可以参照前面的讲述进行绘制。

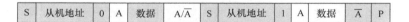

图 8-23　起始信号和地址重复的格式

8.4.3 I²C 总线寻址与通信过程

1. 总线的寻址

（1）寻址字节的位定义 I²C 总线协议规定：寻址字节是起始信号后的第一个字节，其中 D7～D1 位组成从机的地址，D0 位是数据传送方向位，为"0"时表示主机向从机写数据，为"1"时表示主机由从机读数据，如图 8-24 所示。

D7	D6	D5	D4	D3	D2	D1	D0
从机地址							R/$\overline{\text{W}}$

图 8-24 寻址字节的位定义

（2）寻址字节中的特殊地址 从机的地址由固定部分和可编程部分组成。在一个系统中可能希望接入多个相同的从机，从机地址中可编程部分决定了可接入总线该类器件的最大数目。如一个从机的 7 位寻址位有 4 位是固定位，3 位是可编程位，这时仅能寻址 8 个同样的器件，即可以有 8 个同样的器件接入到该 I²C 总线系统中。

固定地址编号 0000 和 1111 已被保留作为特殊用途，见表 8-4。例如，起始信号后的第一字节的 8 位为"0000 0000"时，称为通用呼叫地址。

表 8-4 I²C 总线特殊地址表

固定地址				可编程地址			R/$\overline{\text{W}}$	说　　明
D7	D6	D5	D4	D3	D2	D1	D0	
0	0	0	0	0	0	0	0	通用呼叫地址
0	0	0	0	0	0	0	1	起始字节
0	0	0	0	0	0	1	×	CBUS 地址（详见注 1、注 2）
0	0	0	0	0	1	0	×	为不同总线的保留地址
0	0	0	0	0	1	1	×	保留
0	0	0	0	1	×	×	×	保留
1	1	1	1	1	×	×	×	保留
1	1	1	1	0	×	×	×	10 位从机地址

注：1. 在混合的总线结构中，I²C 总线器件绝对不能响应 CBUS 的报文。因此，保留了一个兼容 I²C 总线器件不会响应的特殊 CBUS 地址（0000001×）。发送 CBUS 地址后，DLEN 线被激活。在停止条件后，所有器件再次准备好接收数据。
2. CBUS 地址已被保留，使可以在相同的系统内部混合兼容 CBUS 和兼容 I²C 总线的器件，在接收到这个地址时 I²C 总线兼容的设备不能响应。

2. 通信过程

如图 8-13 所示的总线连接图，I²C 总线是由数据线 SDA 和时钟线 SCL 构成的串行总线，可发送和接收数据。在单片机与被控 I²C 之间，最高传送速率为 100Kbit/s。各种 I²C 器件均并联在这条总线上，每一个 I²C 模块都有唯一地址。每一个接在 I²C 总线上的模块，既可以是主控器（或被控器），也可以是发送器（或接收器），这取决于它所要完成的功能。I^2C 总线在传送数据过程中共有 4 种类型信号，它们分别是起始信号、停止信号、应答信号与非应答信号。

主机发送地址时，总线上的每个从机都将这 7 位地址码与自己的地址进行比较，如果相同，则认为自己正被主机寻址，根据 $R/\overline{W}$ 位将自己确定为发送器或接收器。

（1）写操作通信过程　写操作就是主控器件向受控器件发送数据，如图 8-17 ~ 图 8-19 所示。

首先，主控器件会对总线发送起始信号，随后紧跟一个字节的 8 位数据（D7 ~ D1 位为受控器件的从地址，D0 位为受控器件约定的数据方向位，"0"表示"写"）。

其次，如图 8-19 所示，发送完一个 8 位数之后应该是一个受控器件的应答信号。

再次，应答信号过后就是第二个字节的 8 位数据，这个数多半是受控器件的寄存器地址，寄存器地址过后就是要发送的数据，当数据发送完后就是一个应答信号，每启动一次总线，传输的字节数没有限制，一个字节地址或数据过后的第 9 个脉冲是受控器件应答信号。

最后，当数据传送完之后由主控器发出停止信号来停止总线。

（2）读操作通信过程　读操作指受控器件向主控器件发送数据，如图 8-20 ~ 图 8-22 所示。

首先，主控器件会对总线发送起始信号，随后紧跟一个字节的 8 位数据（D7 ~ D1 位为受控器件的从地址，D0 位为受控器约定的数据方向位，"1"表示"读"）。

其次，如图 8-20 所示，发送完包含有从器件地址信号的 8 位数之后，接下来是一个受控器的应答信号。

再次，之后就是要接收的数据。后面要接收的 n 个数据则是指向主控器件，所以应答信号应由主控器件发出，当 n 个数据接收完成之后，主控器件应发出一个非应答信号，告知受控器件数据接收完成，不用再发送。

最后，当数据传送完之后由主控器件发出停止信号来停止总线。

8.4.4　I^2C 接口模拟

对于内置硬件 I^2C 总线的单片机来说，用户只需要设置好内部相关的寄存器就可以使用它了。对于不内置硬件 I^2C 的单片机来说，在使用过程中可以用普通的 I/O 端口进行模拟。AT89S52 芯片，如果要用到 I^2C 协议，就必须要用到软件模拟。

为了保证数据传送的可靠性，标准的 I^2C 总线的数据传送有严格的时序要求。I^2C 总线的起始信号 S、终止信号 P、发送"0"（含应答信号 A）及发送"1"（含非应答信号 $\overline{A}$）的模拟时序如图 8-25 所示。

下面给出典型信号模拟子程序。

参照图 8-25，用 89S52 芯片的 P2.0、P2.1 分别作 SCL、SDA 来模拟典型信号的程序。

① 头文件定义部分

```
#include < reg52. h >
#include  < intrins. h >
#define uchar unsigned char
```

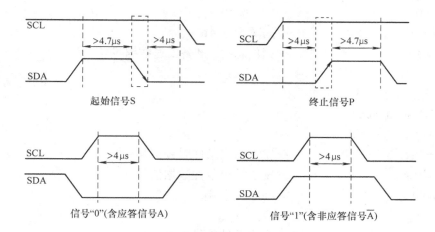

图 8-25　I^2C 典型信号模拟时序图

```
#define uint unsigned int
sbit SCL = P2^0;                    //时钟引脚
sbit SDA = P2^1;                    //数据引脚
```
② 延时子程序
```
void delay(void)                    //延时子程序,约延时 10μs
{
 _nop_( );
 _nop_( );
 _nop_( );
 _nop_( );
 _nop_( );
}


void delay_ms(unsigned int time)//延时子程序, 延时约 1ms
{
 unsigned int i, j;
 for(i = time;i > 0;i--)            //i 不断减 1, 一直到 i > 0 条件不成立为止
 for(j = 112;j > 0;j--)            //j 不断减 1, 一直到 j > 0 条件不成立为止
 {;}
}
```
③ 起始信号子程序
```
Void I2C_start(void)
{
 SCL = 1;                          //发送起始条件时钟信号
 SDA = 1;                          //发送起始条件数据信号
 delay( );                         //起始条件信号大于 4.7μs
```

```
 SDA = 0;
 delay ( );                        //间隔大于 4μs
 SCL = 0;                          //锁住总线，准备发送数据
}
```

④ 终止信号子程序

```
void I2C_stop(void)
{
 SCL = 1;                          //发送结束条件时钟信号
 SDA = 0;                          //发送结束条件数据信号
 delay( );                         //间隔大于 4μs
 SDA = 1;
 delay ( );                        //终止条件信号大于 4.7μs
 SCL = 0;
}
```

⑤ 应答信号子程序

```
void Ack(void)               //应答信号
{
 SCL = 0;                          //准备发送应答信号
 SDA = 0;
 delay ( );
 SCL = 1;                          //时钟信号保持高电平为大于 4μs
 delay ( );
 SCL = 0;                          //时钟线置低电平
 delay ( );
 SDA = 1;                          //结束应答信号
}
```

⑥ 非应答信号 $\overline{\text{A}}$ 子程序

```
void NoAck(void)             //非应答信号
{
 SCL = 0;                          //准备发送非应答信号
 SDA = 1;
 delay ( );
 SCL = 1;                          //时钟线与数据线为高电平，则为非应答信号
 delay ( );                        //保持高电平为大于 4μs
 SCL = 0;                          //结束非应答信号
 delay ( );
 SDA = 0;
}
```

*8.5　单总线 1-Wire 及其 8051 的模拟

8.5.1　概述

1-Wire 总线技术是美国 DALLAS SEMICONDUCTOR 半导体公司推出的新技术，是一种特殊串行数据通信方式。它将地址线、数据线、控制线合并为一条信号线，允许在这条信号线上挂接多个 1-Wire 总线器件。该总线技术具有节省 I/O 资源、结构简单、成本低廉、便于总线扩展和维护等优点，因此，在分布式测控系统中有着广泛应用。

1-Wire 总线由一个总线主节点、一个或多个从节点组成系统，通过一条信号线对从芯片进行数据的读取。每个 1-Wire 单总线器件在制作时都激光刻录一个 64 位的二进制 ROM 代码，标志着器件的 ID 号，是唯一的芯片序列号。每一个符合 1-Wire 协议的从芯片都有一个唯一的地址，包括 8 位的家族代码（占一个字节，表示生产的分类编号）、48 位的序列号（占 6 个字节，是每个器件唯一的序列号）和 8 位的 CRC 代码（占一个字节，是前面 56 位的循环冗余校验码，用以确保数据传输的可靠性），如图 8-26 所示。主芯片对各个从芯片的寻址依据这 64 位的不同来进行。

家族代码(8位)	序列号(48位)	CRC代码(8位)

图 8-26　1-Wire 总线器件的 64 位 ROM 代码

1-Wire 单总线适用于单个主机系统，能够控制一个或多个从机设备。主机可以是微控制器，从机可以是单总线器件，它们之间的数据交换只通过一条信号线。当只有一个从机位于总线上时，系统可按照单节点系统操作；而当多个从机位于总线上时，系统按照多节点系统操作。1-Wire 单总线器件存在 2^{48} 个序列号码总量，在总线上不会出现器件相互冲突或相同的节点地址。

1-Wire 总线利用一根线实现双向通信。因此其协议对时序的要求较严格，如应答等时序都有明确的时间要求。基本的时序包括复位及应答时序、写一位时序、读一位时序。在复位及应答时序中，主器件发出复位信号后，要求从器件在规定的时间内送回应答信号；在位读和位写时序中，主器件要在规定的时间内读回或写出数据。

8.5.2　单总线 1-Wire 的硬件结构

1-Wire 单总线器件的硬件结构如图 8-27 所示，器件内含序列号、接收控制、发送控制和电源电路，分别有 1-Wire 单总线、电源（＋）和电源（－）3 个引出端子。

作为一种单主机多从机的总线系统，在一条 1-Wire 总线上可挂接的从器件数量几乎不受限制。为了不引起逻辑上的冲突，所有从器件的 1-Wire 总线接口都是漏极开路的，外接一个 4.7kΩ 的上拉电阻以确保单总线的闲置状态为高电平，并要求主机或从机通过一个漏极开路或三态端口连接至该单总线，这样可允许设备在不发送数据时释放单总线，以便总线被其他设备使用，如图 8-28 所示。

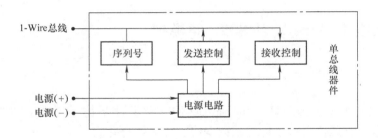

图 8-27　1-Wire 单总线器件的硬件结构

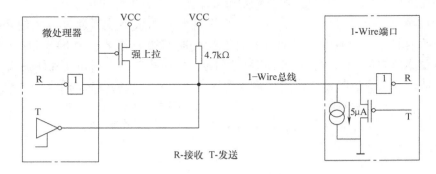

图 8-28　1-Wire 单总线硬件接口示意图

8.5.3　单总线 1-Wire 的供电方式

因为单总线器件采用 CMOS 技术，耗电量很小，所以不用单独供电，可采用寄生方式供电，这样在单总线空闲时给电容充电就可以工作。在寄生方式供电时，为了保证单总线器件在温度转换期间、EEPROM 写入等工作状态下具有足够的电源电流，必须在总线上提供 MOSFET 强上拉。

8.5.4　单总线 1-Wire 的通信流程

1-Wire 总线是一种简单的信号交换架构，通过一条线路在主机与外围器件之间进行双向通信。一旦器件的序列号已知，通过寻址该序列号，就可以唯一地选出该器件进行通信。

主机对 1-Wire 总线的基本操作分为复位、读和写 3 种，其中所有的读写操作均为低位在前高位在后。所有通信的第一步都需要总线控制器发出一个复位信号以使总线同步，然后选择一个受控器进行随后的通信。一旦一个器件被用于总线通信，主机就能向它发出特定的器件指令，对它进行数据读写。这是因为每类器件具有不同的功能和不同的用途，而且一旦器件被选定，就有了唯一的协议。虽然每类器件具有不同的协议和特征，但其工作过程却是相同的并且遵循如图 8-29 所示的工作流程。

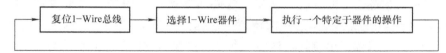

图 8-29　典型的 1-Wire 通信流程

8.5.5 单总线 1-Wire 的时序图

复位、读和写是 1-Wire 总线通信的基础，1-Wire 协议定义了复位脉冲、应答脉冲、写 1、写 0、读 0 和读 1 时序等几种信号类型。所有的单总线命令序列（初始化、ROM 命令、功能命令）都是由这些基本的信号类型组成的。在这些信号中，除了应答脉冲外，其他均由主机发出同步信号，并且发送的所有命令和数据都是字节的低位在前。

单总线上的所有数据传输均以初始化开始，初始化由主机发出的复位脉冲和从机响应的应答脉冲组成，应答脉冲使主机知道总线上有从机设备且准备就绪。

（1）复位和应答脉冲时序 如图 8-30a 所示，在主机初始化时，主机通过拉低总线至少 480μs 以产生复位脉冲，接着主机释放总线并进入接收模式。当总线被释放后，上拉电阻将单总线拉高，而且在单总线器件检测到上升沿后，延时 15～60μs，接着通过拉低总线 60～240μs，以产生应答脉冲。

（2）主机写时序 由于只有一条 I/O 线，主机 1-Wire 总线的写操作只能逐位进行，连续写 8 次即可写入总线一个字节。写操作包括写 0 和写 1 两种，如图 8-30b、d 所示。主机每个写时序至少需要 60μs，而且两次连续的写操作之间要有 1μs 以上的间隔（即恢复时间）。在写时序起始后 15～60μs 期间，单总线器件采样总线的电平状态。若在此期间采样为高电平，则该器件被写入逻辑 1；若为 0，则写入逻辑 0。写 0 时，在主机拉低总线后，只需保持低电平时间不少于 60μs 即可；写 1 时，主机在拉低总线后，接着必须在 15μs 之内释放总线，由上拉电阻将总线拉至高电平。

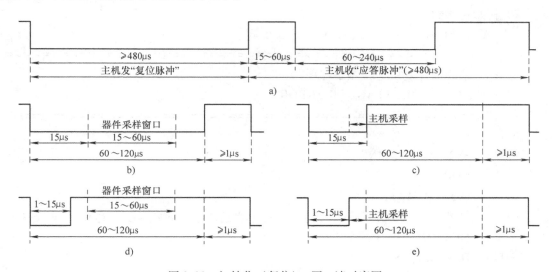

图 8-30 初始化（复位）、写、读时序图
a）初始化（复位）时序图 b）写 0 时序图 c）读 0 时序图 d）写 1 时序图 e）读 1 时序图

（3）主机读时序 与写操作类似，主机对 1-Wire 总线的读操作也只能逐位进行，连续读 8 次，即可读入主机一个字节。读操作包括读 1 和读 0 两种，如图 8-30c、e 所示。主机每个读时序至少需要 60μs，而且两次连续的读操作之间要有 1μs 以上的间隔（即恢复时间）。每个读时序都由主机发起，至少拉低总线 1μs。在主机发起读时序之后，单总线器件才开始在总线上发送 0 或 1。从机发送 0 时，拉低总线；从机发送 1，则保持总线为高电平。

从总线读数据时，主机首先拉低总线 1μs 以上然后释放，在释放总线后的 1～15μs 内主机对总线的采样值即为读取到的数据。

8.5.6 单总线 1-Wire 的 8051 模拟

8051 与 1-Wire 器件互联时，需要根据 1-Wire 总线协议，用软件模拟 1-Wire 总线接口。AT89S51 的 P1 和 P3 口都具有与 1-Wire 器件相同的集电极开路接上拉电阻的端口结构，根据引脚分配情况，选用 P1.0 模拟 1-Wire 总线接口。

如图 8-30 所示，1-Wire 总线上的数据传输是通过 1-Wire 总线协议最底层的操作时隙完成的。每个通信周期起始于主控器件发出复位脉冲，然后，1-Wire 器件以应答脉冲做出响应。当主控器件将总线从空闲状态的逻辑高拉为逻辑低时，即启动了一个读写时隙。在写 0 时隙中，主控器件在整个时隙期间将总线拉低，而后在 15μs 之内释放总线。在读时隙中，主控器件将总线拉低 1μs，接着释放总线，这样，1-Wire 从器件就能够接管总线，输出有效数据。所有的读写时隙在 60～120μs 内完成，并且每个时隙之间至少需要 1μs 的恢复时间。

按图 8-30 的时序要求，先建立以下几个关键的子函数，作为 1-Wire 器件与 8051 系列单片机的软件接口的基础（晶振频率为 12MHz，一个机器周期为 1μs）。

（1）延时函数

```
DELAY：DJNZ R2，$
        NOP              ；延时（2R2 + 2）μs
        RET
```

（2）初始化函数

```
DATA_LINE    EQU    P3.6 ；定义引脚
;=======================================================
;单总线器件复位与检测子程序
;FLAG1 = 1 OK, FLAG1 = 0 ERROR
;=======================================================
B20_INIT:
        SETB DATA_LINE
        NOP
        CLR DATA_LINE
        MOV R0，#64H              ；主机发出延时 600μs 的复位低脉冲
        MOV R1，#03H
B20_INIT1： DJNZ R0，$
        MOV R0，#64H
        DJNZ R1，B20_INIT1
        SETB DATA_LINE           ；然后拉高数据线
        NOP
        MOV R0，#25H
B20_ INIT2： JNB DATA_LINE，B20_INIT3   ；等待单总线器件回应
        DJNZ R0，B20_INIT2
```

```
            JMP B20_INIT4                   ;延时
B20_INIT3：  SETB FLAG1                      ;置标志位，表示单总线器件存在
            JMP B20_INIT5
B20_INIT4：  CLR FLAG1                       ;清标志位，表示单总线器件不存在
            JMP B20_INIT6
B20_INIT5：  MOV R0，#064H
            DJNZ R0，$                       ;时序要求延时一段时间
B20_INIT6：  SETB DATA_LINE
            RET
```

（3）写一位函数

```
WRBIT：CLR DATA_LINE
       MOV R2，#6                            ;拉低总线 15μs
       ACALL DELAY
       MOV DATA_LINE，C                      ;写标志位 C 到 DQ
       MOV R2，#20
       ACALL DELAY                           ;保持 45μs
       SETB DATA_LINE                        ;释放总线
       RET
```

（4）读一位函数

```
RDBIT：CLR DATA_LINE                         ;拉低总线 1μs
       SETB DATA_LINE
       MOV R2，#6
       ACALL DELAY
       MOV C，DATA_LINE                       ;读入 DQ 数据到标志位 C
       RET
```

在上述时序模拟子函数的基础上，建立读、写一个字节函数，根据 1-Wire 协议的要求，传送数据时低位在前高位在后。

（5）读字节函数

```
READ：MOV R3，#8
LOOP：ACALL RDBIT
      RRC A                                  ;逐位读入 DQ 到 C，再循环右移到 A 中
      DJNZ R3，LOOP
      RET
```

（6）写字节函数

```
WRITE：MOV R3，#8
LOOP： RRC A
       ACALL WRBIT                           ;循环右移 A 到 C，再输出到 DQ
       DJNZ R3，LOOP
       RET
```

主控器件读入 1-Wire 器件数据后，会进行 CRC 校验。1-Wire 协议采用的 8 位 CRC 校验的生成多项式为

$$g(x) = x^8 + x^5 + x^4 + 1$$

其校验生成器如图 8-31 所示。

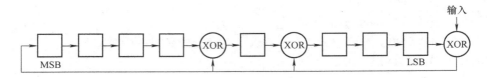

图 8-31　8 位 CRC 校验生成器

把单片机的 8 位存储单元 TEMP 看成一个 8 位生成器，按图 8-30 的结构，很容易得到计算一个字节的 8 位 CRC 校验的汇编子函数，输入字节置于读写累加器 A 中，计算的累计 CRC 校验结果置于暂存单元 TEMP 中。设 TEMP 的初值为 00H，8 次循环调用 CRC 函数，即可得 64 位 ROM 的 CRC 校验结果，读数正确时，前 7 个字节（Family Code + Serial Code）的 CRC 校验计算结果 TEMP 应与 ROM 最后一个字节（8BIT CRC）的值相同，最后的校验值 TEMP 应为 00H。

```
        TEMP EQU 60H
CRC：   PUSH ACC
        MOV R4, #8              ;设置循环次数
LOOP：  XRL A, TEMP            ;计算校验码
        RRC A
        MOV A, TEMP
        JNC ZERO
        XRL A, #00011000B      ;与生成器的第 4、5 位异或
ZERO：  RRC A
        MOV TEMP, A
        POP ACC                ;读取剩余位
        RR A
        PUSH ACC
        DJNZ R4, LOOP
        POP ACC
        RET
```

上述的总线初始化函数 B20_INIT、字节读写函数 READ、WRITE 和 CRC 校验函数就构成了 8051 系列单片机与 1-Wire 器件通信的软件平台。在设计时只需按规程调用这 4 个函数，就可轻松构建起一个 1-Wire 总线扩展的单片机应用系统，具体实例见第 9 章 9.6 节。

本 章 小 结

8051 中的串行接口既可以作 UART 通用异步接收和发送器用，也可以作同步移位寄存

器用。串行口的接收和发送均是通过特殊功能寄存器 SBUF 的操作完成的。本章介绍了 8051 单片机串行口的 4 种工作模式、两个串行口控制寄存器 SCON 和 PCON、波特率的产生、多个单片机之间的通信等内容。

介绍了 RS-232-C 接口的引脚描述、接口的规定、8051 和 RS-232-C 标准总线的通信接口。

SPI 是一种高速全双工同步通信总线，支持这种总线的器件很多，包括 I/O 扩展，E^2PROM、ADC、DAC、时钟以及 LCD 显示驱动器件等，SPI 串行通信接口需要使用 4 条线。

I^2C 总线是 NXP 公司推出的一种串行总线，简单的操作特性被广泛地应用在各式各样基于微控器的专业、消费与电信产品中。I^2C 总线只有两根双向信号线，一根是数据线 SDA，另一根是时钟线 SCL。多个符合 I^2C 总线标准的器件都可以通过同一条 I^2C 总线进行通信，它们之间通过器件地址来区分，而不需要额外的地址译码器。

1-Wire 总线是一种特殊串行数据通信方式。它将地址线、数据线、控制线合并为一根信号线，允许在这根信号线上挂接多个 1-Wire 总线器件，如 ADC、DAC、EEPROM、Flash 等器件，具有节省 I/O 资源、结构简单、成本低廉、便于总线扩展和维护等优点。

习题与思考题

1. 上网查找目前单片机应用系统中最常用的几个串行总线接口并比较它们的异同。
2. 简述单片机的两个串行口控制寄存器 SCON 和 PCON 的格式及其作用。
3. 写出并比较单片机 4 种工作模式下的波特率计算公式。
4. RS-232-C 对电气特性、逻辑电平和各种信号线功能都做了哪些规定？
5. SPI 串行通信接口需要使用哪 4 条线？
6. I^2C 总线用了哪两根双向信号线？
7. I^2C 总线对起始信号 S 和终止信号 P 是如何规定的？
* 8. 利用 8051 串行口的模式 0 扩展输入输出：

串行口的模式 0（MODE0），即同步移位寄存器方式。8 位数据（先为 LSB）从引脚 RXD 接收/移出，引脚 TXD 输出移位时钟，波特率固定为晶振频率的 1/12。移位寄存器方式（通常用来并行 I/O 口扩展），可外接移位寄存器以扩展 I/O 口，也可以外接同步 I/O 设备。

使用串行口控制一个数码管循环显示 0~9 这 10 个数，要求每按一次 INT0，显示的数字往前走一位，8 位 LED 也同步显示。

单片机在串行口模式 0 下发送数据时，要把输出口设置成"串入并出"的输出口，需要用到芯片 74LS164，该芯片是 8 位串行输入和并行输出的同步移位芯片。

输出用了 8 个 LED 和一个 7 段式 LED 同时显示，LED 显示的是当前的十进制数 0~9 中的某一个，8 个 LED 同步显示 D7~D0 的对应位，图 8-32 是显示"5"时的状态。试编写相应的软件程序。
*9. 8051 单片机和 PC 的通信软件设计：

8051 单片机和 PC 采用 RS-232-C 总线接口，通过 MAX232 接口芯片建立起通信，见图 8-10。假设 PC 先向单片机发送一个指令"55H"，当单片机接收到 PC 发来的数据，并判断命令为"55H"时，点亮 P1.0 口上的发光二极管 LED，并启动定时发送程序，即每隔 5s 向 PC 发送 16 个字节的数据。编写 8051 的 PC C51 程序，具体要求如下：

1）51 系列单片机中，波特率由定时/计数器 T1 自动产生。但在使用前，需对 T1 进行一些设置，才能得到自己想要的波特率。通常在有串行通信的系统中选用 11.0592MHz 的晶振，为了使用方便采用 19200Kbit/s 的波特率，根据式（8-5）计算，所以 T1 的初值应设置为 0xfd，见表 8-2。

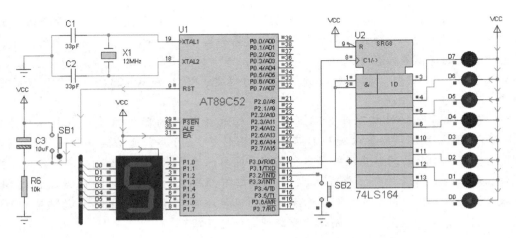

图 8-32　AT89C52 与 74LS164 的扩展输出电气连接图

2）根据定时时间计算公式：定时时间 $= (2^N - $ 计数初值$) \times$ 机器周期，1 个机器周期 $= 12 \times 11.0592\mu s$，若定时时间为 50ms，用 16 位的 T0 定时器（工作在方式 1）可求出计数初值为 19456，对应的十六进制数为 0x4C00。

10. 登录美信公司网站，查阅 1-Wire 总线产品和设计。

第 9 章 8051 单片机系统扩展与接口技术

单片机应用系统必然包含合适的外围元器件。外围元器件与单片机的接口是单片机应用系统至关重要的环节。本章主要讲述 8051 单片机与常见的程序存储器、数据存储器、数字 I/O 通道的接口技术、模拟输入/输出通道和单片机的接口技术。

近年来，电子技术的迅猛发展使微机接口技术发生了很大变化。数年前需要较大数量电子元器件才能完成的功能电路，现今可能只需要一片集成电路。例如，意法（ST）半导体公司推出的 μPSD3200 系列单片机，主振为 40MHz，有一个容量达 256KB 的主 Flash 存储器和 32KB 的第二个 Flash 存储器，32KB 的 SRAM，4 通道 8 位 ADC，16 个宏单元通用 PLD，5 个 PWM 通道，USB1.1、I^2C、双 UART，JTAG 在系统编程 ISP 接口，可实现工业控制系统的单芯片解决方案。用户如果选用这样的单片机，系统扩展的工作量将非常少。

另外，串行总线技术的发展也大大简化了应用系统扩展技术，例如，I^2C，SPI 接口的 E^2PROM 和 Flash、A-D 和 D-A 转换器、显示器件；单总线 1-Wire 接口的温度传感器等使得硬件连接非常简单，既节省体积，又降低了电路板制作的难度，提高了系统性能，缩短设计周期。

9.1 8051 程序存储器的扩展

存储器分为只读存储器（ROM）和随机存储器（RAM）。ROM 中的信息一旦写入之后，就不能随意更改，特别是不能在程序运行的过程中写入新的内容，故称之为只读存储器。而 RAM 在程序运行过程中可根据需要随时更改其中的内容，断电后不能保存数据。早期 8051 应用系统程序存储器采用掩膜 ROM、可编程 ROM（PROM）、EPROM，需要专用设备对其编程，EPROM 在编程前还需要用紫外线擦除 EPROM 内原有的程序，使用不方便，成本高，可靠性差，本书不做介绍，有兴趣的读者可参阅相关书籍。

E^2PROM（EEPROM）是一种用电信号编程、电信号擦除的 ROM 芯片，对 E^2PROM 的读写操作与 RAM 存储器几乎没有什么差别，只是写入的速度慢一些，但断电后能够保存信息。Flash ROM 又称闪烁存储器，是非易失性、电擦除型存储器。其特点是可快速在线修改其存储单元中的数据，标准改写次数可达 1 万次。与 E^2PROM 相比，Flash ROM 的读写速度都很快。由于其性能比 E^2PROM 要好，所以目前大有取代 E^2PROM 的趋势。E^2PROM 和 Flash 已成为单片机应用系统程序存储器的主流，特别是 E^2PROM 和 Flash 也能作为 RAM，掉电后能保存数据或计算结果。

由于存储器采用半导体电路，与 CPU 具有相同的电路形式和电平，工作速度和 CPU 基本匹配，因而存储器和 CPU 之间的连接比较简单，只要将 CPU 和存储器的地址总线、数据总线、控制总线做正确连接，即可完成接口设计。

9.1.1　8051 外部程序存储器的操作时序

图 9-1 是与访问外部程序存储器有关的时序图。其中图 9-1a 是没有访问外部数据存储器，即没有执行 MOVX 类指令情况下的时序；图 9-1b 是访问外部数据存储器操作时的时序。CPU 由外部程序存储器取指时，16 位地址的低 8 位 PCL 由 P0 输出，高 8 位 PCH 由 P2 输出，而指令由 P0 输入。

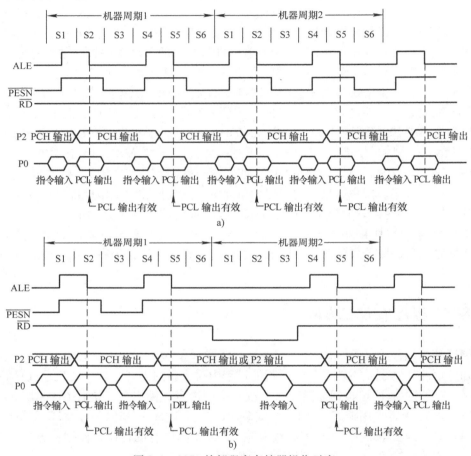

图 9-1　8051 外部程序存储器操作时序

a）执行非 MOVX 类指令　b）执行 MOVX 类指令

在不执行 MOVX 指令时，P2 口专用于输出 PCH，P2 有输出锁存功能，可直接接至外部存储器的地址端，无需再加锁存。P0 口则作分时复用的双向总线，输出 PCL，输入指令。在这种情况下，每一个机器周期中，允许地址锁存信号 ALE 两次有效，在 ALE 由高变低时，有效地址 PCL 出现在 P0 总线上，低 8 位地址锁存器应在此时把地址锁存起来。同时 PSEN 也是每个机器周期两次有效，用于选通外部程序存储器，把指令送到 P0 总线上，由 CPU 取入。这种情况下的时序如图 9-1a 所示。此时，每个机器周期内 ALE 两次有效，甚至在非取指操作周期中也是这样，因此 ALE 有效信号以 1/6 振荡器频率的恒定速率出现在引脚上，它可以作为外部时钟或定时脉冲。

当系统中接有外部数据存储器，执行 MOVX 指令时，时序有些变化，如图 9-1b 所示。从外部程序存储器取入的指令是一条 MOVX 指令，在同一周期的 S5 状态 ALE 由高变低时，P0 总线上出现的将不再是有效的 PCL 值（程序存储器的低 8 位地址），而是有效的数据存储器的地址：若执行的是 MOVX @ DPTR 指令，则此地址就是 DPL 值（数据指针的低 8 位），同时，在 P2 口出现有效的 DPH 值（数据指针的高 8 位）；若执行的是 MOVX @ Ri 指令，则此地址就是 Ri 的内容，同时在 P2 口线上出现的将是专用寄存器 P2（即口内锁存器）的内容。在同一机器周期的 S6 状态将不再出现$\overline{PSEN}$有效信号，下一个机器周期的第一个 ALE 有效信号也不再出现。而当$\overline{RD}$（或$\overline{WR}$）有效时，在 P0 总线上将出现有效的输入数据（或输出数据）。

9.1.2 并行 E^2PROM 及其扩展

E^2PROM 和 Flash 有很多型号，其封装、存储器大小、写入速度是主要差别，和单片机的接口方式基本类似，故本书仅介绍 Atmel 公司的 E^2PROM AT28C64 和铁电公司的 Flash FM16W08。

AT28C64 是 Atmel 公司生产的高速并行 E^2PROM，存储容量 8K ×8bit；读取时间 70ns，最大页写入时间 10ms（28C64BF：2ms）；工作电流为 40mA，待机电流 100μA；硬件和软件数据保护；数据轮询和触发位用于写结束检测；可靠性高：100000 次擦写，数据可保存 10 年；单电源供电，其引脚和内部结构框图如图 9-2 所示。

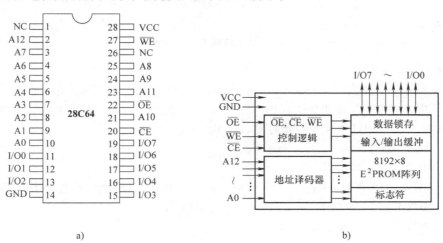

图 9-2 AT28C64 的引脚和内部结构框图

a）引脚图 b）内容结构框图

其中，A0 ~ A12 为地址线；$\overline{CE}$为芯片使能，低电平有效；$\overline{OE}$为输出使能，低电平有效；$\overline{WE}$为写使能，低电平有效；I/O0 ~ I/O7 为数据的输入/输出。

对 AT28C64 的读写和 SRAM 相同，无非是写入时间略长。在写入命令发出后，需要判断写入过程是否结束。工程上常采取延时的方法或查询 I/O7，也就是所谓的轮询功能。轮询功能是指在 28C64 写入期间，如果读取 I/O7 上的数据，则得到最后一次写入数据的补码，即如果在 I/O7 写入的数据为逻辑 "1"，则读出的数据为 "0"；反之，如果在 I/O7 写入的数据为逻辑 "0"，则读出的数据为 "1"。当写入过程结束，则从 I/O7 引脚读出的数据是真实的写入数据。

28C64 和 AT89S52 的连接电路如图 9-3 所示。图中，28C64 既可作为外部程序存储器，又可作为数据存储器。在写入期间，单片机通过查询 I/O7 引脚状态，来判断写入过程是否结束。28C64 的片选信号由 P2.7 提供。因 28C64 可作为外部程序存储器和外部数据存储器合并使用，故将 $\overline{RD}$ 信号和 $\overline{PSEN}$ 加到与门 74HC08 上，并将其输出与 28C64 的数据输出允许信号 $\overline{OE}$ 相连。

例 9.1 根据图 9-3 中 AT89S52 单片机和 AT28C64 的接口电路，编写对 AT28C64 进行写操作的子程序。要写入的数据区取自源数据区。

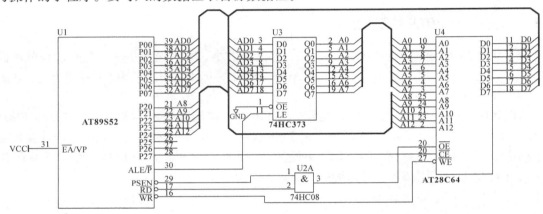

图 9-3　AT89S52 单片机和 AT28C64 的接口

子程序的入口参数如下：

R0：写入的字节计数器　　　　　　　　R1：28C64 的低 8 位地址寄存器

R2：AT28C64 的高 8 位地址寄存器　　　R3：源数据区首地址的低 8 位寄存器

R4：源数据区首地址的高 8 位寄存器　　R5：写入的数据

解：程序清单如下：

```
WR1:  MOV    DP0L, R3
      MOV    DP0H, R4        ; 源数据区 16 位地址传输到 DPTR0 中
      MOVX   A, @DPTR        ; 取数据
      MOV    R5, A
      INC    DPTR
      MOV    R3, DP0L
      MOV    R4, DP0H
      MOV    DP0L, R1
      MOV    DP0H, R2        ; 28C64 地址传输到 DPTR0 中
      MOVX   @DPTR, A        ; 将 A 的内容写入 28C64H
      NOP
      NOP
      NOP
```

```
WAIT： MOVX  A，@ DPTR          ；读取最后一次写入的数据
       XRL  A，R5
       JNZ WAIT                ；写入的 I/O7 和读出的 I/O7 不相等，写入
                               没有
                               结束，等待

       INC  DPTR
       MOV  R1，DP0L
       MOV  R2，DP0H
       DJNZ  R0，WR1           ；未完成，循环
       RET
```

9.1.3　并行 Flash 存储器 FM16W08 及其扩展

铁电存储器是 RAMTRON 公司的专利产品，该产品的核心技术是铁电晶体材料，这一特殊材料使得铁电存储器产品同时拥有随机存储器（RAM）和非易失性存储器（ROM）产品的特性，既可以作程序存储器 ROM，又可以作数据存储器 SRAM，且可随总线速度写入而无需任何写等待时间；超低功耗。因此，这种铁电存储器 FRAM 克服了以往 E^2PROM 和 Flash 写入时间长、擦写次数少的缺点，可广泛应用于在系统掉电后需要可靠保存程序及数据的应用领域，同时也是价格昂贵的不挥发锂电 NV-SRAM 的理想替代产品。

1. 性能特点及引脚定义

FM16W08 的主要特性如下：

1）存储容量为 64KB（即 8K ×8B）；

2）读写寿命为 100 亿次；

3）掉电数据可保存 38 年；

4）写数据无延时；

5）读取时间为 70ns，读周期约为 130ns；

6）低功耗，工作电流为 12mA，待机电流仅为 20μA；

7）宽电压范围供电，2.7 ~5.5V；

8）工作温度范围为 −40 ~85℃；

9）具有特别优良的防潮湿、防电击及抗振性能；

10）与并行 SRAM 或 E^2PROM 引脚兼容。

FM16W08 存储器为 28 引脚 SOIC 封装，图 9-4 给出了引脚排列和内部结构框图，各引脚功能和 28C64 完全相同。其中，A0 ~ A12 为地址线，在 $\overline{CE}$ 的下降沿被锁定；DQ0 ~ DQ7 为数据输入输出线；$\overline{CE}$ 片选信号线，为低电平时，芯片被选中；$\overline{OE}$ 为输出使能（仅控制输出缓冲器），为低电平时，FM16W08 把数据送到总线；为高电平时，数据线为高阻态；$\overline{WE}$ 为写使能，低电平时，总线的数据写入由 A0 ~ A12 确定的地址中。表 9-1 是 FM16W08 真值表。

2. FW16W08 的工作原理

FW16W08 具有 100 亿次的读写寿命，比其他类型的存储器读写寿命要高得多。尽管如此，其读写寿命也是有限的。通常可以根据数据读写的频繁程度，将数据保存在不同的区域

中以进行读写操作。例如对一些关键的数据如系统配置参数等，可以放在一个访问次数较少的区域中，而将变化频繁的数据或不需要长久保存的数据放在单独的区域中，这样既可保证系统关键数据存储的安全性，又可保证非安全区存储器的实际擦写次数大于 100 亿次，从而延长铁电存储器的实际使用寿命。

（1）读操作　FW16W08 的读操作一般在CE下降沿开始，这时地址位被锁存，存储器读周期开始，一旦开始，应使CE保持不变，一个完整的存储器周期可在内部完成，在访问时间结束后，总线上的数据变为有效。当地址被锁存后，地址值可在满足保持时间参数的基础上发生改变，这一点不像 SRAM，地址被锁存后改变地址值不会影响存储器的操作。图 9-5 是 FW16W08 读操作时序图及其参数。

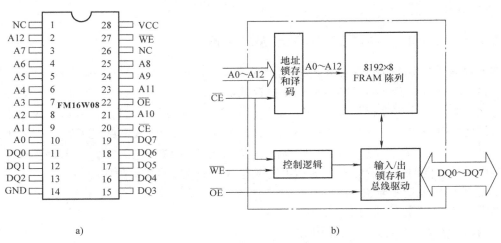

图 9-4　FM16W08 的引脚和内部结构框图

a）引脚排列　b）内部结构框图

表 9-1　FM16W08 真值表

$\overline{CE}$	$\overline{WE}$	功　　能
H	×	待机/预充电
↓	×	地址锁存（如果$\overline{WE}=0$，开始写）
L	H	读
L	↓	写

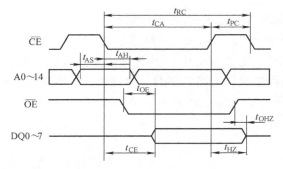

符号	VDD(2.7~3.0V)		VDD(3.0~5.5V)		单位
	Min	Max	Min	Max	
t_{CE}		80		70	ns
t_{CA}	80		70		ns
t_{RC}	145		130		ns
t_{PC}	65		60		ns
t_{AS}	0		0		ns
t_{AH}	15		15		ns
t_{OE}		15		12	ns
t_{HZ}		15		15	ns
t_{OHZ}		15		15	ns

图 9-5　FM16W08 的读操作时序图及其参数

（2）写操作　FW16W08 的写操作由$\overline{CE}$和$\overline{WE}$控制，地址在$\overline{CE}$的下降沿锁存。$\overline{CE}$控制写操作时，$\overline{WE}$在开始写周期之前置 0，即当$\overline{CE}$有效时，$\overline{WE}$应先为低电平。FRAM 没有写延时，读与写访问时间是一致的，整个存储器操作一般在一个总线周期出现。因此，任何操作都能在一个写操作后立即进行，而不像 E^2PROM 需要通过判断来确定写操作是否完成。图 9-6是 FW16W08 写操作时序图及其参数。

（3）预充电操作　预充电操作是准备一次新访问存储器的一个内部条件，所有存储器周期包括一个存储器访问和一个预充电，预充电在$\overline{CE}$脚为高电平或无效时开始，它必须保持高电平至少为最小的预充电时间，由于预充电在$\overline{CE}$上升沿开始，这使得用户可决定操作的开始，同时该器件有一个$\overline{CE}$为低电平必须满足的最大时间规范。

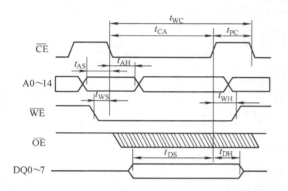

符号	VDD(2.7~3.0V)		VDD(3.0~5.5V)		单位
	Min	Max	Min	Max	
t_{CA}	80		70		ns
t_{PC}	65		60		ns
t_{WC}	145		130		ns
t_{AS}	0		0		ns
t_{AH}	15		15		ns
t_{WS}	0		0		ns
t_{WH}	0		0		ns
t_{DS}	40		30		ns
t_{DH}	0		0		ns

图 9-6　FM16W08 的写操作时序图及其参数

3. Flash 存储器 FM16W08 和 SRAM 时序的区别

FRAM、SRAM 外部引脚虽然相同，但读写时序有所不同，编写对应的读写程序时，需要考虑其不同之处。图 9-7 给出了 FRAM 和 SRAM 选通信号的区别。

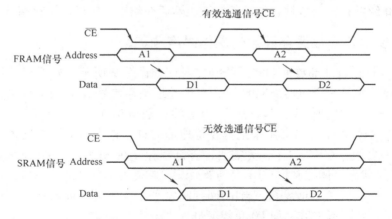

图 9-7　FRAM 和 SRAM 选通信号的区别

4. FRAM 和 8051 单片机的接口

由于 8051 单片机的 ALE 引脚为地址锁存允许信号，因此，访问单片机外部存储器时，该脚将输出一个负跳沿的脉冲以用于锁存 16 位地址的低 8 位，每访问一次外部数据存储器，该脉冲都将出现一次，故可利用 ALE 信号每访问一次改变一个周期的特点。ALE 和 FM16W08 的片选信号 P2.7 相或即可得到 FM16W08 要求的访问时序。AT89S52 单片机与

FM16W08 的硬件连接如图 9-8 所示。

要保证对 FM16W08 的正确访问，必须注意两点：第一，FRAM 的访问时间必须大于 70ns；第二，ALE 的高电平宽度必须大于 60ns。

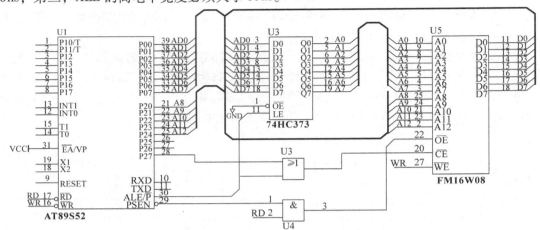

图 9-8　AT89S52 单片机与 FM16W08 的硬件连接

9.2　8051 数据存储器扩展

根据接口方法的不同，数据存储器的扩展方法可分并行扩展和串行扩展。并行扩展即数据存储器的数据口和单片机的数据口 P0 相连，8051 单片机每次可读入或输出 8 位数据。常见的数据存储器芯片有 6116、6264、62128 等 SRAM，实际上，E^2PROM 和 Flash 也可看作数据存储器；串口数据存储器是近几年发展起来的新型存储器，和单片机的接口方式为 SPI 总线或 I^2C 总线，存储器的类型主要是 E^2PROM 和 Flash，主要用于保存一些数据或常数。

下面首先介绍并行扩展数据存储器的方法，然后介绍串行扩展数据存储器的方法。

9.2.1　并行接口外部数据存储器的操作时序

8051 访问并行接口外部数据存储器的操作时序如图 9-9 所示。先看读并行接口外部数据存储器的时序。在第一个机器周期的 S1，允许地址锁存信号 ALE 由低变高①，开始了读周期。在 S2 状态，CPU 把低 8 位地址送上 P0 总线，把高 8 位地址送上 P2 口（采用 MOVX @ DPTR 指令）。ALE 的下降沿②用来把低 8 位地址信息锁存到外部锁存器内③。而高 8 位地址信息此后一直锁存在 P2 口上，无需再加外部锁存。在 S3 状态，P0 总线驱动器进入高阻状态④。在 S4 状态，读控制信号 $\overline{RD}$ 变为有效⑤，它使得被寻址的并行接口数据存储器略过片刻后把有效的数据送上总线⑥，当 $\overline{RD}$ 回到高电平后⑦，被寻址的并行接口存储器把其本身的总线驱动器悬浮起来⑧，使 P0 总线又进入高阻状态。

写并行接口外部数据存储器的时序与上述类同。但写的过程是 CPU 主动把数据送上总线，故在时序上，CPU 向 P0 总线送完被寻址存储器的低 8 位地址后，在 S3 状态，就由送地址直接改为送数据上总线③，其间总线上不出现高阻悬浮状态。在 S4 状态，写控制信号 $\overline{WR}$ 有效，选通被寻址的存储器，稍过片刻，P0 上的数据就写到被寻址的存储器内了。

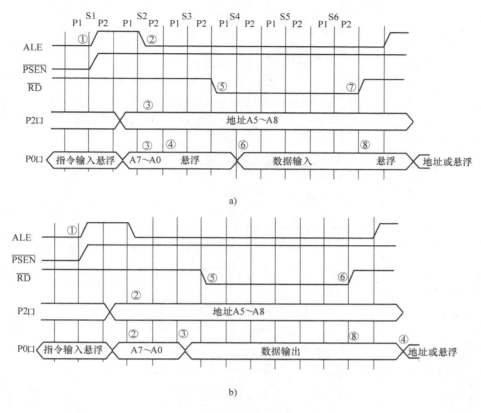

图 9-9　外部数据存储器的操作时序

a）数据存储器读周期时序　b）数据存储器写周期时序

9.2.2　8051 单片机扩展并行接口外部数据存储器 SRAM

并行接口扩展数据存储器主要包括扩展容量为 256B 的 SRAM 和扩展容量大于 256B 而小于 64KB 的 SRAM。扩展容量小于 256B，用 MOVX @Ri 指令访问外部 SRAM，只用 P0 口传送 8 位地址；扩展容量大于 256B，用 MOVX @DTPR 指令访问外部 SRAM，同时用 P0 和 P2 口传送 16 位地址。限于篇幅，下面仅介绍扩展 SRAM 6264。

6264 是 8K×8 位的静态随机存储器芯片，采用 CMOS 工艺制作，由单一 5V 供电，额定功耗 200mW，典型存取时间为 200ns，为 28 引脚双列直插式封装，其引脚排列和操作方式如图 9-10 所示。

并行接口数据存储扩展电路与并行接口程序存储器扩展电路相似，所用的地址线、数据线完全相同，读、写控制线用 $\overline{RD}$、$\overline{WR}$，但要考虑的问题比程序存储器涉及的问题多，如 I/O 口扩展的统一编址问题。

图 9-11 为扩展单片 6264 静态数据存储器的电路图。扩展单片程序存储器时，片选端直接接地即可，因为系统中不会再有其他程序存储器芯片。但是扩展单片数据存储器时，其片选端能否直接接地则还需考虑应用系统中有无 I/O 口及外围设备扩展，如果有，则要统一进行片选选择。

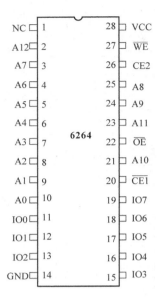

引脚 操作方式	$\overline{CE1}$ (20)	$\overline{CE2}$ (26)	$\overline{OE}$ (22)	$\overline{WE}$ (27)	IO0~IO7 (11~13), (15~19)
未选中(掉电)	V_{IH}	任意	任意	任意	高阻
未选中(掉电)	任意	V_{IL}	任意	任意	高阻
输出禁止	V_{IL}	V_{IH}	V_{IH}	V_{IH}	高阻
读	V_{IL}	V_{IH}	V_{IL}	V_{IH}	D_{OUT}
写	V_{IL}	V_{IH}	V_{IH}	V_{IL}	D_{IN}
写	V_{IL}	V_{IH}	V_{IL}	V_{IL}	D_{IN}

图9-10　6264引脚排列和操作方式

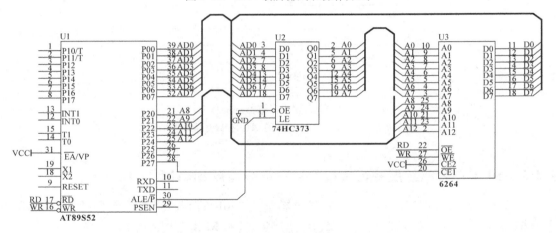

图9-11　扩展单片6264静态数据存储器的电路图

9.2.3　8051扩展SPI接口外部Flash数据存储器FM25040B

串行接口的Flash、E^2PROM数据存储器主要用来保存常数或中间结果。采用串行接口的优点是存储器外部引脚数量少（通常为8引脚），体积小，和单片机接口电路简单，可靠性高，造价低廉。SPI和I^2C是串行E^2PROM和Flash存储器的两种常用接口方式。限于篇幅，本书仅介绍RAMTRON公司生产的具有SPI接口的Flash程序存储器FM25040B和8051单片机的接口。

1. FM25040B的特点

1）存储容量$512 \times 8bits$；

2）读写次数10^{12}；

3）数据可保存38年；

4）写入无延迟；

5）总线频率最高可达 20MHz；

6）硬件可直接替代 E^2PROM；

7）可运行在 SPI 的模式 0 和模式 3；

8）硬件写保护和软件写保护；

9）待机电流 $4\mu A$，工作电流 $250\mu A$；

10）8 引脚 SOIC 封装。

2. FM25040B 的结构和引脚

图 9-12 是 FM25040B 的内部结构和引脚排列。

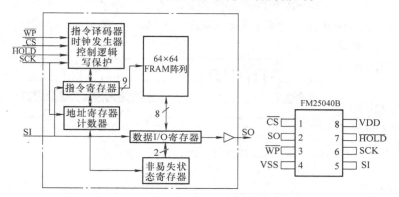

引脚	功能描述
$\overline{CS}$	芯片选择
SCK	串行时钟输入
$\overline{HOLD}$	挂起
$\overline{WP}$	写保护
SI	串行数据输入
SO	串行数据输出

图 9-12　FM25040B 的内部结构和引脚排列

3. FM25040B 的操作命令和操作时序

FM25040B 接收主器件发来的 6 个操作命令，以完成相应的存储器操作，见表 9-2。

表 9-2　FM25040B 的操作命令

命令	操作码	说　明
WREN	0000_0110B	置位写使能锁存器（Set Write Enable Latch）
WRDI	0000_0100B	写禁止（Write Disable）
RDSR	0000_0101B	读状态寄存器（Read Status Register）
WRSR	0000_0001B	写状态寄存器（Write Status Register）
READ	0000_A011B	读存储器数据（Read Memory Data）
WRITE	0000_A010B	写存储器数据（Write Memory Data）

操作命令可分为 3 组：第 1 组命令没有数据传送，仅执行简单的命令，如使能写操作；第 2 组命令仅有一字节的数据输入或输出，如对状态寄存器的读写；第 3 组命令是对存储器读写，在命令后有地址和一字节或多字节数据。

（1）置位写使能锁存器命令（WREN）　FM25040B 上电时禁止写操作。在任何写操作之前，必须发出 WREN 命令。在 WREN 命令发出之后允许发出写操作代码，包括写状态寄存器和写存储器命令。WREN 操作使内部写使能锁存器被置位。状态寄存器的 WEL 表示锁存器的状态。WEL=1 表示写允许。任何写操作的完成将自动清除写使能锁存器，如果没有新的 WREN 命令，则写操作无法进行。图 9-13 是 WREN 命令的时序图。

（2）写禁止命令（WRDI） WRDI 命令禁止所有的写操作。在写操作被禁止的情况下，状态寄存器的 WEL = 0。图 9-14 是 WRDI 命令的时序图。

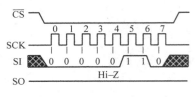

图 9-13　WREN 命令的时序图

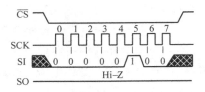

图 9-14　WRDI 命令的时序图

（3）读状态寄存器命令（RDSR） RDSR 允许主器件校验状态寄存器的内容。状态寄存器提供了写保护的当前状态。在 RDSR 命令之后，FM25040B 返回单字节的状态寄存器内容。状态寄存器详细描述见"状态寄存器和写保护"。图 9-15 是 RDSR 的时序图。

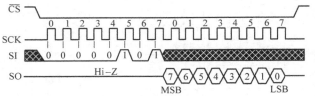

图 9-15　RDSR 命令的时序图

（4）写状态寄存器命令（WRSR）WRSR 命令允许用户向单字节的状态寄存器做写操作而确定写保护作用的范围或者不起保护作用。在发出 WRSR 命令之前，$\overline{WP}$ 必须为高或者无效。在发出 WRSR 命令之前，WREN 命令必须先发出。注意，WRSR 命令是写操作，且执行完毕后将清除写使能锁存器，WRSR 命令的总线时序图如图 9-16 所示。

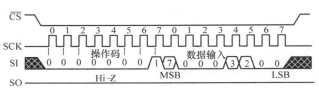

图 9-16　WRSR 命令的总线时序图

（5）状态寄存器和写保护　FM25040B 的写保护特点是多层次的。首先，在任何写操作之前，WREN 命令必须发出。如果写命令已经发出，引脚 $\overline{WP}$ 和状态寄存器控制存储器的操作。如果 $\overline{WP}$ 为低，全部存储器被写保护；如果 $\overline{WP}$ 为高，存储器的写保护由状态寄存器决定。FM25040B 的状态寄存器见表 9-3。

表 9-3　FM25040B 的状态寄存器

位	7	6	5	4	3	2	1	0
名称	0	0	0	0	BP1	BP0	WEL	0

其中，位 4~7 和位 0 为"0"，且不能被修改。注意，因为 FRAM 存储器没有写延迟，存储器不会出现"忙"现象，因此将位 0 设为逻辑"0"，而在 E^2PROM 中，位 0 的意义为 $\overline{RDY}$。非易失的 BP1 和 BP0 表示写保护的区域。WEL 表示写使能锁存器的状态，由 WREN 命令置位，由 WRDI 命令或写周期结束时（$\overline{CS}$ 变高）清除。BP1 和 BP0 是存储器模块写保护位，不同的 BP1、BP0 保护不同的存储器模块，表 9-4 为对应的保护范围。BP1 和 BP0 是存储器模块写保护位，剩余的保护位和引脚 $\overline{WP}$ 保护"保护位"。表 9-5 是 FM25040B 的写保护功能列表。

表 9-4　FM25040B 的存储器写保护范围

BP1	BP0	保护范围
0	0	无
0	1	180H ~ 1FFH（高 1/4）
1	0	100H ~ 1FFH（高 1/2）
1	1	000H ~ 1FFH（全部）

表 9-5　FM25040B 的写保护

WEL	$\overline{WP}$	被保护的存储器模块	没保护的存储器模块	状态寄存器
0	×	被保护	被保护	被保护
1	0	被保护	被保护	被保护
1	1	被保护	不保护	不保护

（6）存储器的写操作　FM25040B 的接口是最大时钟频率相对较高的 SPI 总线，其主要亮点是 FRAM 的快速写技术。和 SPI 总线的 E^2PROM 不同，FM25040B 能够以总线速度执行一系列的写操作，且不需要页寄存器，可执行任意数量的写操作。

所有的存储器写操作均以操作命令 WREN 开始。然后，主器件发出写命令操作码。写命令操作码包括存储器地址的高位，操作码的位 3 对应于字节地址的 A8；下一字节是存储器地址的低 8 位 A7 ~ A0。这样，9 位地址确定了要写入数据的第一字节的地址。紧接着的字节是要写入的数据。数据的内部地址随主器件不断发出的时钟增加而增加。如果最后一个地址达到 1FFH，计数器将回归到 0。写操作时首先发送数据的 MSB。和 E^2PROM 不同，FM25040B 可以连续写入多个字节的数据，且每个字节在输入 8 个时钟后立即写入。在片选信号$\overline{CS}$的上升沿结束一次写操作。图 9-17 是 FM25040B 的存储器写时序图。

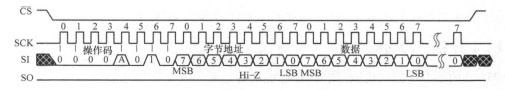

图 9-17　FM25040B 的存储器写时序图

（7）存储器的读操作　在片选信号$\overline{CS}$的下降沿，主器件可以发出读操作指令码。操作码包括存储器地址的高位，紧接着的是存储器地址的低 8 位。这样，9 位地址确定了要读出数据的第一字节的地址。在主器件输出完整地读操作码之后，SI 被忽略。然后，主器件发出 8 个时钟脉冲，每个时钟脉冲对应于一位数据输出，数据的内部地址随主器件不断发出的时钟增加而增加。如果地址到达 1FFH，计数器回归 000H。首先读 MSB。在片选信号$\overline{CS}$的上升沿结束一次读操作。图 9-18 是 FM25040B 的存储器读时序图。

（8）总线挂起命令（$\overline{HOLD}$）　引脚$\overline{HOLD}$用于中断串行操作而不终止。若 SCK = 0，主器件将$\overline{HOLD}$拉低，则当前操作暂停；若 SCK = 0，主器件将$\overline{HOLD}$拉高，则恢复操作。$\overline{HOLD}$必须在 SCK = 0 时变化，而 SCK 则可在挂起状态器件变化。

AT89S52 和 FM25040B 的接口如图 9-19 所示。AT89S52 没有 SPI 接口，可以用普通 I/O 口模拟 SPI 口。限于篇幅，略去接口程序，读者可以自行编写。

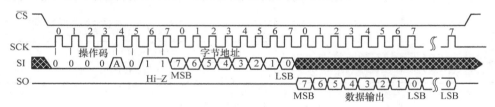

图 9-18　FM25040B 的存储器读时序图

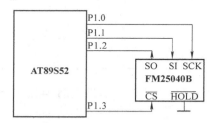

图 9-19　AT89S52 和 FM25040B 的接口

9.3　8051 的 I/O 接口扩展

8051 的输入/输出（I/O）接口是 8051 单片机与外围设备交换信息的桥梁。I/O 扩展也属于系统扩展的一部分。虽然 8051 本身具有 I/O 接口，但是已经被系统总线（P0 口和 P2 口用作 16 位地址总线和 8 位数据总线）占用了一部分，真正用作 I/O 接口线已不多，只有 P1 口的 8 位线和 P3 口的某些位线可作为输入/输出线使用。鉴于 8051 的 I/O 资源有限，因此，在多数应用系统中，8051 单片机都需要外扩 I/O 接口电路。

9.3.1　I/O 接口的功能

8051 片内的 I/O 接口功能有限，有时难以满足复杂的 I/O 操作要求。8051 扩展的 I/O 接口电路主要应满足以下几项功能要求：

1）实现和不同外设的速度匹配。

2）输出数据锁存和输入数据三态缓冲。

3）CPU 的负载能力和外围设备端口选择问题。

9.3.2　端口的编址

在介绍 I/O 端口编址之前，首先要弄清 I/O 接口和 I/O 端口的概念。

I/O 接口和 I/O 端口是有区别的，不能混为一谈。I/O 端口简称 I/O 口，常指 I/O 接口电路中带有端口地址的寄存器或缓冲器，单片机通过端口地址就可以对端口中信息进行读写。

I/O 接口是指单片机与外设间的 I/O 接口芯片。一个外设通常需要一个 I/O 接口，但一个 I/O 接口可以有多个 I/O 端口，传送数据的称为数据口，传送命令的称为命令口，传送状态的端口称为状态口。当然，并不是所有的外设都需要 3 种端口齐全的 I/O 接口。

因此，I/O 端口的编址实际上是给所有 I/O 接口中的端口编址，以便 CPU 通过端口地址和外设交换信息。常用的 I/O 端口编址有两种方式：一种是独立编址方式；另一种是统一编址方式。

（1）独立编址方式　独立编址就是把 I/O 地址空间和数据存储器地址空间分开进行编址。独立编址方式要求有专门针对这两种地址空间的各自的读写操作指令。此外，在硬件方面还要定义一些专用的控制信号引脚。独立编址的优点是 I/O 地址空间和存储器地址空间相互独立，界限分明。但是需要设置一套专门的读写 I/O 的指令和控制信号。

（2）统一编址方式　这种编址方式是把 I/O 端口的寄存器与数据存储器单元同等对待，统一进行编址。统一编址方式的优点是不需要专门的 I/O 指令，直接使用访问数据存储器的指令进行 I/O 操作，简单、方便且功能强。

8051 单片机使用的是统一编址方式，即 I/O 和外部数据存储器 RAM 是统一编址的，用户可以把外部 64KB 的数据存储器 RAM 空间的一部分作为扩展的 I/O 接口的地址空间，每一个接口芯片中的一个功能寄存器（端口）的地址就相当于一个 RAM 存储单元，CPU 可以像访问外部存储器 RAM 那样访问 I/O 接口芯片，对其功能寄存器进行读、写操作。

9.3.3　I/O 数据的几种传送方式

为了实现和不同外设的速度匹配，I/O 接口必须根据不同外设选择恰当的 I/O 数据传送方式。常见的 I/O 数据传送方式有无条件传送方式、查询方式和中断传送方式。

（1）无条件传送方式　无条件传送类似于单片机和外部数据存储器之间的数据传送，比较简单。当外设速度能和单片机的速度相比拟时，常常采用无条件传送方式。另外，当外设的工作速度非常慢，以致于人们任何时候都认为它已处于"准备好"的状态时，也可以采用无条件传送方式。

（2）查询方式　查询方式下，单片机需要 I/O 接口为外设提供状态和数据两个端口，单片机通过状态口查询外设"准备好"后就进行数据传送。查询式传送的优点是通用性好，硬件连线和查询程序十分简单，但是效率不是很高。为了提高单片机对外设的工作效率，通常采用中断传送 I/O 数据的方式。

（3）中断传送方式　中断传送方式是利用单片机本身的中断功能和 I/O 接口的中断功能来实现 I/O 数据的传送。采用中断方式可使单片机和外设并行工作。单片机只有在外设准备好后才中断主程序，而进入外设的中断服务程序，中断服务完成后又返回主程序继续执行。因此，采用中断方式可以大大提高单片机的工作效率。

9.3.4　可编程并行 I/O 芯片 8255A

8255A 是 Intel 公司生产的可编程的并行 I/O 接口芯片，它有 3 个 8 位的并行 I/O 接口，3 种工作方式，可通过编程改变其功能，因而使用灵活方便，通用性强，可作为单片机与多种外设连接时的中间接口电路。8255A 的引脚如图 9-20 所示。

（1）引脚说明　如图 9-20 所示，8255A 共有 40 个引脚，采用双列直插式封装，各引脚功能如下：

D7 ~ D0：三态双向数据线，与单片机数据总线连接，用来传送数据信息。

$\overline{\text{CS}}$：片选信号线，低电平有效，表示芯片被选中。

$\overline{\text{RD}}$：读出信号线，低电平有效，控制数据的读出。

$\overline{\text{WR}}$：写入信号线，低电平有效，控制数据的写入。

VCC：5V 电源。

PA7 ~ PA0：A 口输入/输出线。

PB7 ~ PB0：B 口输入/输出线。

PC7 ~ PC0：C 口输入/输出线。

RESET：复位信号线。

A1 ~ A0：地址线，用来选择 8255A 内部端口。

（2）内部结构　8255A 的内部结构如图 9-21 所示，其中包括 3 个并行数据输入/输出端口，两个工作方式控制电路，一个读/写控制逻辑电路和 8 位数据总线缓冲器。

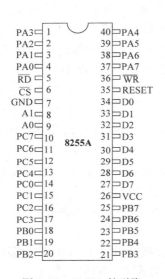

图 9-20　8255A 的引脚

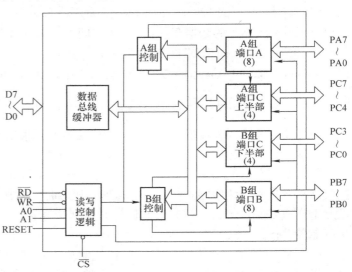

图 9-21　8255A 的内部结构

1）8255A 的 3 个 8 位并行口 PA、PB 和 PC，都可以选择作为输入或输出工作模式，但在功能和结构上有些差异。

PA 口：8 位数据输出锁存器和缓冲器，一个 8 位数据输入锁存器。

PB 口：8 位数据输出锁存器和缓冲器，一个 8 位数据输入缓冲器（输入不锁存）。

PC 口：8 位数据输出锁存器，一个 8 位数据输入缓冲器（输入不锁存）。

通常 PA 口、PB 口作为输入输出口，PC 口既可作为输入/输出口，也可在软件的控制下，分为两个 4 位的端口，作为端口 A、B 选通方式操作时的状态控制信号。

2）A 组和 B 组控制电路是两组根据 CPU 写入的"控制字"来控制 8255A 工作方式的控制电路。A 组控制 PA 口和 PC 口的上半部（PC7 ~ PC4）；B 组控制 PB 口和 PC 口的下半部（PC3 ~ PC0），并可根据"控制字"对端口的每一位实现按位"置位"或"复位"。

3）数据总线缓冲器是一个三态双向 8 位缓冲器，作为 8255A 与系统总线之间的接口，用来传送数据、指令、控制命令以及外部状态信息。

4）读/写控制逻辑电路接收 CPU 发来的控制信号 $\overline{CS}$、$\overline{RD}$、$\overline{WR}$、RESET、地址信号 A1 和 A0 等，然后根据控制信号的要求，将端口数据读出，送往 CPU，或者将 CPU 送来的数据写入端口。各端口的工作状态与控制信号的关系见表 9-6。

表 9-6　8255A 各端口工作状态与控制信号的关系

A1	A0	$\overline{RD}$	$\overline{WR}$	$\overline{CS}$	工作状态
0	0	0	1	0	A 口数据→数据总线（读端口 A）
0	1	0	1	0	B 口数据→数据总线（读端口 B）
1	0	0	1	0	C 口数据→数据总线（读端口 C）
0	0	1	0	0	数据总线→A 口（写端口 A）
0	1	1	0	0	数据总线→B 口（写端口 B）
1	0	1	0	0	数据总线→C 口（写端口 C）
1	1	1	0	0	数据总线→控制字寄存器（写控制字）
×	×	×	×	1	数据总线为三态
1	1	0	1	0	非法状态
×	×	1	1	0	数据总线为三态

（3）工作方式选择控制字及 C 口置位/复位控制字　8255A 有 3 种基本工作方式：方式 0，基本输入输出；方式 1，选通输入/输出；方式 2，双向传送。

1）3 种工作方式由写入控制字寄存器的方式控制字来决定。方式控制字的格式如图 9-22 所示。3 个端口中 C 口被分为两个部分，上半部分随 A 口称为 A 组，下半部分随 B 口称为 B 组。其中 A 口可工作于方式 0、1 和 2，而 B 口只能工作在方式 0 和 1。

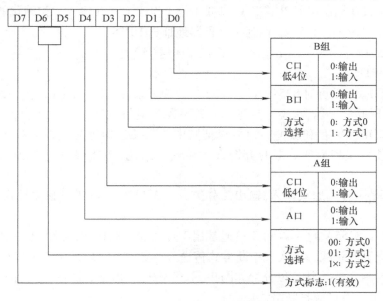

图 9-22　8255A 的方式控制字的格式

例如，写入工作方式控制字 95H，可将 8255A 编程为：A 口方式 0 输入，B 口方式 1 输出，C 口的上半部分（PC7～PC4）输出，C 口的下半部分（PC3～PC0）输入。

2）C口 8 位中的任一位，可用一个写入控制口的置位/复位控制字来对 C 口按位置 1 或清 0。这个功能主要用于位控。C 口按位置位/复位控制字的格式如图 9-23 所示。

例如，07H 写入控制口，PC3 置 1；08H 写入控制口，PC4 清 0。

（4）8255A 的 3 种工作方式

1）方式 0 是基本的输入/输出工作方式。在这种方式下，3 个端口都可以由程序设置为输入或者输出，没有固定的用于应答的联络信号。方式 0 基本功能如下：

① 具有两个 8 位端口（A，B）和两个 4 位端口（C 口的上半部分和下半部分）；

② 任何一个端口都可以设定为输入或者输出，各端口的输入、输出可构成 16 种组合；

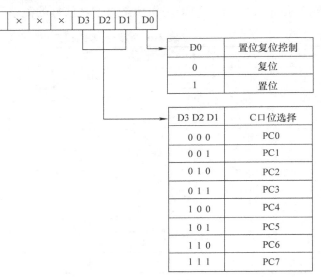

图 9-23　C 口按位置位/复位控制字的格式

③ 数据输出时锁存，输入时不锁存。

8255A 的 A 口、B 口和 C 口均可设定为方式 0，并可根据需要规定各端口为输入方式或输出方式。例如，设 8255A 的控制字寄存器地址为 0FF7FH（见图 9-29），则令 A 口和 C 口高 4 位工作在方式 0 输出以及 B 口和 C 口低 4 位工作于方式 0 输入，初始化的程序为

```
MOV DPTR, #0FF7FH      ;控制字寄存器地址送 DPTR
MOV A, #83H            ;方式控制字 83H 送（A）
MOVX @ DPTR, A         ;83H 送控制字寄存器
```

在方式 0 下，8051 可对 8255A 进行 I/O 数据的无条件传送，例如，读一组开关的状态，控制一组指示灯的亮、灭。实现这些操作，并不需要应答联络信号。外设的 I/O 数据可在 8255A 的各端口得到锁存和缓冲，也可以把其中的某几位指定为外设的状态输入位，CPU 对状态位查询便可实现 I/O 数据的查询方式传送。因此，8255A 的方式 0 属于基本输入/输出方式。

2）方式 1 是一种选通式输入/输出工作方式。A 口和 B 口皆可独立地设置成这种工作方式。

在方式 1 下，8255A 的 A 口和 B 口通常用于传送和它们相连外设的 I/O 数据，C 口用作 A 口和 B 口的应答联络线，以实现中断方式传送 I/O 数据。C 口的 PC7 ~ PC0 应答联络线是在设计 8255A 时规定的，其各位分配如图 9-24 和图 9-26 所示，图中，标有 I/O 各位仍可用作基本输入/输出，不作应答联络线用。

下面简单介绍方式 1 输入/输出时的应答联络信号和工作原理。

① 方式 1 输入：当任何一个端口按照工作方式 1 输入时，应答联络信号如图 9-24 所示，各应答联络信号的功能如下：

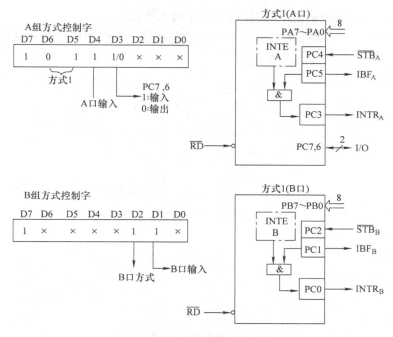

图 9-24　方式 1 输入联络信号

$\overline{STB}$：选通输入，低电平有效，是由输入设备送来的输入信号。

IBF：输入缓冲器满，高电平有效，表示数据已送入输入锁存器，它由$\overline{STB}$信号的下降沿置位，由$\overline{RD}$信号的上升沿复位。

INTR：中断请求信号，高电平有效，由 8255A 输出，向 CPU 发中断请求。

INTE A：口中断允许信号，由 PC4 的置位/复位来控制，INTE B 由 PC2 的置位/复位来控制。

下面以 A 口的方式 1 输入为例（A 口方式 1 输入工作示意图见图 9-25），介绍方式 1 输入的工作过程以及各控制联络信号的功能。当输入设备输入一个数据并送到 PA7 ~ PA0 上时，输入设备自动在选通输入线$\overline{STB}_A$上发送一个低电平选通信号。

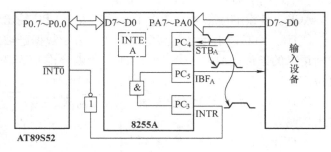

图 9-25　A 口方式 1 输入工作示意图

8255A 收到$\overline{STB}_A$上负脉冲后自动做两件事：一是把 PA7 ~ PA0 上输入数据存入 A 口的输入数据缓冲/锁存器；二是使输入缓冲器输出线 IBF_A 变为高电平，以通知输入设备 8255A 的 A 口已收到它送来的输入数据。

8255A 同时检测到$\overline{STB}_A$变为高电平、IBF_A 为高电平时使 $INTR_A$ 变为高电平，向 CPU 发出中断请求。

CPU 响应中断后，可以通过中断服务程序从 A 口的"输入数据缓冲/锁存器"读取输入设备送来的输入数据。当输入数据被 CPU 读走后，8255A 撤销 $INTR_A$ 上中断请求，并使

IBFA变为低电平,以通知输入设备可以送下一个输入数据。

② 当任何一个端口按照工作方式 1 输出时,应答联络信号如图 9-26 所示,各联络信号的功能如下:

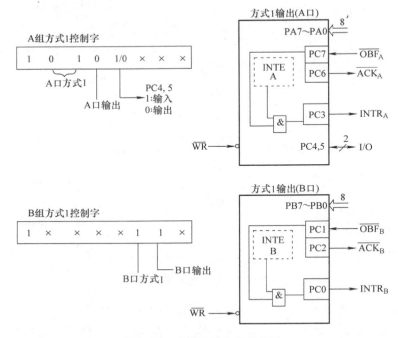

图 9-26　方式 1 输出联络信号

$\overline{OBF}$:输出缓冲器满信号,低电平有效,是 8255A 输出给输出设备的联络信号。表示 CPU 已把输出数据送到指定端口,外设可以将数据取走。它由 $\overline{WR}$ 信号的上升沿置 0(有效),由 $\overline{ACK}$ 信号的下降沿置 1(无效)。

$\overline{ACK}$:外设响应信号,低电平有效,表示 CPU 输出给 8255A 的数据已由输出设备取走。

INTR:中断请求信号,高电平有效,表示数据已被外设取走,请求 CPU 继续输出数据。中断请求的条件是 $\overline{ACK}$、$\overline{OBF}$ 和 INTE(中断允许)为高电平,中断请求信号由 $\overline{WR}$ 的下降沿复位。

INTE A:由 PC6 的置位/复位来控制。

INTE B:由 PC2 的置位/复位来控制。

图 9-27 为 B 口工作于方式 1 输出下的工作示意图。

B 口在方式 1 输出的工作过程如下:

8051 可以通过 MOVX @ Ri,

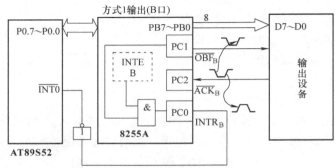

图 9-27　B 口工作于方式 1 选通输出的示意图

A 指令把输出数据送到 B 口的输出数据锁存器,8255A 收到后便令输出缓冲器满引脚线

$\overline{OBF_B}$（PC1）变为低电平，以通知输出设备输出数据已到达 B 口的 PB7 ~ PB0 上。

输出设备收到 $\overline{OBF_B}$ 上低电平后做两件事：一是从 PB7 ~ PB0 上取走输出数据；二是使 $\overline{ACK_B}$ 线变为低电平，以通知 8255A 输出设备已收到输出数据。

8255A 从回答输入线 $\overline{ACK_B}$ 收到低电平后就对 $\overline{OBF_B}$、$\overline{ACK_B}$ 和中断允许触发器 Q_{INTEB} 状态进行检测，若它们皆在高电平，则 $INTR_B$ 变为高电平而向 CPU 请求中断。

CPU 响应 $\overline{INT0}$ 上中断请求后便可通过中断服务程序把下一个输出数据送到 B 口的输出数据锁存器，并重复上述过程，完成下一个数据的输出。

3）方式 2 只有 A 口才能设定。图 9-28 为方式 2 下的工作过程示意图。在方式 2 下，PA7 ~ PA0 为双向 I/O 总线。当作为输入总线使用时，PA7 ~ PA0 受 $\overline{STB_A}$ 和 IBF_A 控制，其工作过程和方式 1 输入时相同；当作为输出总线使用时，PA7 ~ PA0 受 $\overline{OBF_A}$ 和 $\overline{ACK_A}$ 控制，其工作过程和方式 1 输出时相同。

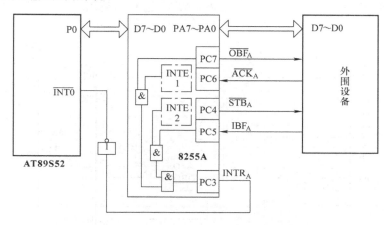

图 9-28　A 口在方式 2 下的工作示意图

（5）8051 单片机和 8255A 的接口　图 9-29 是 AT89S52 单片机扩展一片 8255A 的电路图。图中，74LS373 是地址锁存器，8255A 的地址线 A1、A0 经 74LS373 接于 P0.1、P0.0；片选端 $\overline{CS}$ 经 74LS373 与 P0.7 接通，其他地址线悬空；8255A 的控制线 $\overline{RD}$、$\overline{WR}$ 直接接于 AT89S52 的 $\overline{RD}$、$\overline{WR}$ 端；数据线 D0 ~ D7 接于 P0.0 ~ P0.7。

图 9-29 中 8255A 只有 3 根线接于地址线。片选 $\overline{CS}$、地址选择端 A1、A0 分别接于 P0.7、P0.1、P0.0，其他地址线悬空。显然，只要保证 P0.7 为低电平时，选中该 8255A，若 P0.1、P0.0 再为"00"选中 8255A 的 A 口，同理 P0.1、P0.0 为"01""10""11"分别选中 B 口、C 口及控制口。若地址用 16 位表示，其他无用端全设为"1"，则 8255A 的 A、B、C 及控制口地址分别可为

FF7CH、FF7DH、FF7EH、FF7FH

如果无用位取为"0"，则 4 个地址为 0000H、0001H、0002H、0003H，只要保证 $\overline{CS}$、A1、A0 的状态，与无用位状态无关。掌握了确定地址的方法，使用者可灵活选择 8255A 的地址。

在实际的应用系统中，必须根据外设的类型选择 8255A 的操作方式，并在初始化程序中把相应控制字写入控制口。下面根据图 9-29，举例说明 8255A 的编程方法。

如要求 8255A 工作在方式 0，且 A 口作为输入，B 口、C 口作为输出，则程序如下：

```
MOV A，#90H              ；A 口方式 0 输入，B 口、C 口输出的方式控制字
                                →A
MOV DPTR，#0FF7FH        ；控制寄存器地址→DPTR
MOVX @ DPTR，A           ；方式控制字→控制寄存器
MOV DPTR，#0FF7CH        ；A 口地址→DPTR
MOVX A，@ DPTR           ；从 A 口读数据
MOV DPTR，#0FF7DH        ；B 口地址→DPTR
MOV A，#DATA1            ；要输出的数据 DATA1→A
MOVX @ DPTR，A           ；将 DATA1 送 B 口输出
MOV DPTR，#0FF7EH        ；C 口地址→DPTR
MOV A，#DATA2            ；DATA2→A
MOVX @ DPTR，A           ；将 DATA2 送 C 口输出
```

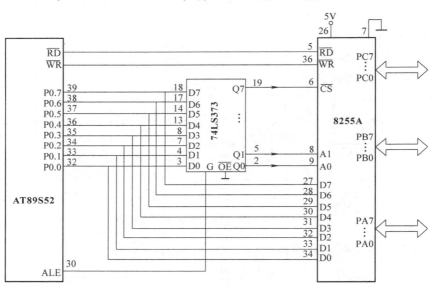

图 9-29　AT89S52 与 8255A 接口电路

8255A 的 C 口 8 位中的任一位，均可用指令来置位或复位。例如，如果想把 C 口的 PC5 置 1，相应的控制字为 00001011B = 0BH（关于 8255A 的 C 口置位/复位的控制字说明参见图 9-23），程序如下：

```
MOV DPTR，# FF7FH        ；控制口地址→DPTR
MOV A，#0BH              ；控制字→A
MOVX @ DPTR，A           ；控制字→控制口，PC5 = 1
```

如果想把 C 口的第 6 位 PC5 复位，相应的控制字为 00001010B = 0AH，程序如下：

```
MOV DPTR，#0FF7FH        ；控制口地址→DPTR
MOV A，#0AH              ；控制字→A
MOVX @ DPTR，A           ；控制字送到控制口 PC5 = 0
```

下面举例说明 8255A 在控制中的应用。

例9.2   图 9-30 是 AT89S52 扩展 8255A 与打印机接口的电路。8255A 的片选线为 P0.7，打印机与 AT89S52 采用查询方式交换数据。打印机的状态信号输入给 PC7，打印机忙时 BUSY = 1，打印机的数据输入采用选通控制，当 $\overline{STB}$ 出现负跳变时数据被打入，要求编写向打印机输出 80 个数据的程序。设 8255A 的 A、B、C 和控制寄存器的口地址分别为 7CH、7DH、7EH 和 7 FH。

8255A 的方式 1 中 $\overline{OBF}$ 为低电平有效，而打印机 $\overline{STB}$ 要求下降沿选通。所以 8255A 采用方式 0，由 PC0 模拟产生 $\overline{STB}$ 信号。因 PC7 输入，PC0 输出，则方式选择命令字为 10001110B = 8EH。

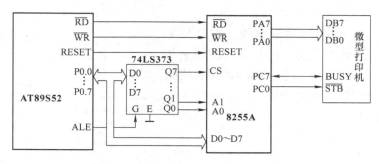

图 9-30   AT89S52 扩展 8255A 与打印机接口的电路

自内部 RAM 20H 单元开始向打印机输出 80 个数据的程序如下：

```
        MOV   R0, #7FH          ; R0 指向控制口
        MOV   A, #8EH           ; 方式控制字为 8EH
        MOVX  @R0, A            ; 送方式控制字
        MOV   R1, #20H          ; 送内部 RAM 数据块首地址至指针 R1
        MOV   R2, #50H          ; 置数据块长度
LP:     MOV   R0, #7EH          ; R0 指向 C 口
LP1:    MOVX  A, @R0           ; 读 PC7 连接 BUSY 状态
        JB    ACC. 7, LP1       ; 查询等待打印机
        MOV   R0, #7CH          ; 指向 A 口
        MOV   A, @R1           ; 取 RAM 数据
        MOVX  @R0, A           ; 数据输出到 8255A 口锁存
        INC   R1               ; RAM 地址加 1
        MOV   R0, #7FH          ; R0 指向控制口
        MOV   A, #00H          ; PC 复位控制字
        MOVX @R0, A            ; PC0 = 0，产生 STB 下降沿
        MOV   A, #01H          ; PC0 置位控制字
        MOVX @R0, A            ; PC0 = 1 产生 STB 的上升沿
        DJNZ  R2, LP           ; 未完，则反复
        …
```

9.3.5 可编程并行 I/O 芯片 8155

1. 8155 芯片介绍

8155（81C55）是 Intel 公司生产的可编程接口芯片，具有 40 个引脚，与 8255 相比，8155 具有更强的功能，可以扩展单片机的 I/O 口、定时器、外部数据存储器 RAM，是单片机嵌入式系统中广泛使用的 I/O 接口芯片。

（1）引脚说明　如图 9-31 所示，8155 共有 40 个引脚，采用双列直插式 DIP 封装，各引脚功能如下：

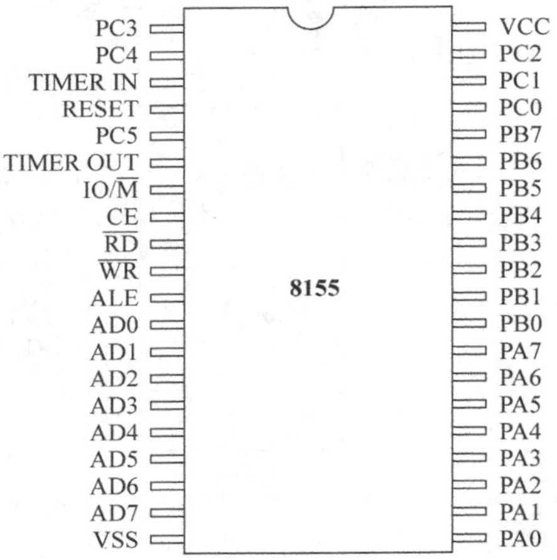

AD7 ~ AD0：三态地址/数据总线，直接与单片机的低 8 位地址/数据总线（P0）相连，用来传送地址、数据、命令与状态信息。作为地址总线时将根据输入的 IO/$\overline{M}$ 信号状态决定是存储器的 8 位地址还是端口地址；作为数据总线时由控制信号 $\overline{WR}$ 和 $\overline{RD}$ 来决定数据是写入还是读出。

RESET：复位信号输入端，高电平有效，芯片复位后，3 个 I/O 端口均被置为输入工作方式。

$\overline{CE}$：片选信号线，低电平有效，表示 8155 芯片被选中。

$\overline{RD}$：读出信号线，低电平有效，用来读出 8155 的 I/O 端口数据、状态寄存器的状态信息或 8155 的 RAM 中某单元内容的读控制信号。

图 9-31　8155 的引脚

$\overline{WR}$：写入信号线，低电平有效，用来向 8155 的 I/O 端口、命令寄存器、定时/计数器端口或 RAM 某单元写入数据的写控制信号。

IO/$\overline{M}$：8155 的 RAM 存储器和端口选择线。当 IO/$\overline{M}$ = 0 时，选中 8155 的片内 RAM，AD0 ~ AD7 上的地址信号为 8155 中 RAM 单元的地址（FFH ~ 00H）；当 IO/$\overline{M}$ = 1 时，选中 8155 的片内 3 个端口及命令/状态寄存器和定时器/计数器。

ALE：地址锁存信号。与单片机的 ALE 端相连，在 ALE 的下降沿将 P0 口输出的低 8 位地址信息锁存到 8155 内总的地址锁存器中。因此，单片机与 8155 连接时，无需外接锁存器。

PA0 ~ PA7：8 位输入/输出线，用于传送 A 口上的外设数据，数据传送方向由写入 8155 的控制字决定。

PB7 ~ PB0：8 位输入/输出线，用于传送 B 口上的外设数据，数据传送方向由写入 8155 的控制字决定。

PC5 ~ PC0：6 位数据/控制线，在基本 I/O 方式下，用作传送 I/O 数据；在选通 I/O 方式下，用作 A、B 口的控制信号线。

TIMER IN：定时器/计数器的脉冲输入线，输入脉冲对 8155 内部的 14 位计数器进行减 1 操作。

TIMER OUT：定时器/计数器的输出线，当计数器减为 0 时，在该引线上输出脉冲或方波，输出脉冲或方波与所选定的定时器/计数器工作方式有关。

（2）内部结构　8155 的内部结构如图 9-32 所示，它主要由以下三部分构成：

1）I/O 接口：两个可编程的 8 位并行 I/O 端口 A、端口 B（A 口：PA0 ～ PA7，B 口：PB0 ～ PB7）和一个可编程的 6 位并行 I/O 端口 C（C 口：PC5 ～ PC0）。

2）RAM 存储器：256B 的静态 RAM。

3）定时器/计数器：一个 14 位二进制减法计数器，可以用于定时、计数或分频。

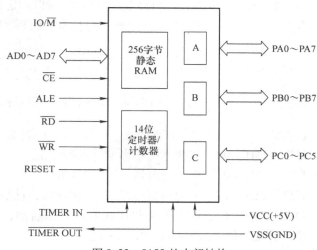

图 9-32　8155 的内部结构

4）命令/状态寄存器：命令/状态寄存器共用一个端口地址，命令寄存器只能写入，状态寄存器只能读出。

（3）8155 端口及 RAM 单元地址编码　在 8051 单片机应用中，8155 的片选线信号作为最高地址位参与编址。当 $\overline{CE}=0$，$IO/\overline{M}=0$ 时，8155 只能作片外 RAM 使用，其 RAM 的低 8 位地址范围为 FFH ～ 00H；当 $\overline{CE}=0$，$IO/\overline{M}=1$ 时，选中 8155 内部的 6 个端口，此时对 3 个 I/O 端口、命令/状态寄存器和定时/计数器进行操作，需要 8051 单片机低 8 位地址中的 A2 ～ A0 不同组合的编码来加以区分，8155 端口低 8 位地址由 AD7 ～ AD0 确定。

假设将 8051 单片机低 8 位地址（A7 ～ A0）中的无关地址位置 1，端口地址及 RAM 地址编码见表 9-7。

表 9-7　8155 的 6 个端口及 RAM 地址分配

控制信号线		AD7 ～ AD0								所选端口及其低 8 位地址（地址无关位置 1）
$\overline{CE}$	$IO/\overline{M}$	A7	A6	A5	A4	A3	A2	A1	A0	
0	1	×	×	×	×	×	0	0	0	命令/状态寄存器（F8H）
0	1	×	×	×	×	×	0	0	1	端口 A（F9H）
0	1	×	×	×	×	×	0	1	0	端口 B（FAH）
0	1	×	×	×	×	×	0	1	1	端口 C（FBH）
0	1	×	×	×	×	×	1	0	0	定时器/计数器的低 8 位寄存器（FCH）
0	1	×	×	×	×	×	1	0	1	定时器/计数器的低 6 位寄存器（FDH）
0	0	×	×	×	×	×	×	×	×	RAM 单元（FFH ～ 00H）

2. 8155 I/O 端口的工作方式

8155 的 A 口、B 口可工作于基本 I/O 方式或选通 I/O 方式。C 口可工作于基本 I/O 方式，或作为 A 口、B 口在选通工作方式时的状态控制信号线。

（1）8155 控制字格式　8155 芯片的 I/O 端口和定时器/计数器的工作方式通过对 8155 的命令寄存器写入控制字来实现。命令寄存器的控制字格式如图 9-33 所示。

AD7	AD6	AD5	AD4	AD3	AD2	AD1	AD0
TM2	TM1	IEB	IEA	PC2	PC1	PB	PA

图 9-33　8155 命令寄存器的控制字格式

1）TM2（D7）、TM1（D6）位：设置定时器/计数器的操作。

TM2、TM1 = 00：空操作，不影响计数操作。

TM2、TM1 = 01：停止定时器/计数器计数。

TM2、TM1 = 10：若定时器/计数器正在计数，计数长度减为 0 时停止计数。

TM2、TM1 = 11：装入方式和计数值后立即启动，若定时器/计数器正在运行，则达到计数值后，按新的方式和计数初值予以启动。

2）IEB（D5）、IEA（D4）位：确定端口 B、端口 A 以选通输入/输出方式工作时是否允许中断请求。"0"—禁止，"1"—允许。

3）PC2（D3）、PC1（D2）位：设置端口 A、B、C 的工作方式。

PC2、PC1 = 00：方式 1，A 口、B 口作为基本输入/输出，C 口作为输入。

PC2、PC1 = 11：方式 2，A 口、B 口作为基本输入/输出，C 口作为输出。

PC2、PC1 = 01：方式 3，A 口作为选通输入/输出、B 口作为基本输入/输出，PC0 作为 A 口中断信号线（AINTR），PC1 作为 A 口缓冲器满信号线（ABF），PC2 作为 A 口选通信号线（$\overline{ASTB}$），PC5 ~ PC3 作为输出。

PC2、PC1 = 10：方式 4，A 口、B 口作为选通输入/输出，PC0 作为 A 口中断信号线（AINTR），PC1 作为 A 口缓冲器满信号线（ABF），PC2 作为 A 口选通信号线（$\overline{ASTB}$）；PC3 作为 B 口中断信号线（BINTR），PC4 作为 B 口缓冲器满信号线（BBF），PC5 作为 B 口选通信号线（$\overline{BSTB}$）。

4）PB（D1）：设置端口 B 的输入/输出工作方式。"0"—输入方式，"1"—输出方式。

5）PA（D0）：设置端口 A 的输入/输出工作方式。"0"—输入方式，"1"—输出方式。

（2）8155 状态字格式　8155 芯片的 8 位状态寄存器用于锁存 A 口、B 口和定时器/计数器的状态标志。状态寄存器与命令寄存器共用一个端口地址，内容只能读出不能写入。状态寄存器的格式如图 9-34 所示。

D7	D6	D5	D4	D3	D2	D1	D0
—	TIMER	INTEB	BBF	INTRB	INTEA	ABF	INTRA

图 9-34　8155 状态寄存器格式

1）D7：最高位可为任意位。

2）TIMER（D6）位：定时器/计数器中断标志。"0"—读状态寄存器或硬件复位后，"1"—定时器/计数器溢出，中断发生。

3）INTEB（D5）位：端口 B 允许中断标志。"0"—禁止，"1"—允许。

4）BBF（D4）：端口 B 缓冲器状态标志。"0"—缓冲器空，"1"—缓冲器满。

5）INTRB（D3）位：端口 B 中断请求标志。"0"—外部无中断请求，"1"—外部有中断请求。

6）INTEA（D2）位：端口 A 允许中断标志。"0"—禁止，"1"—允许。

7）ABF（D1）：端口 A 缓冲器状态标志。"0"—缓冲器空，"1"—缓冲器满。

8）INTRA（D0）位：端口 A 中断请求标志。"0"—外部无中断请求，"1"—外部有中断请求。

（3）8155 工作方式　8155 芯片可工作于存储器方式和 I/O 方式。

1）存储器方式。$\overline{CE}=0$，$IO/\overline{M}=0$，8155 芯片工作于存储器方式，此时对 8155 片内 RAM 的 256B 个存储单元进行读/写操作，8051 单片机可通过 AD7 ~ AD0 的地址选择 RAM 存储器中的任意单元进行读或写。

2）I/O 口方式。$\overline{CE}=0$，$IO/\overline{M}=1$，8155 芯片工作于 I/O 方式，I/O 方式分为基本输入/输出和选通输入/输出两种方式。在 I/O 方式下，8155 可选择片内 6 个端口中的任意一个进行读/写，端口地址由 A2、A1 和 A0 三位决定。

① 基本 I/O 方式。端口 A、端口 B 和端口 C 均用作通用输入/输出，通过设置控制字决定。例如，若 8155 命令寄存器写入 00000010B = 02H 的控制字，则 8155 的 A 口设定为输入方式，B 口和 C 口设定为输出方式。

② 选通 I/O 方式。端口 A 和端口 B 作为数据口，独立工作于选通方式，此时端口 C 用作端口 A 和端口 B 的应答联络信号控制。

选通 I/O 方式又可分为选通 I/O 数据输入和选通 I/O 数据输出两种方式。

在选通 I/O 数据输入方式下，端口 A 和端口 B 都可设定为选通数据输入工作方式。若设置控制字中 D0（PA）= 0 且 D3（PC2）、D2（PC1）= 01（工作方式 3）或 10（工作方式 4），则 A 口设置为该工作方式；若控制字 D1（PB）= 0 且 D3（PC2）、D2（PC1）= 10（工作方式 4），则 B 口设定为该工作方式。以端口 A 为例，说明 8155 选通 I/O 数据输入工作过程。端口 A 选通数据输入方式工作过程示意图如图 9-35 所示。

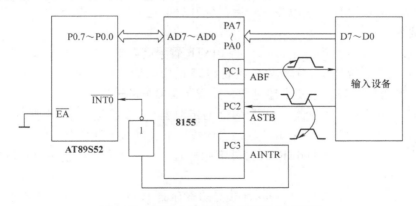

图 9-35　端口 A 选通 I/O 数据输入示意图

图 9-35 中，$\overline{ASTB}$ 与 ABF 作为一对应答联络信号，数据输入工作过程如下：

● 当输入设备向 8155 芯片的端口 A 发送一个数据时，输入设备自动在$\overline{\text{ASTB}}$引脚上向 8155 发送一个低电平信号。

● 8155 芯片接收到$\overline{\text{ASTB}}$低电平信号后，把输入的数据存入到端口 A 的输入/输出数据缓冲/锁存器，然后使输出应答线 ABF 变为高电平，通知输入设备端口 A 已收到数据。

● $\overline{\text{ASTB}}$由低电平变为高电平，AINTR 被置为高电平，向单片机发出中断请求。

● 如果单片机中断允许，则单片机响应 8155 的中断请求后，读取端口 A 的输入数据。当输入数据被单片机读走后，8155 撤销 AINTR 上的中断请求，并使 ABF 变为低电平，通知输入设备可以传送下一个输入数据。

在选通 I/O 数据输出方式下，端口 A 和端口 B 都可设定为选通数据输出工作方式。若设置控制字中 D0(PA) = 1 且 D3(PC2)、D2(PC1) = 01（工作方式 3）或 10（工作方式 4），则 A 口设置为该工作方式；若控制字 D1(PB) = 1 且 D3(PC2)、D2(PC1) = 10（工作方式 4），则 A 口设定为该工作方式。以端口 B 为例，说明 8155 选通 I/O 数据输出工作过程，其工作过程示意图如图 9-36 所示。

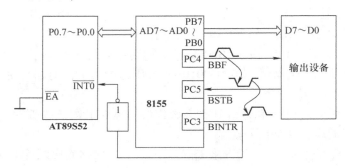

图 9-36　端口 B 选通 I/O 数据输出示意图

图 9-35 中，$\overline{\text{BSTB}}$与 BBF 作为一对应答联络信号，数据输出工作过程如下：

● 单片机向 8155 端口 B 发送数据，8155 接收后置 BBF 高电平，通知输出设备数据已在端口 B 的 PB7 ~ PB0 上。

● 输出设备接收到 BBF 高电平信号后，从 B 口取走数据，并置$\overline{\text{BSTB}}$ = 0，通知 8155 输出设备已收到数据。

● $\overline{\text{BSTB}}$由低电平变为高电平，8155 将 BINTR 置为高电平，向单片机发出中断请求。

● 如果单片机中断允许，则单片机响应 8155 的中断请求后，便可通过中断服务程序把下一个输出数据送到 A 口。重复上述过程，完成所有数据的输出。

（4）8155 的定时器/计数器　8155 内部的定时器/计数器是一个 14 位的减法计数器，它对 TIMER IN 端输入脉冲进行减 1 计数，当计数结束（即减 1 计数至"0"）时，由 TIMER OUT 端输出方波或脉冲。当 TIMER IN 接外部脉冲时，为计数方式；连接单片机振荡时钟信号时，为定时方式。

定时器/计数器由两个 8 位定时器/计数器的寄存器 T_H 和 T_L 构成，T_L 的 8 位和 T_H 的低 6 位组成 14 位 – 1 计数器，T_H 剩下的高 2 位（M1、M2）用于定义输出方式。其格式如图9-37 所示。

图 9-37 中，T13 ~ T0 为计数器的计数位；M2、M1 用于设置 8155 定时器/计数器的 4 种

	D7	D6	D5	D4	D3	D2	D1	D0
T_L(04H)	T7	T6	T5	T4	T3	T2	T1	T0
	D7	D6	D5	D4	D3	D2	D1	D0
T_H(05H)	M2	M1	T13	T12	T11	T10	T9	T8

图 9-37 8155 计数器寄存器格式

工作方式,其对应的引脚输出波形如图 9-38 所示。

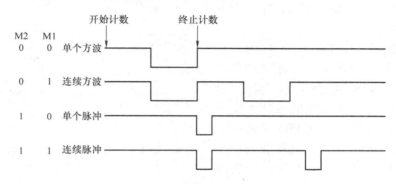

图 9-38 8155 计数器工作方式及其引脚输出波形

使用 8155 的定时器/计数器时,首先设置其工作方式和计数初值,然后启动定时器/计数器,启动和停止定时器/计数器都是通过设置控制字来实现的。

启动定时器/计数器的步骤为:

1) 根据要求确定计数初值,即确定 14 位减法计数器的计数初值。

2) 设置定时器/计数器工作方式并按先高 8 位后低 8 位顺序将计数初值写入计数寄存器。

3) 向命令寄存器最高两位 TM2(D7)、TM1(D6)写入 11,启动定时器/计数器。

停止定时器/计数器工作的方法为:

1) 向命令寄存器最高两位 TM2(D7)、TM1(D6)写入 01,使定时器/计数器立即停止计数。

2) 向命令寄存器最高 TM2(D7)、TM1(D6)写入 10,定时器/计数器溢出时自动停止计数。

3. 8051 单片机与 8155 的接口及应用

8155 芯片可以直接与 8051 单片机总线连接,接口电路如图 9-39 所示。同 8255 与 8051 单片机接口电路比较,由于 8155 内部有地址锁存器,所以 8155 的接口电路不需要通过 74LS373 芯片连接,单片机 P0 口直接与 8155 的 AD7 ~ AD0 相连,既可作为低 8 位地址总线,又可作为数据总线。但 8155 的地址锁存信号 ALE 引脚需要与单片机的 ALE 引脚连接。

图 9-39 中,8155 的片选信号 $\overline{CE}$ 为最高位地址线与单片机 P2.7 相连,8155 的 RAM 存储器和端口选择线 IO/$\overline{M}$ 与 P2.0 相连。当 P2.7 = 0,P2.0 = 0 时,则访问 8155 的片内 RAM;当 P2.7 = 0,P2.0 = 1 时,则访问 8155 端口。根据图 9-38 可知,假设 8155 未用的无关地址位置为 1,则 8155 的命令/状态寄存器口地址为 7FF8H,端口 A、端口 B 和端口 C 地

址分别为 7FF9H、7FFAH 和 7FFBH，RAM 地址空间范围为 7E00H～7EFFH，定时器/计数器低 8 位和高 8 位地址分别为 7FFCH 和 7FFDH。

下面举例说明 8155 在单片机嵌入式系统中的应用。

例 9.3　图 9-40 是 AT89S52 扩展 8155 与微型打印机接口的电路。编写打印一个字符 "A" 的程序。

分析：图 9-40 中，BUSY 与 $\overline{STB}$ 为一对一应答联络信号。BUSY = 1，表示微型打印机忙；当单片机检测到 P3.2 为 "0"，即 BUSY = 0 时，单片机向 8155 的端口 A 发送 "A" 的 ASCII 码字符，并向 PB0 发送一个负跳变，微型打印机 $\overline{STB}$ 输入端接收到负跳变信号，将 8155 的 PA7～PA0 输出的数据锁存并打印。

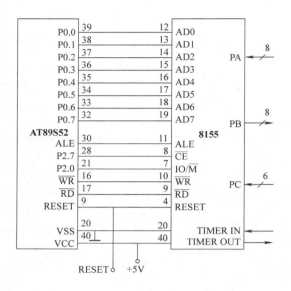

图 9-39　AT89S52 与 8155 接口电路

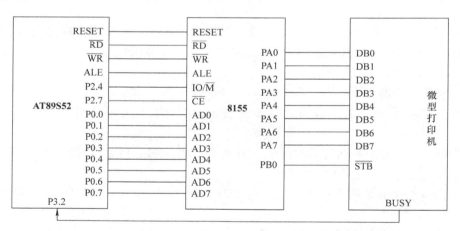

图 9-40　AT89S52 扩展 8155 与微型打印机接口的电路

图 9-40 中，8155 的 $\overline{CE}$ 片选端与 P2.7 连接，IO/$\overline{M}$ 与 P2.4 连接，则 8155 命令寄存器地址为 1000H（假设 8155 未用的无关地址位置为 0），端口 A 地址为 1001H，端口 B 地址为 1002H，端口 A、端口 B 均为输出状态，微型打印机 "BUSY" 信号采用查询方式识别，控制字：03H；PC2(D3)、PC1(D2) = 00：方式 1；PB(D1) = PA(D0) = 1，端口 A、端口 B 为基本输出方式。

```
START:    MOV     DPTR,#1000H    ;命令寄存器地址值送入 DPTR
          MOV     A,#03H         ;方式控制字为 03H
          MOVX    @DPTR,A        ;送方式控制字
WAIT:     JB      P3.2,WAIT      ;查询 BUSY，若 BUSY = 1，等待
```

```
        INC    DPTR              ; DPTR 地址指针指向端口 A
        MOV    A, #' A'          ; "A" 的 ASCII 码字符代码送入累加器
        MOVX   @ DPTR, A         ; 端口 A 锁存输出 "A" 字符
        INC    DPTR              ; DPTR 地址指针指向端口 B
        MOV    A, #0
        MOVX   @ DPTR, A         ; 向 PB0 发送一个选通信号
        NOP
        NOP                      ; 微型打印机锁存 "A" 并开始打印
        MOV    A, #1
        MOVX   @ DPTR, A         向 PB0 输出高电平, 产生一个负脉冲信号
        RET
```

9.3.6 用串行口扩展并行 I/O 口

在 8051 单片机应用系统中, 如果串行口不作它用, 则可用来扩展并行 I/O 口, 这种方法不会占用片外 RAM 的地址, 而且会节省单片机的硬件开销, 但操作速度较慢。在第 8 章的习题中已向读者介绍了用 74164 扩展并行输出的方法驱动 7 段 LED, 下面介绍用 74LS165 扩展输入口的方法。

图 9-41 是利用 3 根口线扩展为 16 根输入口线的实用电路。从理论上讲, 利用这种方法可以扩展更多的输入口, 但扩展得越多, 口的操作速度越低。

74LS165 是 8 位并行置入移位寄存器, 当移位/置入 ($S/\overline{L}$) 由高到低跳变时, 数据被置入寄存器; 当 $S/\overline{L}=1$ 且时钟禁止端 (第 15 引脚) 为低电平时, 允许时钟输入, 这时在时钟脉冲的作用下, 数据将由 SIN 向 Q_H 方向移位。

图 9-41 中, TXD (P3.1) 作为移位脉冲输出端与所有 74LS165 的移位脉冲输入端 CLK 相连; RXD (P3.0) 作为串行输入端与 74LS165 的串行输出端 Q_H 相连; P1.0 用来控制 74LS165 的移位与置入而同 $S/\overline{L}$ 相连; 74LS165 的时钟禁止端 (第 15 引脚) 接地, 表示允许时钟输入。当扩展多个 8 位输入口时, 两芯片的首尾 (Q_H 与 SIN) 相连。

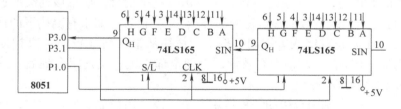

图 9-41 利用串行口扩展输入口

下面的程序是从 16 位扩展口读入 5 组数据 (每组两个字节), 并把它们转存到内部 RAM 20H 开始的单元中。

```
        MOV R7, #05H              ; 设置读入组数
        MOV R0, #20H              ; 设置内部 RAM 数据区首址
START: CLR P1.0                   ; 并行置入数据 S/L̄ = 0
```

```
            SETB P1. 0                   ; 允许串行移位，S/L̄ = 1
            MOV R1, #02H                 ; 设置每组字节数，即外扩 74LS165 的个数
RXDATA: MOV SCON, #00010000B             ; 设串行口方式 0，允许接收，启动接收过程
WAIT: JNB RI, WAIT                       ; 未接收完一帧，循环等待
            CLR RI                       ; 清 RI 标志，准备下次接收
            MOV A, SBUF                  ; 读入数据
            MOV @ R0, A                  ; 送至 RAM 缓冲区
            INC R0                       ; 指向下一个地址
            DJNZ R1, RXDATA              ; 未读完一组数据，继续
            DJNZ R7, START               ; 5 组数据未读完重新并行置入
            ……                          ; 对数据进行处理
```

上面的程序对串行接收过程采用的是查询等待的控制方式，如有必要，也可改用中断方式。

9.4　键盘与显示器接口

9.4.1　键盘接口

键盘实际上是由排列成矩阵形式的一系列按键开关组成，用户通过键盘可以向 CPU 输入数据、地址和命令。

键盘按其结构形式可分为编码式键盘和非编码式键盘两类。单片机系统中普遍使用非编码式键盘，实际应用中这类键盘需要解决键的识别与键的抖动消除、键的保护等问题。

图 9-42 给出了采用 8255A 接口芯片构成的 4×8 键盘的接口电路，其中 A 口为输出，作为列线；C 口为输入，作为行线。当所有的键没有被按下时，C 口输入均为高；若某列线为低，恰好该列上有键被按下，则键所在的行线为低。CPU 就是据此原理来识别哪一个键被按下的。对非编码键盘来说键盘识别按键的方法有两种：一种是扫描法，另一种是线反转法。

1）扫描法的原理是，CPU 逐列（行）线发出低电平信号，如果该列线所连接的键没有按下的话，则行（列）线所接的端口得到的是全"1"信号，如果有键按下的话，则得到非全"1"信号。为了防止双键或多键同时按下，往往从第 0 列（行）一直扫描到最后 1 列（行），若只发现一个闭合键，则为有效键，否则全部作废。找到闭合键后，读入相应的键值，再转至相应的键处理程序。

2）线反转法也是识别闭合键的一种常用方法，该法比扫描法的速度快，但在硬件上要求行线与列线外接上拉电阻。先将行线作为输出线，列线作为输入线，行线输出全"0"信号，读入列线的值，然后将行线和列线的输入/输出关系互换，并且将刚才读到的列线值从列线所接的端口输出，再读取行线的输入值。那么在闭合键所在的行线上值必为 0。这样，当一个键被按下时，必定可读到一对唯一的行列值。

下面给出相应于图 9-42 的汇编语言的行扫描法键扫描程序。

汇编语言有 3 个子程序：KS1 为判键闭合的子程序，有键闭合时（A）≠0；T12ms 延时子程序，执行一遍的时间约 12ms。程序执行后，若键闭合，键值存入（A）中，键值的

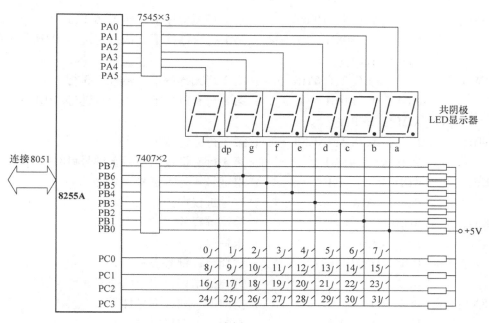

图 9-42　8255A 扩展的 I/O 口组成的行列式键盘

计算公式是：键值 = 行首键号 + 列号；若无键闭合，则（A）= 0FFH。

```
            PA8255    EQU   7FFCH         ; 8255A 的 A 口地址
            PB8255    EQU   7FFDH         ; 8255A 的 B 口地址
            PC8255    EQU   7FFEH         ; 8255A 的 C 口地址
            CC8255    EQU   7FFCH         ; 8255A 的控制口地址
KEY1：      ACALL   KS1                   ; 调用判断有无键按下子程序
            JNZ     LK1                   ; 有键按下时，（A）≠0 转抖动消除延时
            AJMP    KEY1                  ; 无键按下返回
LK1：       ACALL   T12ms                 ; 调 12ms 延时子程序
            ACALL   KS1                   ; 查有无键按下，若有则为键真实按下
            JNZ  LK2                      ; 键按下（A）≠0 转逐列扫描
            AJMP    KEY1                  ; 不是键按下返回
LK2：       MOV   R2，#0FEH               ; 首列扫描字入 R2
            MOV   R4，#00H                ; 首列号入 R4
LK4：       MOV   DPTR，# PB8255          ; 列扫描字送至 8255PB 口
            MOV   A，R2
            MOVX   @ DPTR，A
            INC   DPTR                    ; 指向 8255PC 口
            MOVX   A，@ DPTR              ; 8255PC 口读入行状态
            JB   ACC.0，LONE              ; 第 0 行无键按下，转查第 1 行
            MOV   A，#00H                 ; 第 0 行有键按下，该行首键号#00H→（A）
            AJMP   LKP                    ; 转求键号
```

```
LONE:      JB    ACC.1, LTWO     ; 第 1 行无键按下, 转查第 2 行
           MOV   A, #08H          ; 第 1 行有键按下, 该行首键号#08H→（A）
           AJMP  LKP
LTWO:      JB    ACC.2, LTHR      ; 第 2 行无键按下, 转查第 3 行
           MOV   A, #10H          ; 第 2 行有键按下, 该行首键号#10H→（A）
           AJMP  LKP
LTHR:      JB    ACC.3, NEXT      ; 第 3 行无键按下, 改查下一列
           MOV   A, #18H          ; 第 3 行有键按下该行首键号#18H→（A）
LKP:       ADD   A, R4            ; 求键号 = 行首键号 + 列号
           PUSH  ACC             ; 键号进栈保护
LK3:       ACALL KS1              ; 等待键释放
           JNZ   LK3              ; 未释放, 等待
           POP   ACC             ; 键释放, 键号→A
           RET                   ; 键扫描结束, 出口状态（A）＝键号
NEXT:      INC   R4              ; 指向下一列, 列号加 1
           MOV   A, R2            ; 判断 8 列扫描完没有?
           JNB   ACC.7, KND       ; 8 列扫描完, 返回
           RL    A               ; 扫描字左移一位, 转变为下一列扫描字
           MOV   R2, A            ; 扫描字入 R2
           AJMP  LK4              ; 转下一列扫描
KND:       AJMP  KEY1

                                 ; 判断有没有键按下
KS1:       MOV   DPTR, #PB8255    ; 指向 PB 口
           MOV   A, #00H          ; 全扫描字#0H
           MOVX  @DPTR, A         ; 全扫描字入 PB 口
           INC   DPTR            ; 指向 PC 口
           MOVX  A, @DPTR         ; 读入 PC 口行状态
           CPL   A               ; 变正逻辑, 以高电平表示有键按下
           ANL   A, #0FH          ; 屏蔽高 4 位
           RET                   ; 出口状态,（A）≠0 时有键按下
T12ms:     MOV   R7, #18H         ; 延迟 12ms 子程序
TM:        MOV   R6, #0FFH
           DJNZ  R6, $
           DJNZ  R7, TM
           RET
```

9.4.2　7 段式 LED 显示器接口

1. 7 段式 LED 显示器结构与原理

7 段式 LED 显示器由 7 条发光二极管组成显示字段, 有的还带有一个小数点 dp。将 7

210

段发光二极管阴极连在一起，称为共阴接法，当某个字段的阳极为高电平时，对应的字段就点亮。共阳接法是将 LED 的所有阳极并接后连到 5V 上，当某一字段的阴极为 0 时，对应的字段就点亮，如图 9-43 所示。

点亮 LED 显示器有静态和动态两种方法。所谓静态显示，就是显示某一字符时，相应的发光二极管恒定的导通或截止，这种方式，每一显示位都需要一个 8 位输出口控制，占用硬件较多，一般仅用于显示器位数较少的场合。所谓动态显示，就是一位一位地轮流点亮各位显示器。对每一位显示器而言，每隔一段时间点亮一次。显示位的亮度既跟

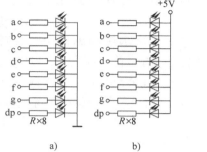

图 9-43　7 段式 LED 显示器
a）共阴极　b）共阳极　c）引脚配置

导通电流有关，也和点亮时间与间隔时间的比例有关。动态显示器因其硬件成本较低，多数位显示时常常采用。

为了显示字符，要为 LED 显示器提供显示段码（或称字形代码），组成一个"8"字形的 7 段，再加上 1 个小数点位，共计 8 段，因此提供 LED 显示器的显示段码为一个字节。各代码位的对应关系如下：

代码位	D7	D6	D5	D4	D3	D2	D1	D0
显示段	dp	g	f	e	d	c	b	a

对共阳极二极管来说，输入低电平点亮某段 LED；而共阴极发光二极管输入高电平点亮。LED 显示的字形编码见表 9-8。

表 9-8　7 段式 LED 字形编码

字形	共阳极编码	共阴极编码	字形	共阳极编码	共阴极编码
0	C0H	3FH	9	90H	6FH
1	F9H	06H	A	88H	77H
2	A4H	5BH	B	83H	7CH
3	B0H	4FH	C	C6H	39H
4	99H	66H	D	A1H	5EH
5	92H	6DH	E	86H	79H
6	82H	7DH	F	84H	71H
7	F8H	07H	灭	FFH	00H
8	80H	7FH	—	BFH	40H

2. 7 段式 LED 显示器接口电路

图 9-42 为 6 位共阴 7 段式 LED 显示器和 8255A 的接口逻辑。8255A 的 A 口作为扫描口，经反相驱动 7545 接显示器公共极，B 口作为段数据口，经同相驱动器 7407 接显示器的各段。

89S52 RAM 中有 6 个显示缓冲单元 79H ~ 7EH，分别存放 6 位显示器的显示数据。8255A 的 A 口扫描输出总有一位为高电平，8255A 的 B 口输出相应位的显示数据的段数据，使某位显示出一个字符，其余位为暗。依次改变 A 口输出的高电平位及 B 口输出对应的段数据，6 位显示器就显示出缓冲器的显示字符。显示的程序流程如图 9-44 所示。

程序清单如下：

```
DIR: MOV   R0, #79H              ; 显示缓冲区首址送 R0
     MOV   R3, #01H              ; 使显示器最右边位亮
     MOV   A, R3
LD0: MOV   DPTR, #7FFCH          ; 扫描值送 PA 口
     MOVX  @ DPTR, A
     INC   DPTR                  ; 指向 PB 口
     MOV   A, @ R0               ; 取显示数据
     ADD   A, #0DH               ; 加上偏移量
     MOVC  A, @ A + PC           ; 取出字形
     MOVX  @ DPTR, A             ; 送出显示
     ACALL DL1                   ; 延时
     INC   R0                    ; 缓冲区地址加 1
     MOV   A, R3
     JB    ACC. 5, LD1           ; 扫到第 6 个显示位了吗?
     RL    A                     ; 没有, R3 左环移一位, 扫描下一个显示位
     MOV   R3, A
     AJMP  LD0
LD1:   RET
DSEG0: DB 3FH, 06H, 5BH, 4FH, 66H, 6DH ; 显示段码表
DSEG1: DB 7DH, 07H, 7FH, 6FH, 77H, 7CH
DSEG2: DB 39H, 5EH, 79H, 71H, 00H, 73H
DL1:   MOV R7, #02H              ; 延时子程序
DL:    MOV R6, #0FFH
DLA:   DJNZ R6, DLA
       DJNZ R7, DL
       RET
```

9.4.3　LED 点阵接口

7 段式 LED 显示器只能显示数字和少数特定字符，为显示更多的字符、图形、汉字，科技人员研制了发光二极管点阵（LED dot matrix）。图 9-45 是 8 × 8 的 LED 点阵器件，在器件

的正面有 64 个白色的圆点，它们以 8 行 8 列进行排列，所以称为 8×8 点阵。64 个圆点就是 64 个圆形的发光二极管，引脚控制 64 个圆点的亮灭，就可以得到不同的字符和图形。例如，要在 8×8 LED 点阵上分别显示 "T" "Y" "王" 和 "×" 4 个字符，可通过单片机控制点阵的引脚来实现特定圆点的点亮，如图 9-46 所示。这里使用 8×8 点阵可以成功地显示英文字母、中文汉字、数字和符号。由此可见，当点阵数量增加之后，就能组成灵活的显示屏幕。实际上，LED 显示屏的类型是多种多样的，限于篇幅，本节只介绍单个显示模块的结构以及和 8051 单片机的接口。

1. 发光二极管点阵的结构

图 9-47 所示为两种 8×8 LED 点阵的内部结构。与 7 段式 LED 一样，LED 点阵也分为共阳型和共阴型两种。共阳型点阵中每一列 LED 的正极相连，每一行的负极相连；而共阴型点阵中每一列 LED 的负极相连，每一行的正极相连。LED 点阵的每一行和每一列的公共端即为点阵器件的引脚。为了方便描述，在此给这些公共端命名为 P0.0 ~ P0.7（列）和 P2.0 ~ 2.7（行）。

这样，只要知道了行与列，就能很容易定位点阵中的任意一个 LED。如最左上角的 LED 的行为 P 2.0，列为 P 0.7，于是它的位置可标记为 P 2.0 ~ P 0.7；而第 2 行第 5 列的 LED 标记为 P 2.2 ~ P 0.5 等。

如果想点亮图 9-47 所示的共阳型中的某一个 LED，只要将对应的行引脚（P2. X）接地，同时将对应的列引脚（P0. X）接 VCC 即可。这里的 VCC 是 LED 点阵的工作电压，不同器件的工作电压略有不同，可以参考具体点阵器件的手册。

如要在图 9-47 的 LED 点阵中显示字母 T，根据图 9-46 中 T 在 8×8 点阵中的显示规划可知，需要点亮的 LED 为 P2.0 ~ P0.7、P2.0 ~ P0.6、P2.0 ~ P0.5、P2.0 ~ P0.4、P2.0 ~ P0.3、P2.0 ~ P0.2、P2.0 ~ P0.1、P2.0 ~ P0.0、P2.1 ~ P0.4、P2.2 ~ 0.4、P2.3 ~ P0.4、P2.4 ~ P0.4、P2.5 ~ P0.4、P2.6 ~ P0.4、P2.7 ~ P0.4。如图 9-48 所示为字母 T 在 8×8 点阵中点亮的 LED。

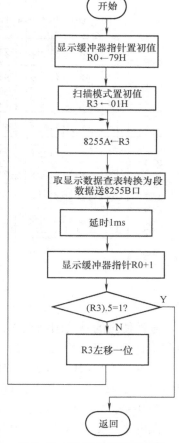

图 9-44　动态显示汇编语言子程序流程图

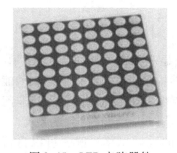

图 9-45　LED 点阵器件

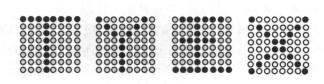

图 9-46　LED 点阵的显示

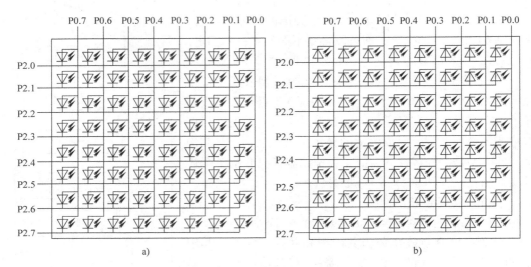

图 9-47 8×8 LED 点阵内部结构图
a）共阳型 b）共阴型

假设使用的是共阳型点阵，对字母 T 进行编码，如图 9-48 所示，用高电平 1 代表点亮的 LED，低电平 0 代表熄灭的，则可以得到字母 T 在"横向上"的编码，转换成十六进制之后为 0FFH、10H、10H、10H、10H、10H、10H 和 10H，这些编码就是字母 T 的十六进制编码。如果向 LED 点阵的 P0 口输入 0FFH 并向 P2.0 口输入低电平，则 LED 点阵上将显示出图 9-48 中字母 T 的最上一行数据。接着，向 LED 点阵的 P0 口输入 10H，而向 P2.1 口输入低电平，则显示的是图 9-48 中字母 T 的第二行数据。按照这种方法，在 LED 点阵的 P0 口输入数据的同时，在 P2 口的某一位输入低电平，这样扫描一遍之后就可以在点阵上看到字母 T。

图 9-48 点阵示意图

2. 单个 8×8 LED 点阵与单片机的连接

共阳型 8×8 LED 点阵与单片机的连接与 7 段式 LED 动态显示相似，如图 9-49 所示。点阵每一列的共阳端与晶体管驱动电路相连，晶体管驱动电路能提高单片机 I/O 口的驱动能力，保证 LED 点阵有足够的亮度。点阵的每一行则由非门 7404 来驱动。通过晶体管和非门 7404 的共同驱动，可以使 LED 点阵在动态显示中得到足够的电流，从而保证一定的亮度。

下面给出在 8×8 点阵器件上显示字母 H 的汇编语言程序的设计思路，读者可以自行

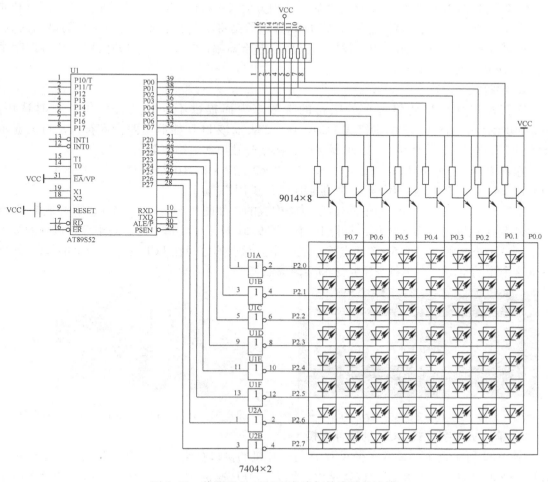

图 9-49　共阳型 8 × 8LED 点阵与单片机的连接

编写。

　　将字母 H 的编码 42H、42H、42H、7EH、42H、42H、42H、42H 保存在数据表 TA-BLE 中，在程序中使用指令"MOVC A，@ A + DPTR"进行显示数据的提取。程序首先清屏并初始化一些寄存器；选通 LED 点阵的某一行，再将该行的显示数据从 TABLE 中提取并从 P0 口输出显示；最后判断是否已将 8 行显示数据显示完。如果需要显示的数据有许多字母或数字，可以把这些字母或数字的编码依次放到 TABLE 中，并对上述思路进行适当的调整即可。

9.4.4　字符式 LCD 接口

　　LED 点阵可显示多种图形，颜色鲜亮，适合于多种环境，但消耗电流大，不适于便携式仪器和设备。液晶显示屏（LCD）是智能仪器仪表、智能设备常用的另外一种显示器，它消耗电流小，控制简单，在便携式仪器和设备，如移动电话、计算器、台式/便携式计算机显示器等场合得到广泛应用。LCD 的种类有段式 LCD、字符式 LCD、点阵式 LCD、彩色 LCD 等种类。段式 LCD 和段式 LED 显示器的接口电路相似，读者可参考相关资料，不予赘述；点阵式 LCD 和彩色 LCD 是将整个显示屏细分为（$n \times m$）点阵，可显示复杂的图形和曲线，和单片机的接口也不复杂；字符式 LCD 显示器是将整个显示屏分为多个小的显示区域，每个区域 5×7 点，可显示字符、汉字、图形。限于篇幅，本节只介绍如何用单片机控制字符式 LCD 显示文字、数字。

1. 字符式 LCD

字符式 LCD 根据所能显示的字符的个数多少而提供不同的器件以供开发时选用。图 9-50 所示是一个 16×2 的字符式 LCD。16×2 表示该 LCD 能显示两行字符，每行能显示 16 个字符，包括英文大写字母、小写字母、标点符号和常用符号等。

除了 16×2 字符式 LCD 外，还有 8×1、8×2、12×2、16×1、16×2、16×4、20×2、20×4、24×2、40×2 和 40×4 尺寸的通用 LCD 供用户选用。

字符式 LCD 是由一个一个的小显示点阵构成的，如图 9-51 所示。16×2 字符式 LCD 有 32 个小显示点阵，分布成 2 行，每行 16 个，图 9-51 显示了字母 J 和 S 的小显示点阵的放大图。每一个小显示点阵由 5×7 的点阵组成，小显示点阵之间在 LCD 上有一定的距离，如果不留这个小的空隙，那字符与字符之间会因为贴得太紧而影响美观。

图 9-50　16×2 的字符式 LCD

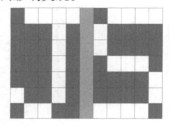

图 9-51　16×2 字符式 LCD 中的小显示点阵

2. 单片机与字符式 LCD 的硬件连接

图 9-52 所示是 16×2 的字符式 LCD 与单片机的接口电路图，这个电路图是一个较为通用的 16×2 的 LCD 接口电路，也就是说，绝大部分厂家的 16×2 LCD 都可以参考这个电路与单片机连接。图 9-52 中的 LCD 有 16 个引脚，其功能描述如下：

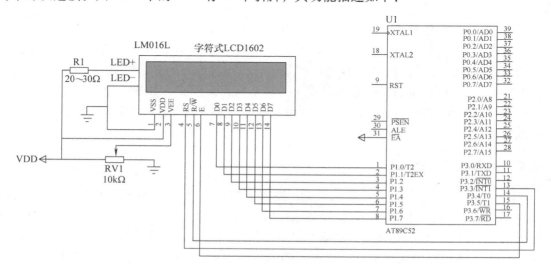

图 9-52　字符式 LCD 与单片机的接口电路图

VSS、VDD、VEE（第 1、2、3 引脚）：电源端。VDD 与 VSS 分别与 5V 和 GND 相连，为 LCD 工作电源。VEE 是 LCD 对比度调节引脚，其电位由一个电位器控制，调节电位器调整 VEE 引脚的电压，从而调节了 LCD 的对比度。

RS（第 4 引脚）：命令/数据选择线。当 RS = 0 时，从 D0 ~ D7 进入 LCD 的信号为命令；当 RS = 1 时，从 D0 ~ D7 进入 LCD 的信号为显示数据。

R/$\overline{W}$（第 5 引脚）：读/写控制线。R/$\overline{W}$ = 0 时，写数据；R/$\overline{W}$ = 1 时，读数据。

E（第 6 引脚）：LCD 使能端。该引脚控制 LCD 从数据线上将数据读入 LCD。当该引脚上的电位由 1 向 0 变化时，D0 ~ D7 的数据被读入 LCD。

D0 ~ D7（第 7 ~ 14 引脚）：数据线。

LED +、LED –（第 15、16 引脚）：背光供电端。LED + 通过一个 20 ~ 30Ω 的电阻接+5V，LED – 接 GND，LCD 的背光点亮，这样在光线很暗的情况下也能看到 LCD 的显示内容。当然，点亮背光会提高系统功耗。如果不需要背光可以将这两个引脚悬空。如果需要单片机对背光进行控制可参考图 9-53 所示的电路对 LED +、LED – 引脚的电路连接进行修改。

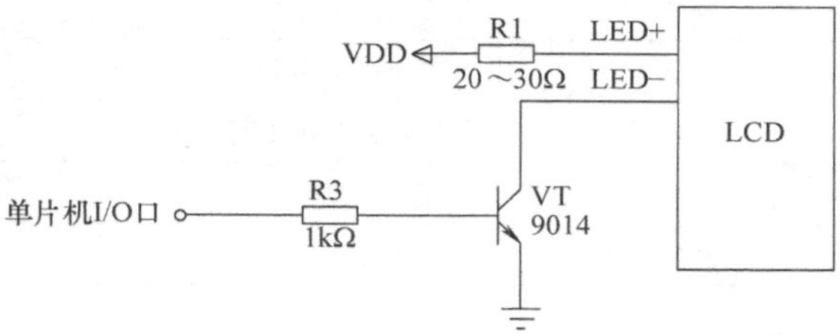

图 9-53　LCD 背光的控制方法

由于一般 LCD 的设计充分考虑了与单片机的接口等问题，所以电源端和背光供电端采用了与单片机一样的 5V 供电，而其他引脚都与单片机的逻辑电平匹配，所以第 4 ~ 14 引脚可以直接与单片机的 I/O 口相连，由单片机进行控制。

3. "Hello，World！"——字符式 LCD 的程序控制

下面通过在 16 × 2 的 LCD 上显示"Hello，World！"（见图 9-54），学习字符式 LCD 的程序控制方法。回到图 9-52 中，LCD 的 RS 引脚是命令/数据选择线，从 D0 ~ D7 向 LCD 送入命令之前，需要将 RS 引脚接低电平，此时出现在 D0 ~ D7 上的信号被当成是命令。同时，R/$\overline{W}$引脚也接低电平，LCD 接收命令的写入。

图 9-54　显示"Hello，World！"

表 9-9 所示是通用字符式 LCD 命令集。在图 9-52 所示的 16 × 2LCD 系统显示数据"Hello，World！"之前，需要向 D0 ~ D7，也就是单片机的 P1 口发布如下命令：

表 9-9　通用字符式 LCD 命令集

数据状态线 D0 ~ D7	命令	命令解释
01H	清屏	清除 LCD 显示的数据
02H	归位	光标、画面回到起始位置
04H	光标左移	光标向左移动 1 位
06H	光标右移	光标向右移动 1 位
05H	画面右移	显示画面向右移动

（续）

数据状态线 D0 ~ D7	命令	命令解释
07H	画面左移	显示画面向左移动
08H	关闭显示	显示、光标、闪烁关闭
0AH	打开光标	只打开光标，显示、闪烁关闭
0CH	打开显示	只打开显示，光标、闪烁关闭
0EH	光标不闪烁	打开光标，光标不闪烁
0FH	光标闪烁	打开显示和光标，光标闪烁
10H	光标位置左移	光标位置向左移动
14H	光标位置右移	光标位置向右移动
18H	整个画面左移	整个显示画面左移 1 位
1CH	整个画面右移	整个显示画面右移 1 位
80H	光标回到第 1 行开头	强制光标回到第 1 行开头
C0H	光标回到第 2 行开头	强制光标回到第 2 行开头
38H	显示设定	设定显示为 2 行，5 ×7 点阵

```
    MOV     P1, #01H              ; 清屏
    MOV     P1, #38H              ; 显示设定，显示两行字符
    MOV     P1, #0FH              ; 打开显示和光标，光标闪烁
    MOV     P1, #06H              ; 光标右移
    MOV     P1, #80H              ; 光标回到第 1 行的开头
    MOV     P1, #0C0H             ; 光标回到第 2 行的开头
```

　　下面的程序控制字符式 LCD 显示 "Hello, World!"。程序的开始部分使用 BIT 伪指令将 RS、RW、E 这 3 个常量分别指向单片机的 3 个 I/O 口，这 3 个 I/O 口控制着 LCD 的相应引脚。这样，后面的程序对常量 RS、RW、E 的操作就相当于对 P3.3、P3.4、P3.5 口的操作。

　　在主程序段中，按照上面所说的命令过程向 LCD 发布命令，约定好显示的方式、格式等。向 P1 口输出的命令都能从表 9-9 中找到解释，每发出一条命令，都由命令装载程序 LOAD 将命令输出到液晶屏。

　　当命令下达完毕后，指令 "MOV DPTR, #TABLE_1" 和 "LCALL DISPLAY" 则定义 DPTR 指向数据表中的显示数据，接着调用显示子程序进行显示。本例所要显示的 "Hello, World!" 数据分别存储在 TABL_1 和 TABL_2 两个数据表中，"Hello, World!" 要分成两行显示。两个数据表都以 88H 为取表结束的标志。程序如下：

```
; 创建常量 RS、RW、E，提高程序的可读性
    RS    BIT     P3.3            ; RS = P3.3
    RW    BIT     P3.4            ; RW = P3.4
    E     BIT     P3.5            ; E = P3.5
      ORG       0000H             ; 起始地址 00H
START:                            ; 主程序段，进行显示前的设置，调用显示子程序
```

```
        MOV  P1, #01H          ; 清屏
        LCALL LOAD             ; 调用命令装载子程序
        MOV  P1, #38H          ; 显示设定, 显示两行
        LCALL LOAD
        MOV  P1, #0FH          ; 打开显示和光标, 光标闪烁
        LCALL LOAD
        MOV  P1, #06H          ; 光标右移
        LCALL LOAD
        MOV  P1, #80H          ; 光标会到第 1 行的开头
        LCALL LOAD
        MOV DPTR, #TABLE_ 1    ; DPTR 指向 TABLE_ 1 的表
        LCALL DISPLAY          ; 调用 LCD 显示字程序
        MOV  P1, #0C0H         ; 光标会到第 2 行的开头
        LCALL LOAD
        MOV  DPTR, #TABLE_ 2   ; DPTR 指向 TABLE_ 2 的表
        LCALL  DISPLAY         ; 调用 LCD 显示字程序
        JMP   $                ; 停机
LOAD:                          ; 命令装载子程序, 对液晶屏下命令
        CLR   RS               ; RS = 0, D0 ~ D7 上的信号作为命令使用
        CLR   RW               ; RW = 0, 写数据
        CLR   E                ; E = 0, E 引脚电平由 1 变 0, 数据被读入
        LCALL  DELAY           ; 延时
        SETB  E               ; E 置 1, 屏蔽 D0 ~ D7 的数据
        RET                    ; 返回
                               ; 显示子程序, 对 LCD 进行数据显示

DISPLAY:
        MOV   R0, #00H         ; 取数据表时, 用 R0 为指针
REFETCH:
        MOV   A, R0            ; ACC = R0
        MOVC A, @ A + DPTR     ; ACC 装载数据表中的数据
        LCALL SEND_ DATA       ; 调用显示数据发送子程序
        INC   R0              ; R0 增加 1
        CJNE  A, #88H, REFETCH ; 如果取到 88H, 取表结束, 否则跳回 REFETCH
        RET                    ; 返回
                               ; 显示数据发送子程序

SEND_ DATA:
        MOV   P1, A            ; 显示数据从 P1 口送出
        SETB  RS              ; RS = 1, D0 ~ D7 上的信号作显示为数据使用
        CLR   RW               ; RW = 0, 写数据
```

```
        CLR     E              ; E = 0，E 引脚电平由 1 变 0，D0 ~ D7 数据被读入
        LCALL   DELAY          ; 延时
        SETB    E              ; E 置 1，屏蔽 D0 ~ D7 的数据
        RET     ; 返回
    DELAY：（略）
    TABLE_ 1：DB    ' Hello，'，88H   ; 数据表——第 1 行数据
    TABLE_ 2：DB    ' World！'，88H   ; 数据表——第 2 行数据
        END
```

9.5 8051 单片机和 ADC 及 DAC 的接口

在单片机的实时控制和智能仪表等应用系统中，控制或测量对象的有关变量，往往是连续变化的模拟量，如温度、压力、流量、速度等物理量。这些模拟量必须转换成数字量后才能输入到单片机中进行处理。单片机处理的结果，也常常需要转换为模拟信号。若输入的是非电信号，还需经过传感器转换成模拟电信号。实现模拟量转换成数字量的器件称为模-数转换器（ADC），数字量转换成模拟量的器件称为数-模转换器（DAC）。A-D、D-A 转换器按位数分类主要有 8 位、10 位、12 位、16 位以及更高的位数；按总线接口方式分类有并行总线接口、串行总线（I^2C、SPI、1-Wire）。从接口原理上来说，8 位 A-D、D-A 转换器和单片机的接口电路与多于 8 位的 A-D、D-A 转换器和单片机的接口电路并无本质区别。这里，对 8051 和 D-A 转换器件的接口方式（并行总线），仅介绍 DAC0832 和单片机的接口；8051 和 A-D 转换器的接口方式，仅介绍 ADC0809 和单片机的接口，以及串行总线 SPI 接口的 A-D 转换器 TL2543C 和单片机的接口。

9.5.1 8051 与 DAC0832 的接口

1. DAC0832 引脚和逻辑结构

DAC0832 芯片是具有两个输入数据寄存器的 8 位 DAC，它能直接与 8051 单片机相连接，其分辨率为 8 位；电流输出稳定时间为 1μs；可双缓冲、单缓冲或直接数字输入；只需在满量程下调整其线性度；单一电源供电（5 ~ 15V）；低功耗，20mW。

DAC0832 的引脚如图 9-55 所示，其原理框图如图9-56 所示。

各引脚功能如下：

DI0 ~ DI7：8 位数字信号输入端，与 CPU 数据总线相连，用于输入 CPU 送来的待转换数字量，DI7 为最高位。

$\overline{CS}$：片选端，低电平有效。

ILE：数据锁存允许控制端，高电平有效。

$\overline{WR1}$：第 1 级输入寄存器写选通控制，低电平有效，当$\overline{CS}$ = 0、ILE = 1、$\overline{WR1}$ = 0 时，数据信号被锁存到第 1 级 8 位输入寄存器中。

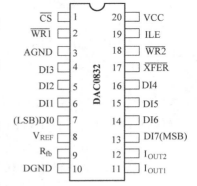

图 9-55   DAC0832 的引脚

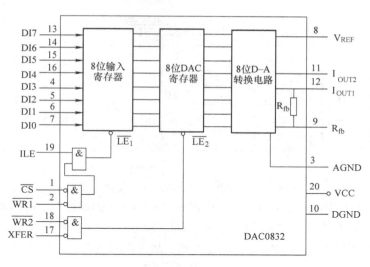

图 9-56　DAC0832 原理框图

$\overline{XFER}$：数据传送控制，低电平有效。

$\overline{WR2}$：DAC 寄存器写选通控制端，低电平有效，当 $\overline{XFER}=0$、$\overline{WR2}=0$ 时，输入寄存器状态传入 8 位 DAC 寄存器中。

I_{OUT1}：D-A 转换器电流输出 1 端，输入数字量全 1 时，I_{OUT1} 最大，输入数字量全为 0，时，I_{OUT1} 最小。

I_{OUT2}：电流输出 2 端，$I_{OUT1}+I_{OUT2}=$ 常数。

R_{fb}：外部反馈信号输入端，内部已有反馈电阻，根据需要也可外接反馈电阻。

VCC：电源输入端，电压范围 5 ~ 15V。

V_{REF}：参考电压（也称基准电压）输入端，电压范围 – 10 ~ 10V。

DGND：数字信号接地端。

AGND：模拟信号接地端，最好与参考电压共地。

DAC0832 内部由 3 部分电路组成，如图 9-56 所示。8 位输入寄存器用于存放 CPU 送来的数字量，使输入数字量得到缓冲和锁存，由 ILE 控制。8 位 DAC 寄存器用于存放待转换数字量，由 $\overline{XFER}$ 控制。8 位 D-A 转换电路由 8 位 T 形电阻网络和电子开关组成，电子开关受 8 位 DAC 寄存器输出控制，T 形电阻网络输出和数字量成正比的模拟电流。因此，DAC0832 通常需要外接运算放大器才能得到模拟输出电压。

2. DAC0832 的应用

DAC 用途很广，现以 DAC0832 为例介绍它在如下两方面的应用。

（1）DAC 用作单极性电压输出　在需单极性模拟电压输出时，接线如图 9-57 所示。由于 DAC0832 是 8 位的 D-A 转换器，故可得输出电压 V_{OUT} 对输入数字量的关系为

$$V_{OUT} = -B\frac{V_{REF}}{256}$$

式中，$B=b_7\cdot2^7+b_6\cdot2^6+\cdots+b_1\cdot2^1+b_0\cdot2^0$；$V_{REF}/256$ 为一常数。

显然，V_{OUT} 和 B 成正比关系。输入数字量 B 为 0 时，V_{OUT} 也为 0，输入数字量为 255 时，V_{OUT} 为最大值，输出电压为单极性。

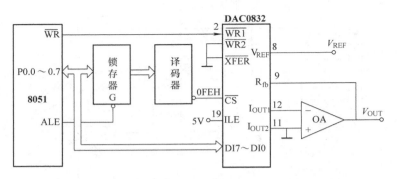

图9-57 单极性的DAC0832（单缓冲方式）

（2）DAC用作双极性电压输出 在需要用到双极性电压的场合下，可以采用图9-58所示接线。图中，DAC0832的数字量由CPU送来，OA1和OA2均为运算放大器，V_{OUT}通过2R电阻反馈到运算放大器OA2输入端。G点为虚拟地，故由基尔霍夫定律列出方程组解得

$$V_{OUT} = (B - 128)\frac{V_{REF}}{256}$$

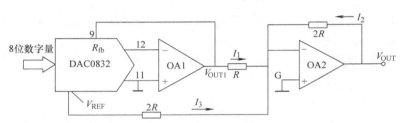

图9-58 双极性DAC接法

由上式可知，在选用V_{REF}时，若输入数字量最高位b_7为1，则输出模拟电压V_{OUT}为正；若输入数字量最高位为0，则输出模拟电压V_{OUT}为负。选用$-V_{REF}$时，V_{OUT}输出值正好和选用V_{REF}时极性相反。

3. 8051与DAC0832的接口电路

8051与DAC0832接口时，可以有3种连接方式：直通方式、单缓冲方式和双缓冲方式。由于直通方式下工作的DAC0832常用于不带微机的控制系统中，下面仅对单缓冲方式和双缓冲方式加以介绍。

1）单缓冲方式是指DAC0832内部的两个数据缓冲器有一个处于直通方式，另一个处于受8051控制的锁存方式。在实际应用中，如果只有一路模拟量输出，或虽是多路模拟量输出但并不要求多路输出同步的情况下，就可采用单缓冲方式。单缓冲方式的接口电路见图9-56。

由图9-56可见，$\overline{WR2}$和$\overline{XFER}$接地，故DAC0832的8位DAC寄存器（见图9-55）工作于直通方式。8位输入寄存器受$\overline{CS}$和$\overline{WR1}$控制，且$\overline{CS}$地址为0FEH。因此，8051执行如下两条指令就可在$\overline{CS}$和$\overline{WR1}$上产生低电平信号，使DAC0832接收8051送来的数字量。

MOV　R0，#0FEH

MOVX　@R0，A　　　　　　　；8051的$\overline{WR}$和译码器的输出端有效

DAC0832 常用来产生各种波形。现以图 9-56 所示的单极性输出电路为例，说明单缓冲方式下 DAC0832 的应用。现把产生锯齿波、三角波、矩形波 3 种波形的参考程序列出如下：

锯齿波程序：

```
            ORG 2000H
START：MOV  R0, #0FEH        ; D- A 地址→R0
       MOV  A, #00H          ; 数字量→A
LP：   MOVX @ R0, A          ; 数字量送 D- A 转换器
       INC A                 ; 数字量逐次加 1
       AJMP  LP
```

当数字量从 0 开始，逐次加 1，模拟量与之成正比输出。当 A =0FFH 时，再加 1 则溢出清 0，模拟输出又为 0，然后又重复上述过程，如此循环下去输出波形就是一个锯齿波，如图 9-59a 所示。但实际上每一个上升斜边要分成 256 个小台阶，每个小台阶暂留时间为执行程序中后 3 条指令所需要的时间。因此在上述程序中插入 NOP 指令或延时程序，就可以改变锯齿波的频率。

三角波程序：

```
            ORG 2000H
START：  MOV R0,#0FEH
         MOV A,#00H
  UP：   MOVX @ R0,A
         INC A
         JNZ UP
DOWN：   DEC A
         MOVX @ R0, A
         JNZ DOWN
         SJMP UP
```

矩形波程序：

```
            ORG 2000H
START：  MOV  R0, #0FEH
  LP：   MOV  A, #data1
         MOVX  @ R0, A        ; 置矩形波上限电平
         LCALL DELAY1         ; 调用高电平延时程序
         MOV  A, #data2
         MOVX @ R0, A         ; 置矩形波下限电平
         LCALL DELAY2         ; 调用低电平延时程序
         SJMP  LP             ; 重复
```

DELAY1、DELAY2 为两个延时程序，分别决定矩形波高低电平时的宽度。三角波和矩形波分别如图 9-59b 和 c 所示。矩形波的频率也可采用同样方法改变。

2）对于多路 D- A 转换，要求同步进行 D- A 转换输出时，必须采用双缓冲同步方式。在此种方式工作时，数字量的输入锁存和 D- A 转换输出是分两步完成的。单片机必须通过 $\overline{LE1}$

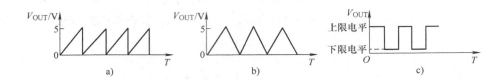

图 9-59　单极性 DAC 输出的电压波形

来锁存待转换数字量，通过 $\overline{LE2}$ 来启动 D-A 转换。因此，双缓冲方式下，DAC0832 应为单片机提供两个 I/O 端口。8051 和 DAC0832 在双缓冲方式下的连接关系如图 9-59 所示。由图可见，1#DAC0832 占有 FDH 和 FFH 两个 I/O 端口，而 2#DAC0832 的两个端口地址为 FEH 和 FFH。其中，FDH 和 FEH 分别为 1#和 2#DAC0832 的数字量端口，而 FFH 为启动 D-A 转换的端口。

　　设 8051 内部 RAM 中有两个长度为 20 的数据块，其起始地址分别为 Addr1 和 Addr2，下面的程序把 Addr1 和 Addr2 中数据分别从 1#和 2#DAC0832 输出。其中，0 区工作寄存器区的 R1 指向 Addr1；1 区工作寄存器区 R1 指向 Addr2；0 区工作寄存器区的 R2 存放数据块长度；0#和 1#工作寄存器区的 R0 指向 DAC 端口地址。

　　相应程序如下：

```
        ORG 2000H
DTOUT:  MOV   R1, # Addr1        ; 0 区 R1 指向 Addr1
        MOV   R2, # 20           ; 数据块长度送 0 区 R2
        SETB  RS0                ; 转入 1 工作寄存器区
        MOV   R1, #Addr2         ; 1 区 R1 指向 Addr2
        CLR   RS0                ; 返回 0 区工作寄存器区
NEXT:   MOV   R0, #0FDH          ; 0 区 R0 指向 1# DAC0832 数字量口
        MOV   A, @R1             ; Addr1 中数据送 A
        MOVX  @R0, A             ; Addr1 中数据送 1# DAC0832
        INC   R1                 ; 修改 Addr1 指针 0 区 R1
        SETB  RS0                ; 转入 1 区
        MOV   R0, #0FEH          ; 1 区 R0 指向 2# DAC0832 数字量口
        MOV   A, @R1             ; Addr2 中数据送 A
        MOVX  @R0, A             ; Addr2 中数据送 2# DAC0832
        INC   R1                 ; 修改 Addr2 指针 1 区 R1
        INC   R0                 ; 1 区 R0 指向 DAC 的启动 D-A 口
        MOVX  @R0, A             ; 启动 DAC 工作
        CLR   RS0                ; 返回 0 区
        DJNZ  R2, NEXT           ; 若未完，则跳 NEXT
        SJMP  DTOUT              ; 若送完，则循环
        END
```

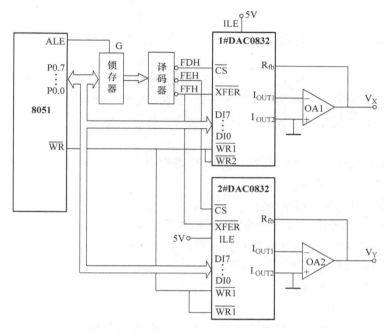

图 9-60　8051 和两片 DAC0832 的接口（双缓冲）

若把图 9-60 中 V_X 和 V_Y 分别加到 X-Y 绘图仪的 X 通道和 Y 通道，而 X-Y 绘图仪由 X、Y 两个方向的步进电动机驱动，其中一个电动机控制绘笔沿 X 方向运动，另一个电动机控制绘笔沿 Y 方向运动。由此对 X-Y 绘图仪的控制有两点基本要求：一是需要两种 D-A 转换器分别给 X 通道和 Y 通道提供模拟信号，使绘图笔能沿 X-Y 轴做平面运动；二是两路模拟信号要同步输出，使绘制的曲线光滑，否则绘制的曲线就是阶梯状的。通过执行上述程序就可达到控制绘图仪的目的。程序中的 Addr1 和 Addr2 中的数据，即为曲线的 X、Y 坐标点。

9.5.2　8051 与 DAC1208 的接口

DAC1208 芯片是美国国家半导体公司生产的一种电流输出型高速并行 D-A 转换器，分辨率为 12 位，转换时间为 $1\mu s$，功耗为 20mW。由于其片内有输入数据寄存器，能够直接与 8051 单片机相连接。

1. DAC1208 引脚和逻辑结构

DAC1208 共有 24 个引脚，采用双列直插式 DIP 封装，如图 9-61 所示，其原理框图如图 9-62 所示。

各引脚功能如下：

DI11 ~ DI0：12 位数据输入引脚。

$\overline{CS}$：片选端，低电平有效，8 位和 4 位输入锁存器被选中。

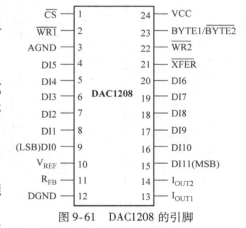

图 9-61　DAC1208 的引脚

BYTE1/$\overline{BYTE2}$：字节顺序控制信号。当 BYTE1/$\overline{BYTE2}$ =1 时，8 位和 4 位两个输入锁存器都被选中；BYTE1/$\overline{BYTE2}$ =0 时，则只选

中 4 位输入锁存器。

$\overline{WR1}$：写信号，低电平有效。当信号变高电平时，8 位和 4 位输入锁存器都进入锁存状态。

$\overline{WR2}$：写信号，低电平有效。该信号与$\overline{XFER}$信号相结合，当同时为低电平时，把锁存器中数据打入 DAC 寄存器。当为高电平时，DAC 寄存器中的数据被锁存起来。

$\overline{XFER}$：数据传送控制信号，与$\overline{WR2}$信号结合，将输入锁存器中的 12 位数据送至 DAC 寄存器。

I_{OUT1}：D- A 转换器电流输出 1 端。当 DAC 寄存器全 “1” 时，输出电流最大，当 DAC 寄存器全 “0” 时，输出为 0。

I_{OUT2}：电流输出 2 端。$I_{OUT1} + I_{OUT2} = $常数。

R_{FB}：反馈电阻信号输入端，为外部运算放大器提供一个反馈电平。

V_{REF}：参考电压（也称基准电平）输入端，电压范围 – 10 ～ + 10V。

VCC：电源输入端，在 – 5 ～ + 5V 范围内。

DGND：数字信号接地端。

AGND：模拟信号接地端。

DAC1208 内部结构如图 9-61 所示，由一个 8 位输入锁存器、一个 4 位输入锁存器、一个 12 位 DAC 寄存器和一个 12 位 D- A 转换器构成，与上节所讲 DAC0832 结构相似，都能够连接成两级输入锁存的双缓冲方式或一级输入锁存的单缓冲方式，或完全直通的无缓冲方式。DAC1208 的 8 位和 4 位输入锁存器由 CS 和 WR1 控制，XFER 和 WR2 控制 DAC1208 的 12 位 DAC 寄存器。与 DAC0832 结构的区别在于，DAC1208 的 DAC 寄存器和 D- A 转换器为 12 位（DAC0832 的 DAC 寄存器和 D- A 转换器均为 8 位）。而 BYTE1/BYTE2 用来区分是 8 位输入锁存器还是 4 位输入锁存器。在向 DAC1208 输入 12 位数字时，应先输入高 8 位，然后再输入低 4 位，最后使 XFER 和 WR2 为低电平使 LE_3 有效。12 位数据同时进入 12 位 DAC 寄存器，启动 D- A 转换。

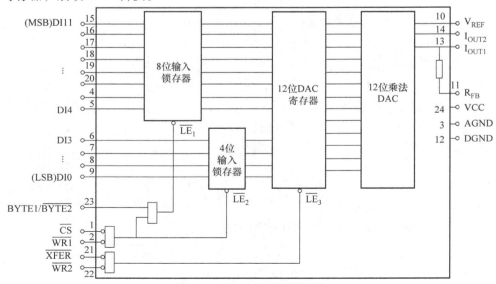

图 9-62　DAC1208 原理框图

2. DAC1208 与 8051 单片机的接口电路及转换方法

DAC1208 是与单片机完全兼容的 12 位 D-A 转换器，目前有较广泛的应用。

图 9-63 为 DAC1208 与单片机的接口电路图。假设 8051 单片机地址总线与 DAC1208 地址无关位置 0，则 DAC1208 的高 8 位输入锁存器地址为 6000H，低 4 位输入锁存器地址为 4000H，12 位 DAC 寄存器地址为 8000H。采用双缓冲方式编程，选送高 8 位数据 DI11 ~ DI4，再送入低 4 位数据 DI3 ~ DI0，在 12 位数据分别写入两个输入锁存器后，再打开 12 位 DAC 寄存器，进行 D-A 转换。

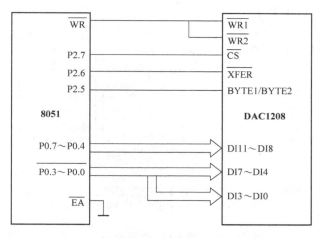

图 9-63　DAC1208 与单片机的接口电路

根据图 9-63，假设待转换的 12 位数字量高 8 位存放在 40H 单元中，低 4 位存放在 50H 单元中，则相应的 D-A 转换子程序如下：

```
DAC：   MOV     DPTR，#6000H      ；高 8 位输入锁存器地址
        MOV     R1，#40H          ；高 8 位数据地址送入 R1
        MOV     A，@ R1           ；取出高 8 位数据
        MOVX    @ DPTR，A         ；高 8 位写入，低 4 位输入锁存器
        MOV     DPTR，#4000H      ；低 4 位输入锁存器地址
        MOV     R1，#50H          ；高 4 位数据地址送入 R1
        MOV     A，@ R1           ；取出低 4 位数据
        MOVX    @ DPTR，A         ；低 4 位数据写入
        MOV     DPTR，#8000H      ；12 位 DAC 寄存器的地址写入 DPTR
        MOVX    @ DPTR，A         ；12 位数据同步进行 D-A 转换，并输出
        RET
```

9.5.3　8051 和 ADC 器件的接口

1. ADC0809

ADC0809 是与微处理器兼容的 8 通路 8 位 A-D 转换器。它主要由逐次逼近式 A-D 转换器和 8 路模拟开关组成。ADC0809 的特点是可直接与微处理器相连，不需另加接口逻辑；具有锁存控制的 8 路模拟开关，可以输入 8 个模拟信号；分辨率为 8 位，总的不可调误差为

±1LSB；输入、输出引脚电平与 TTL 电路兼容；当模拟电压范围为 0 ～ 5V 时，可使用单一的 5V 电源；基准电压可以有多种接法，且一般不需要调零和增益校准。图 9-64 是 ADC0809 引脚及其在系统中的典型连接方法。

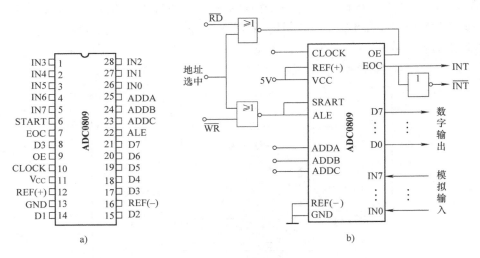

图 9-64　ADC0809 引脚及其在系统中的典型连接方法
a）ADC0809 引脚　b）ADC0809 在系统中的典型连接方法

D0 ～ D7 是转换后的二进制输出端，它们受输出允许信号 OE 的控制，OE 信号由程序或外设提供。OE 为 0 时，D0 ～ D7 呈高阻态；OE 为 1 时，D0 ～ D7 输出转换后的数据。

A、B、C 是 3 个采样地址输入端，它们的 8 种组合用来选择 8 个模拟量输入通路 IN0 ～ IN7 中的一个通路并进行转换，这 8 位组合与所选通路的对应关系见表 9-10。

表 9-10　ADC0809 输入通道选通地址表

对应通路	地址		
	ADDC	ADDB	ADDA
IN0	0	0	0
IN1	0	0	1
IN2	0	1	0
IN3	0	1	1
IN4	1	0	0
IN5	1	0	1
IN6	1	1	0
IN7	1	1	1

ALE 是地址锁存选通信号。该信号上升沿把地址状态选通入地址锁存器。该信号也可以用来作为开始转换的启动信号，但此时要求信号有一定的宽度，典型值为 100μs，最大值为 200μs。

START 为启动转换脉冲输入端，其上跳变复位转换器，下降沿启动转换，该信号宽度应大于 100μs，它也可由程序或外设产生。若希望自动连续转换（即上次转换结束又重新启动转换），则可将 START 与 EOC 短接。EOC 转换结束信号从 START 信号上升沿开始经 1 ～ 8

个时钟周期后由高电平变为低电平，这一过程表示正在进行转换。每位转换要 8 个时钟周期，8 位共需 64 个时钟周期，若时钟频率为 500kHz，则一次转换要 128μs。该信号也可作为中断请求信号。

CLOCK 是时钟信号输入端，最高可达 1280kHz。

REF（+）和 REF（-）为基准电压输入端，它们决定了输入模拟电压的最大值和最小值。通常，REF（+）和电源 V_{CC} 一起接到基准电压 5.12V（或 5V）上，REF（-）接在地端 GND 上。此时最低位所表示的输入电压值为

$$\frac{5.12V}{2^8} = 20mV$$

REF（+）和 REF（-）也不一定要分别接在 V_{CC} 和 GND 上，但要满足下列条件：

$$0 \leqslant V_{REF(-)} < V_{REF(+)} \leqslant V_{CC}$$

$$\frac{V_{REF(+)} + V_{REF(-)}}{2} = \frac{1}{2}V_{CC}$$

当 ADC0809 由程序控制进行 A-D 转换时，输入通路选定后由输出指令启动 A-D 转换（START 为正脉冲），转换结束产生 EOC 高电平信号作为中断请求。当 CPU 执行输入指令后，OE 变为高电平，选通三态输出锁存器，输入转换后的代码。

2. ADC0809 与 8051 的接口

图 9-65 是 ADC0809 与 8051 系列单片机的接口电路，ADC0809 输出端有三态锁存器，可以与单片机直接接口。

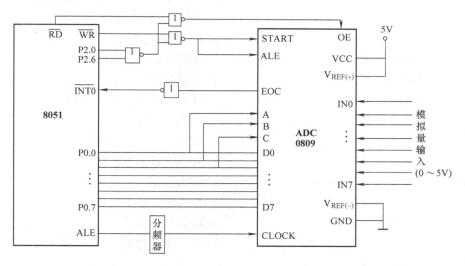

图 9-65　ADC0809 与 8051 系列单片机的接口电路

单片机的端口 0 作为复用数据总线，与 ADC0809 的数据输出端 D0 ~ D7 相接：单片机的低 3 位数据线用于选择 8 路模拟量输入。ADC0809 的时钟信号由单片机的 ALE 信号提供。转换的启动（SC）信号和 8 路模拟输入开关的地址锁存允许（ALE）信号由单片机的写（$\overline{WR}$）信号及地址译码输出信号逻辑提供。这里是把 ADC0809 当作 8051 的一个 I/O 扩展口，启动 ADC0809 进行写入操作，写入的数据送到 A、B、C 端作为输入通道选择。如果只有一路输入，例如只由 IN0 路输入，可将 A、B、C 接地，只由 IN7 路输入时 A、B、C 可固

定接 5V。本接口用 P2.0（A8）和 P2.6（A14）作为 I/O 地址选择信号，相当于用 ADC0809 的片选信号作启动信号，故 ADC0809 的地址为 4100H。

　　转换开始后，EOC 端降为低电平，当转换结束后，EOC 升为高电平。本例用中断方法通知单片机转换已经结束，可将转换结果输入单片机；如果用查询方法时，将 EOC 输出经锁存器接单片机 P0 口的某一数据线，启动转换后，不断对锁存器的输出查询，看是否升为高电平，查询到高电平后，即用传送指令采入数据；也可用等待方法，此时 EOC 端可空着，启动转换后，单片机延迟 100μs 以上，读入数据。后两种方法，单片机的利用率低。ADC0809 的输出允许（OE）信号，用单片机的 $\overline{RD}$ 及同样的地址译码信号来驱动。

　　对图 9-64 所示的接口，可编出相应的程序。在主程序中要对 $\overline{INT0}$ 外部中断进行预置，然后启动 ADC0809 进行 A-D 转换。设由 IN0 路开始，8 路模拟量轮流输入。转换结束后，转入中断服务子程序，把转换结果读入 8051 的累加器，并存入相应缓冲存储单元 50H ~ 57H，再由主程序对这些数据进行处理或移入外部 RAM 各自的缓冲区中。转换程序如下：

```
            ORG 2000H
            SETB    IT0                 ; 置INT0为降沿触发
            SETB    EA                  ; 总中断开放
            SETB    EX0                 ; 开放INT0中断
                                        ; 启动 ADC0809
            MOV    DPTR，#4100H          ; ADC0809 口地址
            MOV    R0，#50H              ; R0 作存数缓冲器指针
            MOV    R1，#00H              ; R1 作通道数指针
            MOV    A，R1                 ; 从 IN0 路开始
            MOVX   @DPTR，A              ; 启动转换
            ……                          ; 继续主程序，等待中断
                                        ; 中断子程序
            ORG 0003H                    ; INT0中断向量地址
            AJMP RDDAT                   ; 转移至读入数据处
RDDAT：     MOVX A，@DPTR                ; 读入数据
            MOV   @R0，A                 ; 存入缓冲器
            INC R0                       ; 增量缓冲器指针
            INC R1                       ; 指向下一通道
REPEAT：MOV A，R1
            MOVX @DPTR，A                ; 启动下一路转换
            CJNE A，#07H，EXIT_ INTR      ; 所有路都转换过吗？
            MOV R1，#00H                  ; 是，重新从 IN0 路开始
            SJMP REPEAT
EXIT_ INTR：RETI                         ; 否，返回主程序
```

9.5.4　应用 SPI 串行总线扩展 12 位 A- D 转换器 TLC2543

1. TLC2543 简介

TLC2543 是采用开关电容逐次逼近技术、SPI 串行接口的 12 位模数转换器。该器件有 3 个控制输入，分别为芯片选择（$\overline{CS}$）、输入输出时钟（CLOCK）和串行数据输入（DATA INPUT），用来与主处理器或外设的串行端口通过串行三态输出进行通信。该器件允许从主机方向的高速数据传输。

除了高速转换器和通用的控制能力，该器件还有一个片内 14 路多路开关，可以选择 11 个输入或 3 个内部自测试电压中的任何一个。采样保持功能是自动的。在转换结束时，EOC 输出为高电平表明转换完成。该转换器微分高阻抗参考输入有利于比例转换、缩放和从逻辑与电源噪声角度隔离模拟电路。开关电容的设计使器件在工作温度范围内转换误差低。

（1）引脚排列　TLC2543 的引脚排列如图 9-66 所示，其引脚功能介绍如下：

AIN0 ~ AIN10：模拟量输入端。11 路模拟信号输入，由内部多路器选择。对于 4.1 MHz 的 I/O CLOCK，驱动源阻抗必须小于或等于 50Ω，而且用 60pF 电容来限制模拟输入电压的斜率。

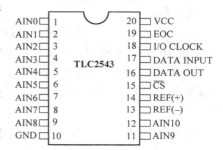

图 9-66　TLC2543 的引脚排列

$\overline{CS}$：片选端，在 $\overline{CS}$ 端由高变低时，复位内部计数器和控制，使能 DATA OUT、DATA INPUT 和 I/O CLOCK。由低变高时，在设定时间内禁止 DATA INPUT 和 I/O CLOCK。

DATA INPUT：串行数据输入端，由 4 位的串行地址输入来选择模拟量输入通道。

DATA OUT：A- D 转换结果的三态串行输出端。$\overline{CS}$ 为高时处于高阻抗状态，$\overline{CS}$ 为低时处于激活状态。

EOC：转换结束端。在最后的 I/O CLOCK 下降沿之后，EOC 从高电平变为低电平并保持到转换完和数据准备传输为止。

GND：接地端。GND 是内部电路的地回路端。除另有说明外，所有电压测量都相对 GND 而言。

I/O CLOCK：输入/输出时钟端。I/O CLOCK 接收串行输入信号并完成以下 4 个功能：

① I/O CLOCK 的前 8 个上升沿，8 位输入数据存入输入数据寄存器；

② 在 I/O CLOCK 的第 4 个下降沿，被选通的模拟输入电压开始向电容器充电，直到 I/O CLOCK 的最后一个下降沿为止；

③ 将前一次转换数据的其余 11 位输出到 DATA OUT 端；

④ I/O CLOCK 的最后一个下降沿，将转换的控制信号传送到内部状态控制位。

REF(+)：正基准电压端。基准电压的正端（通常为 VCC）被加到 REF(+)，最大的输入电压范围由加于本端与 REF(-)端的电压差决定。

REF(-)：负基准电压端。基准电压的低端（通常为地）被加到 REF(-)。

VCC：电源。

（2）工作原理　开始时，芯片选择 $\overline{CS}$ 为高电平，I/O CLOCK 和 DATA INPUT 是无效的，

DATA OUT 呈高阻态。当 $\overline{CS}$ 变低，使能 I/O CLOCK 和 DATA INPUT，开始转换，且 DATA OUT 退出高阻抗状态。

输入数据是 8 位数据流，由 4 位模拟通道地址（D7～D4）、2 位数据长度选择（D3 和 D2）、输出 MSB 或 LSB 前位（D1）和单极或双极输出选择位（D0）组成。该数据流在 DATA INPUT 端加入。I/O CLOCK 序列加在 I/O CLOCK 端，以传输这个数据至输入数据寄存器。

在传送期间，I/O CLOCK 序列也将先前转换的结果从输出数据寄存器移至 DATA OUT 端。I/O CLOCK 接收输入的 8、12 或 16 个时钟周期序列，其周期长度取决于输入数据寄存器中的数据长度选择。在输入 I/O CLOCK 序列的第 4 个下降沿开始对模拟输入进行采样，并且在 I/O CLOCK 序列的最后一个下降沿之后保持采样结果。I/O CLOCK 序列的最后一个下降沿也将 EOC 变低并开始转换。

（3）I/O 周期和实际转换周期　该转换器的工作由两种不同的周期组成：I/O 周期和实际转换周期。

1）I/O 周期。I/O 周期由外部提供的 I/O CLOCK 定义。根据选定的输出数据长度持续 8、12 或 16 个时钟周期。在 I/O 周期期间，以下两个操作同时进行：

① DATA INPUT 是由地址和控制信息组成的 8 位数据流提供的。这一数据在前 8 个 I/O CLOCK 的上升沿被移至器件。在 12 或 16 时钟传输期间的前 8 个时钟之后 DATA INPUT 被忽略。

② 长度为 8、12 或 16 位的输出数据被连续的提供至 DATA OUT 端。当在转换期间 $\overline{CS}$ 为低电平时，第 1 个输出的数据位发生在 EOC 的上升沿。当 $\overline{CS}$ 在转换期间为高电平时，第 1 个输出的数据位发生在 EOC 的下降沿。这一数据是前一个转换周期的结果。在这第 1 个数据输出位之后，后续的所有数据位都依次在每个 I/O CLOCK 的下降沿被输出。

2）实际转换周期。实际转换周期对用户来说是透明的。它是由一个内部时钟同步至 I/O CLOCK 控制的。在转换期间，该器件对模拟输入电压进行连续逼近的转换。转换开始时 EOC 输出变为低电平；转换结束时 EOC 输出变为高电平，与此同时输出数据寄存器被锁存。在 I/O 周期结束后转换周期才开始，这样做可以把外部数据噪声对转换精度的影响降到最低。

（4）数据输入　数据输入端在内部被连接到一个 8 位的串行输入地址控制寄存器。该寄存器规定了转换器的工作和输出数据长度。主机提供的数据字是以 MSB 为前导的。每个数据位都是在 I/O CLOCK 序列的上升沿被输入的。控制字寄存器中各位的定义见表 9-11。

表 9-11　控制字寄存器中各位的定义

地　址　位				输出数据长度		输出数据顺序	极性选择
D7（MSB）	D6	D5	D4	D3	D2	D1	D0

1）数据输入地址位。数据寄存器的前 4 位（D7～D4）是地址位，它决定了或从 11 个输入通道中选一，或从 3 个基准测试电压中选一，或选软件断电。这些地址位影响紧跟在当前 I/O 周期后面的当前转换。基准电压的额定值等于 $V_{REF(+)}$、$V_{REF(-)}$。数据输入地址位见表 9-12。

表 9-12　数据输入地址位

地 址 位				功　　能
D7（MSB）	D6	D5	D4	
0	0	0	0	选择通道 0
0	0	0	1	选择通道 1
…	…	…	…	…
1	0	1	0	选择通道 10
1	0	1	1	选择 $[V_{\mathrm{REF}(+)} - V_{\mathrm{REF}(-)}]/2$ 作为测试电压
1	1	0	0	$V_{\mathrm{REF}(+)}$
1	1	0	1	$V_{\mathrm{REF}(-)}$
1	1	1	0	软件关闭电源

2）数据输出长度。数据寄存器的随后 2 位（D3 和 D2）选择输出数据的长度。数据长度选择对当前 I/O 周期有效（在该周期中数据被读出）。已经对当前 I/O 周期有效的数据长度选择，允许在不同时区 I/O 同步的条件下启动器件。可以选择 8、12 或 16 位的数据长度。由于转换器的分辨率为 12 位，因而建议用 12 位数据长度。数据输出长度见表 9-13。

表 9-13　数据输出长度

D3	D2	输出数据长度	D3	D2	输出数据长度
0	1	8 位	1	1	16 位
X	0	12 位			

3）数据寄存器，LSB 导前。在输入数据寄存器中的 D1 位，控制输入的二进制数的传送。当 D1 被置为 0 时，转换结果以 MSB 导前格式输出；当 D1 被置为 1 时，数据以 LSB 导前格式输出。MSB 导前或 LSB 导前的选择，总是影响下一个 I/O 周期而不是当前的 I/O 周期。当数据方向从一种变为另一种时，当前 I/O 周期总是不会被破坏的。输出数据格式见表 9-14。

表 9-14　输出数据格式

D1	0	1
功能	输出数据高位在前（MSB）	输出数据低位在前（LSB）

4）数据寄存器，双极性格式。在输入数据寄存器中的 D0 位（BIP），控制用来表示转换结果的二进制数据格式。当 D0 被置为 0 时，转换结果被表示成单极性（无符号二进制）数据；当 D0 被置为 1 时，转换结果表示成双极性（有符号二进制）数据。MSB 被表示为符号位。极性选择见表 9-15。

表 9-15　极性选择

D0	0	1
功能	单极性二进制数	双极性二进制数

程序将经 TLC2543 转换后的高 8 位数据存入 41H 中，而低 4 位存入 40H 的高 4 位字节

中。后面调用了一个将 3B 二进制转换成 BCD 码的程序，转换成 BCD 码以便显示出来。主程序流程图如图 9-67 所示。

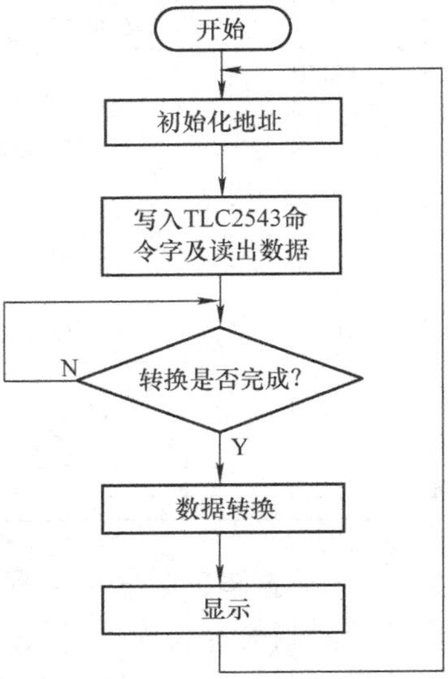

2. 8051 单片机和 TLC2543 接口的实现

8051 单片机没有 SPI 口，故用 P1.0 ～ P1.3 模拟 TLC2543 的 SPI 接口。其中，P1.0 模拟 SDO（MISO），P1.1 模拟 SDI（MOSI），P1.2 模拟 $\overline{CS}$，P1.3 模拟 SCK，P1.4 接收转换结束的 EOC 信号。

下面给出 8051 单片机和 TLC2543 接口 C51 的源程序及在 Proteus 的仿真结果，如图 9-68 ～ 图 9-70 所示。

（1）8051 单片机和 TLC2543 接口的 C 语言源程序

```c
#include < reg51. h >
#define uint unsigned int
#define uchar unsigned char
sbit SDO = P1^0;                        //定义端口
sbit SDI = P1^1;
sbit CS = P1^2;
sbit CLK = P1^3;
sbit EOC = P1^4;
sbit P2_0 = P2^0;
sbit P2_1 = P2^1;
sbit P2_2 = P2^2;
sbit P2_3 = P2^3;
unsigned char code xiao[ ] = {0xC0,0xF9,0xA4,0xB0,0x99,0x92,0x82,0xF8,0x80,0x90};
                                   // 共阳极 LED0 ~ 9 的段码
void delay( unsigned char n)        //延时程序
{
    unsigned char i,j;
       for( i = 0; i < n; i + + )
          for( j = 0; j < 125; j + + );
}

unsigned int read2543( unsigned char con_word)//向 TLC2543 写命令及读转换后的数据
{
    unsigned int ad = 0, i;
    CLK = 0;                         //时钟首先置低
    EOC = 1;
    CS = 0;                          //片选为 0,芯片工作
    for( i = 0; i < 12; i + + )
       {
```

图 9-67　AT89C52 和 TLC2543
接口的主程序流程图

（流程图：开始 → 初始化地址 → 写入 TLC2543 命令字及读出数据 → 转换是否完成？ → N 返回；Y → 数据转换 → 显示）

```
        if( SDO)                                //首先读 TLC2543 的 1 位数据
           ad = ad | 0x01;
           SDI = ( bit) ( con_word&0x80);       //向 TLC2543 写 1 位数据
           CLK = 1;                             //时钟上升沿,TLC2543 输出使能
           delay( 3);
           CLK = 0;                             //时钟下降沿,TLC2543 输入使能
           delay( 3);
           con_word << = 1;
           ad << = 1;
        }
        CS = 1;
        while( ! EOC);
        ad >> = 1;
        return( ad);
    }
void main( )
{
        uint ad;
        while( 1)
        {
           ad = read2543( 0x00);
           P0 = xiao[ ad/1000];                 //显示千位
           P2_0 = 1;
           delay( 10);
           P2_0 = 0;
           P0 = xiao[ ( ad%1000)/100];          //显示百位
           P2_1 = 1;
           delay( 10);
           P2_1 = 0;
           P0 = xiao[ ( ad% 100) /10];          //显示十位
           P2_2 = 1;
           delay( 10);
           P2_2 = 0;
           P0 = xiao[ ad% 10];                  //显示个位
           P1 = P0;
           P2_3 = 1;
           delay( 10);
           P2_3 = 0;
        }
```

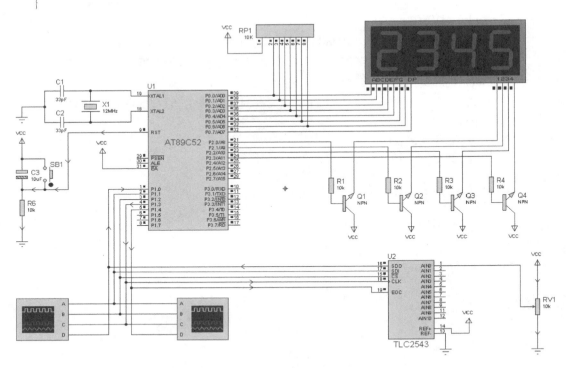

图 9-68　AT89C52 与 TLC2543 接口的 Proteus 仿真电路图

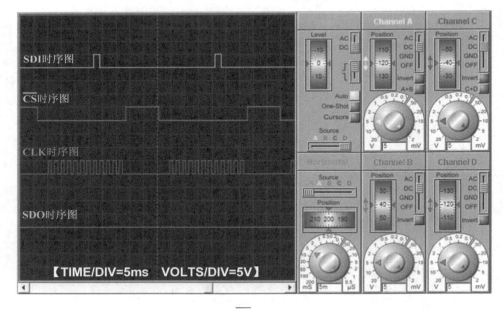

图 9-69　SDI- $\overline{\text{CS}}$ -CLK-SDO 时序图

（2）仿真电路图中的时序图　用 Proteus 模拟仿真时，采用了两个模拟示波器分两组观察 SDI、$\overline{\text{CS}}$、CLK、SDO、EOC 这 5 个信号，如图 9-69、图 9-70 所示。每组各个通道的设置相同（即 5V/div，5ms/div），从上到下 A、B、C、D 这 4 个通道的水平 0 位置分别是 +120、+40、

−40、−120，即间隔相等（均为 4 格）。从以上示波器的模拟时序图可以看出每个时序周期为 45ms（每周期占 9 格，每格 5ms）。当然周期的大小主要跟程序中用的延时语句中延时长短有关。

图 9-69 各通道信号波形说明如下：

1）通道 A：SDI（即 DATA INPUT）信号时序图。DATA INPUT 是由地址和控制信息组成的 8 位数据流提供的，这一数据在前 8 个 I/O CLOCK 的上升沿被移至器件。在本例中，第 8 个时钟信号上升沿由 0 变为 1，持续一个时钟周期，在第 9 个时钟信号上升沿再由 1 变回 0。

2）通道 B：$\overline{CS}$ 信号时序图。低电平 0 有效，在 $\overline{CS}$ 端由高变低时，复位内部计数器和控制，使能 DATA OUT、DATA INPUT 和 I/O CLOCK。

3）通道 C：CLK（即 I/O CLOCK）信号时序图。在每个片选信号有效期内产生 12 个时钟信号，I/O CLOCK 的最后一个下降沿，将转换的控制信号传送到内部状态控制位。

4）图 9-69 所示通道 D：SDO 信号时序图（为低电平"0"）。图 9-70 所示通道 D：EOC 信号时序图。在 I/O 周期结束后转换周期才开始。转换开始时 EOC 输出变为低电平，转换结束时 EOC 输出变为高电平，与此同时输出数据寄存器被锁存。因在转换期间 $\overline{CS}$ 为低电平，所以下一个 I/O 周期的第 1 个输出的数据位发生在 EOC 的上升沿，即对应的下一个 I/O CLOCK 序列的第一个时钟信号的上升沿。

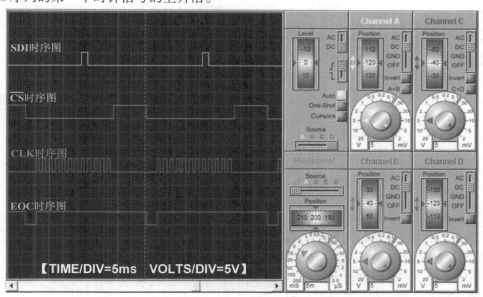

图 9-70　SDI-$\overline{CS}$-CLK-EOC 时序图

9.6　单总线接口及其应用

9.6.1　单总线简介

单总线（1-Wire）是美国 Dallas 公司推出的外围串行扩展总线。与目前多数标准串行数据通信方式（如 SPI/I²C/Microwire）不同，它采用单根信号线，既传输时钟，又传输数据，而且数据传输是双向的。它具有节省I/O口线资源、结构简单、成本低廉、便于总线扩展和维护等诸多优点。

1. 硬件配置

单总线的连接方式如图9-71a所示，一个简洁的单总线网络包括3个主要部分：带有控制系统的单总线主控制器（由单片机担当），连接上拉电阻和稳压二极管的连接线以及各种功能的单总线从器件。漏极开路的端口结构和上拉电阻 R 使总线空闲时处于高电平状态，器件可直接从数据线上获得工作电能（节省了电源线）。每一位读/写时序开始时，主控器把总线拉低，结束时，释放总线为高电平。这种按位自同步的数据传输方式大大节省了时钟线，稳压二极管将总线最高电平限定在5.6V，起到保护端口的作用。

单总线的内部结构如图9-71b所示，单总线接口用来实现供电和同步功能；64位ROM用于存储由生产厂家光刻的、全球唯一的、且不可更改的64位序列号，其中最低8位是器件的类型号。功能相同的一类器件具有相同的类型号。然后是48位的器件序列号，最后8位是CRC校验位，用于验证数据传输的正确性。主控制器通过对RAM的读/写操作实现对器件的控制。外围功能部件用来完成某一特定的功能。

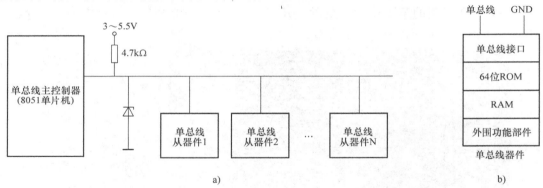

图 9-71　单总线连接方式及内部结构框图

a）单总线的连接方式　b）内部结构

2. 通信规程

单总线采用主从式、位同步、半双工串行方式通信，通信规程如下：

1）总线初始化。主控制器先发出复位脉冲，然后从器件发应答脉冲。

2）ROM指令。主控制器通过ROM指令读取各从器件的ROM识别码（64位序列号），以选择单总线上的某一个从器件，未被选中的从器件忽略主控制器的后续指令。

3）RAM指令。通过对从器件RAM的读/写操作，使外围器件实现某一功能。

所有单总线主控制器与从器件之间的通信都遵循上述通信规程。

9.6.2　数字温度传感器 DS18B20

1. DS18B20 概述

数字温度传感器DS18B20的测温范围为 −55～125℃，温度计分辨率可选（从9到12位）；温度传感器配置为9、10、11、或12位时，相应的增量分别为0.5℃、0.25℃、0.125℃和0.0625℃。测量结果直接输出数字温度信号，以1-Wire单总线串行传送给CPU，同时可传送 CRC 校验码，具有极强的抗干扰纠错能力。每个 DS18B20 具有独特的 64 位串行码，它允许多个 DS18B20 共用一根总线。DS18B20 在与单片机连接时仅需要一条口线即可实现单片机与 DS18B20 的双向通信，在使用中不需任何外围元件，全部传感元件及转换电路集成在形如一只晶体管的集成电路内，适应电压范围宽（3.0～5.5V），在寄生电源方式下可由数据线供电，电源极性接反时，芯片不会因发热而烧毁，但不能正常工作。

2. DS18B20 封装及内部结构

DS18B20 常见的封装为 TO-92，如图 9-72 所示，其中 GND 为电源地，VDD 为外接供电电源输入端（在寄生电源接线方式时接地），DQ 为单总线端口（即 I/O 端口），无论是外接电源供电还是寄生电源供电，DQ 口线都要接 5kΩ 左右的上拉电阻。

DS18B20 内部结构主要由以下几部分组成：64 位光刻 ROM、温度感应元件、非挥发的温度上限报警触发器 TH 和下限报警触发器 TL 以及配置寄存器等，如图 9-73 所示。

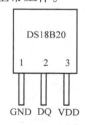

图 9-72　DS18B20 的封装形式

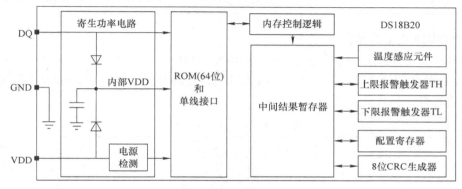

图 9-73　DS18B20 的内部结构

3. DS18B20 中的温度感应元件对温度的测量

DS18B20 中的温度感应元件（即温度传感器）可完成对温度的测量，以 12 位转化为例：用 16 位符号扩展的二进制补码读数形式提供，以 0.0625℃/LSB 形式表达，其中 S 为符号位。DS18B20 温度格式见表 9-16。

表 9-16　DS18B20 温度格式

D7	D6	D5	D4	D3	D2	D1	D0
2^3	2^2	2^1	2^0	2^{-1}	2^{-2}	2^{-3}	2^{-4}
D15	D14	D13	D12	D11	D10	D9	D8
S	S	S	S	S	2^6	2^5	2^4

这是 12 位转化后得到的 12 位数据，存储在 DS18B20 的两个 8 位的 RAM 中。其中前面 5 位是符号位，如果测得的温度大于 0℃，这 5 位为 0，只要将测到的数值乘以 0.0625 即可得到实际温度；如果温度小于 0℃，这 5 位为 1，测到的数值需要取反加 1 再乘以 0.0625 即可得到实际温度。例如，125℃的数字输出为 07D0H，25.0625℃的数字输出为 0191H，－25.0625℃的数字输出为 0FF6FH，－55℃的数字输出为 －FC90H。DS18B20 温度数据见表 9-17。

表 9-17　DS18B20 温度数据

温度/℃	数字输出（二进制）	数字输出（十六进制）
125	0000 0111 1101 0000	07D0H
85	0000 0101 0101 0000	0550H
25.0625	0000 0001 1001 0001	0191H
10.125	0000 0000 1010 0010	00A2H
0.5	0000 0000 0000 1000	0008H
0	0000 0000 0000 0000	0000H
-0.5	1111 1111 1111 1000	FFF8H
-10.125	1111 1111 0101 1110	FF5EH
-25.0625	1111 1110 0110 1111	FE6FH
-55	1111 1100 1001 0000	FC90H

4. DS18B20 内部存储器

在 DS18B20 中共有 3 种存储器，分别是 ROM、RAM（高速暂存）、E^2PROM（存放高温度/低温度触发器 TH/TL 等），每种存储器都有其特定的功能，读者可查阅相关资料。另外还有配置寄存器，格式见表 9-18。

表 9-18　配置寄存器格式

D7	D6	D5	D4	D3	D2	D1	D0
TM	R1	R0	1	1	1	1	1

低 5 位一直都是 1，TM 是测试模式位，用于设置 DS18B20 在工作模式还是在测试模式。在 DS18B20 出厂时该位被设置为 0，用户不要去改动。R1 和 R0 用来设置分辨率（00、01、10、11 分别为 9、10、11、12 位），DS18B20 出厂时被设置为 12 位。

5. DS18B20 器件功能命令

与 1-Wire 单总线相关的命令分为通用性功能命令（见表 9-19）和专用性功能命令（见表 9-20）两种，即 ROM 功能命令和器件功能命令。其中 ROM 功能命令具有通用性，不仅适用于 DS18B20 也适用于其他具有 1-Wire 单总线接口的器件，主要用于器件的识别与寻址；而器件功能命令具有专用性，它们与器件的具体功能紧密相关。

表 9-19　通用性功能命令（ROM 指令）

序号	指令	代码	操作说明
1	读 ROM	33H	读 DS18B20 温度传感器 ROM 中的编码（即 64 位地址）
2	匹配 ROM	55H	发出此命令之后，接着发出 64 位 ROM 编码，访问单总线上与该编码相对应的 DS18B20，使之做出响应，为下一步对该 DS18B0 的读写做准备
3	搜索 ROM	0F0H	用于确定挂接在同一总线上 DS18B20 的个数和识别 64 位 ROM 地址，为操作各器件做准备

（续）

序号	指令	代码	操作说明
4	跳过 ROM	0CCH	忽略 64 位 ROM 地址，直接向 DS18B20 发温度变换命令，适用于单片工作
5	告警搜索命令	0ECH	执行后只有温度超过设定值上限或下限的片子才做出响应

表 9-20 专用性功能指令（RAM 指令）

序号	指令	代码	操作说明
1	温度转换	44H	启动 DS18B20 进行温度转换，结果存入内部 9 字节 RAM 中
2	读暂存器	0BEH	读内部 RAM 中 9 字节的内容
3	写暂存器	4EH	发出向内部 RAM 的 3、4 字节写上、下限温度数据命令，紧跟该命令之后，是传送两字节的数据
4	复制暂存器	48H	将 RAM 中第 3、4 字节的内容复制到 E^2PROM 中
5	重调 E^2PROM	0B8H	将 E^2PROM 中内容恢复到 RAM 中的第 3、4 字节
6	读供电方式	0B4H	寄生供电时发送 0，外接电源供电时发送 1

6. 主机与 DS18B20 的通信流程

主机对 DS18B20 的访问流程是：先对 DS18B20 初始化（即复位操作），再进行 ROM 操作命令，最后才能进行存储器操作、数据操作。对总线上的 DS18B20 来说，复位信号意味着又一次通信的开始，器件对此的响应是拉低总线以告知主机自身的存在，然后准备接收 ROM 功能命令。DS18B20 每一步操作都要遵循严格的工作时序和通信协议。如主机控制 DS18B20 完成温度转换这一过程，根据 DS18B20 的通信协议，需经 3 个步骤：每一次读写之前都要对 DS18B20 进行复位，复位成功后发送一条 ROM 指令，最后发送 RAM 指令，这样才能对 DS18B20 进行预定的操作。

7. 数字温度传感器 DS18B20 的供电方式

数字温度传感器 DS18B20 接线方便，封装成后可应用于多种场合；而且耐磨耐碰，体积小，使用方便，封装形式多样，适用于各种狭小空间设备的数字测温和控制领域。DS18B20 的应用电路具有测温系统简单、测温精度高、连接方便、占用 I/O 线少等优点。下面介绍几种不同应用方式下 DS18B20 的供电方式。

（1）DS18B20 寄生电源供电方式　如图 9-74 所示，在寄生电源供电方式下，DS18B20 从单总线信号线上汲取能量，在信号线 DQ 处于高电平期间把能量储存在内部电容里，在信号线处于低电平期间消耗电容上的电能工作，直到高电平到来再给寄生电源（电容）充电。

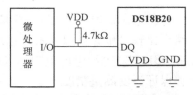

图 9-74　DS18B20 寄生电源供电方式（无强上拉）

该方式的优点：电路更加简洁，仅用一根 I/O 线实现测温；可以在没有常规电源的条件下读取 ROM；进行远距离测温时，无需本地电源。

该方式的缺点：要想使 DS18B20 进行精确的温度转换，I/O 线必须保证在温度转换期间提供足够的能量，由于每个 DS18B20 在温度转换期间工作电流达到 1mA，当几个温度传感器挂在同一根 I/O 线上进行多点测温时，只靠 4.7kΩ 上拉电阻就无法提供足够的能量，会造成无法转换温度或温度误差极大。

该方式的适用范围：在传感器数量方面，适应于数量较少的温度传感器测温情况下使用，最好是一个；在电源要求方面，不适宜采用电池供电的系统中。因为，当电源电压下降时，寄生电源能够汲取的能量也降低，会使温度误差变大。

（2）DS18B20 寄生电源强上拉供电方式　为解决以上方式中电流供应不足的问题，再占用一根 I/O 口线用 MOSFET 把 I/O 线直接拉到 VCC 进行强上拉切换，就可提供足够的电流。改进的寄生电源供电方式如图 9-75 所示。在发出任何涉及复制或启动温度转换的指令后，必须在最多 10μs 内把 I/O 线转换到强上拉状态。

该方式虽解决了电流供应不足的问题，适合于多点测温应用，但是要以多占用一根 I/O 口线进行强上拉切换作为代价。

（3）DS18B20 的外部电源供电方式　在外部电源供电方式下，DS18B20 工作电源 VCC 由 VDD 引脚接入，此时 I/O 口线不需要强上拉，不存在电源电流不足的问题，可以保证转换精度，同时在总线上理论可以挂接任意多个 DS18B20 传感器，组成多点测温系统，如图 9-76、图 9-77 所示。

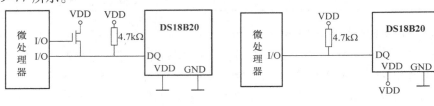

图 9-75　DS18B20 寄生电源供　　　　图 9-76　DS18B20 外部电源供
电方式（有强上拉）　　　　　　　电方式（单点测温）电路

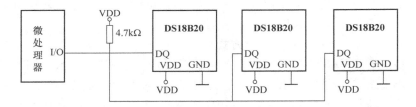

图 9-77　DS18B20 外部电源供电方式（多点测温）电路

外部电源供电方式是 DS18B20 最佳的工作方式，工作稳定可靠，抗干扰能力强，而且电路也比较简单，可以开发出稳定可靠的多点温度监控系统。在外接电源方式下，可以充分发挥 DS18B20 电源电压范围宽（3.0～5.5V）的优点，即使电源电压 VCC 降到 3V 时，依然能够保证温度测量精度。

8. DS18B20 使用中注意事项

1）硬件设计简单，就需要相对复杂的软件编程进行补偿，由于 DS1820 与微处理器间采用串行数据传送，因此，在对 DS1820 进行读写编程时，必须严格保证读写时序，否则将无法读取测温结果。

2）在进行多点测温系统设计时，当 DS1820 单总线上所挂 DS1820 数量较多时（一般大于 8 个），就需要解决微处理器的总线驱动问题。

3）在用 DS1820 进行长距离测温系统设计时，要充分考虑总线分布电容和阻抗匹配问题，最好采用带屏蔽电缆的双绞线。测温电缆线最好采用屏蔽 4 芯双绞线，其中一对线接地线与信号线，另一对线接 VDD 和地线，屏蔽层在源端单点接地。

9.6.3　利用 DS18B20 为 8051 扩展数字温度传感器

如图 9-78 所示，温度测量装置由 DS18B20 温度传感器、AT89C52、显示模块（4 位一体的共阳数码管）、驱动电路（4 个晶体管和 4 个电阻）组成，图 9-78 显示的正好是 DS18B20 能够测量的最高温度数值。温度传感器 DS18B20 输出脚直接与单片机的 P3.6 相连，R5 为上拉电阻，传感器采用外部电源供电。系统程序分传感器控制程序和显示器程序两部分，传感器控制程序是按照 DS18B20 的通信协议编制。系统的工作是在程序控制下，完成对传感器的读写和对温度的显示。下面给出主程序，读者可在此基础上扩展。

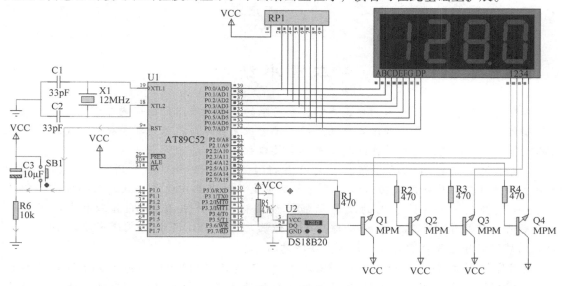

图 9-78　DS18B20 应用电路电气原理图

```
        DATA_ LINE   EQU   P3.6
        FLAG1      EQU   20H.0
        FLAG2      EQU   20H.1
         ORG 0000H
MAIN：  MOV SP, #30H
         LCALL B20_ INIT              ;复位与检测 DS18B20
         JNB FLAG1, MAIN1             ;FLAG1 =0，DS18B20 不存在
         JMP START
MAIN1： LCALL B20_ INIT
         JB FLAG1, START
         JMP MAIN1
START：
         MOV A, #0CCH                 ;跳过 ROM 匹配
         LCALL WRITE
```

```
        MOV A，#044H            ；发出温度转换命令
        LCALL WRITE
        LCALL B20_ INIT
        MOV A，#0CCH            ；跳过 ROM 匹配
        LCALL WRITE
        MOV A，#0BEH            ；发出读温度命令
        LCALL WRITE
        LCALL READ             ；读温度数据
        LCALL CTEMP            ；计算温度值
        LCALL DISPBCD          ；转换为 BCD 码
        LCALL DISP1            ；显示
        JMP    MAIN1
```

本 章 小 结

　　单片机应用系统扩展技术的内容丰富，在有限的篇幅和有限的时间内介绍全部接口技术是不可能的，也没有必要。通过本章的学习，读者应掌握单片机系统扩展技术的基本方法和基本概念，不必拘泥于某个具体的接口电路和接口程序。

　　目前市面上流行的程序存储器主要有并行接口的 OTP ROM、E^2PROM、Flash。OTP ROM 主要用于产品已研发成功，需要进行大批量生产的产品中，其优点是价格便宜，但其缺点也是明显的——存储于内的软件不能升级换代，预计未来被 Flash 取代。E^2PROM、Flash 既可以作程序存储器，也可以作数据存储器。但 E^2PROM 的写入速度要比 Flash 慢，Flash 的读写时序也有特别之处，读者需要注意。

　　数据存储器主要有并行接口的 SRAM 和串行接口（SPI/I^2C）的 E^2PROM 和 Flash。E^2PROM和Flash 主要用于表格、中间数据、测量结果等数据的存放。当然，并行接口的 E^2PROM和Flash 也可作为数据存储器使用。

　　I/O 的扩展有多种方式，可以用并行接口芯片扩展，还可用 8051 串行接口扩展，还可采用串行总线 SPI/I^2C 扩展。在键盘和 7 段式 LED 接口电路基础上，扩展了点阵 LED 显示器和接口电路；字符式 LCD 的接口和 7 段式 LED 的接口是相似的；字符式是将 LCD 划分为多个小的显示区域，每个区域为 5×7 点阵，可显示汉字、字符、符号。点阵式 LCD 和彩色 LCD 留给读者自学。

　　并行接口的 A-D 和 D-A 相当于外部的数据存储器，无论是 8 位还是高于 8 位器件，其接口原理相对简单，但电路复杂。串行接口（SPI/I^2C）的 A-D、D-A 器件和单片机的接口电路简单，但接口软件略显复杂，要占用一定机时，在速度要求不高的场合会得到广泛应用。单总线 1-Wire 接口电路简单，可靠性高，在测控系统中会得到越来越多的应用。

　　若扩展接口电路较多，需要注意地址分配方式和总线驱动，请读者自行查阅这方面的内容。

习题与思考题

　　1. 在 8051 单片机应用系统中，外接程序存储器和数据存储器的地址空间允许重叠而不会发生冲突，

为什么? 外部 I/O 接口地址是否允许与存储器地址重叠? 为什么?

2. 外部存储器的片选方式有几种? 各有哪些特点?

3. 现要求对 8051 扩展两片 28C64 作为外部程序存储器, 分别采用线选和译码方式实现片选, 试画出电路图, 并指出各芯片的地址范围。

4. 设某一 8051 单片机系统, 拟扩展两片 28C64 E^{2}PROM 芯片作为程序存储器, 两片 FM16W08 Flash 芯片作为数据存储器, 试画出电路图, 并说明存储器地址分配情况。

5. 试用一片 74LS244 和一片 74LS273 为 89S52 扩展 8 位输入端口和 8 位输出端口, 8 位输入端口各接一个开关, 8 位输出端口各接一个发光二极管, 要求按下一个开关, 相对应的发光二极管发光。试画出硬件连接图并编程。

6. 一个 89S52 应用系统扩展了一片 8255A, 晶振为 12MHz, 具有上电复位功能, P2.1 ~P2.7 作为 I/O 口线使用, 8255 的 PA 口、PB 口为方式 0 输入口, PC 口为方式 0 输出口。试画出该系统的逻辑图, 并编写初始化程序。

7. 写出 9.3.6 节用串行口扩展并行输入/输出口的 C51 源程序。

8. 用 DAC0832 进行 D-A 转换时, 当输出电压的范围在 0~5V 时, 每变化一个二进制数其输出电压跳变约 20mV, 即输出是锯齿状的, 采取何种措施可使输出信号比较平滑?

9. 当系统的主频为 6MHz 时, 请计算图 9-59 中用 DAC0832 产生矩形波信号的周期。

10. 当图 9-65 的 ADC0809 对 8 路模拟信号进行 A-D 转换时, 请编写用查询方式工作的采样程序, 8 路采样值存放在 30H~37H 单元。试分别用汇编语言和 C51 编写。

11. 用定时器 T0 每隔 20ms 控制 ADC0809 的 IN0 通道进行一次 A-D 转换, 试编写汇编语言程序和 C51 程序, 并对其初始化。

12. 用 Proteus 搭建键盘、7 段式 LED 显示器接口电路, 并运行对应程序。

13. 用 Proteus 仿真图 9-65 的 ADC0809 转换电路, 并将其结果显示于 7 段式 LED 显示器。

14. 用 Proteus 仿真图 9-57, 在输出端得到三角波、锯齿波、矩形波波形。

第 10 章 实时操作系统 RTX51

对于单任务应用程序或者简单的前后台应用系统来说，编写简单的监控程序就够了。如简易计算器、防盗报警器、容器温度控制系统等，学习前面章节的内容就够了。但是，许多单片机应用程序要求同时执行两个或两个以上工作或任务，如汽车发动机控制、防抱死系统（ABS）、飞机管理系统、喷气发动机控制。对于这样的应用程序，监控程序的编写相当困难，而必须要使用实时操作系统（RTOS）。

实时操作系统可以灵活地为几个任务调度系统的资源（如 CPU、存储器等）。RTX51 是一个强大的实时操作系统，而且简单易用。它可以在所有的 8051 派生产品中使用。本章首先介绍实时操作系统的概念，然后介绍在 8051 系统中得到应用的 RTX51 实时操作系统的结构特点和应用实例。

10.1 实时操作系统

实时操作系统是指当外界事件或数据产生时，能够接受并以足够快的速度予以处理，其处理的结果又能在规定的时间之内来控制生产过程或对处理系统做出快速响应，并控制所有实时任务协调一致运行的操作系统。因而，提供及时响应和高可靠性是其主要特点。实时操作系统有硬实时和软实时之分，硬实时要求在规定的时间内必须完成操作，这是在操作系统设计时保证的；软实时则只要按照任务的优先级，尽可能快地完成操作即可。通常使用的操作系统在经过一定改变之后就可以变成实时操作系统。

10.1.1 多任务系统

多任务运行的实现实际上是靠 CPU（中央处理单元）在许多任务之间转换和调度。CPU 只有一个，轮番服务于一系列任务中的某一个。多任务运行很像前/后台系统，只是后台任务有多个。多任务运行使 CPU 的利用率达到最高，并使应用程序模块化。在实时应用中，多任务化的最大特点是，开发人员可以将很复杂的应用程序层次化。使用多任务系统，应用程序将更容易设计与维护。

10.1.2 多任务系统中任务的定义和状态

一个任务，也称作一个线程，是一个简单的程序，该程序可以认为 CPU 完全只属于该程序自己。实时应用程序的设计过程包括如何把问题分割成多个任务。每个任务都是整个应用的一部分，都被赋予一定的优先级，有自己的一套 CPU 寄存器和栈空间。

典型的是，每个任务都是一个无限的循环，都可能处在以下 5 种状态之一——休眠态、就绪态、运行态、挂起态（等待某一事件发生）及被中断状态。

休眠态相当于任务驻留在内存中，但并不被多任务内核所调度；就绪态意味着任务已经准备好，可以运行，但由于该任务的优先级比正在运行的任务的优先级低，还暂时不能运行；运行态是指任务掌握了 CPU 的使用权，正在运行中；挂起态也可以叫作等待事件态，指任务在等待，等待某一事件的发生（例如等待某外设的 I/O 操作，等待某共享资源由暂不能使用变成能使用状态，等待定时脉冲的到来，或等待超时信号的到来，以结束目前的等待等）；最后，发生中断时，CPU 提供相应的中断服务，原来正在运行的任务暂不能运行，就进入了被中断状态。

10.1.3　多任务系统中的任务特性

任务就是一个具有独立功能的无限循环的程序段的一次运行活动。任务具有动态性、并发性、异步独立性的特点。

1）动态性：任务的状态是不断变化的，一般分为休眠态、就绪态、运行态、挂起态等。

2）并发性：系统中同时存在多个任务，它们宏观上是同时运行的。

3）异步独立性：任务是系统中独立运行的基本单元，也是内核分配和调度的基本单元，每个任务各自按相互独立的不可预知的速度运行，走走停停。

每个任务都要安排一个决定其重要性的优先级，都有一个无限循环的程序段规定其功能（如一个 C 语言过程），并相应有一个数据段、堆栈段及一个任务控制块 TCB（用于保存 CPU 的现场、状态等）。

10.1.4　实时操作系统特性

1. 高精度计时系统

计时精度是影响实时性的一个重要因素。在实时应用系统中，经常需要精确确定实时操作某个设备或执行某个任务，或精确地计算一个时间函数。这些不仅依赖于一些硬件提供的时钟精度，也依赖于实时操作系统实现的高精度计时功能。

2. 多级中断机制

一个实时应用系统通常需要处理多种外部信息或事件，但处理的紧迫程度有轻重缓急之分。有的必须立即做出反应，有的则可以延后处理。因此，需要建立多级中断嵌套处理机制，以确保对紧迫程度较高的实时事件进行及时响应和处理。

3. 实时调度机制

实时操作系统不仅要及时响应实时事件中断，同时也要及时调度运行实时任务。但是，处理器调度并不能随心所欲地进行，因为涉及两个进程之间的切换，只能在确保"安全切换"的时间点上进行，实时调度机制包括两个方面，一是在调度策略和算法上保证优先调度实时任务；二是建立更多"安全切换"时间点，保证及时调度实时任务。

10.2　RTX51 实时操作系统

RTX51 是用于 8051 系列单片机的一种多任务实时操作系统（RTOS）。它可以简化具有实时性要求的复杂软件的设计。

RTX51 有两个不同版本：RTX51 Full 和 RTX51 Tiny。

RTX51 Full 允许 4 个任务优先级的轮转和抢先式任务切换，它还可以与中断函数并行使用；任务之间可以使用邮箱系统（Mailbox System）来传递信号和消息；可以从存储池进行分配或释放存储器，还可以使一个任务等待，如中断、超时，另一个任务或中断的信号及消息。

RTX51 Tiny 是 RTX51 Full 的子集，可以容易地在没有片外存储器的 8051 单片机系统上运行。RTX51 Tiny 也支持很多 RTX51 Full 的功能，允许轮转式任务切换，支持信号传递。但它不支持抢先式的任务切换，不能进行信息处理，也不支持存储池的分配和释放。

在许多单片机应用系统中要求能够同时处理多项工作或任务，实时操作系统可以灵活地为几个任务调度系统的资源（如 CPU、存储器等）。RTX51 是一个强大的实时操作系统，而且简单易用。它可以在所有的 8051 派生产品中使用。

可以用标准 C 的结构编写 RTX51 程序，并用 C51 编译。它只在指定任务 ID 和优先权方面与标准 C 有一点不同。RTX51 程序也要求包含实时可执行的头文件，并用 BL51 链接器/定位器和相应的 RTX51 库文件链接。

10.2.1　RTX51 实时操作系统的特点

RTX51 实时操作系统，完全不同于一般的单片机 C51 程序。RTX51 有自己独特的概念和特点。

（1）中断　RTX51 可以使用中断，其中断函数以并行方式工作。中断函数可以与 RTX51 内核通信，并可以将信号或者消息发送到 RTX51 的指定任务中。在 RTX51 Full 中，中断一般配置为一个任务。

（2）信息传递　RTX51 Full 支持任务之间的信息交换，可以使用 isr_recv_message、isr_send_message、os_send_message 和 os_wait 函数来实现。在 RTX51 系统中，信息是一个可以被存储器看作是数字或者指针的 16 位数值。RTX51 Full 中还可以支持使用存储器库系统的变量信息。

（3）CAN 通信　RTX51 Full 中集成了一个 CAN 总线通信模块 RTX51/CAN。通过 RTX51/CAN 可以轻松地实现 CAN 总线的通信。RTX51/CAN 作为一个任务来使用，可以通过 CAN 网络来实现信息的传递，其他的 CAN 终端可以配置为一般的 C51 程序，也可以是 RTX51 的实时操作系统。

（4）BITBUS 通信　RTX51 Full 系统中集成了 BITBUS 主控制器和从控制器。BITBUS 任务主要用于支持与 Intel 8044 之间的信息传递。

（5）事件　在 os_wait 函数中，RTX51 支持下列事件：

1）Timeout（超时）：挂起正在运行的任务，等待规定的时钟滴答数。

2）Interval（间隔）：这和 Timeout 很相似，但不是用软件定时器的复位来产生周期性的间隔（时钟要求，仅 RTX51 Tiny）。

3）Signal（信号）：任务之间协调。

4）Message（消息）：交换消息（仅 RTX51 Full）。

5）Interrupt（中断）：一个可以等待 8051 硬件中断的任务（仅 RTX51 Full）。

6）Semaphore（信号量）：管理共享的系统资源的二进制信号量（仅 RTX51 Full）。

RTX51 实时操作系统使用标准的 C51 来编写程序，可以运行于所有的 8051 系列单片机中。RTX51 自身提供了灵活的时间分配以及任务的响应和切换。

RTX51 可以在所有的 8051 系列芯片上运行。用户只需要用标准的 C 语言编写 RTX51 程序，然后用 C51 编译器编译即可生成代码。其中，仅有少数内容和标准 C 语言有差异，这些内容是为了实现任务标志和优先级而设置的。RTX51 程序设计需要包含实时运行头文件和必要的库文件，并且要用 BL51 链接器/定位器来实现连接。在 Keil 中，如图 10-1 所示，在目标选项的 Target 标签中的 Operating 中选择 RTX51 Tiny，在头文件中加上 #include <rtx51tny. h> 即可。在 RTX51 TINY 环境下生成代码，需要用到 C51 编译器、BL51 链接器/定位器和 A51 宏汇编器。此外，库文件 RTX51TNY. LIB 必须存放在环境变量 C51LIB 所指定的路径下。

```
Options for Target 'Target 1'                                          ✕

 Device  Target  Output  Listing  C51   A51   BL51 Locate  BL51 Misc  Debug  Utilities

 Atmel AT89C51

                      Xtal (MHz): 24.0        ☐ Use On-chip ROM (0x0-0xFFF)

    Memory Model: Small: variables in DATA    ▼
    Code Rom Size: Large: 64K program         ▼
      Operating  RTX-51 Tiny                  ▼

  ┌Off-chip Code memory──────────────┐   ┌Off-chip Xdata memory──────────────┐
  │             Start:     Size:     │   │             Start:     Size:      │
  │      Eprom  [      ]  [      ]    │   │      Ram   [      ]  [      ]      │
  │      Eprom  [      ]  [      ]    │   │      Ram   [      ]  [      ]      │
  │      Eprom  [      ]  [      ]    │   │      Ram   [      ]  [      ]      │
  └──────────────────────────────────┘   └───────────────────────────────────┘

  ☐ Code Banking        Start:   End:     ☐ 'far' memory type support
  Banks: [2 ▼]  Bank Area: 0x0000  0xFFFF  ☐ Save address extension SFR in interrupt

          [ 确定 ]    [ 取消 ]   [ Defaults ]              [ 帮助 ]
```

图 10-1　RTX51 Tiny 设置界面

RTX51 Tiny 版可以运行在 8051 的单芯片嵌入式系统上，且不需要任何外部数据存储器，但也不排斥应用程序访问外部的数据存储器。RTX51 Tiny 版本可以使用 C51 支持的所有存储模式。所使用的存储模式只影响应用对象的存储位置。RTX51 Tiny 的系统变量和应用程序的堆栈区总是存储在 8051 的片内 RAM 中（即 DATA 和 IDATA）。典型的 RTX51 Tiny 应用程序一般运行于 SMALL 存储模式下。

RTX51 Tiny 版本使用了 8051 的定时器 0 和定时器 0 的中断信号。SFR 中的全局中断允许位或定时器 0 中断屏蔽位都可能使 RTX51 Tiny 停止运行。因此，除非有特殊的应用目的，应该使定时器 0 的中断始终开启，以保证 RTX51 Tiny 的正常运行。

实时操作系统的性能参数对嵌入式系统的应用开发也有着直接影响，RTX51 的性能参数见表 10-1。

表 10-1　RTX51 的性能参数

描　述	RTX51 Tiny 版本	描　述	RTX51 Tiny 版本
任务数	16	系统时钟	100 ~ 65535 周期
RAM 要求	7B DATA, 3 × 任务数 B IDATA	中断响应时间	< 20 周期
代码要求	900B	任务切换时间	100 ~ 700 周期, 依赖于堆栈装载
硬件要求	定时器 0		

10.2.2　RTX51 的系统配置

编写 RTX51 程序需要包含 RTX51TNY. H 文件。在程序中，需要用一个关键字 "_task_" 来声明一个函数的任务属性。RTX51 程序不需要 main 函数。在进行连接处理时，会将启动任务 0 的执行所需要的代码连接进来，作为开始执行的代码。

用户可以更改配置文件 CONF_TNY. A51 中的以下几个参数：①系统定时器中断所用的寄存器组；②系统定时器的时间间隔；③Round-Robin 的超时（Timeout）值；④内部数据存储器的大小；⑤RTX5l 启动后的自由堆栈大小。

以下是配置文件的部分内容：

```
; RTX51 的硬件定时器
; 用下面的 EQU 可预置 RTX51 的定时器时间常数
; 用 8051 定时器 0 作为控制软件的定时器
; 定义定时器中断用的寄存器组
    INT_ REGBANK        EQU    1          ; 默认为寄存器 1 组
; 定义 8051 定时器 0 溢出所需的机器周期数
    INT_ CLOCK          EQU    10000      ; 默认周期数为 10000
; 定义 Round-Robin 的 Timeout 所需的定时器溢出数
    TIMESHARING         EQU    5          ; 默认为 5 次
; 注意：Round-Robin 任务切换可用 TIMESHARING 为 0 来屏蔽
; RTX51 堆栈空间
; 以下的 EQU 语句定义了堆栈区的片内 RAM 体积和最小自由堆栈空间
; 定义了堆栈空间耗尽后所执行的宏代码
; 定义最大的堆栈 RAM 地址
    RAMTOP              EQU    0FFH       ; 默认地址是 255
; 定义最小的堆栈自由空间
    FREE_ STACK         EQU    20         ; 默认为 20 字节堆栈自由空间
; 发生堆栈用尽时的执行代码
    STACK_ ERROR MACRO
    CLR EA                                ; 关闭所有中断
    SJMP  $                              ; 如堆栈空间耗尽, 进入死循环
    ENDM
```

在这个配置文件中，定义了许多可以修改的参数，以适应用户特定的应用程序环境。这

些参数的说明详见表 10-2。

表 10-2　配置文件参数说明

参　　数	描　　述
INT_REGBANK	说明 RTX51 系统所使用的寄存器组
INT_CLOCK	定义系统时间间隔，系统用这个中断产生一个信号，定义的数据是指每次中断发生所需要的 CPU 周期数
TIMESHARING	定义 Round-Robin 任务切换的超时间隔（Timeout），是定时器溢出中断次数，发生指定次数中断后切换任务，如果是 0，则多任务 Round-Robin 机制被屏蔽
RAMTOP	说明 8051 片内 RAM 的最大地址，8051 为 7FH，8052 为 0FFH
FREE_STACK	定义任务切换时堆栈自由空间体积字节数，RTX51 会检验堆栈体积大小是否合理，如太小，引用 STACK_ERROR 宏
STACK_ERROR	当 RTX51 检测到堆栈出错时执行的宏，可根据应用程序需求更换这个宏

10. 2. 3　RTX 51 的典型功能函数

在 RTX51 Tiny 的系统函数中，以"os_"开头的函数可以被任务专用，而以"isr_"开头的函数则表示可以被 C51 的中断函数专用。

在使用 RTX51 Tiny 的系统函数时，需要在程序中加入"RTX51TNY. h"头文件。在该头文件中，提供了 RTX51 Tiny 系统函数的说明以及所有常数声明。

（1）发送信号函数 isr_send_signal　主要用于向一个任务发送信号。其函数原型如下：

char isr_send_signal(unsigned char taskid) ;

其中，参数 taskid 表示接收信号的任务号。发送信号函数 isr_send_signal 如果返回 0，则表示信号发送成功，如果返回 - 1，则表示指向的任务不存在。

（2）清除信号标志函数 os_clear_signal　主要用于清除指定任务的信号标志。其函数原型如下：

char os_clear_signal (unsigned char taskid) ;

其中，参数 taskid 表示所需要清除信号标志的任务号。清除信号标志函数 os_clear_signal 如果返回 0，则表示信号标志清除成功，如果返回 - 1，则表示指向的任务不存在。

（3）删除任务函数 os_delete_task　主要用于删除指定任务号的任务。其函数原型如下：

char os_delete_task (unsigned char taskid) ;

其中，参数 taskid 表示所需要删除任务的任务号，taskid 必须与任务描述的数字相一致，可取值的范围为 0 ~ 15。删除任务函数 os_delete_task 如果返回 0，则表示删除任务成功，如果返回 - 1，则表示指向的任务不存在或者任务没有启动。

（4）当前任务号函数 os_running_task_id　主要用于获得当前运行任务的任务号。其函数原型如下：

char os_running_task_id (void) ;

其中，当前任务号函数 os_running_task_id 的返回值表示当前任务的任务号。使用函数 os_delete_ task 的程序示例如下：

void task_ os_running_taskid (void)　　_task_ 2

```
{
    unsigned char rid;
    rid = os_running_task_id();
    ......
}
```

（5）发送信号函数 os_send_signal   主要用于向一个任务发送信号。其函数原型如下：

```
char os_send_signal(unsigned char taskid);
```

其中，参数 taskid 表示接收信号的任务号。发送信号函数 os_send_signal 如果返回 0，则表示信号发送成功，如果返回 -1，则表示指向的任务不存在。

发送信号函数 os_send_signal 在向 taskid 所指定的任务发送信号时，如果该任务正在等待信号，则信号到达后，任务再次执行。如果任务正在执行其他操作，则信号将被存储在所访问的任务信号标志中。使用函数 os_send_signal 的程序示例如下：

```
void task_os_sendsignal(void)    _task_ 2
{
    ......
    os_send_signal(3);                /* 向任务 3 发送信号
    ......
}
```

（6）等待函数 os_wait   主要用于暂停当前任务，等待一个或多个事件发生。其函数原型如下：

```
char os_wait(unsigned char event_sel, unsigned char ticks, unsigned int dummy);
```

其中，参数 event_sel 表示等待发生的事件。可以选择的事件有如下几种形式：

K_IVL：等待的时间间隔。

K_SIG：等待的信号。

K_TMO：超时，即等待的时间到。

这些事件可以单独使用，也可以在一起组合使用，示例如下：

```
event_sel = K_TMO | K_IVL;
event_sel = K_SIG | K_IVL;
```

（7）等待函数 os_wait1   主要用于暂停当前任务，等待信号的到来。其函数原型如下：

```
char os_wait1(unsigned char event_sel);
```

其中，参数 event_sel 表示等待发生的事件，其不同于 os_wait 函数，只能设置为 K_SIG。

等待函数 os_wait1 如果返回 SIG_EVENT，则表示信号被成功接受；如果返回 NOT_OK，则表示该函数中所设置的 event_sel 参数无效。

（8）等待函数 os_wait2   主要用于暂停当前任务，等待一个或多个事件发生。其函数原型如下：

```
char os_wait2(unsigned char event_sel, unsigned char ticks);
```

其中，参数 event_sel 表示等待发生的事件。可以选择的事件有如下几种形式：

K_IVL：等待的时间间隔。

K_SIG：等待的信号。

K_TMO：等待的时间到。

这些事件可以单独使用，也可以在一起组合使用，示例如下：

event_sel = K_TMO ∣ K_IVL；

event_sel = K_SIG ∣ K_IVL；

（9）启动任务函数 os_create_task　主要用于启动已定义的由 task_id 说明的任务，此任务根据 RTX51 运行规则，标记为就绪，并准备执行。其函数原型如下：

char os_create_task（unsigned char task_id）；

如果任务成功启动，此函数返回 0 值；如果没有 task_id 说明的任务，则返回 –1。

10. 2. 4　RTX51 的任务调度方法

RTX51 实时操作系统的程序结构与标准单进程 C51 语言程序不一样，RTX51 不要求程序中一定要有一个 main 函数，它会自动地从任务 0（task0）开始执行。如果程序有 main 函数，那么就必须用 RTX51 Tiny 的 os_creat_task 函数或 RTX51 Full 的 os_start_system 函数手工启动 RTX51。具体的程序运行方法有下面几种。

1. RTX51 的轮转式任务调度方法

RTX51 可以实现多任务的轮转调度，并允许"准并行"地执行多个循环或任务。任务不是同时执行，而是以不同的时间片轮转调度执行。RTX51 将可用的 CPU 时间划分成若干时间片，为每个任务指定一个时间片，每个任务允许在预先规定的一个时间片内执行。然后，RTX51 切换到另一个就绪的任务，使这个任务也在规定的一个时间片内执行。时间片是很短的，通常是几毫秒。因此，任务看起来是同时执行的。

RTX51 使用 8051 硬件定时器产生中断的定时程序，产生周期性的中断用于驱动 RTX51 的时钟。

下面的例子是一个简单的轮转任务调度的 RTX51 应用程序。这个程序中的两个任务是简单的计数器循环。RTX51 开始执行任务 job0。在任务 job0 里启动 job1 的任务。在任务 job0 的时间片执行完后 RTX51 切换到 job1。job1 时间片执行完后，RTX51 又切换回 job0，这个过程无限地重复。

```
#include < rtx51tny. h >
  int counter0 ;
  int counter1 ;
  void job0( void )_task_ 0{
    os_create_task( 1 ) ;                  / * 启动任务 1 * /
    while ( 1 ){
      counter0 ++ ;
      }
    }
    void job1( void )_task_1{
      while ( 1 ) {
          counter1 ++ ;
        }
      }
  }
```

2. RTX51 的事件任务调度方法

事件任务调度方法可以用 os_wait 函数通知 RTX51，让它执行下一个任务，而不是等待一个任务的时间片到期。这个函数会挂起当前正在执行的任务，等待一个指定的事件发生。在这段时间内，可以执行任意数量的其他任务。

（1）在 RTX51 中使用超时调度任务　在 os_wait 函数中最简单的等待事件是一个 RTX51 时钟的超时周期。这个类型的事件可以在要求延时的任务中使用。

下面的例子显示了如何使用 os_wait 函数延时，以允许另一个任务执行。

```
#include < rtx51tny. h >
    int counter0;
    int counter1;
    void job0(void)_task_0 {
        os_create _task(1);            /* 创建任务 1 */
        while (1){
            counter0 ++;                /* 更新计数器 */
            os_wait(K_TMO,3,0);         /* 暂停 3 个时钟 */
        }
    }
    void job1(void)_task_1{
        while (1){
            counter1 ++;                /* 更新计数器 */
            os_wait (K_TMO, 5,0);       /* 暂停 5 个时钟 */
        }
    }
```

在上面的例子中，job0 任务中使能任务 job1。在 counter0 加 1 后 job0 调用 os_wait 函数，等待 3 个时钟滴答。这时，RTX51 切换到另一个任务 job1。在 job1 的 counter1 加 1 后，也调用 os_wait 函数，暂停 5 个时钟滴答。此时，RTX51 没有其他任务要执行，因此它进入一个空闲的循环，等待 3 个时钟滴答，然后继续执行 job0。

这个例子的结果是 counter0 每 3 个时钟滴答加 1，而 counter1 每 5 个时钟滴答加 1。

（2）在 RTX51 中使用信号调度任务　可以用 os_wait 函数暂停一个任务，等待另一个任务的信号。它可以协调两个或多个任务。等待一个信号的操作如下：如果一个任务要等待一个信号，而且信号标志是 0，则任务会被挂起，直到收到信号。如果信号标志在任务查询信号时已经是 1，则标志会被清除并继续执行任务。请看下面的例子：

```
#include < rtx51tny. h >
    int counter0;
    int counter1;
        void job0 (void) _ task_ 0 {
            os_ create _ task (1);        /* 任务 1 准备就绪 */
            while (1) {
                if ( ++ counter0 ==0)      /* 更新计数器 */
```

```
        os_ send_ signal (1) ;   /*给任务 1 发信号*/
        }
    }

void job1 (void) _ task_ 1 {
    while (1) {
    os_ wait ( K_ SIG, 0, 0);   /*等待一个信号*/
    counter1 ++ ;               /*更新计数器*/
        }
    }
```

在上面的例子中，job0 的 counter0 不断加 1，当 counter0 溢出为 0 时，job0 发送一个信号到 job1。job1 等待从 job0 任务接收到一个信号时，counter1 加 1，然后再次等待另一个信号。RTX51 将 job1 标记为就绪态，直到 RTX51 到下一个时钟滴答后 job1 才会启动。

（3）优先级和抢先　RTX51 允许给任务指定优先级。当高优先级的任务可执行时，会中断低优先级的任务，或比低优先级的任务抢先执行。这叫作抢先式的多任务或就叫抢先（RTX51 Tiny 不支持抢先和优先级）。

优先级可以是 0~3，默认情况下，所有任务的优先级都是 0，这是最低的优先级。可以修改上面 job1 的函数声明，使它的优先级比 job0 高。下面的例子显示如何将 job1 的优先级定义为 1。

```
void job1(void)_task_ 1 _priority_ 1{
    while (1){
    os_wait (K_SIG, 0, 0);      /*等待一个信号*/
    counter1 ++ ;               /*更新计数器*/
        }
    }
```

现在，无论何时 job0 发送一个信号到 job1，job1 都会立即启动。

10.2.5　任务管理

所定义的每个 RTX51 Tiny 的任务可以处于多种不同状态中的一种。RTX51 Tiny 内核为每个任务维持正确的状态。表 10-3 是对各种任务状态的解释。

表 10-3　各种任务状态的解释

状　态	说　明
Running	当前正在执行的任务处于 Running 态。在同一时间只能运行一个任务
Ready	等待执行的任务处于 Ready 态。当前的 Running（运行的）任务处理完成后，RTX 启动下一个在 Ready 态的任务
Waiting	等待时间的任务处于 Waiting 态。如果任务等待的事件发生，则任务进入 Ready 态
Deleted	没有启动的任务都处于 Deleted 状态
Timeout	由于轮转超时而中断的任务处于 Timeout 状态。这个状态相当于 Ready

255

10.3　RTX51 精简版例程

下面这个例子使用 RTX51 Tiny 控制 3 个任务循环执行。在每项任务程序中执行的是增量计数的功能。

```
#include  <rtx51tny. h>
long counter0;                          /* task 0 计数变量        */
long counter1;                          /* task 1 计数变量        */
long counter2;                          /* task 2 计数变量        */

job0 ( ) _ task_ 0    {
  os_ create_ task (1);                 /* 创建 task 1           */
  os_ create_ task (2);                 /* 创建 task 2           */
  while (1) {
    counter0 ++ ;                       /* counter0 增计数        */
  }
}

job1 ( ) _ task_ 1 {
  while (1) {
    counter1 ++ ;                       /* counter1 增计数        */
  }
}
job2 ( ) _ task_ 2 {
  while (1) {
    counter2 ++ ;                       /* counter2 增计数        */
  }
}
```

10.4　RTX51 全功能版例程

利用优先级进行抢先式任务切换的程序示例如下：

```
#include  <rtx51. h>
#include  <reg51. h>
#include  <stdio. h>

long counter0;                          /* counter for task 0     */
long counter1;                          /* counter for task 1     */
```

```
job0 ( ) _task_ 0
{
  os_create_task ( 1 );                    /* start task 1            */
    while ( 1 )
    {
        counter0 ++ ;
        if( counter0 == 10 )
            {
                os_send_signal( 1 );
                counter0 = 0;
            }
    }

job1 ( ) _task_ 1 _priority_1
  {
  while ( 1 ) {
    os_wait( K_SIG ,0 ,0 );
      counter1 ++ ;
    }
}
```

在上面的程序中，定义了两个任务，任务 0 的函数为 job0，优先级默认为 0，任务 1 的函数为 job1，优先级设为 1。程序从任务 0 开始，在任务 0 中创建任务 1，同时 counter0 开始计数，当 counter0 记到 10 后，向任务 1 发送信号，并置 counter0 为 0。任务 1 在接到信号后，不用等待下一个定时信号产生就可将 counter1 计数加 1。本程序使用的设定优先级及使用抢先任务切换只能在 RTX51 Full 中进行。

本 章 小 结

本章介绍了实时操作系统的基本概念和基于 RTX51 的多任务实时操作系统。RTX51 的程序与普通单片机的程序不同，这里对 RTX51 的任务调度、系统函数、任务管理及 RTX51 Tiny 的配置进行了阐述。熟练掌握本章内容，可以简化复杂的多任务单片机系统设计。

习题与思考题

1. 什么是实时操作系统？什么是实时操作系统中的任务？一个任务可以有哪些状态？任务的调度有哪几种方法？

2. 什么是 RTX51 实时操作系统？RTX51 采用什么调度方法？RTX51 支持多少任务？RTX51 使用 8051 哪一个定时器作为定时间隔？

3. RTX51 的程序与普通单片机的程序有什么区别？

4. 如图 10-2 所示，试编写基于 RTX51 的键盘、显示器接口软件。

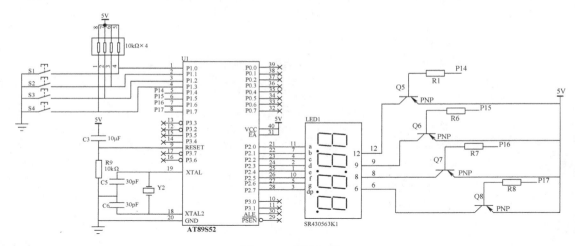

图 10-2　习题 4 图

　　S1、S2、S3、S4 分别控制 4 位 LED 的显示数字 8。当 S1 按下时，通过端口 P14 控制第 1 位 LED 发光，当 S2 按下时，通过端口 P15 控制第 2 位 LED 发光，当 S3 按下时，通过端口 P16 控制第 3 位 LED 发光，当 S4 按下时，通过端口 P17 控制第 4 位 LED 发光。P2 端口的 8 位分别为段选控制，需要哪段 LED 发光时，只需要给对应的 LED 发低电平即可。

第 11 章 单片机应用系统开发及实例

单片机应用系统是以单片机为核心器件并扩展一些外围电路和设备的应用系统。由于单片机具有功能强、体积小、易开发、性价比高等特点，在许多领域的自动化、智能化方面得到了广泛应用。单片机应用系统可以用于工业控制、智能化仪器、医疗仪器、家用电器、通信等领域。

11.1 单片机应用系统的开发过程

单片机应用系统的开发过程主要包括理论设计和实际调试两个阶段。由于单片机系统应用场合的区别很大，所以实际的开发过程会涉及许多方面的知识，如数据采集系统会涉及各种各样传感器的应用，控制系统会涉及采用什么样的控制算法以及执行机构等，所以单片机应用系统的开发必须具备以下几个方面的知识和能力。

11.1.1 开发者必须具备的知识和能力

1. 必须具有一定的硬件基础知识

这些硬件基础知识除了单片机及其外围电路的扩展原理及方法外，还包括对设备或仪器进行信息输入或设定的键盘和开关、检测各种输入量的传感器、控制用的继电器等执行装置、与各种仪器进行通信的接口，以及打印和显示等设备的工作原理、电路连接方法和实际应用中的注意事项等。

2. 需要有一定的动手能力

单片机应用系统的设计必然伴随着元器件的焊接、调试过程。这就要求开发人员能够熟练地应用各种测试仪器，熟悉各种信号的检测方法，并具有较强的分析问题、解决问题的能力。当系统出现故障时，能够及时定位故障，分析、推理故障产生的原因，并找到合适、合理、全面的故障解决办法。

3. 需要具备一定的软件设计能力

熟悉软件开发设计思想，较好地规划、组织软件的结构，按照模块化的设计方法，从上向下，逐步求精。有些复杂的程序，应该绘制清晰的程序总体框图，以及各部分的程序流程图，根据系统要求，灵活地设计出所需要的程序，并在程序中适当考虑系统的可扩展功能。

4. 具有综合运用新知识和新技术的能力

时代不断前进，知识和技术在不断地更新。当旧的知识和技术不能适应发展的需要时，新的知识和技术便应运而生。所以，一个优秀的设计开发人员应该紧跟时代前进的步伐，及时更新所学知识，及时接受、掌握、应用新知识、新技术。

5. 搜集、检索、提炼有用知识和资料的能力

能够综合运用所学的知识，做到举一反三。能够较好地利用各种书籍、互联网等工具搜集所需要的资料，从中检索、提炼出有用的部分并将其应用于系统设计，以提高系统开发的质量和效率。设计时尽量借鉴已有的经验、成果以及成熟的技术，在这些基础上，再根据具体要求反复推敲、更新设计方案，并确定最终合理的设计方案。

6. 必须了解生产工艺或制造工艺

不管设计开发什么样的系统，设计开发人员必须熟悉工艺流程或制造工艺，了解工艺控制的参数，根据工艺确定测量的参数、范围、精度、控制方法、控制顺序等。如药品生产线发酵环节温度的控制范围、医学手术系统指令控制的顺序、工业现场阀门开起、关闭的顺序等都必须根据工艺和实际要求确定。这是开发设计符合实际要求、控制正确、功能完善系统的基础和保证。

11.1.2　单片机应用系统的开发步骤

1. 确定系统的目标任务

开发设计一个单片机应用系统或者设计智能化的仪器，首先要明白做什么，然后才是怎么做。目标任务即系统要求实现的功能以及技术指标。应用的场合不同，具体的要求会有区别。这些目标任务的提出一般由开发系统的投资方提出，开发设计人员认可。如开发一套单片机路灯控制系统，首先要明确功能要求，如：定时开灯、关灯，根据季节的变化改变开灯、关灯时间，故障路灯的状态信息及时反馈，某些路灯的单独控制以及成本信息等。目标任务要尽可能清晰、完善，完整的目标任务为后续系统的设计和开发奠定坚实的基础。有些目标任务在开始设计时并不是非常清楚、完善，随着系统的研制开发、现场的应用以及市场可能会不断更新和变化，设计方案要尽可能适应这些变化。

2. 系统的总体设计

根据上一步的功能以及技术指标要求，确定系统的总体设计方案。系统的总体设计包括单片机的选择、重要环节关键器件的选型、技术指标的实现、硬件软件功能的划分等。在此阶段要对元器件市场情况有所了解。

单片机以及关键器件的选择一定要考虑技术是否成熟，是否满足系统的精度、速度和可靠性要求，货源是否充足等，如出现问题是否有可以替代的元器件等。技术指标与整个系统的硬件与软件都有关系，所以要综合考虑，硬件选择满足精度要求的产品，软件采用合适的数学模型和算法。硬件、软件功能在一定程度上具有互换性，即有些硬件电路的功能可用软件实现，反之亦然。具体采用什么方法，要根据具体要求及整个系统的性能价格比，加以综合平衡后确定。一般而言，使用硬件完成速度较快，可节省 CPU 的时间，但价格相对昂贵，而且系统比较复杂，势必增加硬件设计和调试的工作量和难度。用软件实现则相对经济，但占用 CPU 较多的时间。所以一般的原则是：在 CPU 时间允许的情况下，尽量采用软件。所以总体设计时，必须权衡利弊，仔细划分硬件和软件的功能。

总体方案决定整个系统的硬件和软件设计，其质量的好坏直接影响整个设计开发过程，所以系统总体设计一定要从系统的目标任务入手，慎而又慎、多方验证、细节与整体统筹考虑，尽可能多地参考国内外同类产品的有关资料，综合考虑系统的可靠性、先进性、通用性、可维护性、可扩展性和成本等，使确定的技术方案合理且符合有关标准。

3. 系统的结构框图

系统的总体结构设计完成后，将整个系统划分成若干模块，利用框图表示出各模块之间的关系、数据流向、控制流向，说明各模块的工作原理、采用的核心技术以及实现的功能。结构框图将整个系统的结构图形化、清晰化、简单化，有助于对系统的进一步理解和掌握，并为硬件和软件设计的模块化打下基础。

4. 系统的硬件设计

系统的硬件设计是根据总体设计方案以及结构框图，在所选择的单片机以及关键元器件的基础上，再进一步确定系统中所要使用的元器件，分模块绘制系统的电路原理图，最后将各模块的电路图综合起来，得到系统的总体电路图，并依据电路图设计、制作印制电路板以及组装样机等。设计时要综合考虑各元器件的驱动和带负载能力，要根据情况进行扩展，必要时做一些部件环节实验以验证电路的正确性。设计电路板时要综合考虑模拟电路、数字电路，高频电路、低频电路，高压电路、低压电路的布线规则，地线的布线方法和原则，以及印制电路板导线宽度与所能承受的电压、电流关系等，并要综合考虑抗干扰设计。

5. 系统的软件设计

根据系统总体设计方案中软件实现的功能，明确数学模型和算法，遵循自上向下、模块化设计的原则，综合顺序程序设计、分支程序设计、子程序设计、中断服务程序设计的各种方法，绘制程序流程图，并编写相应的程序。

6. 系统的 Proteus 仿真

应用传统方法进行单片机应用系统开发时，只有当硬件制作完成后才能执行检验软件设计的正确性，这无疑延长了开发时间。Proteus 提供了软件和硬件同时开发的可能性，开发者应尽可能使用 Proteus 仿真系统功能，确认在硬件制作前，系统设计满足要求，以减少联机调试困难。

7. 系统的联机调试、运行和维护

系统的联机调试指对整个系统的硬件和软件进行整体调试，是个比较复杂、难度相当大的过程，调试的方法因人而异。一般有以下原则：不管硬件调试还是软件调试都要采用逐个击破的方法，具体就是分模块进行，而且大的模块又可以分成小的模块。比如单片机模块，首先要检查单片机是否正常复位、是否起振，因为这是它正常工作的前提，然后才能验证程序是否正常运行。硬件是软件的工作平台，软件只有工作在正确无误的硬件平台上才能验证其正确性，所以一般的调试过程是硬件调试成功后再调试软件。软件利用开发系统先进行模拟仿真后，再进行在线仿真调试。整个系统联机调试成功后，需要先在实验环境中运行，认真仔细地记录其运行状态、故障状态、连续运行时间等，最后写出书面报告，根据运行报告再进行相应的硬件或软件改动。实验环境运行满足要求后，还要在现场环境运行，现场环境相对实验环境要复杂得多，一定要认真观察运行情况，分析出现的各种故障及原因，此时出现故障时，尽量采用软件的方法修正。

系统在实际工作过程中，可能会受到来自系统内部和外部的各种各样的干扰，使系统发生异常状态。通常把瞬时的不加修理也能恢复正常的异常状态称为错误；而必须通过修理才能恢复正常的异常状态称为故障。

8. 可靠性设计

对于单片机应用系统来说，可靠性是最重要、最基本的技术指标。如果一个单片机应用系统不能保证稳定可靠地工作，则其他的功能无从谈起。单片机应用系统的可靠性指在规定的条件下和规定的时间内，完成规定功能的能力。规定的条件包括环境条件（如温度、湿度、振动、电磁干扰等）、使用条件、维修条件、操作水平等。常用的描述可靠性的定量指标有可靠度、失效率、平均无故障时间。

可靠度指产品或系统在规定条件下和规定的时间内完成规定功能的概率。

失效率又称故障率，指工作到某一时刻尚未失效的产品在该时刻后单位时间内发生失效的概率。

平均寿命又称平均无故障工作时间，指产品寿命的平均值。

为了减少系统的错误和故障，系统设计时常从以下几个方面提高系统可靠性：冗余设计、电磁兼容设计、信息冗余技术、时间冗余技术、故障自动检测与诊断技术、软件可靠性技术、失效保险技术等。所以对于一个实际应用系统首先要保证可靠，其次是实时，然后是灵活和通用。

本章介绍两个单片机应用系统实例，限于篇幅均只给出了主程序和部分子程序。

11.2　电喷汽车喷油器清洗机控制系统

11.2.1　系统功能描述及工作原理

1. 系统功能描述

喷油器是电喷发动机关键部件之一，它的工作状况好坏直接影响发动机的性能。然而不少车主根本不重视发动机喷油器的清洗，或者认为发动机喷油器要隔很长时间才需进行清洗，殊不知喷油器阻塞会严重影响汽车性能。

喷油器阻塞的原因是发动机内积炭沉积在喷油器上或者燃油中的杂质等堵住了喷油器通路。汽车行驶一段时间后，燃油系统就会形成一定的沉积物。沉积物的形成与使用的燃油有直接关系：首先，汽油本身含有的胶质和杂质，或储运过程中带入的灰尘和杂质等，会在汽车油箱，进油管等部位形成类似油泥的沉积物；其次，汽车中的不稳定成分会在一定的温度下发生反应，形成胶质和树枝状的黏稠物。这些黏稠物在喷油器和进气阀等部位燃烧时，会变成坚硬的积炭。另外，由于城市交通拥堵，汽车经常处于低速行驶和怠速状态，更加重了这些沉积物的形成和聚积。

燃油系统沉积物有很大危害，它会堵塞喷油器的针阀和阀孔，影响电子喷射系统紧密部件的工作性能，导致发动机动力性能下降。沉积物还会在进气阀形成积炭，使其关闭不严，导致发动机怠速不稳、油耗增大并伴随尾气排放恶化。沉积物会在活塞顶和气缸盖等部位形成坚硬的积炭，由于积炭的热容量高而导热性差，容易引起发动机爆燃等故障；此外还会缩短三元催化器的寿命。

喷油器工作的好坏，对每台发动机的功率发挥起着根本性的作用。燃油不佳会导致喷油器工作不灵，使缸内积炭严重，缸筒和活塞环加速磨损，造成怠速不稳，油耗上升，加速无力，起动困难及排放超标；严重的会彻底堵塞喷油器，损坏发动机。因此，要定时清洗喷油器，长期不清洗或者频繁的清洗喷油器都会造成不好的影响。至于清洗的频率，要根据车况和平时使用的燃油质量来确定。一般来说，现在大多建议车主在行驶 20000～30000km 左右进行清洗，清除喷油器上的积炭和污物，使发动机恢复其动力特性。

过去这类保养通常要交汽修厂进行，费用昂贵。现在市场上出现的一种电喷汽车喷油器清洗机，结合专用的燃油系统清洗剂，不需拆装发动机，只需用接头与发动机供油管及回油管连接，在发动机正常运转状况下，让清洗混合液进入燃油供给系统，在 30min 内即可溶解发动机供油管、喷油器针阀和燃烧室各组件的积炭、油泥、胶质及漆类污染物，经由循环燃烧分解过程，从汽车排放系统排出，恢复该车的性能，使其起动顺畅，怠速平稳，加油轻快，增加动力，达到省油及降低空气污染的效果。下面就对电喷汽车喷油器清洗机的原理与设计作一介绍。

2. 电喷汽车喷油器清洗机的工作原理

把汽油和清洗剂混合，通过高压汽油泵为发动机提供燃料。由于清洗剂对喷油器上的污染物有清洗作用，从而清除堵塞。

电喷汽车喷油器清洗机的工作过程及技术要求如下所述：

1）按起动/停止键，2 位 LED 显示器显示 "00"。

2）按时间 +/− 键选择工作时间，每次累加/减 1min，时间的选择范围为 00 ~ 60min。

3）选好时间，延时 5s 继电器吸合工作，汽油泵运行在额定电压 12V 状态，LED 显示器同时显示剩余的工作时间。汽油泵的额定功率为 70W，额定电压为 12V。

4）按压力 +/− 键通过改变直流电动机上的电压（即改变汽油泵转速）调整清洗压力，电压调整范围为 7 ~ 12V。

5）当剩余工作时间小于 4min 时，蜂鸣器开始鸣叫，直到定时结束，继电器释放，汽油泵停止工作，蜂鸣器停止鸣叫，LED 显示器显示 "00"。

6）5min 内无任何操作则自动断电，LED 显示器无显示。

7）保护措施。

① 油面过低保护。为防止无油损坏汽油泵，油面过低时，传感器开关闭合，汽油泵自动断电，LED 显示器的 g 段显示 "—"，但不闪烁。

② 油温过高保护。为防止油温过高起火，温度过高时，温度继电器开关闭合，汽油泵自动断电，LED 显示器的 g 段显示 "—"，闪烁。

11.2.2　系统方案及电路设计

1. 系统方案

电喷汽车喷油器清洗机的系统组成框图如图 11-1 所示，它由单片机控制器、按键输入、LED 显示器、电动机 PWM 驱动、输出控制等电路组成。

AT89S51 单片机是整个系统的核心，负责控制检测输入/输出显示和电动机调速等。按键输入电路负责对整个清洗过程一系列工作参数进行设定输入。

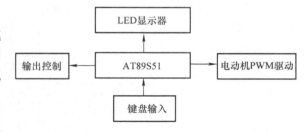

图 11-1　电喷汽车喷油器清洗机系统组成框图

LED 显示器在工作过程中显示剩余工作时间。电动机调速利用了单片机内部的定时器，配合软件产生脉宽调制波（PWM），再通过功率场效应晶体管去驱动低压直流电动机，具有效率高、能耗低、转速连续可调等特点。输出控制电路在油温过高或油面过低的情况下，切断高压汽油泵电动机的供电，防止发生事故。

电喷汽车喷油器清洗机的工作电源取自汽车上的 12V 蓄电池，经降压稳压后得到 5V 的稳定工作电压。

2. 电路设计

电喷汽油喷嘴清洗机电路原理如图 11-2 所示。整个电路非常简单，共设有 5 个输入按键、一个油面传感器和一个油温传感器；2 位 LED 显示器用于显示输入时间、指示剩余工作时间及报警状态显示；蜂鸣器用作报警提醒；继电器用于控制汽油泵电动机的通断。

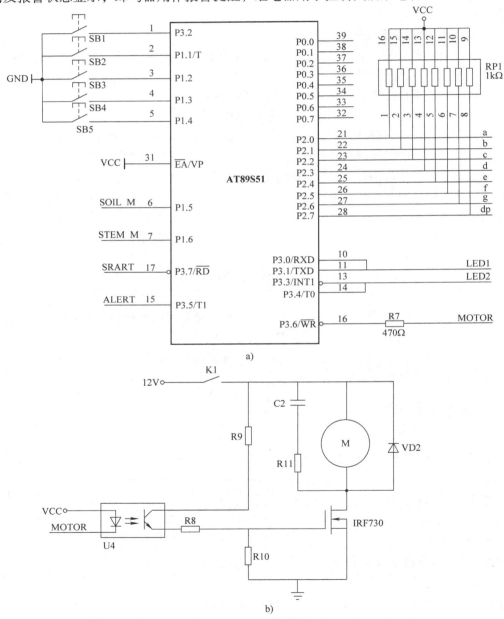

图 11-2　电喷汽油喷嘴清洗机电路原理图

a）单片机及其接口电路　b）电动机驱动电路

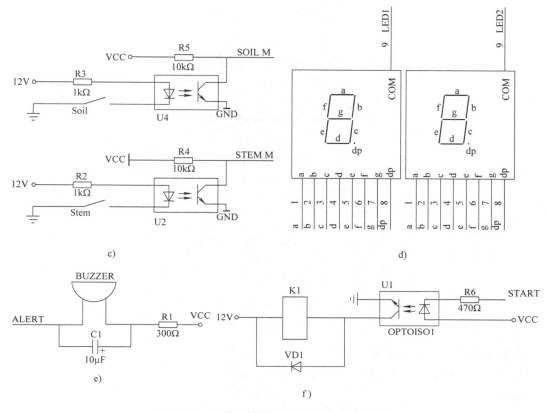

图 11-2　电喷汽油嘴清洗机电路原理图（续）

c）油位过低传感器输入电路和油温过高传感器输入电路

d）显示器电路　e）报警电路　f）电动机供电控制电路

按起动/停止键，2 位 LED 显示器显示"00"，电喷汽车喷油器清洗机处于待机状态。此时按时间 +、－键就能选择工作时间，时间的选择范围为 00～60min。选好时间，再延时 5s，P3.6、P3.7 输出低电平，继电器吸合工作，汽油泵运行在额定电压 12V 状态，LED 显示器同时显示剩余的工作时间。按压力 +、－键使 P3.6 输出的脉冲占空比发生变化，即改变汽油泵转速来调整清洗压力。

当剩余工作时间小于 4min 时，蜂鸣器开始鸣叫。定时结束时，继电器释放，汽油泵停止工作，蜂鸣器停止鸣叫，LED 显示器显示"00"。若 5min 内无任何操作则 LED 熄灭，自动关机。在作业过程中，若油面过低时，油面传感器开关（Soil）闭合，此信号经 P1.5 送入 CPU，经运算处理，P3.7 输出高电平，汽油泵自动断电，LED 显示器的 g 段显示"—"，并闪烁；若油温过高时，温度继电器开关（Stem）闭合，经 P1.6 送往 CPU，P3.7 输出高电平，汽油泵也自动断电，LED 显示器的 g 段显示"—"，但不闪烁。

11.2.3　程序设计

1. 主程序设计

主程序的工作过程为：先进行初始化工作，然后判断是否启动。若启动则读取键值信号或传感器输入信号，进行对应处理；否则进入工作状态。主程序流程图如图 11-3 所示。

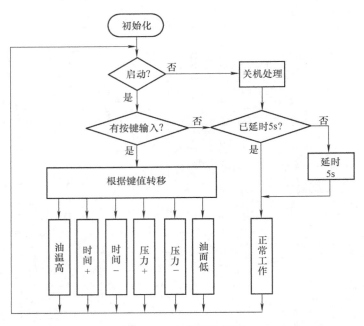

图 11-3　主程序流程图

2. 变量定义及初始化模块

程序设计时需设立一系列的变量和标志，具体如下：

uint deta；	/*1ms 计时单元 */
uchar sec；	/*计时秒*/
char set_min；	/*设定分*/
uchar min_5m；	/*5min 计数器*/
uchar val；	/*中间变量*/
uchar pwm_val；	/*调宽脉冲变量值*/
char push_val；	/*压力变化值*/
sfr WDT = 0xa6；	/*定义看门狗定时器*/
sbit pushdec_key = P1^4；	/*压力 - 键*/
sbit pushinc_key = P1^3；	/*压力 + 键*/
sbit timedec_key = P1^2；	/*时间 - 键*/
sbit timeinc_key = P1^1；	/*时间 + 键*/
sbit buzz = P3^5；	/*驱动蜂鸣器端*/
sbit out = P3^6；	/*调宽脉冲输出端*/
sbit relay = P3^7；	/*驱动继电器端*/
uchar dis_sel；	/*显示内容散转标志*/
bit over_5m；	/*5min 溢出标志*/
bit flag_5m；	/*5min 标志*/
bit flag_5s；	/*5s 标志*/
bit start；	/*启动标志*/

```
    bit dis_flag;                    /*显示标志*/
    bit key_flag;                    /*按下键标志*/
    bit buzz_sound;                  /*蜂鸣器声响标志*/
    bit y;                           /*中间变量*/
    bit out_flag;                    /* PWM 输出标志*/
/*********************初始化*********************/
void init( )
    {
        IT0 = 1;
        IE = 0x8b;
        reset( ) ;
    }
/*********************定时器 T0 初始化*********************/
void init_timer0( )
    {
        TMOD = 0x11;
        TH0 = - (1150/256) ;             /*1ms 初值*/
        TL0 = - (1150%256) ;
        TR0 = 0;
        ET0 = 1;
        EA = 1;
    }
/*********************定时器 T1 初始化*********************/
void init_timerl( )
    {
        TH1 = - (5000/256) ;             /*5ms 初值*/
        TL1 = - (5000%256) ;
        TR1 = 1;
        ET1 = 1;
        EA = 1;
    }
```

3. 调宽脉冲输出子程序模块

AT89S51 内部没有集成 PWM 部件，这里利用了内部定时器，与软件配合产生出调宽脉冲波。

```
void pwm_out(void)
{
    if( out_flag)
        {
            if( pwm_val < = ( push_val +30))
```

```
        }
            out = ON;        /* 输出有效 */
        }
    else
        {
            out = OFF;       /* 输出关闭 */
        }
    if( pwm_val > = 50)
        pwm_val = 0;
    }
else
    out = OFF;
}
```

4. 主程序及部分子程序代码

限于篇幅，此处仅给出主程序以及个别子程序。

```
#include < AT89X51. H >             /* 11.0592MHz,看门狗工作 */
/********************* 函数声明列表 *********************/
void time_conv(void);              /* 时间计算子函数 */
void pwm_out(void);                /* 调宽脉冲输出子函数 */
void push_ dis(void);              /* 显示压力子函数 */
void oil_dis(void);                /* 显示缺油子函数 */
void normal_dis(void);             /* 显示正常子函数 */
void other_dis(void);              /* 显示(缺油、超温)子函数 */
void temp_dis(void);               /* 显示超温子函数 */
void oil_low(void):                /* 缺油处理子函数 */
void temp_over(void);              /* 超温处理子函数 */
void other(void);                  /* (缺油、超温)处理子函数 */
void buzz_control(void);           /* 控制蜂鸣器子函数 */
void delay(void);                  /* 延时子函数 */
void init(void);                   /* 初始化子函数 */
void init_timer0(void);            /* 定时器 0 初始化子函数 */
void init_timer1(void);            /* 定时器 1 初始化子函数 */
void key(void);                    /* 按键/感应开关处理子函数 */
void close(void);                  /* 关机子函数 */
void time_inc(void);               /* 时间 + 子函数 */
void time_dec(void);               /* 时间 - 子函数 */
void push_inc(void);               /* 压力 + 子函数 */
void push_dec(void);               /* 压力 - 子函数 */
void normal_work(void);            /* 正常工作子函数 */
```

```
/ ********************* 主函数 ********************* /
void main( void )
{
    init( );
    init_ timer0( );                    / * 定时器 T0 初始化 */
    init_ timer1( );                    / * 定时器 T1 初始化 */
    while( 1 )
        {
            if( start)
                {
                    if( P1 ! = 0xff)
                        key( );
                    else
                        normal_work( );
                }
            else
                close( );
        }
}
/ ********************* 正常工作子函数 ********************* /
void normal_work( void )
{
    dis_sel = 0;
    if( ( key_flag)&&( ! flag_5s))
        {
            relay = OFF;
            buzz = OFF;
            delay( 6000);
            flag_5s = 1;
        }
if( flag_5s)
    {
        y = 0;
        buzz_control( );
        dis_sel = 0;
        if( ! set_min)
            {
                out_flag = 0;
                buzz = OFF;
```

```
                    flag_5m = 1;
                    flag_5s = 0;
                    key_flag = 0;
                    delay(1000);
                    relay = OFF;
                }
            else
                {
                    relay = ON;
                    delay(1000);
                    out_flag = 1;
                }
            }
if( over_5m )
            {
                over_5m = 0;
                flag_5m = 0;
                start = 0;
                min_5m = 0;
                out = OFF;
                relay = OFF;
                reset( );
            }
    }
/*********************** 关机处理子函数 ***********************/
    void close( void )
    {
    P2 = 0xff;
    P3 = 0xff;
    relay = OFF;
    buzz = OFF;
    P1 = 0xff;
    out_flag = 0;
    reset( );
    dis_sel = 0;
    set_min = 0;
    key_flag = 0;
    flag_5s = 0;
    out = OFF;
```

```
push_val = 20;
}
```

11.3 基于实时操作系统 RTX51 的万年历设计

本节介绍基于 RTX51 实时操作系统的万年历设计。分成两行 16 个 8×8 的 LED 点阵显示器，第 1 行滚动显示年、月、日及当前温度，第 2 行显示时、分、秒；万年历显示的日历范围为 2012/01/01～2099/12/31；键盘用于设置初始时间和初始日期。和以往的采用循环监控的软件不同，本节介绍的万年历软件是利用嵌入式多任务操作系统 RTX51，完成对系统的控制。下面分别简要介绍硬件原理和软件编写方法。

11.3.1 电路原理图

1. LED 点阵显示器电路及和单片机的接口

电路原理图组成主要包括单片机 AT89S52、LED 点阵显示器、按键、串行移位寄存器 74HC595、时钟芯片 DS1302 和温度传感器 DS18B20 等，电路组成框图如图 11-4 所示。

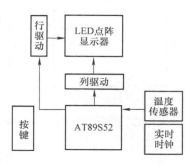

图 11-4　万年历电路组成框图

分成两行的 16 个 8×8 的 LED 点阵显示器如图 11-5 所示，第 1 行每个显示器模块的对应行线连接在一起，共 8 行（H0～H7），同样，第 2 行每个显示器模块的对应行线也连接在一起，共 8 行（H8～H15）；无论是第 1 行还是第 2 行，所有的列线为独立控制，共 64×2 列，编号为 L1～L128。

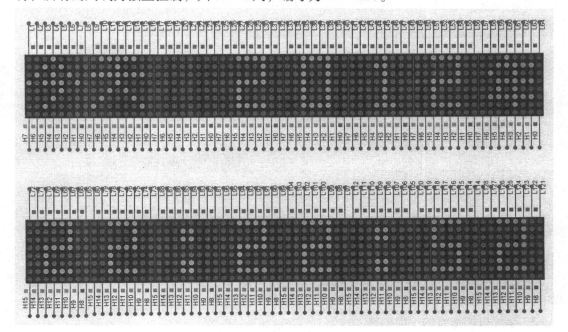

图 11-5　万年历的 LED 点阵显示器

所有的列线由 74HC595 驱动，每行需要 8 个 74HC595，图 11-6 是第 1 行的列线驱动电路原理图，第 2 行以此类推。74HC595 具有 8 位移位寄存器和存储器，三态输出功能。移位寄存器和存储器具有不同的时钟，数据在 SH_CP 的上升沿输入移位寄存器，在 ST_CP 的上升沿数据输入存储器。若两个时钟连在一起，则移位寄存器总比存储器早一个脉冲。移位寄存器数据从 DATA 端输入，Q7′端输出串行数据。当使能 OE 为低电平时，存储寄存器的数据输出至列线。

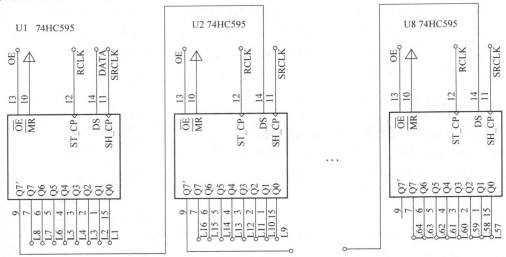

图 11-6　LED 点阵显示器列驱动电路

LED 点阵显示器行线由 SDM4953 驱动，共需要 8 个 SDM4953，其输出直接和行线相连，而输入和 AT89S52 单片机的 P2 口、P1 口相连，如图 11-7 所示。

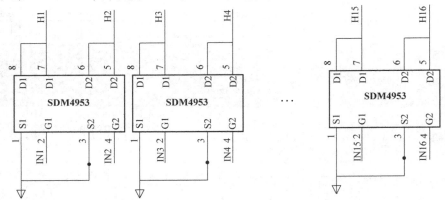

图 11-7　万年历 LED 点阵显示器行驱动

2. 实时时钟和单片机的接口

实时时钟 DS1302 向单片机提供年、月、日、秒等数据，如图 11-8 所示，外接 32.768kHz 的晶振，单片机从第 6 引脚（I/O）读取 DS1302 的数据。

3. 单片机和按键的接口电路

AT89S52 单片机的 P3.0、P3.1、P3.2 分别接按键 IN、ADD、SUB。按键没有按下时，

P3.0、P3.1、P3.2 为高电平，按下时，P3.0、P3.1、P3.2 输入为低电平，由于按键和单片机的连接电路简单，此处略去电路图。

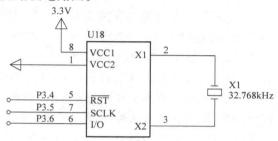

图 11-8 时钟芯片 DS1302 和单片机接口电路

4. 单片机和 DS18B20 的接口电路

P3.3 外接温度传感器 DS18B20 的 DQ 端，且 DQ 端通过上拉电阻接 VCC。

5. AT89S52 单片机和外部电路接口

如图 11-9 所示，列驱动的 8 个 74HC595 的 OE、SH_CP、ST_CP 端口是连在一起的，需要较大的驱动能力。为了今后扩充方便，扩充了一片 74HC245，以增强总线驱动能力。

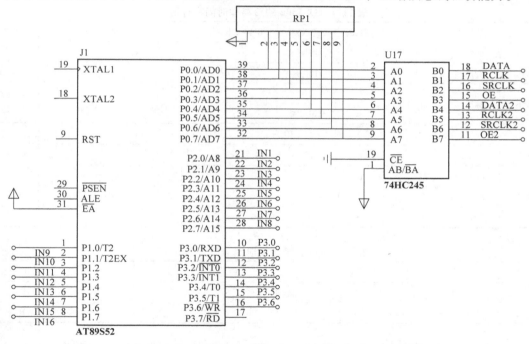

图 11-9 AT89S52 单片机和外部电路接口

11.3.2 实时时钟 DS1302

DS1302 是美国 DALLAS 公司推出的高性能、低功耗、带 RAM 的实时时钟电路，它可以对年、月、日、周日、时、分、秒进行计时，具有闰年补偿功能，工作电压为 2.5 ~ 5.5V。采用三线接口与 CPU 进行同步传输，并可采用突发方式一次传送多个字节的时钟信号或

RAM 数据。DS1302 内部有一个 31 × 8 的用于临时性存放数据的 RAM 寄存器。DS1302 的引脚图如图 11-10 所示。

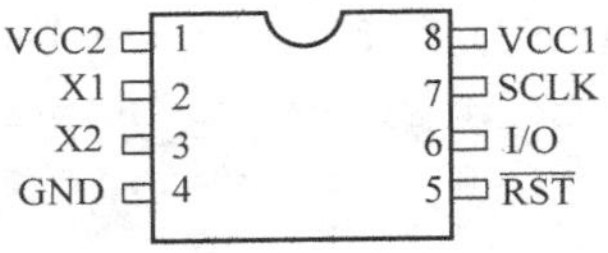

其中 VCC1 为后备电源，VCC2 为主电源。在主电源关闭的情况下，也能保持时钟的连续运行。DS1302 由 VCC1 或 VCC2 两者中的较大者供电。当 VCC2 大于 VCC1 + 0.2V 时，VCC2 给 DS1302 供电。当 VCC2 小于 VCC1 时，DS1302 由 VCC1 供电。

图 11-10 实时时钟 DS1302 引脚图

X1 和 X2 是振荡源，外接 32.768kHz 晶振。RST 是复位/片选线，通过把 RST 输入驱动置高电平来启动所有的数据传输。RST 输入有两种功能：首先，RST 接通控制逻辑，允许地址/命令序列送入移位寄存器；其次，RST 提供终止单字节或多字节数据的传送手段。当 RST 为高电平时，所有的数据传送被初始化，允许对 DS1302 进行操作。如果在传送过程中 RST 置为低电平，则会终止此次数据传送，I/O 引脚变为高阻态。上电运行时，在 VCC > 2.0V 之前，RST 必须保持低电平。只有在 SCLK 为低电平时，才能将 RST 置为高电平。I/O 为串行数据输入输出端（双向）。SCLK 为时钟输入端。

DS1302 有 12 个寄存器，其中有 7 个寄存器与日历、时钟有关，数据格式为 BCD，其日期、时间寄存器及其控制字分别见表 11-1、表 11-2。

表 11-1 DS1302 的日期和时间寄存器

读寄存器	写寄存器	BIT7	BIT6	BIT5	BIT4	BIT3	BIT2	BIT1	BIT0	范围
81h	80h	CH		10 秒			秒			00 ~ 59
83h	82h	0		10 分			分			00 ~ 59
85h	84h	12 月 24 日	0	10 AM/PM	时		时			1 ~ 12 0 ~ 23
87h	86h	0	0	10 日			日			1 ~ 31
89h	88h	0	0	0	10 月		月			1 ~ 12
8Bh	8Ah	0	0	0	0	0		周日		1 ~ 7
8Dh	8Ch	10 年					年			00 ~ 99
8Fh	8Eh	WP	0	0	0	0	0	0	0	—

表 11-2 控制字（即地址与命令字节）

7	6	5	4	3	2	1	0
1	RAM CK	A4	A3	A2	A1	A0	RD WR

DS1302 与微处理器进行数据交换时，首先由微处理器向电路发送命令字节，命令字节最高位 Write Protect（D7）必须为逻辑 1，如果 D7 = 0，则禁止写 DS1302，即写保护；D6 = 0，指定时钟数据，D6 = 1，指定 RAM 数据；D5 ~ D1 指定输入或输出的特定寄存器；最低位 LSB（D0）为逻辑 0，指定写操作（输入），D0 = 1，指定读操作（输出）。

在 DS1302 的时钟日历或 RAM 进行数据传送时，DS1302 必须首先发送命令字节。若进行单字节传送，8 位命令字节传送结束之后，在下两个 SCLK 周期的上升沿输入数据字节，或在下 8 个 SCLK 周期的下降沿输出数据字节。

DS1302 与 RAM 相关的寄存器分为两类：一类是单个 RAM 单元，共 31 个，每个单元组态为一个 8 位的字节，其命令控制字为 C0H ~ FDH，其中奇数为读操作，偶数为写操作；另一类为突发方式下的 RAM 寄存器，在此方式下可一次性读、写所有的 RAM 的 31 个字节。

单片机控制 DS1302 的程序主要包括对寄存器的地址定义和控制字的写入，以及数据的读取。主要包括初始化 DS1302、读 DS1302、读字节、写字节。

11. 3. 3　主要程序代码

程序在实时操作系统 RTX51 环境运行，主要有 5 个任务：任务 0、1、2、3、4。其中，任务 0 主要是初始化，初始化结束后删除；任务 1 读取 DS1302 时间；任务 2 读取 DS18B02 温度；任务 3 检测键盘，并执行相对应的子程序；任务 4 在 LED 点阵显示器上显示。

限于篇幅，仅给出任务调度程序和 DS1302 读写子程序。

```
void init(void) _task_ 0
{
    DS1302_Initial( );
    DS18B20_Initial( );
    os_create_task(1);
    os_create_task(2);
    os_create_task(3);
    os_create_task(4);
    os_delete_task(0);
    while(1);
}
void job1(void) _task_1
{
    while(1)
    {
        ReadTime( );                    //读 DS1302

    }
}
void job2(void) _task_2
{
    while(1)
    {
        Read_B20( );                    //读 DS18B20
    }
}
void job3(void) _task_3
```

```
    {
        while(1)
        {
            Get_key( );                    //键盘检测
        }
    }
    void job4(void)_task_4
    {
        while(1)
        {
            Display( );                    //显示
        }
    }
```

/ ********************* 时钟模块 DS1302 子程序 DS1302. c ********************/

```
    sbit SCLK = P3^5;
    sbit IO = P3^6;
    sbit RST = P3^4;
    void DS1302_Initial( );
    unsigned char DS1302_ReadData(uchar addr);
    void DS1302_WriteData(uchar addr, uchar dat);
    void DS1302_WriteByte(uchar dat);
```

/ ********************* 从 DS1302 读 1 字节数据子程序 *********************/

```
    uchar DS1302_ReadByte( )    {
        uchar i;
        uchar dat = 0;
        for (i = 0; i < 8; i ++ )            //8 位计数器
        {
            SCLK = 0;                       //时钟线拉低
            _nop_( );                       //延时等待
            _nop_( );
            dat >>= 1;                      //数据右移一位
            if (IO) dat | = 0x80;           //读取数据
            SCLK = 1;                       //数据线拉高
            _nop_( );
            _nop_( );
        }
        return dat;
    }
```

```
/********************向 DS1302 写 1 字节数据子程序*********************/
void DS1302_WriteByte(uchar dat)
{
    char i;
    SCLK = 0;
    for (i = 0; i < 8; i++)              //8 位计数器
    {
        SCLK = 0;                        //时钟线拉低
        _nop_();                         //延时等待
        _nop_();
        if(dat&0x01)                     //移出数据
        IO = 1;                          //送出到端口
        else
        IO = 0;
        _nop_();
        SCLK = 1;                        //时钟线拉高
        _nop_();                         //延时等待
        _nop_();
        dat >>= 1;
    }
}
/********读 DS1302 某地址的数据**********/
uchar DS1302_ReadData(uchar addr)
{
    uchar dat;
    DS1302_WriteData(0x8e, 0x00);        //允许写操作
    RST = 0;
    _nop_();                             //延时等待
    _nop_();
    SCLK = 0;
    _nop_();                             //延时等待
    _nop_();
    RST = 1;
    _nop_();                             //延时等待
    _nop_();
    DS1302_WriteByte(addr);              //写地址
    _nop_();                             //延时等待
    _nop_();
```

```
    dat = DS1302_ReadByte( );              //读数据
    SCLK = 1;
    RST = 0;
    DS1302_WriteData(0x8e, 0x80);          //写保护
    return dat;
}
/ ********** 向 DS1302 的某个地址写数据子程序 *****************/
void DS1302_WriteData(uchar addr, uchar dat)
{
    RST = 0;
    _nop_( );                              //延时等待
    _nop_( );
    SCLK = 0;
    _nop_( );                              //延时等待
    _nop_( );
    RST = 1;
    _nop_( );                              //延时等待
    _nop_( );
    DS1302_WriteByte(addr);                //写地址
    DS1302_WriteByte(dat);                 //写数据
    SCLK = 1;
    RST = 0;
}

/ ************** 向 DS1302 设置时间的子程序 ***********/
void DS1302_SetTime(uchar addr, uchar dat)
{
    DS1302_WriteData(0x8e, 0x00);          //允许写操作
    DS1302_WriteData(addr, dat);
    DS1302_WriteData(0x8e, 0x80);          //写保护
}
/ ******************** 初始化 DS1302 ***********/
void DS1302_Initial( )
{
    RST = 0;
    SCLK = 0;
    DS1302_WriteData(0x8e, 0x00);          //允许写操作
    DS1302_WriteData(0x80, 0x00);          //时钟启动
    DS1302_WriteData(0x90, 0xa6);
    DS1302_WriteData(0x8e, 0x80);          //写保护
```

DS1302_WriteData(0x81,0x7e);
}

本 章 小 结

　　本章通过两个实例具体介绍了嵌入式应用系统的开发过程，实际系统开发过程必须是"软硬兼施"，综合考虑硬件设计和软件设计。读者需要不断总结经验，勤于思考，敢于尝试，才能设计出高性能的嵌入式应用系统。

习题与思考题

1. 说明单片机嵌入式系统设计需要具备的知识和能力，以及开发的步骤。
2. 用 Proteus 仿真本章的两个案例。
3. 试用 RTX51 的事件任务调度方法编写万年历程序。
4. 试设计 64×64 点阵显示器的驱动电路和单片机接口程序。

第 12 章　ARM 32 位单片机的结构、编程及开发工具

随着微电子技术和计算机技术的迅猛发展，嵌入式系统对 CPU 处理能力的要求也越来越高，大量高速的与 MCS-51 体系兼容的微处理器的出现就证明了这一点，但 8 位微处理器受限于体系结构，处理能力的提高始终有限。而 16 位系统在性能上与 8 位机相比始终没有太大优势，成本上与 32 位系统相比也没有什么优势，因此，未来一段时间嵌入式微处理器的发展方向必然是 32 位系统。

在各种类型的 32 位嵌入式微处理器中，基于 ARM 内核构建的各种嵌入式 RISC 微处理器，以其高性能、低成本和低功耗在嵌入式领域得到了广泛的应用。本章对 ARM 处理器的体系结构、编程和开发工具做了较全面的介绍。其中包括 ARM 体系结构、ARM 内核、ARM 编程模型、ARM 汇编指令、ARM 汇编程序设计、ARM 集成开发工具的介绍。通过阅读本章可以使读者基本掌握开发基于 ARM 的应用系统的各方面的知识。

12.1　ARM 内核体系结构

ARM 是一类微处理器，同时也是一个公司的名字。ARM 公司于 1990 年 11 月在英国剑桥成立（原名 Advanced RISC Machine），专门从事基于 RISC 技术的芯片设计、开发和授权。目前，ARM 处理器（即采用 ARM IP 核的处理器）已遍及工业控制、通信系统、无线通信、网络系统、消费类电子产品、成像和安全产品等各类产品市场。截止到 2011 年，基于 ARM 技术设计的处理器已经占据 32 位 RISC 微处理器约 80% 以上的市场份额，ARM 技术正在逐步渗入到生活的各个方面。

ARM 公司是专门从事基于 RISC 技术芯片设计开发的公司，作为知识产权供应商，本身不直接从事芯片生产，而是靠转让设计许可由合作公司生产各具特色的芯片。世界各大半导体生产商从 ARM 公司购买其设计的 ARM 微处理器核，根据各自不同的应用领域，加入适当的外围电路，从而形成自己的 ARM 微处理器芯片进入市场。目前，全世界有几十家大的半导体公司都使用 ARM 公司的授权，因此既使得 ARM 技术获得更多的第三方工具、制造、软件的支持，又使整个系统成本降低，使产品更容易进入市场被消费者所接受，更具有竞争力。

由于 ARM 内核有体系结构版本号和内核命名两种不同的表示方式，初学者常常容易将这两个概念混淆。加上 ARM 公司采用将内核授权给合作公司生产芯片的盈利模式，各合作公司自行设计的芯片又有不同的编号，让初学者更加困惑。本节将详细介绍 ARM 体系结构，帮助读者理解 ARM 体系结构的特点及体系结构版本、内核命名和 ARM 芯片型号之间

的关系。

12.1.1　ARM 体系结构版本

ARM 处理器是第一个为商业用途开发的 RISC 微处理器。ARM 所采用的体系结构对于传统的 RISC 体系结构既有继承，又有舍弃和发展，即完全根据实际设计的需要仔细研究，没有机械照搬。最初的 ARM 设计最关心的是必须保持设计的简单性。ARM 的简单性在 ARM 的硬件组织和实现方面比指令集的结构方面体现得更明显。但是 ARM 仍保留一些 CISC 的特征，并且因此达到比纯粹的 RISC 更高的代码密度，使得 ARM 在开始时就获得了其功率、效率和较小的核面积的优势。

目前 ARM 微处理器内核中普遍采用了流水线结构，随着 ARM 内核的发展，其流水线结构越来越复杂。常见的 ARM 处理器内核流水线工作示意图如图 12-1 所示。

ARM7	取指 (Fetch)	译码 (Decode)	执行 (Execute)				
ARM9	取指 (Fetch)	译码 (Decode)	执行 (Execute)	访问 (Memory)	写回 (Write)		
ARM10	取指 (Fetch)	发射 (Issue)	译码 (Decode)	执行 (Execute)	访问 (Memory)	写回 (Write)	
ARM11	取指 (Fetch)	取指 (Fetch)	发射 (Issue)	译码 (Decode)	转换 (Snny)	执行 (Execute)	访问 (Memory)	写回 (Write)

图 12-1　常见的 ARM 处理器内核流水线工作示意图

迄今为止，ARM 体系结构共定义了 8 个版本，版本号分别为 v1 ~ v8，v1 和 v2 版目前已经不再使用。从版本 v1 ~ v8，ARM 体系的指令集功能不断扩大。同时，各版本中还有一些变种，这些变种定义该版本指令集中不同的功能。ARM 处理器系列中的各种处理器，实现技术各不相同，性能差别很大，应用场合也不同，但只要它们支持同一 ARM 体系版本，基于它们的应用软件将是兼容的。

ARM 体系结构各版本的特点如下：

（1）v3 版架构　v3 版在 v1、v2 版基础上对 ARM 体系结构进行了较大改进，主要改进部分如下：

1）当前程序状态信息从原来的 R15 寄存器移到一个新的寄存器中，即当前程序状态寄存器（CPSR）。

2）增加了 SPSR（程序状态保存寄存器），用于在程序异常中断时，保存被中断程序的程序状态。

3）增加了中止和未定义这两种处理器工作模式。

4）增加了 MRS 指令和 MSR 指令，用于访问 CPSR 寄存器和 SPSR 寄存器。

5）增加了从异常处理返回的指令功能。

v3 版架构中的地址空间扩展到 32 位（寻址空间 4GB）。

（2）v4 版架构　v4 版架构在 v3 版的基础上进一步扩充，指令集中增加了下列指令：

1）符号化和非符号化半字及符号化字节的读取和写入指令。

2）增加了 16 位 Thumb 指令集。

3）完善了软件中断指令（SWI）的功能。

4）增加了处理器的特权模式。在该模式下，使用的是用户模式下的寄存器。

5）把一些未使用的指令空间捕获为未定义指令。

ARM7、ARM8、ARM9 和 Strong ARM 都采用该结构。

（3）v5 版架构　v5 版架构在 v4 版的基础上增加了一些新的指令，新增功能如下：

1）带有链接和交换的 BLX 指令。

2）增加了前导零计数（CLZ）指令，该指令可以使整数除法和中断优先级排队操作更为有效。

3）增加了软件断点指令（BRK）。

4）更加严格地定义了乘法指令对条件标志位的影响。

5）为协处理器设计提供了更多的可选择的指令。

ARM10 和 Xscale 都采用该结构。

（4）v6 版架构　v6 版架构是 2001 年发布的，在 v5 版的基础上增加了以下功能：

1）增加了进行多媒体处理的 SIMD 功能。

2）改进了内存管理，使系统性能提高 30%。

3）改进了混合端与不对齐数据支持，使小端系统支持大端数据（如 TCP/IP）。

ARM 体系 v6 版架构首先在 2002 年春季发布的 ARM11 处理器中使用。

（5）v7 版架构　v7 版架构是 2005 年发布的，使用了能够带来性能更高、功耗低、效率高及代码密度更大的 Thumb-2 技术。首次采用了强大的信号处理扩展集。对 H.264 和 MP3 等媒体解码提供加速。最新推出的 Cortex 系列处理器是基于 v7 版架构的，分为 Cortex-M3、Cortex-R 和 Cortex-A 三类。

（6）v8 版架构　v8 版架构是 2011 年发布的，在 32 位指令的基础上增加 64 位操作能力，拥有 AArch32、AArch64 两种执行状态。AArch64 是一套新的指令集，长度固定为 32bit，在语法上也和 AArch32 基本一样，支持 ARMv7 架构中的所有功能，包括 TrustZone、虚拟化等，而且内存翻译系统也是基于 v7 版架构而来的，采用 LPAE 表格式，翻译表寄存器最高支持 48 位虚拟寻址。不同之处在于，AArch64 指令都支持 64bit 操作，条件指令要少得多，没有任意长度的载入/存储多重指令。v8 版架构目前还只是个概念，ARM 公司还没有宣布任何原型系统，需要很长时间去开发、构筑整个体系。

需要注意，ARM 的体系结构版本号不是 ARM 核的版本号。常见的 ARM 体系架构与 ARM 核的版本对应关系见表 12-1。

表 12-1　常见的 ARM 体系架构与 ARM 核的版本对应关系

ARM 核	体 系 结 构
ARM1	ARMv1
ARM2	ARMv2
ARM6，ARM600，ARM610，ARM7，ARM700，ARM710	ARMv3
StrongARM，ARM8，ARM810，ARM810	ARMv4
ARM9E-S，ARM10TDM1，ARM1020E	ARMv5
ARM1136J(F)-S，ARM1176JZ(F)-S，ARM11MPCore	ARMv6
ARMCortex-M，ARMCortex-R，ARMCortex-A	ARMv7

12.1.2　ARM 内核

基于 ARM 的处理器内核简称 ARM 内核，内核并不是芯片，ARM 内核与其他部件组合

（如存储器、定时器和片内外设接口等）在一起才构成芯片。ARM 内核和芯片的关系如图 12-2 所示。从图中可以看出，ARM 芯片中只有处理器内核由 ARM 公司设计。其他外围模块由获得 ARM 公司处理器 IP 授权的芯片厂商自行设计。芯片厂商针对不同的应用领域，通过设计具有很强针对性的专用硬件加速器，根据外设搭配不同的接口电路等设计出适用于专业领域的 SOC 芯片，从而实现基于相同处理器内核芯片产品的差异化。

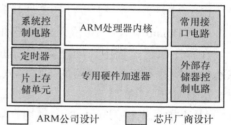

图 12-2　ARM 内核和芯片的关系

　　ARM 处理器内核不但包括 CPU，还包括高速缓存、MMU 控制器、嵌入式跟踪宏单元、TCM 接口、总线控制逻辑、AHB 接口、协处理器、中断控制器等电路模块。整个 ARM 处理器内核的核心是 CPU，图 12-3 所示为 ARM CPU 基本组成模型。虽然随着 ARM 处理器内核的升级，其 CPU 也不断改进，但其基本结构主要由 32 位 ALU、31 个 32 位通用寄存器及 6 个状态寄存器、32 个 8 位乘法器、32 个桶形移位寄存器、指令译码及控制逻辑、指令流水线和数据/地址寄存器组成。

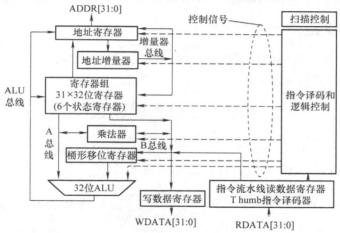

图 12-3　ARM CPU 基本组成模型

　　除了具有 ARM 体系结构的共同特点以外，每个系列的 ARM 处理器都有各自的特点和应用领域。ARM7、ARM9、ARM9E、ARM10 是 4 个通用处理器系列，每个系列提供一套相对独特的性能来满足不同应用领域的需求。SecurCore 系列专门为安全要求较高的应用而设计。Strong ARM/ Xscale 是为 Intel 提供的 ARM 内核。ARM11 内核专注于数据处理能力的提升，并在 ARM 中首次实现了多处理器内核。Cortex 是最新的 ARM 内核，针对高、中、低端的各种不同需求提供特定内核。

12.2　ARM 编程模型

12.2.1　处理器状态

　　ARM 处理器是 32 位处理器，但兼容 16 位指令集和数据类型。从编程的角度看，ARM

处理器有以下两种操作状态：

（1）ARM 状态　32 位，处理器执行的是字方式的 ARM 指令。

（2）Thumb 状态　16 位，处理器执行的是半字方式的 Thumb 指令。

在程序执行过程中，处理器可以随时在这两种操作状态之间切换。值得注意的是，操作状态的切换并不影响处理器的工作模式或寄存器的内容。ARM 处理器复位后开始执行代码时，应该处于 ARM 状态。

ARM 指令集和 Thumb 指令集均有切换处理器状态的指令，并可在两种操作状态之间切换。两个状态可以按以下方法切换：

（1）进入 Thumb 状态　当操作数寄存器的状态位（最低位）为 1 时，执行 BX 指令就可以进入 Thumb 状态。如果处理器在 Thumb 状态发生异常（所有异常处理都在 ARM 状态下执行），则当异常处理返回时自动切换到 Thumb 状态。

（2）进入 ARM 状态　操作数寄存器的状态位（最低位）为 0 时，执行 BX 指令就可以进入 ARM 状态。处理器进行异常处理时，把 PC 的值放入异常模式链接寄存器中，从异常向量地址开始执行程序，系统自动进入 ARM 状态。

12.2.2　处理器模式

ARM 体系结构支持 7 种处理器模式：用户模式、快中断模式、中断模式、管理模式、中止模式、未定义模式和系统模式，具体参考表 12-2。

表 12-2　处理器模式及其用途

处理器模式	用　　途	备　　注
用户（usr）模式	正常程序工作模式	不能直接切换到其他模式
快中断（fiq）模式	处理高速中断，用于高速数据传输及通道处理	FIQ 异常响应时进入该模式
中断（irq）模式	用于通用中断处理	IRQ 异常响应时进入该模式
管理（svc）模式	操作系统使用的保护模式，系统复位后的默认模式	系统复位和软件中断响应时进入该模式
中止（abt）模式	用于支持虚拟内存和存储器保护	数据或指令预取中止时进入该模式
未定义（und）模式	用于支持硬件协处理器的软件仿真	未定义指令异常响应时进行该模式
系统（sys）模式	用于支持操作系统的特权任务等	与用户类似，但具有可以直接切换到其他模式等特权

除用户模式外，其他模式为特权模式。ARM 内部寄存器和一些片内外设在硬件设计上只允许（或可选为只允许）特权模式下访问。此处，特权模式可以自由地切换处理器模式，而用户模式不能直接切换别的模式。

有 5 种处理器模式称为异常模式，它们是快中断模式、中断模式、管理模式、中止模式、未定义模式。它们除了可以通过程序切换进入外，也可以由特定的异常进入。当特定的异常出现时，处理器进入相应的模式。每种模式都有某些附加的寄存器，以避免异常退出时用户模式的状态不可靠。

系统模式与用户模式一样不能由异常进入，且使用与用户模式完全相同的寄存器。然而系统模式是特权模式，不受用户模式的限制。有了系统模式，操作系统要访问用户模式的寄存器就比较方便。同时，操作系统的一些特权任务可以使用这个模式，以访问一些受控的资源而不必担心异常出现时的任务状态变得不可靠。

12.2.3　寄存器集

ARM 处理器共有 37 个 32 位寄存器，包括 31 个通用寄存器：R0 ~ R15、R13_svc、R14_svc、R13_abt、R14_abt、R13_unt、R14_unt、R13_irq、R14_irt 和 R8_frq ~ R14_frq；以及 6 个状态寄存器：CPSR、SPSR_svc、SPSR_abt、SPSR_unt、SPSR_irq 和 SPSR_fiq。这些寄存器并不是在同一时间全都可以被访问，具体哪些寄存器可编程访问，取决于处理器状态和及具体的操作模式。

ARM 状态下的寄存器分为通用寄存器、程序计数器和状态寄存器，见表 12-3。

表 12-3　ARM 状态各模式下的寄存器

寄存器类别	寄存器在汇编中的名称	各模式实际访问的寄存器					
		用户	系统	管理	中止	未定义	中断	快中断
通用寄存器和程序计数器	R0(a1)	R0						
	R1(a2)	R1						
	R2(a3)	R2						
	R3(a4)	R3						
	R4(v1)	R4						
	R5(v2)	R5						
	R6(v3)	R6						
	R7(v4)	R7						
	R8(v5)	R8						R8_fiq
	R9(SB,v6)	R9						R9_fiq
	R10(SL,v7)	R10						R10_fiq
	R11(FP,v8)	R11						R11_fiq
	R12(IP)	R12						R12_fiq
	R13(SP)	R13	R13	R13_svc	R13_abt	R13_und	R13_irq	R13_fiq
	R14(LR)	R14	R14	R14_svc	R14_abt	R14_und	R14_irq	R14_fiq
	R15(PC)	R15						
状态寄存器	CPSR	CPSR						
	SPSR	无		SPSR_svc	SPSR_abt	SPSR_und	SPSR_irq	SPSR_fiq

1. 通用寄存器

通用寄存器包括 R0 ~ R15，可以分为两类：不分组寄存器（R0 ~ R7）和分组寄存器（R8 ~ R14）。

（1）不分组寄存器（R0 ~ R7）　在处理器的所有模式下，不分组寄存器中的每个都指向一个物理寄存器，且未被系统用于特殊用途。因此，在中断或异常处理中进行模式切换时，由于不同的处理器模式均使用相同的物理寄存器，可能会破坏寄存器中的数据，进行程序设计时应引起注意。

（2）分组寄存器（R8～R14）　分组寄存器中的每一次所访问的物理寄存器都与处理器当前的模式有关。若要访问特定的物理寄存器，则要使用规定的物理寄存器名字后缀。

物理寄存器名字形式如下：

R13_＜mode＞

R14_＜mode＞

其中，＜mode＞是寄存器后缀，分别使用 usr、svc、fiq、irq、abt 和 und 表示 6 种模式。

对于寄存器 R8～R12，每个寄存器对应两个不同的物理寄存器，当使用 fiq 模式时访问寄存器 R8_fiq～R12_fiq；当使用除 fiq 模式外的其他模式时访问寄存器 R8 ～R12。

对于寄存器 R13 和 R14，每个寄存器对应 6 个不同的物理寄存器。其中的一个物理寄存器是用户模式和系统模式公用的，其余 5 个分别用于 5 种异常模式。

寄存器 R13 通常作为堆栈指针（SP），用于保存当前处理器工作模式下堆栈的栈顶地址。

寄存器 R14 作为链接寄存器（LR），用于保存子程序的返回地址。当子程序折返回地址保存在堆栈中时，R14 也可作为通用寄存器。

处理器在不同模式时，允许每种模式都有自己的栈顶和链接寄存器。

2. R15——程序计数器（PC）

R15 作为程序计数器，用于保存处理器要取的下一条指令的地址。

ARM 状态下，所有的 ARM 指令都是 32 位长度的，指令以字对准保存；Thumb 状态下，所有的 Thumb 指令都是 16 位长度的，指令以半字对准保存。

由于 ARM 体系采用多级流水线技术，对于 ARM 指令集而言，PC 总是指向当前指令之后两条指令的地址，即 PC 的值为当前指令的地址加 8。

3. 程序状态寄存器（PSR）

程序状态寄存器包括当前程序状态寄存器（CPSR）和备份程序状态寄存器（SPSR）。

所有处理器模式下都可以访问 CPSR。CPSR 包括条件标志位、中断禁止位、当前处理器模式标志以及其他一些相关的控制和状态位。

在每一种异常工作模式下，都有一个备份程序状态寄存器。当异常发生时，SPSR 用于保存 CPSR 的当前值，当从异常退出时，可用 SPSR 来恢复 CPSR。用户模式和系统模式不属于异常模式，因此这两种模式没有 SPSR，当在这两种情况下访问 SPSR 时，结果是未知的。CPSR 和 SPSR 的格式如图 12-4 所示。

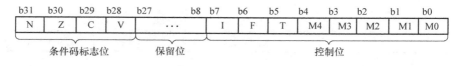

图 12-4　CPSR 和 SPSR 的格式

4. 条件码标志位

N（Negative）、Z（Zero）、C（Carry）和 V（oVerflow）均为条件码标志位。其内容可被算术或逻辑运算指令的结果所改变，并全由条件码标志位状态可以决定某条指令是否执行。条件码标志位的含义如下所示：

（1）标志 N　当两个用补码表示的带符号数进行运算时，N＝1 表示结果为负数；N＝0

表示运算结果为正数或零。

（2）标志 Z　Z=1 表示指令运算结果为 0；Z=0 表示指令运算结果为非零。

（3）标志 C　对于加法运算（包括比较指令 CMN），C=1 表示加法运算产生进位（即无符号数溢出），C=0 表示加法运算未产生进位；对于减法运算（包括比较指令 CMP），C=0 表示减法运算产生借位（即无符号数溢出），C=1 表示减法运算未产生借位；对于包含移位操作的非加/减运算指令，C 为移出值的最后一位；对于其他非加/减运算指令，C 的值通常不改变。

（4）标志 V　对于加法/减法指令，当操作数和运算结果为二进制的补码表示的带符号数时，V=1 表示符号位溢出，V=0 表示符号位未溢出；对于其他的非加/减运算指令，V 的值通常不改变。

5. 控制位

CPSR 的低 8 位，即 I、F、T 和 M0～M4 称为控制位。当发生异常时这些位可以被改变。当处理器运行在特权模式时，这些位也可以由程序修改。

（1）中断禁止位 I 和 F　I=1 表示禁止 IRQ 中断，F=1 表示禁止 FIQ 中断。

（2）T 标志位　对于 ARM 体系结构 v4 及以上版本的 T 系列处理器，T=0 表示程序运行于 ARM 状态，T=1 表示程序运行于 Thumb 状态；对于 ARM 体系结构 v4 及以上版本的非 T 系列处理器，T=0 表示程序运行于 ARM 状态，T=1 表示执行下一条指令以引起未定义的指令异常。注意：绝对不要强制改变 CPSR 寄存器中的 T 位。如果这样做，处理器则会进入一个无法预知的状态。

（3）运行模式位 M0～M4　这些模式位决定处理器的模式。见表 12-4。不是所有模式位的组合都定义了有效的处理器模式，因此，请注意不要使用表中没有列出的组合。

表 12-4　模式位的含义

M[4:0]	处理器模式	可访问的 Thumb 状态寄存器	可访问的 ARM 状态寄存器
10000	用户模式	R0～R7, SP, LR, PC, CPSR	R0～R14, PC, CPSR
10001	快中断模式	R0～R7, SP_fiq, LR_fiq, PC, CPSR, SPSR_fiq	R0～R7, R8_fiq～R14_fiq, PC, CPSR, SPSR_fiq
10010	中断模式	R0～R7, SP_fiq, LR_fiq, PC, CPSR, SPSR_fiq	R0～R12, R13_fiq, R14_fiq, PC, CPSR, SPSR_fiq
10011	管理模式	R0～R7, SP_svc, LR_svc, PC, CPSR, SPSR_svc	R0～R12, R13_svc, R14_svc, PC, CPSR, SPSR_svc
10111	中止模式	R0～R7, SP_abt, LR_abt, PC, CPSR, SPSR_abt	R0～R12, R13_abt, R14_abt, PC, CPSR, SPSR_abt
11011	未定义模式	R0～R7, SP_und, LR_und, PC, CPSR, SPSR_und	R0～R12, R13_und, R14_und, PC, CPSR, SPSR_und
11111	系统模式	R0～R7, SP, LR, PC, CPSR, SPSR	R0～R14, PC, CPSR

（4）保留位　CPSR 中的其他位为保留位，当改变 CPSR 中的条件码标志位或控制位时，不要改变保留位，在程序中也不要使用保留位来存储数据。保留位将用于 ARM 版本的扩展。

6. ARM 状态寄存器与 Thumb 状态寄存器之间的关系

Thumb 状态下的寄存器集是 ARM 状态下的寄存器集的子集。用户可以访问 8 个通用寄存器（R0～R7）、PC、SP、LR、SPSR 和 CPSR。每种特权模式都有一组 SP、LR、SPSR。
Thumb 状态寄存器与 ARM 状态寄存器集有如下的关系：

1）Thumb 状态寄存器 R0～R7 与 ARM 状态寄存器 R0～R7 相同。

2）Thumb 状态寄存器 CPSR 和 SPSR 与 ARM 状态寄存器 CPSR 和 SPSR 相同。

3）Thumb 状态寄存器 SP 映射到 ARM 状态寄存器 R13。

4）Thumb 状态寄存器 LR 映射到 ARM 状态寄存器 R14。

5）Thumb 状态寄存器 PC 映射到 ARM 状态寄存器 PC（R15）。

具体关系如图 12-5 所示。

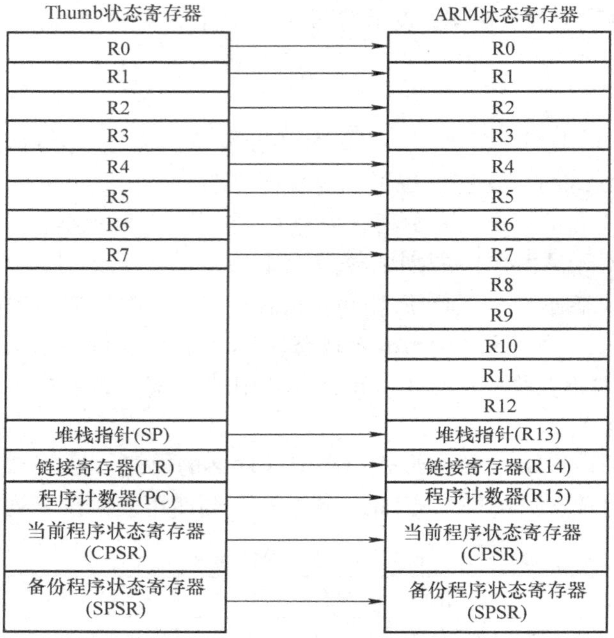

Thumb状态寄存器	ARM状态寄存器
R0	R0
R1	R1
R2	R2
R3	R3
R4	R4
R5	R5
R6	R6
R7	R7
	R8
	R9
	R10
	R11
	R12
堆栈指针(SP)	堆栈指针(R13)
链接寄存器(LR)	链接寄存器(R14)
程序计数器(PC)	程序计数器(R15)
当前程序状态寄存器(CPSR)	当前程序状态寄存器(CPSR)
备份程序状态寄存器(SPSR)	备份程序状态寄存器(SPSR)

图 12-5　Thumb 寄存器在 ARM 状态寄存器上的映射

Thumb 状态下，寄存器 R8～R15 并不是标准寄存器集的一部分，但用户可以使用汇编语言程序有限制地访问这些寄存器，将其用作快速的寄存器。使用带特殊变量的 MOV 指令，数据可以在低寄存器（R0～R7）和高寄存器（R8～R15）之间进行传送；高寄存器的值可以使用 CMP 指令进行比较或使用 ADD 指令加上低寄存器的值。

12.2.4　体系结构直接支持的数据类型

ARM 处理器支持的数据类型有字节（8 位）、半字（16 位）和字（32 位）。

1）字节（Byte）。字节的长度为 8 位（bit）。

2）半字（Half-Word）。半字的长度为 16 位（bit）。半字必须以 2B 为边界对齐。

3）字（Word）。字的长度为 32 位（bit）。字必须以 4B 为边界对齐。

这 3 种数据类型都支持无符号数和带符号数，当任意一种类型描述为 unsigned 时，N 位数值使用正常的二进制格式表示范围为 $0 \sim 2^N - 1$ 的非负整数；当任意一种类型描述为 signed 时，N 位数值使用 2 的补码格式表示范围为 $-2^{N-1} \sim 2^{N-1} - 1$ 的整数。

ARM 指令的长度刚好是一个字（分配为占用 4B）。Thumb 指令的长度刚好一个半字（占用 2B）。所有数据操作都以字为单位。加载和存储指令可以以字节、半字和字进行操作，当加载字节或半字时自动实现零扩展或符号扩展。

12.2.5　存储器及存储器映射 I/O

ARM 处理器采用冯·诺依曼结构，指令和数据共用一条 32 位数据总线，只有加载、存储和交换指令可访问存储器中的数据。

ARM 公司的规范仅定义了内核与存储系统之间的信号及时序（局部总线），而现实的芯片一般在外部总线与内核的局部总线之间有一个存储器管理部件，将局部总线的信号和时序转换为现实的外部总线信号和时序。因此，外部总线的信号和时序与具体的芯片有关，不是 ARM 的标准。具体到某个芯片外部存储系统的设计，需要参考其芯片的数据手册或使用手册等资料。

1. 地址空间

ARM 体系结构使用单个平面的 2^{32} 个 8 位字节地址空间，对存储器能支持的最大寻址空间为 4GB（2^{32}）。ARM 体系结构将存储器看成从 0X00000000 地址开始的以字节（B）为单位的线性组合。每个字数据占 4B，每个半字数据占 2B。字节地址按照无符号数排列，从 $0 \sim 2^{32} - 1$。

地址空间可以看作是包含 2^{30} 个 32 位字，地址以字为单位进行分配，也就是将地址除以 4。地址为 A 的字包含 4B，地址分别为 A、A + 1、A + 2 和 A + 3。

在 ARM 体系结构 v4 及以上版本中，地址空间还可被看作包含 2^{31} 个 16 位半字。地址按照半字进行分配。地址为 A 的半字包含 2B，地址分别为 A 和 A + 1。

地址计算通常通过普通的整数指令来实现。这意味着如果地址向上或向下溢出地址空间，通常会发生翻转。即计算的结果以 2^{32} 为模。但是，如要地址空间在将来进行扩展，为了降低不兼容性，程序不应依赖于该特性进行编写。如果地址的计算没有发生翻转，那么结果仍然位于 $0 \sim 2^{31} - 1$ 内。

大多数指令通过把指定的偏移量与 PC 值相加并将结果写入 PC 来计算目标地址。如下面的计算：

$$（当前指令的地址）+ 8 + 偏移量$$

溢出地址空间，那么该指令依赖于地址的翻转，其在技术上是不可预测的。因此穿过地址 0XFFFFFFFF 的向前转移和穿过地址 0X00000000 的向后转移都不应使用。

另外，正常连续执行的指令实际上是通过计算：

$$（当前指令的地址）+ 4$$

来确定下一条要执行的指令。如果该计算溢出了地址空间的顶端，结果同样不可预测。换句话说，程序不应信任在地址 0XFFFFFFFC 处的指令之后连续执行的位于地址 0X00000000 的指令。

注意：上述原则不只适用于执行的指令，还包括指令条件代码检测失败的指令。大多数 ARM 处理器在当前执行的指令之前执行预取指令。如果预取操作溢出了地址空间的顶端，则不会产生执行动作并导致不可预测的结果，除非预取的指令实际上已经执行。

LDR、LDM、STRT 和 STM 指令在增加的地址空间访问一连串的字，每次加载或存储，存储器地址都会加4，如果计算溢出了地址空间的顶端，结果是不可预测的。换句话说，程序在使用这些指令时不应使其溢出。

2. 存储器格式

地址空间的规则要求地址 A：

1）位于地址 A 的字包含的字节位于地址 A、A+1、A+2 和 A+3。

2）位于地址 A 的半字包含的字节位于地址 A、A+1。

3）位于地址 A+2 的半字包含的字节位于地址 A+2 和 A+3。

4）位于地址 A 的字包含的字节位于地址 A 和 A+3。

但是这样并不能完全定义字、半字和字节之间的映射关系。

存储器系统使用下列两种映射机制来描述 ARM 体系结构中关于字数据中字节的存放顺序。

1）小端格式（Little-Endian）。在小端格式中，一个字当中最低地址的字节被看作是最低位字节，最高地址的字节被看作是最高位字节。因此，存储器系统字节 0 连接到数据线 7~0，如图 12-6 所示。

2）大端格式（Big-Endian）。在大端格式中，ARM 处理器将最高位字节保存在最低地址字节，将最低位字节保存在最高地址字节。因此，存储器系统字节 0 连接到数据线 31~24，如图 12-7 所示。

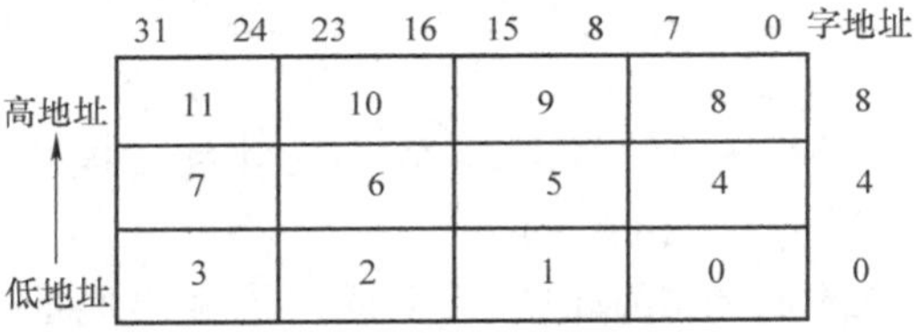

				字地址
31　24	23　16	15　8	7　0	
11	10	9	8	8
7	6	5	4	4
3	2	1	0	0

图 12-6　字内字节的小端地址

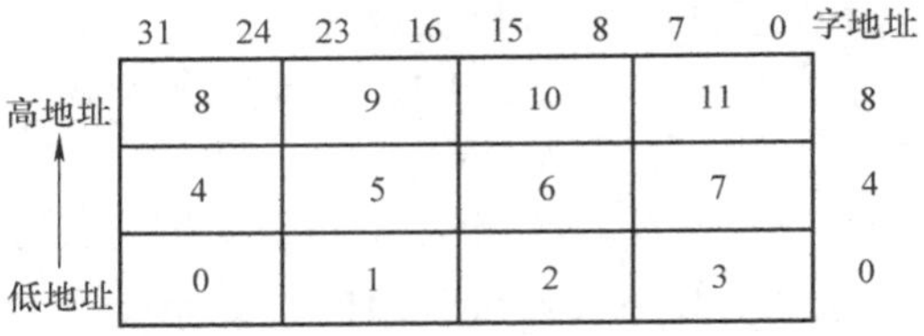

				字地址
31　24	23　16	15　8	7　0	
8	9	10	11	8
4	5	6	7	4
0	1	2	3	0

图 12-7　字内字节的大端地址

一个具体的基于 ARM 的芯片可能只支持小端存储器系统，也可能只支持大端存储器系统，还可能两者都支持，但默认格式通常为小端格式。

ARM 指令集不包含任何直接选择大、小端的指令。但是，一个同时支持大、小端的基于 ARM 的芯片，可以在硬件上配置（一般使用芯片的引脚来配置）来匹配存储器系统所使用的规则。如果芯片有一个标准系统控制协处理器，则系统控制协处理器的寄存器 1 的 Bit7 可用于改变配置输入。

如果一个基于 ARM 的芯片将存储系统配置为其中一种存储器格式（如小端），而实际连接的存储器系统配置为相反的格式（如大端），那么只有以字为单位的指令取指、数据加载和数据存储能够可靠实现。勘察的存储器访问将出现不可预测的结果。

当标准系统控制协处理器连接到支持大、小端的 ARM 处理器时，协处理器寄存器 1 的 Bit7 在复位时清零。这表示 ARM 处理器在复位后立即配置为小端存储器系统。如果它连接到一个大端存储器系统，那么复位处理程序要尽早做的事情之一就是切换到大端存储器系统，并必须在任何可能的字节或半字数据访问之前或 Thumb 指令执行之前执行。

注意：存储器格式的规则意味着字的加载和存储并不受配置的大、小端的影响。因此，不可能通过保存一个字来改变存储器格式，然后重装已保存的字使该字中字节的顺序翻转。

一般来说，改变 ARM 处理器配置的存储器格式，使其不同于连接的存储器系统并没有什么用处，因为这样做的结果并不会产生一个额外的结构定义的操作。因此，通常只在复位时改变存储器格式的配置，使其匹配存储系统的存储器格式。

3. 指令的预取和自修改代码

许多 ARM 处理器在前一条指令的执行尚未完成时将指令从存储器取出。这个动作称为指令的预取。指令的预取并不是实际执行指令。如有下面两种典型的情况时，指令就可不被执行：

1）当异常发生时，当前指令执行完毕，所有预取的指令都被丢弃，指令的执行从异常向量开始。

2）当发生跳转时，预取的在分支指令后的指令将被丢弃。

ARM 处理器可以自由选择预取的指令比当前执行点提前多少（即半导体器件厂商在设计具体的芯片时可以自由选择预取的指令比当前执行点提前多少），甚至可以动态改变预取指令的数目。最初的 ARM 处理器在当前执行的指令之前预取两条指令，不过现在可以选择多于或少于两条指令。

注意：当指令读取 PC 时，它得到的指令地址比它自身地址落后了两条地址：对于 ARM 指令，得到的地址是它自身地址 +8；对于 Thumb 指令，得到的地址是它自身地址 +4。

最初的 ARM 处理器在 PC 读取的两指令偏移量和两指令预取之间存在关联。但这一关联不是结构上的。一个预取不同数目指令的 ARM 处理器仍能保证读取 PC 所得的地址比它自身地址落后两条指令。

同自由选择多少条预取指令一样，ARM 处理器可选择沿着哪条可能的执行路径进行预取指。例如，在一条分支指令之后，它可选择预取分支指令之后的指令或者是转移目标地址的指令。这称为"转移预测"。

所有形式的指令预取都有一个潜在的问题，即存储器中的指令可能在它被预取之后，被执行之前发生改变。如果发生这种情况，对存储器中的指令进行修改通常并不妨碍已取指的指令备份执行完毕。

例如在下面的代码序列中，STR 指令使用 ADD 指令的备份取代了它后面的 SUB 指令：

```
    LDR    r0, AddInstr
    STR    r0, NextInstr
NextInstr
    SUB    r1, r1, #1
        …
AddInstr
    ADD    r1, r1, #1
```

当代码第一次执行时，STR 指令之后执行的指令通常是 SUB 指令，因为 SUB 指令在存储器中的指令发生改变之前已经被预取了，ADD 指令不会被执行，除非第二次执行该代码序列。

其实，ARM 处理器不能保证上面所述的方式执行，因此：

1）当代码第一次执行时，在 STR 指令之后有可能立即产生一个中断。如果这样，已经预取的 SUB 指令将被丢弃。当中断处理程序返回时，位于 NextInstr 处的指令被再次预取，而这次则执行 ADD 指令。因此，虽然 SUB 指令通常最有可能被执行，但也有可能执行 ADD 指令。

2）如果指令被再次执行，ARM 处理器或存储器系统允许预取指令的备份，并使用这些备份而不是重新预取。如果发生这种情况，在代码序列按照第二及以下可能执行时，SUB 指令可能被执行。发生这种情况的主要原因是存储器系统包含独立的指令和数据缓存。但是，也存在其他可能性。例如，一些分支预测的硬件保存了分支后的指令。

总之，应当尽可能避免使用涉及自修改代码的编程技术。然而在许多系统中，几乎不可能完全避免自修改代码的使用。例如，任何一个允许将程序装入存储器然后执行的系统都使用自修改代码。

因此，每个 ARM 处理器都定义了一系列的操作，使自修改代码序列可以可靠地执行。这一串代码称为指令存储器屏障（IMB），它通常同时取决于 ARM 处理器的实现（具体的芯片）和存储器系统的实现。

IMB 序列必须在新的指令已经保存到存储器之后而尚未执行时执行，例如在程序被加载之后并且在转移到它的入口之前。任何不以这种方式使用 IMB 的自修改代码序列都可能会执行不确定的动作。

根据 IMB 所执行的确定的操作顺序取决于 ARM 处理器和存储器的实现，建议在软件设计时使 IMB 序列作为一个调用程序来替换与系统相关的模块，而不是直接插入到需要的地方。这样易于移植到其他 ARM 处理器和存储器系统。

另外，在许多 ARM 微处理器当中，IMB 序列包含了只能在特权模式下使用的操作，例如，标准系统控制协处理器提供的缓存清零和无效操作。为了允许用户模式程序使用 IMB 序列，推荐将其作为一个操作系统调用程序，由 SWI 指令调用。在 SWI 指令使用 24 位立即数的系统中指定所要求的系统服务，通过下面的指令即可请求 IMB 序列：

    SWI　0xF00000

这是一个无参数调用，不返回结果，应当使用与带原型的 C 函数调用相同的调用约定：

    void　IMB(void)；

区别在于使用 SWI 指令而不是 BL 指令调用。

有些 ARM 微处理器可对已保存的新指令使用地址范围的修改来减少 IMB 执行的时间。因此，还可执行另外一个操作系统调用程序。该调用程序只根据指定的地址范围执行 IMB。在 SWI 指令使用 24 位立即数的系统中指定所要求的系统服务，通过下面的指令来请求：

    SWI　0xF00001

应当使用与带原型的 C 函数调用相似的调用约定：

    void　IMB—Range(unsigned long start_addr, unsigned long end_addr)；

此处地址范围从 start_ addr（包含）到 end_ addr（不包含）。

注意：

1）当使用标准的 ARM 过程调用标准时，start_ addr 在 R0 中传递，而 edd_ addr 则在 R1 中传递。

2）对于某些 ARM 处理器来说，即使使用小地址范围，IMB 执行的时间也可能非常长（数千个时钟周期）。对于自修改代码的小规模使用，这样很可能损失较大。因此，建议自修改代码只用于不可避免或有足够的执行时间的情况。

4. 存储器映射的 I/O

执行 ARM 系统结构 I/O 功能的标准是使用存储器映射的 I/O。加载或存储 I/O 值时，使用提供给 I/O 功能的特殊存储器地址。通常，从存储器映射的 I/O 地址加载用于输入，而存储到存储器映射的 I/O 地址则用于输出。加载和存储都可用于执行控制功能，用于取代它们正常的输入或输出功能。

存储器映射的 I/O 位置的动作通常不同于正常的存储器位置的动作。例如，正常存储器位置的两次连续加载，每次都会返回相同的值，除非中间插入了保存的操作。对于存储器映射的 I/O 位置，第二次加载返回的值可以不同于第一次返回的值。因为第一次加载的副作用（例如从缓冲区移走已加载的值）或是因为插入另一个存储器映射 I/O 位置而加载和存储的副作用。

这些区别主要影响高速缓存的使用和存储器系统的写缓冲区。具体信息请读者参考相关资料。一般来说，存储器映射的 I/O 位置通常标志为无高速缓存和无缓冲区，以避免对它们进行访问的次数、类型、顺序或时序发生改变。

（1）从存储器映射的 I/O 取指　在前面章节中讲到，不同 ARM 处理器（可以理解为不同的芯片）在存储器取指时会有相当大的区别。因此，建议存储器映射的 I/O 位置只用于数据的加载和存储，而不用于取指。任何依赖于从存储器映射 I/O 位置取指的系统设计都可能难以移植到将来的 ARM 微处理器。

（2）对存储器映射 I/O 的数据访问　一个指令序列在执行时，会在不同的点访问数据存储器，产生加载和存储访问的时序。如果这些加载和存储访问的是正常的存储器位置，那么它们在访问相同的存储器位置时只是执行交互操作。结果，对不同存储器位置的加载和存储可以按照不同于指令的顺序执行，但不会改变最终的结果。这种改变存储器访问顺序的自由可被存储器系统用来提高性能（例如，通过使用高速缓存和写缓冲器）。

此外，对同一存储器位置的访问还拥有其他可用于提升性能的特性，其中包括：

1）从相同的位置连续加载（没有产生存储）产生相同的结果。

2）从一个位置执行多加载操作，将返回最后保存到该位置的值。

3）对某个数据规格的多次访问，有时可合并成单个的更大规模的访问。例如，分别存储一个字所包含的两个半字可合并成存储单个字。

但是如果存储器字、半字或字节访问的对象是存储器映射的 I/O 位置，那么一次访问会产生副作用，使后续访问变成一个不同的地址。如果是这样，那么不同时间顺序的访问将会使代码序列产生不同的最终结果。因此，当访问存储器映射的 I/O 位置时不能进行优化，它们的时间顺序绝对不能改变。

对于存储器映射的 I/O，另外还有很重要的一点，那就是每次存储器访问的数据规格都不会改变。例如，在访问存储器映射的 I/O 时，一个指定从 4 个连续字节地址读出数据的代码序列决不能合并成单个字的读取，否则会使代码序列的最终执行结果不同于期望的结果。相似地，将字的访问分解成多个字节的访问可能会导致存储器映射 I/O 设备无法按照预期进行操作。

每个 ARM 微处理器（可以理解为具体的基于 ARM 处理器的芯片）都提供一套机制，来保证在数据存储器访问时不会改变访问的次数、数据的规格或时间顺序。该机制包含了实现定义的要求，在存储器访问时保护访问的次数、数据规格和时间顺序。如果在访问存储器映射的 I/O 时不符合这些要求，可能会发生不可预期的动作。

典型的要求包括：

1）限制存储器映射 I/O 位置的存储器属性。例如，在标准存储器系统结构中，存储器位置必须是无高速缓存和无缓冲区的。

2）限制访问存储器映射 I/O 位置的规格或对齐方式。例如，如果一个 ARM 实现带有 16 位外部数据总线，它可以禁止对存储器映射 I/O 使用 32 位访问，因为 32 位访问无法在单个总线周期内执行。

3）要求额外的外部硬件。例如，带 16 位外部数据总线的 ARM 实现可以允许对存储器映射的 I/O 使用 32 位访问，但要求外部硬件将两个 16 位总线访问合并成对 I/O 设备的单个 32 位访问。

如果数据存储器访问序列包含一些符合要求的访问和一些不符合要求的访问，那么：

1）对于符合要求的访问，其数据规格和数目都被保护，没有互相合并或没有与不符合要求的访问以任何方式合并。不符合要求的访问可以互相合并。

2）符合要求的访问彼此的时间顺序被保护，但与它们相对于那些不符合要求的访问的时间顺序不能保证。

12.2.6　异常

只要正常的程序流被暂时中止，处理器就进入异常模式。当发生异常时，处理器在处理异常之前，必须先保存当前的状态。当异常处理完成后，需要将处理器的状态恢复到处理异常之前，当前程序方可继续执行。ARM 处理器允许多个异常同时发生，它们将会按固定的优先级进行处理。

1. ARM 支持的异常类型

ARM 体系结构支持的异常类型有 7 种，见表 12-5，可以分为如下 3 类：

表 12-5　ARM 体系结构支持的异常类型

异常类型	具 体 功 能
复位 （Reset）	复位电平有效时，产生复位异常，ARM 处理器立刻停止执行当前指令，程序跳转到复位异常处理程序处执行指令
未定义指令 （Undefined）	当 ARM 处理器或协处理器遇到不能处理的指令时，产生未定义指令异常。可使用该异常机制进行软件仿真扩展 ARM 或 Thumb 指令集
软件中断 （SWI）	该异常由执行 SWI 指令产生，可用于用户模式下的程序调用特权操作。可使用该异常机制实现系统功能调用，用于请求特定的管理功能
指令预取中止 （Prefetch Abort）	当处理器预取指令的地址不存在或该地址不允许当前指令访问时，存储器会向处理器发出中止信号；但当预取的指令被执行时，才会产生指令预取中止异常。当预取指令未被执行，如指令流水线中发生了跳转，则预取指令异常不会发生
数据中止 （Data Abort）	当处理器数据访问指令的地址不存在或该地址不访问当前指令，则会产生数据中止异常。发生数据中止时，系统的响应与指令的类型有关
外部中断请求 （IRQ）	当处理器的外部中断请求引脚 nIRQ 有效，且 CPSR 中的 1 位为 0 时，产生 IRQ 异常。系统的外设可通过该异常请求中断服务
快速中断请求 （FIQ）	当处理器的快速中断请求引脚 nFIQ 有效时，且 CPSR 中的 F 位为 0 时，产生 FIQ 异常。FIQ 异常是为了支持数据传输或者通道处理而设计的

1）指令执行引起的直接异常。软件中断、未定义指令和指令预取中止都属于这一类。

2）指令执行引起的间接中断。数据中止属于这一类。

3）外部产生的与指令流无关的异常。复位、IRQ 和 FIQ 属于这一类。

2. 异常优化级与异常嵌套

当多个异常同时发生时，系统根据固定的优化级决定异常的处理次序。异常优先级按下列顺序排列了优先权，复位优化级最高，未定义指令和 SWI 优先级最低：

复位、数据中止、FIQ、IRQ、指令预取中止、未定义指令和 SWI

（最高）◄─────────────────（最低）

1）复位从确定的状态启动处理器，使得所有其他未解决的异常都和当前处理器运行的状态不再有关，因此具有最高优先级。

2）未定义指令和 SWI 都依靠指令的特殊译码产生，由于两者是互斥的指令编码，因此不能同时发生。

3）中断优先级判决最复杂的情况是 FIQ、IRQ 和第 3 个非复位的异常同时发生时：

① 由于 FIQ 比 IRQ 优先级高并将 IRQ 屏蔽，所以 IRQ 被忽略，直到 FIQ 处理程序明确地将 IRQ 使用或返回到用户代码为止。

② 如果第 3 个异常是数据中止，那是因为进入数据中止异常并未将 FIQ 屏蔽，所以处理器将在进入数据中止处理程序后立即进入 FIQ 处理程序。数据中止将在 FIQ 处理程序返回时对其进行处理。

③ 如果第 3 个异常不是数据中止，将立即进入 FIQ 处理程序。当 FIQ 和 IRQ 两者都完成时，程序将返回到产生第 3 个异常的指令，在余下所有的情况下，异常将重现并做相应处理。

3. 异常向量

ARM 异常向量见表 12-6。

表 12-6　ARM 异常向量

异　常　向　量	异　常　类　型	进　入　模　式
0X00000000	复位	管理模式
0X00000004	未定义指令	未定义模式
0X00000008	软件中断	管理模式
0X0000000C	指令预取中止	中止模式
0X00000010	数据中止	中止模式
0X00000014	保留	保留
0X00000018	IRQ	IRQ
0X0000001C	FIQ	FIQ

一般来说，在异常向量处将包含一条跳转指令，跳转到异常处理程序。但由于 FIQ 占据最高向量地址，故它可以立即执行。当 ARM 处理器发生异常时，程序计数器 PC 被强制设置为对应的异常向量，从而转到异常处理程序，当异常处理程序完成后，返回到主程序继续执行。

4. 异常响应和返回过程

异常发生后，除了复位异常立即中止当前指令之外，其余异常都是在处理器完成当前指令后再执行异常处理程序。ARM 处理器对异常中断的响应过程如下所述：

1）保存处理器当前状态、中断屏蔽位以及条件标志位。这是通过将当前程序状态寄存器 CPSR 的内容保存到将要执行的异常中断对应的 SPSR 寄存器中实现的。各异常中断有自己的物理 SPSR 寄存器。

2）设置当前程序状态寄存器 CPSR 中相应的位，使处理器进入相应的模式；设置 CPSR 中的位，禁止 IRQ 中断，当进入 FIQ 模式时，禁止 FIQ 中断。

3）将寄存器 LR_mode 设置成返回地址。

4）将程序计数器值（PC）设置成该异常中断的异常向量地址，从而跳转到相应的异常中断处理程序处执行。

异常处理完成后必须返回到原来程序处继续执行，为达到这一目的，需要执行 4 个基本操作：

① 恢复原来被保护的用户寄存器。

② 恢复被中断的程序的处理器状态，即将 SPSR_mode 寄存器内容复制到 CPSR 中。

③ 返回到发生异常中断的指令的下一条指令处执行，即将 LR_mode 寄存器的内容复制到程序计数器 PC 中。

④ 清除 CPSR 中的中断禁止标志 I 和 F，开放外部中断和快速中断。

由于复位异常发生后系统自动从 0x00000000 开始重新执行程序，因此复位异常处理程序完成后无须返回。实际上，当异常中断发生时，程序计数器 PC 所指的位置对于各种不同的异常中断是不同的，同样，返回地址对于各种不同的异常中断也是不同的。

5. 中断延迟

（1）最大中断延迟 当 FIQ 使能时，最坏情况下 FIQ 的延迟时间包含：

1）T_{synemax}（请求通过同步器的最长时间）。T_{synemax} 为 4 个处理器周期（由内核决定）。

2）T_{ldm}（最长指令的完成时间）。最长的指令是加载包括 PC 在内所有寄存器的 LDM 指令。T_{ldm} 在零等待状态系统中的执行时间为 20 个处理器周期。

3）T_{exc}（数据中止异常进入时间）。T_{exc} 为 3 个处理器周期。

4）T_{fiq}（FIQ 进入时间）。T_{fiq} 为两个处理器周期（由内核决定）。

总的延迟时间是 29 个处理器周期，在系统使用 40MHz 处理器时钟时，略微超过 0.7ms。当时间结束后，处理器执行在 0x1C 处的指令。

（2）最小中断延迟 FIQ 或 IRQ 的最小中断延迟是请求通过同步器的时间加上 T_{fiq}（共 6 个处理器周期）。

6. 复位

当 nRESET 信号被拉低时（一般外部复位引脚电平的变化和芯片的其他复位源会改变这个内核信号），内核中止正在执行的指令，并且地址总线继续增加。

当 nRESET 信号再次变为高电平时，ARM 处理器执行下列操作：

1）强制 M[4:0]变为 b10011（管理模式）。

2）置位 CPSR 中的 I 和 F 位。

3）清零 CPSR 中的 T 位。

4）强制 PC 从地址 0X00 开始对下一条指令进行取指。

5）返回到 ARM 状态并恢复执行。

在复位后，除 PC 和 CPSR 之外的所有寄存器的值都不确定。

12.3　ARM 汇编指令

ARM 处理器是基于精简指令集计算机（RISC）原理设计的，指令集和相关译码机制较为简单。ARM 体系结构具有 32 位 ARM 指令集和 16 位 Thumb 指令集，ARM 指令集效率高，但是代码密度低；而 Thumb 指令集具有较高的代码密度，却仍然保持 ARM 大多数性能上的优势，它是 ARM 指令集的子集。所有的 ARM 指令都是可以有条件执行的，而 Thumb 指令仅有一条指令具备条件执行功能。ARM 程序和 Thumb 程序可相互调用，相互之间状态切换开销几乎为零。

12.3.1　ARM 处理器寻址方式

寻址方式是根据指令中给出的地址码字段来实现寻找真实操作地址的方式。ARM 处理器具有 8 种基本寻址方式，下面一一介绍。

1）寄存器寻址。寄存器寻址所需要的操作数在寄存器中，即寄存器的内容为操作数。

2）立即寻址。立即寻址操作数包含在指令当中，读取了指令就读取了操作数。

3）寄存器移位寻址。ARM 指令集特有的寻址方式。操作数在寄存器中，但寄存器中保存的数并不是操作数本身。真实操作数由寄存器移动一定的位数得到（即乘以 2^n 或除以 2^n，n 为左移或右移的位数）。

4）寄存器间接寻址。操作数在内存中，但指令中并没有包含操作数在内存中的地址，而是指定一个寄存器，这个寄存器的内容为操作数在内存中的地址（即用寄存器作为指针访问内存）。

5）基址寻址。与寄存器间接寻址类似，但寄存器保存的不是操作数在内存中的地址。操作数在内存中的地址由寄存器的值加上指令指定的一个偏移得到。

6）多寄存器直接寻址。多寄存器直接寻址一次可以把内存中的多个值传送到多个寄存器或是把多个寄存器的值一次传递到内存中。这种寻址方式允许一条指令传送 16 个寄存器的任何子集（或是所有 16 个寄存器）。

7）堆栈寻址。堆栈是一种数据结构，是按特定顺序进行存取的存储区。堆栈操作的原则是先进后出，后进先出。堆栈寻址是隐含的，它是多寄存器寻址的特殊形式，是按照堆栈的约束条件工作，成对使用的多寄存器寻址。ARM 处理器支持所有类型的堆栈。

8）相对寻址。它是基址寻址的特殊形式，这个基址必须由程序计数器 PC（R15）提供。这样操作数就在指令本身所在的内存地址 +8 为基址了，而指令中指出的偏移量实质就是操作数与这条指令的相对位置（应当还要加上真正的偏移，但汇编程序会处理这些差异）。

12.3.2　指令集

ARM 处理器有两个指令集：32 位 ARM 指令集和 16 位 Thumb 指令集。每种指令集有自己的优缺点和使用范围。

1. ARM 指令集

ARM 指令集可分为分支指令、数据处理指令、加载和存储指令、协处理器指令和杂项指令。

大多数数据处理指令和一种类型的协处理器指令可以根据它的结果使 CPSR 寄存器当中的 4 个条件代码标志位（N、Z、C 和 V）更新。注意是"可以"而不是"一定"。当指令带 S 后缀时，一般要更新条件代码标志；否则一般不更新。不过也有例外的情况。

　　（1）分支指令　分支指令又称转移指令，用于实现程序流程的转移，这类指令可用来改变程序的执行流程或调用子程序。在 ARM 程序中可使用专门的分支指令，也可以通过直接向程序计数器（PC）写入转移地址值的方法实现程序流程的转移。

　　通过向程序计数器（PC）写入转移地址值，便可以在 4GB 的地址空间中任意转移；若在转移之前结合使用 ARM 的 MOV LR、PC 等指令，则可保存将来的返回地址值，从而实现在 4GB 地址空间中的子程序调用。

　　分支指令除了允许数据处理或加载指令通过 PC 来改变控制流以外，还提供了一个 24 位的符号偏移，可实现最大 32MB 向前或向后的地址空间转移。

　　转移和链接（BL）选项在跳转后将指令地址保存在 R14（LR）当中。这样通过将 LR 复制得到 PC 可实现子程序的返回。另外，有的分支指令可在指令集之间进行切换。此时，分支指令执行完成后，处理器继续执行 Thumb 指令集的指令。这样就允许 ARM 代码调用 Thumb 子程序，而 ARM 子程序也可返回到 Thumb 调用程序。Thumb 指令集中相似的指令可实现对应的 Thumb→ARM 的切换。

　　（2）数据处理指令　数据处理就是对数据进行加工处理，数据处理指令分为数据传送指令、算术/逻辑运算指令、比较指令、乘法指令等几种类型。数据传送指令用于寄存器之间进行数据的传输。算术运算指令完成基本的加、减运算。逻辑运算指令完成常用的逻辑运算，算术/逻辑运算指令要将运算结果保存在目的寄存器中，并且需要更新 CPSR 中的标志位。比较指令不保存运算结果，只更新 CPSR 中的标志。

　　1）数据传送指令。主要用于将一个寄存器中的数据传送到另一个寄存器中，或者将一个立即数传送到寄存器中，这类指令通常用来对寄存器初始化。数据传送指令包括数据直接传送指令和数据取反传送指令。

　　2）算术/逻辑运算指令。算术/逻辑运算指令一共有 12 条，它们使用相同的指令格式。它们最多使用两个源操作数来执行算术或逻辑操作，并将结果写入目标寄存器。也选择根据结果更新条件代码标志。两个源操作数中，其中一个一定是寄存器，另一个有两种基本形式：立即数或是寄存器，可选择移位。如果操作数是一个移位寄存器，移位计数可以是一个立即数或另一个寄存器的值。可以指定 4 种移位的类型。每一条算术/逻辑运算指令都可以执行算术/逻辑和移位操作。这样就可轻松实现各种不同的分支指令。

　　3）比较指令。比较指令通常用于将一个寄存器与一个 32 位的值进行减法运算，根据结果更新 CPSR 中的标志位。对于比较指令，不需要使用 S 后缀即可改变标志位的值。需要注意的是，其运算结果不保存，因而不影响其他寄存器的内容。比较指令更新标志位后，其他指令可能通过条件发送来改变程序的执行顺序。比较指令源操作数的格式与算术/逻辑指令相同，包括移位操作的功能。

　　4）乘法指令。乘法指令是将一对寄存器的内容相乘，然后根据指令类型把结果累加到其他的寄存器。ARM 处理器支持的乘法指令与乘加指令共有 6 条。根据运算结果可分为 32 位运算和 64 位运算两类。64 位乘法又称为长整型乘法指令，由于结果太长，不能放在一个 32 位的寄存器中，所以把结果存放在两个 32 位寄存器 Rdlo 和 Rdhi 中。Rdlo 存放低 32 位，

Rdhi 存放高 32 位。与前述的数据处理指令不同，指令中的所有源操作数和目的寄存器都必须为通用寄存器，不能为立即数或被移位了的寄存器。同时，目的寄存器 Rd 和操作数 Rm 必须是不同的寄存器。

（3）加载和存储指令　ARM 指令系统中的加载和存储指令，用于在 ARM 寄存器和存储器之间传送数据。加载指令用于将存储器中的数据传送到寄存器，存储指令则将寄存器中的数据传送到存储器中。处理器对存储器的访问只能通过加载和存储指令实现。

对于冯·诺依曼存储结构的 ARM 处理器，其程序空间、ARM 空间及 I/O 映射空间统一编址，除了对 ARM 操作以外，对外围 I/O 和程序数据的访问都要通过加载和存储指令进行。

ARM 指令系统中有 3 种加载和存储指令：加载和存储寄存器指令、加载和存储多个寄存器指令和交换寄存器和存储器指令。加载和存储寄存器指令在 ARM 寄存器和存储器之间提供灵活的单数据项传送方式，支持的数据项类型为字节（8 位）、半字（16 位）和字（32 位）。

1）加载和存储寄存器指令。加载寄存器指令可将一个 32 位字、一个 16 位半字或一个 8 位字节从存储器装入寄存器。字节和半字在加载时自动实现零扩展和符号扩展。存储寄存器指令可以将一个 32 位字、一个 16 位半字或一个 8 位字节从寄存器保存到存储器。加载和存储寄存器指令有 3 种主要的寻址模式，这 3 种模式都使用指令指定的基址寄存器和偏移量：

① 在偏移寻址模式中，将基址寄存器值加上或减去一个偏移量得到存储器地址。

② 在前变址寻址模式中，存储器地址的构成方式与偏移寻址模式相同，但存储器地址会回写到基址寄存器。

③ 在后变址寻址模式中，存储器地址为基址寄存器的值。基址寄存器的值加上或减去偏移量的结果写入基址寄存器。

在每种情况下，偏移量都可以是一个立即数或是一个变址寄存器的值。基于寄存器的偏移量也可使用移位操作来调整。

2）加载和存储多个寄存器指令。加载多个寄存器（LDM）和存储多个寄存器（STM）指令可以对任意数目的通用寄存器执行块转移，支持下列 4 种寻址模式：前递增、后递增、前递减、后递减。基地址由一个寄存器值指定，它在转移后可选择更新。由于子程序返回地址和 PC 值位于通用寄存器当中，使用 LDM 和 STM 可构成非常高效的子程序入口和出口：

① 子程序入口处的单个 STM 指令可将寄存器内容和返回地址压入堆栈，在处理中更新堆栈指针。

② 子程序出口处的单个 LDM 指令可将寄存器内容从堆栈恢复，将返回地址装入 PC 并更新堆栈指针。

LDM 和 STM 指令还可用于实现非常高效的块复制和相似的数据移动算法。

3）交换寄存器和存储器指令。交换指令（SWP）执行下列操作：

① 从寄存器指定的存储器位置装入一个值。

② 将寄存器内容保存到同一个存储器位置。

③ 将步骤①装入的值写入一个寄存器。

如果步骤①和③指定同一个寄存器，那么存储器和寄存器的内容就实现了互换。交换指令执行一个特殊的、不可分割的总线操作。该操作允许信号量的原子更新，并支持 32 位字和 8 位字节信号量。

（4）协处理器指令　协处理器指令有 3 种类型：

① 数据处理指令。启动一个协处理器专用的内部操作。

② 数据传送指令。将数据在协处理器和存储器之间进行传送。传送的地址由 ARM 处理器计算。

③ 寄存器传送指令。允许协处理器传送到 ARM 寄存器，或将 ARM 寄存器值传送到协处理器。

（5）杂项指令　杂项指令包括状态寄存器分支指令和异常产生指令。

状态寄存器分支指令将 CPSR 或 SPSR 的内容转移到一个通用寄存器，或者反过来将通用寄存器的内容写入 CPSR 或 SPSR 寄存器。写 CPSR 会：①设定条件代码标志的值；②设定中断使能位的值；③设定处理器模式。

ARM 指令集提供了两条产生异常的指令，通过这两条指令可以用软件的方法实现异常。

1）软件中断指令（SWI）。SWI 指令导致产生软件中断异常，它通常用于向操作系统请求调用 OS 定义的服务。SWI 指令导致处理器进入管理模式（特权模式）。这样一个非特权任务就能对特权的功能进行访问，但是只能以 OS 所允许的方式访问。

2）断点中断指令（BKPT）。BKPT 指令产生软件断点中断，用于调试程序。

2. Thumb 指令集

传统的微处理器结构对于指令和数据有相同的带宽。因此，与 16 位结构相比，32 位结构处理 32 位数据具有更高的性能，并且在寻址更大的地址空间时要有效得多。

16 位结构比 32 位结构具有更高的代码密度，并且超过 32 位结构 50% 的性能。Thumb 在 32 位结构上实现了 16 位的指令集，这样可提供比 16 位结构更高的性能和比 32 位结构更高的代码密度。Thumb 指令集不是一个完整的指令集，它仅仅是最通用的 ARM 指令的子集，不能期望处理器只支持 Thumb 指令而不支持 ARM 指令。Thumb 指令长度为 16 位，每条指令都对应一条 32 位 ARM 指令。

在编写 Thumb 指令时，先要使用指令 CODE16 声明，而且在 ARM 指令中要使用 BX 指令跳转到 Thumb 指令，以切换到处理器状态。编写 ARM 指令时，则可使用伪指令 CODE32 声明。

Thumb 指令使用标准的 ARM 寄存器配置进行操作，这样 ARM 和 Thumb 状态之间具有极好的互用性。在执行方面，Thumb 具有 32 位内核所有的优点：①32 位地址空间；②32 位寄存器；③32 位寄存器和算术逻辑单元（ALU）；④32 位存储器传输。因此，Thumb 提供了长的分支范围、强大的算术操作和巨大的地址空间。

Thumb 代码仅为 ARM 代码规模的 65%，但其性能却相当于连接到 16 位存储器系统的 ARM 处理器性能的 160%，因此，Thumb 使 ARM 处理器非常适用于那些只有有限的存储器带宽并且代码密度很高的嵌入式应用。

16 位 Thumb 和 32 位 ARM 指令集使设计者具有极大的灵活性，使它们可以根据各自应用的需求，在子程序一级上实现对性能或者代码规模的优化。例如，应用中的快速中断和 DSP 算法可使用完全的 ARM 指令集编写并与使用 Thumb 代码连接。

为了实现 16 位指令长度，Thumb 指令丢弃 ARM 指令集的一些特性：

① 大多数指令是无条件执行的（所有 ARM 指令是条件执行的）。

② 许多 Thumb 指令采用 2 地址格式（除 64 位乘法外，ARM 数据处理指令采用 3 地址

格式）。

③ Thumb 指令没有 ARM 指令规则。

Thumb 指令集可分为分支指令、数据处理指令、加载和存储指令、异常产生指令。

（1）分支指令　与 ARM 分支指令不同，Thumb 分支指令 B、BX 和 BL 中的偏移域没有固定的位数，不过读者不必关心它，汇编程序会自动处理。其中指令 B 是 Thumb 指令中唯一条件执行的指令。

转移和连接（BL）选项在跳转后将指令地址保存在 R14（LR）当中。这样通过将 LR 复制到 PC 可实现子程序的返回。另外，有的分支指令可在指令集之间进行切换。这样就允许 Thumb 子程序和 ARM 子程序可以相互调用。

（2）数据处理指令　数据处理指令都能够映射到相应的 ARM 数据处理指令（包括乘法指令）。尽管 ARM 指令支持在单条指令中完成一个操作数的移位和 ALU 操作，但 Thumb 指令集将移位操作和 ALU 操作分离为不同的指令。

Thumb 指令对 8 个寄存器操作的数据处理指令都更新条件码标志（同功能的 ARM 指令仅在带 S 后缀时更新条件码标志位）。除 CMP 指令外，对高 8 个寄存器操作的指令不改变条件码标志（CMP 指令的用途就是改变条件码标志）。

（3）加载和存储指令　加载和存储指令包括加载和存储单寄存器指令以及加载和存储多个寄存器指令两类。

加载和存储单寄存器指令是从 ARM 的加载和存储单寄存器指令集中精选出来的子集，并且与其等价 ARM 指令有严格相同的语义和完全相同的汇编格式。

Thumb 只有 6 条加载和存储多个寄存器的指令，分别为 PUSH｛reglist｝、POP｛reglist｝、PUSH｛reglist，LR｝、POP｛reglist，PC｝、LDMIA Rn｛reglist｝ 和 STMIA Rn｛reglist｝。这些指令具体使用时有很多限制。

（4）异常产生指令　有以下两种类型的指令用于产生特定的异常：

1）软件中断指令（SWI）。SWI 指令导致产生软件中断异常，它通常用于向操作系统请求调用 OS 定义的服务。SWI 指令导致处理器进入管理模式（特权模式）。这样一个非特权任务就能对特权的功能进行访问，但是只能以 OS 所允许的方式访问。

2）断点中断指令（BKPT）。BKPT 指令产生软件断点中断，用于调试程序。

12.3.3　伪指令

ARM 汇编程序由机器指令、伪指令和宏指令组成。伪指令不像机器指令那样在处理器运行期间由机器执行，而是在汇编程序对源程序汇编期间由汇编程序处理。将伪指令与指令集一起介绍是因为它们在汇编时会被合适的机器指令代替，实现真正机器指令操作。宏是一段独立的程序代码，它是通过伪指令定义的。在程序中使用宏指令即可调用宏。当程序被汇编时，汇编程序将对每个调用进行展开，用宏定义体取代源程序中的宏指令。

1. 符号定义伪指令

符号定义伪指令用于定义 ARM 汇编程序中的变量，对变量进行赋值以及定义寄存器名称。该类伪指令如下：

1）全局变量声明（GBLA、GBLL 和 GBLS）：GBLA 伪指令用于声明一个全局的算术变量，并将其初始化为 0。GBLL 伪指令用于声明一个全局的逻辑变量，并将其初始化为

FALSE。GBLS 伪指令用于声明一个全局的字符串变量，并将其初始为空字符串 " "。

2）局部变量声明（LCLA、LCLL 和 LCLS）：局部变量声明伪指令主要用于宏定义体中。LCLA 伪指令用于声明一个局部的逻辑变量，并将其初始化为 0。LCLL 伪指令用于声明一个局部的逻辑变量，并将其初始化为 FALSE。LCLS 伪指令用于声明一个局部的字符串变量，并将其初始为空字符串 ' '。

3）变量赋值（SETA、SETL 和 SETS）：用于对已定义的全局变量、局部变量赋值。SETA 伪指令用于给一个全局/局部的算术变量赋值。SETL 伪指令用于给一个全局/局部的逻辑变量赋值。SETS 伪指令用于给一个全局/局部的字符串变量赋值。

4）RLIST：为一个通用寄存器列表定义名称。

5）CN：为一个协处理器的寄存器定义名称。

6）CP：为一个协处理器定义名称。

7）DN 和 SN：DN 为一个双精度的 VFP 寄存器定义名称；SN 为一个单精度的 VFP 寄存器定义名称。

8）FN：FN 为一个 FPA 浮点寄存器定义名称。

2. 数据定义伪指令

数据定义伪指令用于数据定义、文字池定义、数据空间分配等。该类伪指令如下：

1）LTORG：用于声明一个文字池，在使用 LDR 伪指令时，要在适当的地址处加入 LTORG 声明文字池，这样就会把要加载的数据保存在文字池内，再用 ARM 的加载指令读出数据（若没有使用 LTOGR 声明文字池，则汇编器会在程序末尾自动声明）。

2）MAP：用于定义一个结构化的内存表的首地址。此时，内存表的位置计数器｛VAR｝设置为该地址值。｛VAR｝为汇编器的内置变量。符号 "" 与 MAP 同义。

3）FIELD：用于定义一人结构化内存表中的数据域。符号#与 FIELD 同义。

4）SPACE：用于分配一块内存空间，并用 0 初始化。符号% 与 SPACE 同义。

5）DCB：用于分配一段字节内存单元，并用伪指令中的 expr 初始化。一般可用来定义数据表格，或定义字符串。符号 = 与 DCB 同义。

6）DCD 和 DCDU：DCD 用于分配一段字内存单元，并用伪指令中的 expr 初始化。DCD 伪指令分配的内存需要字对齐。一般可用来定义数据表格或其他常数。符号 & 与 DCD 同义。DCDU 用于分配一段字内存单元，并用伪指令中的 expr 初始化。DCDU 伪指令分配的内存不需要字对齐，一般可用来定义数据表格或其他常数。

7）DCDO：DCDO 用于分配一段字内存单元，并将每个单元的内容初始化为该单元相对于静态基址寄存器的偏移量。DCDO 伪指令作为静态基址寄存器 R9 的偏移量分配内存单元。DCDO 伪指令分配的内存需要字对齐。

8）DCFD 和 DCFDU：DCFD 用于分配一段双字的内存单元，并用双精度的浮点数据 fpliteral 初始化。每个双精度的浮点数占据两个字单元。DCFD 伪指令分配的内存需要字对齐。DCFDU 具有 DCFD 同样的功能，但分配的内存不需要字对齐。

9）DCFS 和 DCFSU：DCFS 用于分配一段字的内存单元，并用单精度的浮点数据 fpliteral 初始化。每个单精度的浮点数占据一个字单元。DCFD 伪指令分配的内存需要字对齐。DCFSU 具有与 DCFS 同样的功能，但分配的内存不需要字对齐。

10）DCI：在 ARM 代码中，DCI 用于分配一段字节的内存单元，用指定的数据 expr 初始化。指定内存单元存放的是代码，而不是数据。在 Thumb 代码中，DCI 用于分配一段半字节的内存单元，用指定的数据 expr 初始化。指定内存单元存放的是代码，而不是数据。

11）DCQ 和 DCQU：DCQ 用于分配一段双字的内存单元，并用 64 位的整数数据 literal 初始化。DCQ 伪指令分配的内存需要字对齐。DCQU 具有与 DCQ 同样的功能，但分配的内存不需要字对齐。

12）DCW 和 DCWU：DCW 用于分配一段半字的内存单元，并用指定的数据 expr 初始化。DCW 伪指令分配的内存需要字对齐。DCWU 具有与 DCW 同样的功能，但分配的内存不需要字对齐。

3. 报告伪指令

报告伪指令用于汇编报告指示，该类伪指令如下：

1）ASSERT：ASSERT 为断言错误伪指令。在汇编编译器对汇编程序的第 2 遍扫描中，如果其中 ASSERT 条件不成立，ASSERT 伪指令将报告该错误信息。

2）INFO：INFO 为汇编诊断信息显示伪指令。在汇编器处理过程中的第 1 遍扫描或第 2 遍扫描时 INFO 伪指令，报告诊断信息。

3）OPT：OPT 为设置列表选项伪指令，通过 OPT 伪指令可以在源程序中设置列表选项。

4）TTL 和 SUBT：TTL 和 SUBT 为插入标题伪指令。TTL 伪指令在列表文件每一页的开头插入一个标题。该 TTL 伪指令的作用范围是其后的每一页，直到遇到新的 TTL 伪指令。SUBT 伪指令在列表文件的每一页的开头插入一个子标题。该 SUBT 伪指令的作用范围是其后的每一页，直到遇到新的 SUBT 伪指令。

4. 汇编控制伪指令

汇编控制伪指令用于条件汇编、宏定义、重复汇编控制等。该类伪指令如下：

1）IF、ELSE 和 ENDIF：IF、ELSE 和 ENDIF 伪指令能够根据条件把一段源代码包括在汇编程序内，或将其排除在程序之外。符号［与 IF 同义，符号|与 ELSE 同义，符号］与 ENDIF 同义。

2）MACRO 和 MEND：用于宏定义。MACRO 标志宏定义的开始，MEND 标志宏定义的结束。用 MACRO 及 MEND 定义的一段代码，称为宏定义体。这样在程序中就可以通过宏指令多次调用该代码段。对于子程序代码比较短，而需要传递的参数比较多的情况，可以使用宏汇编技术。首先要用 MACRO 和 MEND 伪指令定义宏，包括宏定义体代码。在 MACRO 伪指令之后的第 1 行声明宏的原型，其中包含了该宏定义的名称及需要的参数。在汇编程序中可以通过该宏定义的名称来调用它。当源程序被汇编时，汇编编译器将展开每个宏调用，用宏定义体代替源程序中的宏定义的名称，并用实际的参数值代替宏定义时的形式参数。

3）WHILE 和 WEND：用于根据条件重复汇编相同的或几乎相同的一段源程序。WHILE 和 WEND 伪指令是可以嵌套使用的。

5. 杂项伪指令

杂项伪指令在汇编程序设计中较为常用，如段定义伪指令、入口点设置伪指令、包含文件伪指令、标号导出或引入声明等。该类伪指令如下：

1）ALIGN：通过添加补丁字节使当前位置满足一定的对齐方式。在下面的情况中，需要特定的地址对齐方式：

- Thumb 伪指令 ADR 要求地址是字对齐的，而 Thumb 代码中地址标号可能不是字对齐的。这时就要使用伪指令 ALIGN 4 使 Thumb 代码中的地址标号为字对齐。

• 由于有些 ARM 处理器的 Cache 采用了其他对齐方式，如 16 字节对齐方式，这时使用 ALIGN 伪指令指定合适的对齐方式可以充分发挥 Cache 的性能优势。

• LDRD 和 STRD 指令要求存储单元为 8 字节对齐。这样在为 LDRD/STRD 指令分配的存储单元前要使用伪指令 ALIGN 8 实现 8 字节对齐方式。

• 地址标号通常自身没有对齐要求，而在 ARM 代码中要求地址标号对齐是字对齐的，在 Thumb 代码中要求半字对齐。这样可以使用 ALIGN 4 和 ALIGN 2 伪指令来调整对齐方式。

2）AREA：用于定义一个代码段或数据段。ARM 汇编程序设计采用分段式设计，一个 ARM 源程序至少需要一个代码段，大的程序可以包含多个代码段及数据段。

3）CODE16 和 CODE32：指令集定义伪指令，CODE16 伪指令指示汇编编译器后面的指令为 16 位的 Thumb 指令。CODE32 伪指令指示汇编编译器后面的指令为 32 位的 ARM 指令。CODE16 和 CODE32 伪指令只是指示汇编编译器后面的指令的类型，伪指令本身并不进行程序状态的切换。要进行切换，可以使用 BX 指令操作。

4）END：用于指示汇编编译器源文件已结束。每一个汇编源文件均要使用一个 END 伪指令，指示本源程序结束。

5）ENTRY：用于指定程序的入口点。一个程序（可以包含多个源文件）中至少要有一个 ENTRY，可以有多个 ENTRY。但一个源文件中最多只能有一个 ENTRY，也可以没有 ENTRY。

6）EQU：为数字常量、基于寄存器的值和程序中的标号定义一个名称。符号 * 与 EQU 同义。EQU 伪指令的作用类似于 C 语言中的#define，用于为一个常量定义名称。

7）EXPORT 和 GLOBAL：EXPORT 伪指令声明一个符号可以被其他文件引用，相当于声明一个全局变量。GLOBAL 的功能与 EXPORT 相同。

8）IMPORT 和 EXTERN：IMPORT 伪指令指示编译器当前的符号不是在本源文件中定义的，而是在其他源文件中定义的，在本源文件中可能引用该符号。EXTERN 的功能与 IM-PORT 相同。当使用 IMPORT 或 EXTERN 声明外部标号时，若连接器在连接处理时不能解释该符号，而伪指令中没有 [WEAK] 选项，则连接器会报告错误。若伪指令中有 [WEAK] 选项，则连接器不会报告错误，而是进行下面的操作：

• 如果该符号被 B 或者 BL 指令引用，则该符号被设置成下一条指令的地址。该 B 或者 BL 指令相当于一条 NOP 指令。

• 其他情况下该符号被设置为 0。

9）GET 和 INCLUDE：GET 伪指令将一个源文件包含到当前源文件中，并将被包含的文件在其当前进行汇编处理。INCLUDE 的功能与 GET 相同。GET 伪指令通常用于包含一些宏定义或常量定义的源文件，例如用 EQU 定义的常量、用 MAP 和 FIELD 定义的结构化的数据类型。这样的源文件类似于 C 语言中的头文件。GET、INCLUDE 不能用来包含目标文件。

10）INCBIN：INCBIN 伪指令将一个文件包含到当前源文件中，而对被包含的文件不进行汇编处理。通常可以使用 INCBIN 将一个执行文件或者任意数据包含到当前文件中。被包含的执行文件或数据将被原封不动地放到当前文件中。编译器从 INCBIN 伪指令后面开始继续处理。

11）KEEP：指示编译器保留符号表中的局部符号。

12）NOFP：用于禁止源程序中包含浮点运算指令。

13）REQUIRE：REQUIRE 伪指令指定段之间的依赖关系。当进行连接处理时，包含了 REQUIRE Label 伪指令的源文件，则定义 Label 的源文件也被包含。

14）PEQUIRE8 和 PRESERVE8：PEQUIRE8 伪指令指示当前文件请求堆栈为 8 字节对齐。PRESERVE8 伪指令指示当前文件保持堆栈为 8 字节对齐。连接器保证要求 8 字节对齐的堆栈只能被堆栈为 8 字节对齐的代码调用。

15）RN：用于给一个特殊的寄存器命名。

16）ROUT：用于定义局部标号的有效范围。当没有使用 ROUT 伪指令时，局部标号的作用范围为其所在的段。ROUT 伪指令的作用范围在本 ROUT 伪指令和下一个 ROUT 伪指令之间（指同一段中的 ROUT 伪指令）。

6. ARM 伪指令

ARM 伪指令有 ADR、ADRL、LDR、NOP、LDFD 和 LDFS。

1）ADR：小范围的地址读取伪指令。ADR 伪指令将基于 PC 相对偏移的地址值或基于寄存器相对偏移的地址值读取到寄存器中。当地址值是非字对齐时，取值在 −255 ~ 255B 之间，当地址值是字对齐时，取值在 −1020 ~ 1020B 之间。

2）ADRL：中等范围的地址读取伪指令。ADRL 伪指令将基于 PC 相对偏移的地址值或基于寄存器相对偏移的地址值读取到寄存器中。当地址值是非字对齐时，取值在 −64 ~ 64KB 之间，当地址值是字对齐时，取值在 −256 ~ 256KB 之间。

3）LDR：大范围的地址读取伪指令。LDR 伪指令用于加载 32 位的立即数或一个地址值到指定寄存器。若汇编器将常量放入文字池，并使用一条程序相对偏移的 LDR 指令从文字池读出常量，则从 PC 到文字池的偏移量必须小于 4KB。

4）NOP：NOP 伪指令在汇编时将会代替成 ARM 中的空操作。例如可能为 MOV R0，R0 指令等。

5）LDFD：LDFD 伪指令将一个双精度浮点数常数放进一个浮点数寄存器。

6）LDFS：LDFS 伪指令将一个单精度浮点数常数放进一个浮点数寄存器。

7. Thumb 伪指令

Thumb 伪指令有 ADR、LDR 和 NOP。

1）ADR：小范围的地址读取伪指令。ADR 伪指令将基于 PC 相对偏移的地址值读取到寄存器中，偏移量必须是正数并小于 1KB。

2）LDR：大范围的地址读取伪指令。LDR 伪指令用于加载 32 位的立即数或一个地址值到指定寄存器。若汇编器将常量放入文字池，并使用一条程序相对偏移的 LDR 指令从文字池读出常量，则从 PC 到文字池的偏移量必须是正数并小于 1KB。

3）NOP：NOP 伪指令在汇编时将会代替成 ARM 中的空操作。例如可能为 MOV R8，R8 指令等。

12.4　ARM 汇编程序设计

12.4.1　ARM 汇编语句格式

ARM 汇编语言语句格式如下所示：

{symbol} {instruction | directive| pseudo-instruction } ; comment}

其中，instruction 为指令。在 ARM 汇编语言中，指令不能从一行的行头开始。在一行语句中，指令的前面必须有空格或者符号；directive 为伪操作；pseudo-instruction 为伪指令；symbol 为符号。在 ARM 汇编语言中，符号必须从一行的行头开始，并且符号中不能包含空格。在指令和伪指令中符号用作地址标号（Label）；在有些伪操作中，符号用作变量或者常量；comment 为语句的注释。在 ARM 汇编语言中注释以分号 ";" 开头。注释的结尾即为一行的结尾。注释也可以单独占用一行。

源程序中，语句之间可以插入空行，以使源代码的可读性更好。

如果一条语句很长，为了提高可读性，可以将该长语句分成若干行来写。这时在一行的末尾用 \ 表示下一行将续在本行之后。注意，在 \ 之后不能再有其他字符，空格和制表符也不能有。

12.4.2　ARM 汇编语言符号

在 ARM 汇编语言中，符号（Symbols）可以代表地址（Addresses）、变量（Variables）和数字常量（Numeric Constants）。当符号代表地址时又称为标号（Label）。当标号以数字开头时，其作用范围为当前段（当没有使用 ROUT 伪操作时），这种标号又称为局部标号（Local Label）。符号包括变量、数字常量、标号和局部标号。

符号的命名规则如下：

1）符号由大小写字母、数字以及下划线组成，但符号区分大小写。

2）局部标号以数字开头，其他的符号都不能以数字开头。

3）符号中的所有字符都是有意义的。

4）符号在其作用范围内必须唯一，即在其作用范围内不可有同名的符号。

5）程序中的符号不能与系统内部变量或者系统预定义的符号同名。

6）程序中的符号通常不能与指令助记符或者伪操作同名。当程序中的符号与指令助记符或者伪操作同名时，用双竖线符号括起来，如 ‖ require ‖，这时双竖线并不是符号的组成部分。

1. 变量

程序中变量的值在汇编处理过程中可能会发生变化。在 ARM 汇编语言中变量有数字变量、逻辑变量和串变量 3 种类型。变量的类型在程序中是不能改变的。

数字变量的取值范围为数字常量和数字表达式所能表示的数值的范围；逻辑变量的取值范围为 {TRUE} 和 {FALSE}；串变量的取值范围为串表达式可以表示的范围。

在 ARM 汇编语言中，使用 GBLA、GBLL 及 GBLS 声明全局变量；使用 LCLA、LCLL 及 LCLS 声明局部变量；使用 SETA、SETL 及 SETS 为这些变量赋值。

2. 数字常量

数字常量是 32 位的整数。当作为无符号整数时，其取值范围为 $0 \sim 2^{32} - 1$；当作为有符号整数时，其取值范围为 $-2^{32} \sim 2^{32} - 1$。汇编编译器并不区分一个数是无符号的还是有符号的，事实上 $-n$ 与 $2^{32} - n$ 在内存中是同一个数。

在 ARM 汇编语言中，使用 EQU 来定义数字常量。数字常量一经定义，其数值就不能再修改。

306

3. 汇编时的变量替换

如果在串变量前面有一个 $ 字符，在汇编时编译器将用该串变量的数值取代该串变量。

对于数字变量，如果该变量前面有一个 $ 字符，在汇编时编译器将该数字变量的数值转换成十六进制的串，然后用该十六进制的串取代 $ 字符后的数字变量；对于逻辑变量，如果该逻辑变量前面有一个 $ 字符，在汇编时编译器将该逻辑变量替换成它的取值（T 或者 F）。

如果程序中需要字符 $ ，则用 $ $ 来表示，编译器将不进行变量替换，而是将 $ $ 当做 $ 。

4. 标号

标号是表示程序中的指令或者数据地址的符号。根据标号的生成方式可以有以下 3 种：

1）基于 PC 的标号。基于 PC 的标号是位于目标指令前或者程序中数据定义伪操作前的标号。这种标号在汇编时将被处理成 PC 值加上（或减去）一个数字常量。它常用于表示跳转指令的目标地址，或者代码段中所嵌入的少量数据。

2）基于寄存器的标号。基于寄存器的标号通常用 MAP 和 FILED 伪操作定义，也可以用 EQU 伪操作定义。这种标号在汇编时将被处理成寄存器的值加上（或减去）一个数字常量。它常用于访问位于数据段中的数据。

3）绝对地址。绝对地址是一个 32 位的数字量。它可以寻址的范围为 $0 \sim 2^{32} - 1$，即直接可以寻址整个内存空间。

5. 局部标号

局部标号主要用于在局部范围使用。它由两部分组成：开头是一个 $0 \sim 99$ 之间的数字，后面紧接一个通常表示该局部变量作用范围的符号。

局部变量的作用范围通常为当前段，也可用伪操作 ROUT 来定义局部变量的作用范围。

12.4.3　ARM 汇编语言表达式

表达式是由符号、数值、单目或多目操作符以及括号组成的。在一个表达式中各种元素的优先级如下所示：

1）括号内的表达式优先级最高。

2）各种操作符有一定的优先级。

3）相邻的单目操作符的执行顺序由右到左，单目操作符优先级高于其他操作符。

4）优先级相同的双目操作符执行顺序由左到右。

下面分别介绍表达式中的各元素。

1. 字符串表达式

字符串表达式由字符串、字符串变量、操作符以及括号组成。字符串的最大长度为 512B，最小长度为 0。下面介绍字符串表达式的组成元素。

（1）字符串　字符串由包含在双引号内的一系列的字符组成。字符串的长度受到 ARM 汇编语言语句长度的限制。当在字符串中包含美元符号 $ 或者引号" 时，用 $ $ 表示一个 $ ，用" " 表示一个" 。

（2）字符串变量　字符串变量用伪操作 GBLS 或者 LCLS 声明，用 SETS 赋值。取值范围与字符表达式相同。

（3）操作符　操作符与字符串表达式相关的操作符有以下几种：

1）LEN：返回字符串的长度。

2）CHR：可以将 0 ~ 255 之间的整数作为含一个 ASCII 字符的字符串。当有些 ASCII 字符不方便放在字符串中时，可以使用 CHR 将其放在字符串表达式中。

3）STR：将一个数字量或者逻辑表达式转换成串。对于 32 位的数字量而言，STR 将其转换成 8 个十六进制数组成的串；对于逻辑表达式而言，STR 将其转换成字符串 T 或者 F。

4）LEFT：返回一个字符串最左端一定长度的子串。

5）RIGHT：返回一个字符串最右端一定长度的子串。

6）CC：用于连接两个字符串。

（4）字符变量的声明和赋值　字符变量的声明使用 GBLS 或者 LCLS 伪操作；字符变量的赋值使用 SETS 伪操作。

2. 数字表达式

数字表达式由数字常量、数字变量、操作符和括号组成。

数字表达式表示是一个 32 位的整数。当作为无符号整数时，其取值范围为 $0 ~ 2^{32} - 1$；当作为有符号整数时，其取值范围为 $-2^{32} ~ 2^{32} - 1$。汇编编译器并不区分一个数是无符号的还是有符号的，事实上 $-n$ 与 $2^{32} - n$ 在内存中是同一个数。

进行大小比较时，数字表达式表示的都是无符号数。按照这种规则 $0 < -1$。

（1）整数数字量　在 ARM 汇编语言中，整数数字量有 decimal-digits（十进制数）、0xhexadecimal-digits（十六进制数）、&hexadecimal-digits（十六进制数）、n_base-n-digits（n 进制数）几种格式。当使用 DCQ 或者 DCQU 伪操作声明时，该数字量表示的数的范围为 0 ~ $2^{64} - 1$。其他情况下数字量表示的数的范围为 0 ~ $2^{32} - 1$。

（2）浮点数字量　浮点数字量有 $\{-\}$ digits E$\{-\}$ digits$\{-\}\{$digits$\}$. digits$\{$E$\{-\}$ digits$\}$、0xhexdigits、&hexdigits 几种格式。其中，digits 为十进制的数字，hexdigits 为十六进制的数。单精度的浮点数表示范围：最大值为 3.40282347e + 38；最小值为 1.17549435e-38。双精度浮点数表示范围：最大值为 1.79769313486231571e +308；最小值为 2.22507385850720138e-308。

（3）数字变量　数字变量用伪操作 GBLA 或者 LCLA 声明，用 SETA 赋值，它代表一个 32 位的数字量。

（4）操作符　与数字表达式相关的操作符有以下几种：

1）NOT 按位取反：NOT 将一个数字量按位取反。

2）+、-、×、/及 MOD 算术操作符：这些算术运算符含义即语法格式如下：

① A + B 表示 A、B 的和。

② A - B 表示 A、B 的差。

③ A × B 表示 A、B 的积。

④ A/B 表示 A、B 的商。

⑤ A：MOD：B 表示 A 除以 B 的余数。

其中，A 和 B 均为数字表达式。

3）ROL、ROR、SHL 及 SHR 移位：循环移位操作，ROL、ROR、SHL 及 SHR 操作符的格式及含义如下：

① A：ROL：B 将整数 A 循环左移 B 位。

② A：ROR：B 将整数 A 循环右移 B 位。

③ A：SHL：B 将整数 A 左移 B 位。

④ A：SHR：B 将整数 A 右移 B 位，这里为逻辑右移，不影响符号位。

其中，A 和 B 为数字表达式。

4）AND、OR 及 EOR 按位逻辑操作符：都是按位操作的，其语法格式及含义如下：

① A：AND：B 将数字表达式 A 和 B 按位做逻辑与操作。

② A：OR：B 将数字表达式 A 和 B 按位做逻辑或操作。

③ A：EOR：B 将数字表达式 A 和 B 按位做逻辑异或操作。

其中，A 和 B 为数字表达式。

3. 基于寄存器和基于 PC 的表达式

基于寄存器的表达式表示了某个寄存器的值加上（或减去）一个数字静态式；基于 PC 的表达式表示了 PC 寄存器的值加上（或减去）一个数字表达式。基于 PC 的表达式通常由程序中的标号与一个数字表达式组成。相关的操作符有以下几种：

1）BASE：返回基于寄存器的表达式中的寄存器编号。

2）INDEX：返回基于寄存器的表达式相对于其基址寄存器的偏移量。

3）+、−：正负号，可以放在数字表达式或者基于 PC 的表达式前面。

4. 逻辑表达式

逻辑表达式由逻辑量、逻辑操作符、关系操作符以及括号组成，取值范围为 {FALSE} 和 {TRUE}。

（1）关系操作符　关系操作符用于表示两个同类表达式之间的关系。关系操作符和它的两个操作数组成一个逻辑表达式，其取值为 {FALSE} 和 {TRUE}。

关系操作符的操作数可以是以下类型：

1）数字表达式：视为无符号。

2）字符串表达式：字符串比较时，依据串中对应字符的 ASCII 顺序比较。

3）基于寄存器的表达式。

4）基于 PC 的表达式。

（2）逻辑操作符　逻辑操作符进行两个逻辑表达式之间的基本逻辑操作，操作的结果为 {FALSE} 或 {TRUE}。A 和 B 是两个逻辑表达式。下面列出各逻辑操作符语法格式及其含义：

1）：LNOT：A。逻辑表达式 A 的值取反。

2）A：LAND：B。逻辑表达式 A 和 B 的逻辑与。

3）A：LOR：B。逻辑表达式 A 和 B 的逻辑或。

4）A：LEOR：B。逻辑表达式 A 和 B 的逻辑异或。

5. 其他的一些操作符

ARM 汇编语言中的操作符还有以下几种：

1）?：返回定义符号的代码行所生成的可执行代码的字节数。

2）DEF：判断某个符号是否已定义，如符号已经定义，结果为 {TRUE}，否则上述结果为 {FALSE}。

3）SB_OFFSET_19_12：语法格式及含义如下，其中 label 为一个标号：

：SB_OFFSET_19_12：label

返回 (label-SB) 的 bits[19:12]。

4) SB_OFFSET_11_0：语法格式及含义如下，其中 label 为一个标号：

: SB_OFFSET_11_0：label

返回 (label-SB) 的 bits[11:0]。

12.4.4　ARM 汇编程序结构

ARM 汇编程序除了使用 ARM 汇编指令外，还大量使用各种伪指令。ARM 汇编程序采用分段式设计，以程序段为单位组织代码。段是相对独立、不可分割的指令或数据序列，具有特定的名称。段分为代码段和数据段，代码段的内容为可执行代码，数据段存放代码运行时所用到的数据。

一个汇编程序至少应该有一个代码段。当程序比较长时，可以分割成多个代码段和数据段，多个段在程序编译连接时最终形成一个可执行的映像文件。可执行的映像文件通常由以下几部分构成：

1) 一个或多个代码段，代码段的属性为只读。

2) 零个或多个包含初始化数据的数据段，数据段的属性为可读写。

3) 零个或多个不包含初始化数据的数据段，数据段的属性为可读写。

连接器根据系统默认或用户设定的规则，将编译后的各段安排在存储器的不同位置。源程序中段之间的相邻关系与可执行映像文件中段之间的相邻关系一般不会相同。

以下是一个汇编语言源程序的基本结构：

```
    GET    function1. s                ; 引用其他源文件
    GET    function2. s
        …
    AREA       Code1, CODE, READONLY   ; 定义一个只读属性的代码段
    ENTRY                              ; 指定程序入口
start                                  ; 名为 start 的标号
        MOV   R0, #10                  ; 程序主体
        MOV   R1, #3
        ADD   R0, R1, R1
        …
        …
        …
    AREA       Data1, DATA, READWITE   ; 定义一个可读写属性的数据段
        Num  DCD   10                  ; 分配一片连接字存储单元并初始化
        …
        …
        …
    END                                ; 源程序结束标志
```

从上述汇编程序范例中可以了解到其基本结构，在整个结构中除了程序的主体部分要使用 ARM 指令完成以外，在其他部分会大量使用伪指令。在汇编程序的开头通常会使用 GET

等伪指令声明当前源文件需要引用其他源文件，被引用的源文件在当前位置进行汇编处理。用伪指令 AREA 定义段，并说明所定义段的相关属性。本例定义了两个段，先定义了名为 Code1 的代码段，属性为只读，后又定义名为 Data1 的数据段，属性为可读写。伪指令 EN-TRY 标志程序的入口，即该程序段被执行的第一条指令。一个 ARM 程序中可以有多个 EN-TRY，至少要有一个 ENTRY。初始化部分的代码以及异常中断处理程序中都包含了 ENTRY。如果程序包含了 C 代码，C 语言文件的初始化部分也包含了 ENTRY。接下来为程序主体，程序主体部分实现了一个简单的加法运算。程序的末尾为伪指令 END，该伪指令告诉编译器源文件已经结束，每一个汇编源程序文件中必须有一个 END 伪指令。

12.5　ARM 程序开发工具 ADS

ARM 公司长期以来注重营造完善的产业生态环境，除了 ARM 公司自身研发几种开发环境外，还和很多第三方公司合作开发大量的开发环境和工具软件。ARM 程序开发工具根据功能的不同，可以分为编辑软件、编译软件、汇编软件、链接软件、调试软件、嵌入式实时操作系统、函数库、评估板、JTAG 仿真器以及在线仿真器等。目前有多家公司可以提供以上不同类型的开发工具，读者采用 ARM 处理器进行嵌入式系统开发时，选择合适的开发工具可以加快开发进度，节省开发成本。本节介绍目前使用得较多的 ARM 公司推出的 ARM 核微控制器集成开发工具 ADS（ARM Developer Suite）。

ADS 的最新版本是 1.2，除了可以安装在 Windows NT4、Windows 2000、Windows 98 和 Windows95 操作系统下，还支持 Windows ME 和 Windows XP 操作系统。

ADS 由命令行开发工具、ARM 实时库、GUI 开发环境（Code Warrior 和 AXD）、实用程序和支持软件组成。有了这些部件，读者就可以为 ARM 系列的 RISC 处理器编写和调试自己开发的应用程序了。

本节用一个实例简要地介绍应用 ADS1.2 进行系统开发的实例以及程序的调试过程。

1. 建立一个工程

工程将所建立的源代码文件组织在一起，并能够决定最终生成文件存放的路径、输出的格式等。

在 CodeWarrior 中新建一个工程的方法有两种，可以在工具栏中单击"New"按钮，也可以在"File"菜单中选择"New…"菜单。这样就会打开一个如图 12-8 所示的对话框。

在这个对话框中为用户提供了 7 种可选择的工程类型：

1）ARM Executable Image：用于由 ARM 指令的代码生成一个 ELF 格式的可执行映像文件。

2）ARM Object Library：用于由 ARM 指令的代码生成一个 armar 格式的目标文件库。

3）Empty Project：用于创建一个不包含任何库或源文件的工程。

4）Makefile Importer Wizard：用于将 Visual C 的 nmake 或 GNU make 文件转入到 CodeWarrior IDE 工程文件。

5）Thumb ARM Interworking Image：用于由 ARM 指令和 Thumb 指令的混和代码生成一个可执行的 ELF 格式的映像文件。

6）Thumb Executable Image：用于由 Thumb 指令创建一个可执行的 ELF 格式的映像

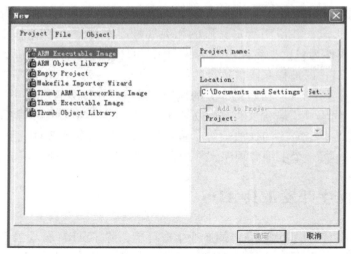

图 12-8　新建工程对话框

文件。

7）Thumb Object Library：用于由 Thumb 指令的代码生成一个 armar 格式的目标文件库。

在这里选择 ARM Executable Image，在"Project name"中输入工程文件名，例如"Myhelloworld"，单击"Location"文本框后的"Set…"按钮，浏览选择想要将该工程保存的路径，设置好后，单击"确定"按钮，即可建立一个新的名为 Myhelloworld 的工程。

这时会出现 Myhelloworld. mcp 的窗口，有 3 个选项卡，默认的是显示第一个选项卡 Files，在该选项卡单击鼠标右键，选中"Add Files…"可以把要用到的源程序添加到工程中。

在本例当中，由于所有的源文件尚未建立，所以首先需要新建源文件。

选中"Add Files"命令后，弹出"Add Files"对话框，在 File name 中输入要创建的文件名，输入"Init. s"，单击"确定"按钮关闭窗口。

在打开的文件编辑框中输入下面的汇编代码：

```
;*************************************************************
;File Name：Init. s
;*************************************************************
    IMPORT Main
    AREA Init,CODE,READONLY
    ENTRY
    LDR R0， =0x3FF0000
    LDR R1， =0xE7FFFF80         ;配置 SYSCFG,片内 4KB Cache, 4KB SRAM
    STR R1，［R0］
    LDR SP， =0x3FE1000          ;SP 指向 4KB SRAM 的尾地址,堆栈向下生成
    BLMain
    B
    END
```

在这段代码中，伪操作 IMPORT 告诉编译器，符号 Main 不是在该文件中定义的，而是

在其他源文件中定义的符号，但是本源文件中可能要用到该符号。接下来用伪指令 AREA 定义段名为 Init 的段为只读的代码段，伪指令 ENTRY 指出了程序的入口点。下面就是用汇编指令实现了配置 SYSCFG 特殊功能寄存器，将 S3C4510B 片内的 8KB 一体化的 SRAM 配置为 4KB Cache，4KB SRAM，并将用户堆栈设置在片内的 SRAM 中。4KB SRAM 的地址为 0x3FE，0000 ~ (0x3FE，1000 − 1)，由于 S3C4510B 的堆栈由高地址向低地址生成，将 SP 初始化为 0x3FE，1000。完成上述操作后，程序跳转到 Main 函数执行，并保存 Init. s 汇编程序。

　　用同样的方法，再建立一个名为 main. c 的 C 源代码文件。具体代码内容如下：

```
// ***************************************************************
//File Name：main. c
// ***************************************************************
#define IOPMOD ( *( volatile unsigned *)0x03FF5000) //I/O port mode register
#define IOPDATA ( *( volatile unsigned *)0x03FF5008) //I/O port data register
void Delay( unsigned int) ;
int Main( )
{
unsigned long LED;
IOPMOD = 0xFFFFFFFF;                          //将 I/O 口置为输出模式
IOPDATA = 0x01;
for( ; ; )
{
LED = IOPDATA;
LED = ( LED <<1) ;
IOPDATA = LED;
Delay( 10) ;
if( ! ( IOPDATA&0x0F) )
IOPDATA = 0x01;
}
return( 0) ;
}
void Delay( unsigned int x)
{
unsigned int i,j,k;
for( i = 0;i < = x;i ++ )
for( j = 0;j < 0xff;j ++ )
for( k = 0;k < 0xff;k ++ );
}
```

　　该段代码首先将 I/O 模式寄存器设置为输出模式，为 I/O 数据寄存器赋初值 0x1，通过将 I/O 数据寄存器的数值进行周期性的左移，实现使接在 P0 ~ P3 口的 LED 显示器轮流被点亮的功能。注意这里的 if 语句，是为了保证当 I/O 数据寄存器中的数在移位过程中，第 4 位为数字 1 时，使数字 1 通过和 0xFF 相与，又重新回到 I/O 数据寄存器的第 0 位，从而保证了数字 1 一直在 I/O 数据寄存器的低 4 位之间移位。

现在已经新建了两个源文件，接下来要把这两个源文件添加到工程中去。

为工程添加源码常用的方法有两种，既可以用上面的方法，也可以在"Project"菜单项中选择"Add Files…"，这两种方法都会打开文件浏览框，用户可以把已经存在的文件添加到工程中来。当选中要添加的文件时，会出现一个对话框，询问用户把文件添加到何类目标中。在这里选择 DebugRel 目标，把刚才创建的两个文件添加到工程中来。

至此，一个完整的工程已经建立。下面对工程进行编译和链接工作。

2. 编译和链接工程

在进行编译和链接前，首先讲述如何进行生成目标的配置。

单击 Edit 菜单，选择"DebugRel Settings…"（注意，这个选项会因用户选择的不同目标而有所不同），出现如图 12-9 所示的对话框。

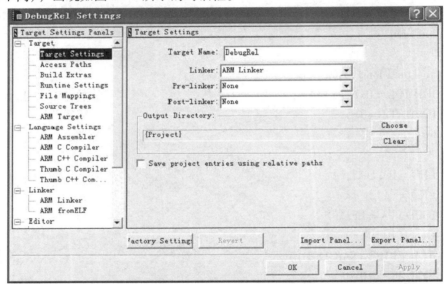

图 12-9　DebugRel 设置对话框

这个对话框中的设置很多，在这里只介绍一些最为常用的设置选项，读者若对其他未涉及的选项感兴趣，可以查看相应的帮助文件。

（1）Target Settings 选项

Target Name：该文本框显示了当前的目标设置。

Linker：该选项供用户选择要使用的链接器。在这里默认选择的是 ARM Linker，使用该链接器，将使用 armlink 链接编译器和汇编器生成的工程中的文件相应的目标文件。

这个设置中还有两个可选项，None 是不用任何链接器，如果使用它，则工程中的所有文件都不会被编译器或汇编器处理。ARM Librarian 表示将编译或汇编得到的目标文件转换为 ARM 库文件。对于本例，使用默认的链接器 ARM Linker。

Pre-linker：目前 CodeWarrior IDE 不支持该选项。

Post-Linker：选择在链接完成后，还要对输出文件进行的操作。因为在本例中，希望生成一个可以烧写到 Flash 中去的二进制代码，所以在这里选择 ARM fromELF，表示在链接生成映像文件后，再调用 FromELF 命令将含有调试信息的 ELF 格式的映像文件转换成其他格式的文件。

（2）Language Settings　因为本例中包含有汇编程序源代码，所以要用到汇编器。这里 ARM 汇编器是 armasm，默认的 ARM 体系结构是 ARM7TDMI，无需改动（本例目标板为 S3C4510B）。字节顺序默认是小端模式。还有一个需要注意的是 ARM C 编译器，它实际就是调用的命令行工具 armcc，使用默认的设置即可。

（3）Linker 设置　当选中 ARM Linker 后，会出现如图 12-10 所示的对话框。这里详细介绍该对话框的主要的标签页选项，因为这些选项对最终生成的文件有着直接的影响。

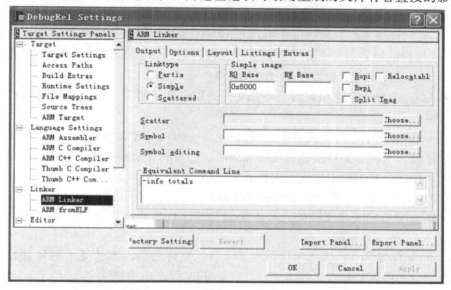

图 12-10　链接器设置

在选项卡 Output 中，Linktype 中提供了 3 种链接方式。Partia 方式表示链接器只进行部分链接，经过部分链接生成的目标文件，可以作为以后进一步链接时的输入文件。Simple 方式是默认的链接方式，也是使用最为频繁的链接方式，它链接生成简单的 ELF 格式的目标文件，使用的是链接器选项中指定的地址映射方式。Scattered 方式使得链接器要根据 scatter 格式文件中指定的地址映射，生成复杂的 ELF 格式的映像文件。一般情况下这个选项使用不太多。本例选择 Simple 方式。在选中 Simple 方式后，就会出现 Simple image。

RO Base：这个文本框设置包含有 RO 段的加载域和运行域为同一个地址，默认是 0x8000。这里读者要根据硬件的实际 SDRAM 的地址空间来修改这个地址，保证在这里填写的地址是程序运行时 SDRAM 地址空间所能覆盖的地址。针对本书所介绍的目标板，就可以使用这个默认地址值。

RW Base：这个文本框设置包含 RW 和 ZI 输出段的运行域地址。如果选中 Split Image 选项，链接器生成的映像文件将包含两个加载域和两个运行域，此时，在 RW Base 中所输入的地址为包含 RW 和 ZI 输出段的域设置了加载域和运行域地址。

Ropi：选中这个设置将告诉链接器使包含有 RO 输出段的运行域位置无关。使用这个选项，链接器将保证下面的操作：

1）检查各段之间的重定址是否有效。

2）确保任何由 armlink 自身生成的代码是与只读位置无关的。

Rwpi：选中该选项将会告诉链接器使包含 RW 和 ZI 输出段的运行域位置无关。如果这个选项没有被选中，域就标志为绝对。每一个可写的输入段必须是读写位置无关的。如果这个选项被选中，链接器将进行下面的操作：

1）检查可读/可写属性的运行域的输入段是否设置了位置无关属性。

2）检查在各段之间的重地址是否有效。

在 Region \$\$ Table 和 ZISection \$\$ Table 中添加基于静态存储器 sb 的选项。该选项要求 RW Base 有值，如果没有给它指定数值的话，默认值为 0。

Split Image：选择这个选项把包含 RO 和 RW 的输出段的加载域分成两个加载域：一个是包含 RO 输出段的域；另一个是包含 RW 输出段的域。这个选项要求 RW Base 有值，如果没有给 RW Base 选项设置，则默认是- RWBase 0。

Relocatable：选择这个选项保留了映像文件的重定址偏移量。这些偏移量为程序加载器提供了有用信息。

在选项卡 Options 中，需要读者注意的是 Image entry point 文本框。它指定映像文件的初始入口点地址值，当映像文件被加载程序加载时，加载程序会跳转到该地址处执行。如果需要，用户可以在这个文本框中输入下面格式的入口点。

入口点地址：这是一个数值，例如- entry 0x0。

符号：该选项指定映像文件的入口点为该符号所代表的地址处，比如：- entry int_handler。

offset + object(section)：该选项指定在某个目标文件段的内部的某个偏移量处为映像文件的入口地址。如果该符号有多处定义存在，armlink 将产生出错信息。

在此处指定的入口点用于设置 ELF 映像文件的入口地址。

需要注意的是，这里不可以用符号 main 作为入口点地址符号，否则将会出现"Image dose not have an entry point(Not specified or not set due to multiple choice)"的出错信息。

ARM Linker 的设置还有很多，对于想进一步了解的读者，可以查看帮助文件，其中有很详细的介绍。

在 Linker 下还有一个 ARM fromELF，如图 12-11 所示。

fromELF 是一个实用工具，它实现将链接器、编译器或汇编器的输出代码进行格式转换的功能。例如，将 ELF 格式的可执行映像文件转换成可以烧写到 ROM 的二进制格式文件；对输出文件进行反汇编，从而提取出有关目标文件的大小、符号和字符串表以及重定址等信息。只有在 Target Settings 中选择了"Post-linker"，才可以使用该选项。

在"Output format"下拉框中，为用户提供了多种可以转换的目标格式，本例选择"Plain binary"，这是一个二进制格式的可执行文件，可以被烧写在目标板的 Flash 中。

在"Output file name"文本域输入期望生成的输出文件存放的路径，或通过单击"Choose..."按钮从文件对话框中选择输出文件路径。如果在这个文本域不输入路径名，则生成的二进制文件存放在工程所在的目录下。

进行好这些相关的设置后，再对工程进行"make"时，CodeWarrior IDE 就会在链接完

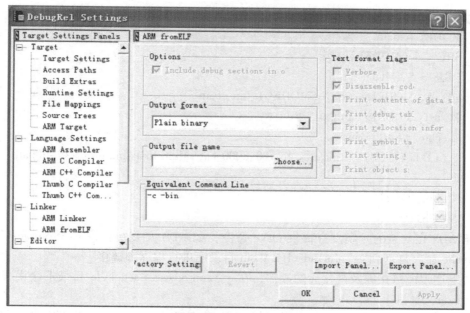

图 12-11　ARM fromELF 可选项

成后调用 fromELF 来处理生成的映像文件。对于本例而言，到此就完成了 make 之前的设置工作。

单击 CodeWarrior IDE 的菜单 "Project" 下的 "make" 菜单，就可以对工程进行编译和链接了。

在工程所在的目录下，会生成一个工程名_data 目录，进入到 DebugRel 目录中，读者会看到 "make" 后生成的映像文件和二进制文件，映像文件用于调试，二进制文件可以烧写到目标板的 Flash 中运行。

3. 使用命令行工具编译应用程序

如果用户开发的工程比较简单，或者只是想用到 ADS 提供的各种工具，而并不想在 CodeWarrior IDE 中进行开发。这种情况下，再为读者介绍一种不在 CodeWarrior IDE 集成开发环境下，开发用户应用程序的方法，当然前提是用户必须安装了 ADS 软件，因为在编译链接的过程中要用到 ADS 提供的各种命令工具。

这种方法对于开发包含较少源代码的工程是比较实用的。首先用户可以用任何编辑软件（比如 UltraEdit）编写上面所提到的两个源文件 Init. s 和 main. c。接下来，可以利用所学的 makefile 知识，编写自己的 makefile 文件（假设该 makefile 文件保存为 ads_mk. mk）如下：

```
PAT = c:/arm/adsv1_2/bin
CC = $(PAT)/armcc
LD = $(PAT)/armlink
OBJTOOL = $(PAT)/fromelf
RM = $(PAT)/rm-f
AS = $(PAT)/armasm-keep-g
ASFILE = c:/arm_xyexp/Init. s
```

```
        CFLAGS = -g-01-Wa-DNO_UNDERSCORES = 1
        MODEL = main
        SRC = $（MODEL）. c
        OBJS = $（MODEL）. o
        all：$（MODEL）. axf $（MODEL）. bin clean
        %. axf：$（OBJS）Init. o
        @ echo "### Linking . . . "
          $（LD）$（OBJS）Init. o-ro-base 0x8000-entryMain-first Init. o-o　$ @ -libpath e：/arm/
adsv1_2/lib
        %. bin：%. axf
          $（OBJTOOL）
```

由于 ADS 在安装的时候没有提供 make 命令，如 ADS 安装在目录 c：\arm\adsv1_2 下，可以将 make 命令复制到 c：\arm\adsv1_2 \ bin 目录下进行编译和链接。

经过上述编译链接以及链接后的操作，在 c：\arm_xyexp \ ledcircle 目录下会生成两个新的文件，main. axf 和 main. bin。

用这种方式生成的文件与在 CodeWarrior IDE 界面通过各个选项的设置生成的文件是一样的。

本 章 小 结

基于 ARM 架构的单片机性能高、功耗低，很多公司生产和制造基于 ARM 内核的 16/32 位单片机。ARM 单片机可在低功耗模式（Slow、Idle、Stop、Power-off）下运行。RISC 处理器具有少量的寻址方式——load 和 store 架构、大的寄存器集、指令采用硬连线实现，具有单周期及相同长度的指令；RISC 具有更高的 MIPS 性能。

ARM 是带有 load 和 store 架构的 RISC 处理器，指令采用硬连线实现，具有单周期及相同长度的指令，具有多级流水线。ARM 具有 16 个 32 位寄存器，R15 作为 PC，R14 作为用于返回地址的链接寄存器，通常 R13 作为堆栈指针。ARM7 具有 Princeton 存储器架构，ARM9 具有 Harvard 架构。ARM 指令有 8 位、16 位、32 位数据类型，ARM 可以指定为按照 Little-Endian 或者 Big-Endian 来存储 32 位字或半字。

ARM 的 32 位指令组成了一个子集，其中每条指令都具有条件测试域，使用 N、Z、C、V 标志，所有的指令具有轮转和移位，以及立即操作数或者索引寄存器存储器操作数。16 位指令组成一个子集，称为 Thumb 指令集，每条指令在运行时解压缩为 ARM 指令。ARM 处理器可以在 16 位 Thumb 和 32 位 ARM 指令间切换。异常是指运行时捕获的中断事件，它会引起类似于 ISR 的处理程序执行。SWI 指令用来切换处理器到管理模式，并执行 OS 及错误处理异常。

基于 Windows 平台的 ARM 程序开发工具主要有 ADS（ARM Developer Suite）、RVDS（RealView Developer Suite）、EWARA（Embedded Workbench for ARM）、Keil ARM 等，基于 Linux 平台的 ARM 程序开发工具主要是 ARM-Linux-GCC。

<h2 style="text-align:center">习题与思考题</h2>

1. ARM 处理器有几种运行模式？处理器如何区别各种不同的运行模式？

2. 通用寄存器中 PC、CPSR 和 SPSR 的作用各是什么？

3. 从编程的角度讲，ARM 处理器的状态有哪两种？这两种状态之间如何转换？

4. ARM 体系结构中的哪一条特征是大多数 RISC 体系结构所不具备的？哪些特征是 ARM 和其他 RISC 体系结构所共有的？

5. ARM 指令有哪几种寻址方式？试分别说明。

6. 在使用 ARM 汇编编程时，其寄存器通常可以采用其他别名替代，PC、LR 和 SP 分别指的是什么寄存器？它们的主要用途是什么？

7. 什么是子程序？如何定义一个子程序的返回值？

8. 下列代码可以用于中断向量。处理程序（中断服务例程）的地址是多少？程序在哪里分支？

00000004：E59FF31C：LDR PC，&00000328

00000008：E59FF31C：LDR PC，&0000032C

0000000C：E59FF31C：LDR PC，&00000330

00000010：E59FF31C：LDR PC，&00000334

00000014：E59FF31C：LDR PC，&00000338

00000018：E59FF31C：LDR PC，&0000033C

9. ARM 芯片 LPC2124 的 P0.0 ~P0.10 口接 LCD，P0.11 接 LED，如图 12-12 所示。每过一段时间 LED 状态改变，LCD 显示 LED 的状态。试搭建 Proteus 仿真电路并编写 C 语言程序。

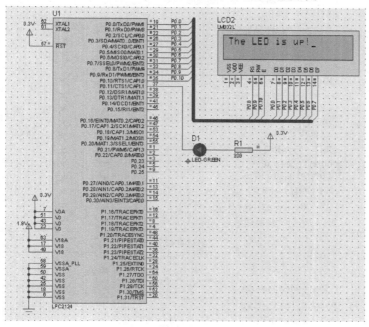

图 12-12　习题 9 图

附 录

附录A MCS-51 指令表

助 记 符	功 能	对标志影响				字节数	周期数
		P	OV	AC	CY		
算术运算指令							
ADD A, Rn	$(A)+(Rn)\rightarrow(A)$	√	√	√	√	1	1
ADD A, direct	$(A)+(direct)\rightarrow(A)$	√	√	√	√	2	1
ADD A, @Ri	$(A)+((Ri))\rightarrow(A)$	√	√	√	√	1	1
ADD A, #data	$(A)+\#data\rightarrow(A)$	√	√	√	√	2	1
ADDC A, Rn	$(A)+CY+(Rn)\rightarrow(A)$	√	√	√	√	1	1
ADDC A, direct	$(A)+CY+(direct)\rightarrow(A)$	√	√	√	√	2	1
ADDC A, @Ri	$(A)+CY+((Ri))\rightarrow(A)$	√	√	√	√	1	1
ADDC A, #data	$(A)+CY+\#data\rightarrow(A)$	√	√	√	√	2	1
SUBB A, Rn	$(A)-CY-(Rn)\rightarrow(A)$	√	√	√	√	1	1
SUBB A, direct	$(A)-CY-(direct)\rightarrow(A)$	√	√	√	√	2	1
SUBB A, @Ri	$(A)-CY-((Ri))\rightarrow(A)$	√	√	√	√	1	1
SUBB A, #data	$(A)-CY-\#data\rightarrow(A)$	√	√	√	√	2	1
INC A	$(A)+1\rightarrow(A)$	√	×	×	×	1	1
INC Rn	$(Rn)+1\rightarrow(Rn)$	×	×	×	×	1	1
INC direct	$(direct)+1\rightarrow(direct)$	×	×	×	×	2	1
INC @Ri	$((Ri))+1\rightarrow((Ri))$	×	×	×	×	1	1
INC DPTR	$(DPTR)+1\rightarrow(DPTR)$	×	×	×	×	1	2
DEC A	$(A)-1\rightarrow(A)$	√	×	×	×	1	1
DEC Rn	$(Rn)-1\rightarrow(Rn)$	×	×	×	×	1	1
DEC direct	$(direct)-1\rightarrow(direct)$	×	×	×	×	2	1
DEC @Ri	$((Ri))-1\rightarrow((Ri))$	×	×	×	×	1	1
MUL AB	$(A)*(B)\rightarrow(B)_{15\sim8}(A)_{7\sim0}$	√	√	×	√	1	4
DIV AB	$(A)/(B)\rightarrow(A)_{15\sim8}(B)_{7\sim0}$	√	√	×	√	1	4
DA A	对(A)进行十进制调整	√	√	√	√	1	1
逻辑运算指令							
ANL A,Rn	$(A)\wedge(Rn)\rightarrow(A)$	√	×	×	×	1	1
ANL A,direct	$(A)\wedge(direct)\rightarrow(A)$	√	×	×	×	2	1
ANL A,@Ri	$(A)\wedge((Ri))\rightarrow(A)$	√	×	×	×	1	1
ANL A,#data	$(A)\wedge\#data\rightarrow(A)$	√	×	×	×	2	1
ANL direct,A	$(direct)\wedge(A)\rightarrow(direct)$	×	×	×	×	2	1
ANL direct,#data	$(direct)\wedge\#data\rightarrow(direct)$	×	×	×	×	3	2
ORL A,Rn	$(A)\vee(Rn)\rightarrow(A)$	√	×	×	×	1	1
ORL A,direct	$(A)\vee(direct)\rightarrow(A)$	√	×	×	×	2	1

（续）

助 记 符	功　能	对标志影响				字节数	周期数
		P	OV	AC	CY		
逻辑运算指令							
ORL A，@Ri	(A)∨((Ri))→(A)	√	×	×	×	1	1
ORL A，#data	(A)∨(data)→(A)	√	×	×	×	2	1
ORL direct，A	(direct)∨(A)→(direct)	×	×	×	×	2	1
ORL direct，#data	(direct)∨#data→(direct)	×	×	×	×	3	2
XRL A，Rn	(A)⊕(Rn)→(A)	√	×	×	×	1	1
XRL A，direct	(A)⊕(direct)→(A)	√	×	×	×	2	1
XRL A，@Ri	(A)⊕((Ri))→(A)	√	×	×	×	1	1
XRL A，#data	(A)⊕data→(A)	√	×	×	×	2	1
XRL direct，A	(direct)⊕(A)→(direct)	×	×	×	×	2	1
XRL direct，#data	(direct)⊕#data→(direct)	×	×	×	×	3	2
CLR A	0→(A)	√	×	×	×	1	1
CPL A	($\overline{A}$)→(A)	×	×	×	×	1	1
RL A	(A)循环左移一位	×	×	×	×	1	1
RLC A	(A)带进位循环左移一位	√	×	×	√	1	1
RR A	(A)循环右移一位	×	×	×	×	1	1
RRC A	(A)带进位循环右移一位	√	×	×	√	1	1
SWAP A	(A)半字节交换	×	×	×	×	1	1
数据传送指令							
MOV A，Rn	(Rn)→(A)	√	×	×	×	1	1
MOV A，direct	(direct)→(A)	√	×	×	×	2	1
MOV A，@Ri	((Ri))→(A)	√	×	×	×	1	1
MOV A，#data	#data→(A)	√	×	×	×	2	1
MOV Rn，A	(A)→(Rn)	×	×	×	×	1	1
MOV Rn，direct	(direct)→(Rn)	×	×	×	×	2	2
MOV Rn，#data	#data→(Rn)	×	×	×	×	2	1
MOV direct，A	(A)→(direct)	×	×	×	×	2	1
MOV direct，Rn	(Rn)→(direct)	×	×	×	×	2	2
MOV direct1，direct2	(direct2)→(direct1)	×	×	×	×	3	2
MOV direct，@Ri	((Ri))→(direct)	×	×	×	×	2	2
MOV direct，#data	#data→(direct)	×	×	×	×	3	2
MOV @Ri，A	(A)→((Ri))	×	×	×	×	1	1
MOV @Ri，direct	(direct)→((Ri))	×	×	×	×	2	2
MOV @Ri，#data	#data→((Ri))	×	×	×	×	2	1
MOV DPTR，#data16	#data16→(DPTR)	×	×	×	×	3	2
MOVC A，@A+DPTR	((A)+(DPTR))→(A)	√	×	×	×	1	2
MOVC A，@A+PC	((A)+(PC))→(A)	√	×	×	×	1	2
MOVX A，@Ri	((Ri))→(A)	√	×	×	×	1	2
MOVX A，@DPTR	((DPTR))→(A)	√	×	×	×	1	2
MOVX @Ri，A	(A)→((Ri))	×	×	×	×	1	2
MOVX @DPTR，A	(A)→(DPTR)	×	×	×	×	1	2

（续）

助　记　符	功　　能	对标志影响				字节数	周期数
		P	OV	AC	CY		
数据传送指令							
PUSH direct	$(SP)+1\to(SP)$ $(direct)\to((SP))$	×	×	×	×	2	2
POP direct	$((SP))+1\to direct$ $(SP)-1\to(SP)$	×	×	×	×	2	2
XCH A,Rn	$(A)\leftrightarrow(Rn)$	√	×	×	×	1	1
XCH A,direct	$(A)\leftrightarrow(direct)$	√	×	×	×	2	1
XCH A,@Ri	$(A)\leftrightarrow((Ri))$	√	×	×	×	1	1
XCHD A,@Ri	$(A)_{0\sim3}\leftrightarrow((Ri))_{0\sim3}$	√	×	×	×	1	1
位操作指令							
CLR C	$0\to(CY)$	×	×	×	√	1	1
CLR bit	$0\to(bit)$	×	×	×		2	1
SETB C	$1\to(CY)$	×	×	×	√	1	1
SETB bit	$1\to(bit)$	×	×	×		2	1
CPL C	$(\overline{CY})\to(CY)$	×	×	×	√	1	1
CPL bit	$(\overline{bit})\to(bit)$	×	×	×		2	1
ANL C,bit	$(CY)\wedge(bit)\to(CY)$	×	×	×	√	2	2
ANL C,/bit	$(CY)\wedge(\overline{bit})\to(CY)$	×	×	×	√	2	2
ORL C,bit	$(CY)\vee(bit)\to(CY)$	×	×	×	√	2	2
ORL C,/bit	$(CY)\vee(\overline{bit})\to(CY)$	×	×	×	√	2	2
MOV C,bit	$(bit)\to(CY)$	×	×	×	√	2	1
MOV bit,C	$(CY)\to(bit)$	×	×	×	×	2	2
控制转移指令							
ACALL addr11	$(PC)+2\to(PC),(SP)+1\to(SP)$ $(PCL)\to((SP)),(SP)+1\to(SP),$ $(PCH)\to((SP)),$ $addr11\to(PC_{10\sim0})$	×	×	×	×	2	2
LCALL addr16	$(PC)+3\to(PC),(SP)+1\to(SP),$ $(PCL)\to((SP)),(SP)+1\to(SP),$ $(PCH)\to((SP)),addr16\to(PC)$	×	×	×	×	3	2
RET	$((SP))\to(PCH),(SP)-1\to(SP),$ $((SP))\to(PCL),(SP)-1\to(SP)$	×	×	×	×	1	2
RETI	$((SP))\to(PCH),(SP)-1\to(SP),$ $((SP))\to(PCL),(SP)-1\to(SP)$ 从中断返回	×	×	×	×	1	2
AJMP addr11	$(PC)+2\to(PC)$ $addr11\to(PC_{10\sim0})$	×	×	×	×	2	2
LJMP addr16	$addr16\to(PC)$	×	×	×	×	3	2
SJMP rel	$(PC)+2\to(PC)$ $(PC)+rel\to(PC)$	×	×	×	×	2	2
JMP @A+DPTR	$(A)+(DPTR)\to(PC)$	×	×	×	×	1	2
JZ rel	$(PC)+2\to(PC),$ 若$(A)=0,(PC)+rel\to(PC)$	×	×	×	×	2	2
JNZ rel	$(PC)+2\to(PC),$若(A)不等于$0,$ 则$(PC)+rel\to(PC)$	×	×	×	×	2	2

（续）

助 记 符	功 能	对标志影响				字节数	周期数
		P	OV	AC	CY		
控制转移指令							
JC rel	(PC)+2→(PC),若(CY)=1 则(PC)+rel→(PC)	×	×	×	×	2	2
JNC rel	(PC)+2→(PC),若(CY)=0 则(PC)+rel→(PC)	×	×	×	×	2	2
JB bit,rel	(PC)+3→(PC),若(bit)=1, 则(PC)+rel→(PC)	×	×	×	×	3	2
JNB bit,rel	(PC)+3→(PC),若(bit)=0, 则(PC)+rel→(PC)	×	×	×	×	3	2
JBC bit,rel	(PC)+3→(PC),若(bit)=1, 则0→(bit),(PC)+rel→(PC)	×	×	×	×	3	2
CJNE A,direct,rel	(PC)+3→(PC),若(A)不等于 (direct),则(PC)+rel→(PC), 若(A)<(direct),则1→(CY)	×	×	×	×	3	2

CJNE A,#data,rel	(PC)+3→(PC),若(A)不等于
	#data,则(PC)+rel→(PC),
	若(A)小于#data,则1→(CY)
		×	×	×	×	3	2

CJNE Rn,#data,rel	(PC)+3→(PC),若(Rn)不等于
	#data,则(PC)+rel→(PC),
	若(Rn)小于#data,则1→(CY)
		×	×	×	×	3	2

CJNE @Ri,#data,rel	(PC)+3→(PC),若((Ri))不等于
	#data,则(PC)+rel→(PC),
	若((Ri))小于#data,则1→(CY)
		×	×	×	×	3	2

DJNZ Rn,rel	(PC)+2→(PC),(Rn)-1→(Rn) 若(Rn)不等于0 则(PC)+rel→(PC)	×	×	×	×	2	2
DJNZ direct,rel	(PC)+2→(PC),(direct)-1 →direct,若(direct)不等于0 则(PC)+rel→(PC)	×	×	×	×	3	2
NOP	空操作	×	×	×	×	1	1

MCS-51 指令系统所用的符号和含义：

addr11	11 位地址
addr16	16 位地址
bit	位地址
rel	相对偏移量,为 8 位有符号数（补码形式）
direct	直接地址单元（RAM、SFR、I/O）
（direct）	直接地址指出的单元内容
#data	立即数
#data16	16 位立即数
Rn	工作寄存器 Rn（n=0~7）
（Rn）	工作寄存器 Rn 的内容
A	累加器

符号	含义
（A）	累加器内容
Ri	i＝0，1，数据指针 RO 或 R1
（Ri）	RO 或 R1 的内容
（（Ri））	RO 或 R1 指出的单元内容
X	某一个寄存器
（X）	某一个寄存器内容
（（X））	某一个寄存器指出的单元内容
→	数据传送方向
∧	逻辑与
∨	逻辑或
⊕	逻辑异或
√	对标志产生影响
×	不影响标志

附录 B　ASCII（美国标准信息交换码）表

列		0[3]	1[3]	2[3]	3	4	5	6	7[3]
行	位 654→ ↓ 3210	000	001	010	011	100	101	110	111
0	0000	NUL	DLE	SP	0	@	P	、	p
1	0001	SOH	DC1	!	1	A	Q	a	q
2	0010	STX	DC2	″	2	B	R	b	r
3	0011	ETX	DC3	#	3	C	S	c	s
4	0100	EOT	DC4	$	4	D	T	d	t
5	0101	ENQ	NAK	%	5	E	U	e	u
6	0110	ACK	SYN	&	6	F	V	f	v
7	0111	BEL	ETB	,	7	G	W	g	w
8	1000	BS	CAN	(	8	H	X	h	x
9	1001	HT	EM	)	9	I	Y	i	y
A	1010	LF	SUB	*	:	J	Z	j	z
B	1011	VT	ESC	+	;	K	[	k	｛
C	1100	FF	FS	,	<	L	\	l	|
D	1101	CR	GS	－	=	M	]	m	｝
E	1110	SO	RS	.	>	N	Ω[1]	n	~
F	1111	SI	US	/	?	O	―[2]	o	DEL

① 取决于使用这种代码的机器，它的符号可以是弯曲符号，向上箭头，或（－）标记。
② 取决于使用这种代码的机器，它的符号可以是在下面画线，向下箭头，或心形。
③ 下面是第 0、1、2 和 7 列特殊控制功能的解释。

NUL 空
SOH 标题开始
STX 正文结束
ETX 本文结束
EOT 传输结果
ENQ 询问
ACK 承认
BEL 报带符（可听见的信号）
BS 退一格
HT 横向列表（穿孔卡片指令）
LF 换行
NAK 否定

VT 垂直制表
FF 走纸控制
CR 回车
SO 移位输出
SI 移位输入
SP 空间（空格）
DLE 数据链换码
DC1 设备控制 1
DC2 设备控制 2
DC3 设备控制 3
DC4 设备控制 4

CAN 作废
GS 组分隔符
EM 纸尽
RS 记录分隔符
SUB 减
US 单元分隔符
ESC 换码
DEL 作废
ETB 信息组传送结束
FS 文字分隔符
SYN 空转同步

参 考 文 献

［1］易志明，林凌，郝丽宏，等. SPI 串行总线接口及其实现［J］. 自动化与仪器仪表，2002（6）：45-47.

［2］莫言. 单总线（1-Wire Bus）技术及其应用［J］. 电子制作，2006（12）：7-9.

［3］江世明，刘先任. 基于 DS18B20 的智能温度测量装置［J］. 邵阳学院学报（自然科学版），2004（4）：27-28.

［4］李钢，赵彦峰. 总线数字温度传感器 DS18B20 原理及应用［J］. 现代电子技术，2005（21）：77-78.

［5］杨欣，王玉凤，刘湘黔，等. 51 单片机应用实例详解［M］. 北京：清华大学出版社，2010.

［6］马淑华，王凤文，张美金. 单片机原理与接口技术［M］. 2 版. 北京：北京邮电大学出版社，2008.

［7］MACKENZIE，PHAN. 8051 微控制器［M］. 张瑞峰，等译. 4 版. 北京：人民邮电出版社，2008.

［8］RAJ KAMAL. 微控制器架构、编程、接口和系统设计［M］. 张炯，周密，吕紫旭，等译. 北京：机械工业出版社，2009.

［9］贾好来. MCS-51 单片机原理及应用［M］. 北京：机械工业出版社，2007.

［10］马潮. AVR 单片机嵌入式系统原理与应用实践［M］. 2 版. 北京：北京航空航天大学出版社，2011.

［11］徐爱钧，彭秀华. Keil Cx51 V7.0 单片机高级语言编程与 μVision2 应用实践［M］. 北京：电子工业出版社，2004.

［12］何立民. I^2C 总线应用系统设计［M］. 北京：北京航空航天大学出版社，1995.

［13］蒋辉平，周国雄. 基于 Proteus 的单片机系统设计与仿真实例［M］. 北京：机械工业出版社，2009.

［14］刘建辉，冀常鹏. 单片机智能控制技术［M］. 北京：国防工业出版社，2007.

［15］蔡启仲，柯宝中，包敬海，等. 单片机原理及应用［M］. 北京：机械工业出版社，2016.

［16］李晓林，苏淑靖，许鸥，等. 单片机原理与接口技术［M］. 3 版. 北京：电子工业出版社，2015.

［17］赵德安，孙运全，盛占石. 单片机与嵌入式系统原理及应用［M］. 北京：机械工业出版社，2016.